土力学与地基基础

主编 吴 健 吉延峻 李焕焕 陆婷婷 习 羽

黄 河 水 利 出 版 社

·郑 州·

内 容 提 要

本书是结合土木工程专业高等教育的培养目标，以现行规范为主要依据，按照高等学校“土力学与地基基础”课程教学大纲编写的。本书共13章，分别介绍了绪论、土的物理性质和工程分类、土中水的运动规律、土中应力、土的压缩和固结、土的抗剪强度与地基承载力、土压力和土坡稳定、岩土工程勘察、天然地基上浅基础设计、桩基础及其他深基础、地基处理、区域性地基和土工试验指导等内容。

本书可作为高等院校土木工程、水利工程、港口工程、道路工程、工程管理等专业的教材，也可供土建工程设计和科研人员参考。

图书在版编目(CIP)数据

土力学与地基基础/吴健等主编.—郑州：黄河水利出版社，2020.6

ISBN 978-7-5509-2700-1

Ⅰ.①土… Ⅱ.①吴… Ⅲ.①土力学 ②地基-基础（工程） Ⅳ.①TU4

中国版本图书馆 CIP 数据核字(2020)第111123号

出 版 社：黄河水利出版社　　网址：www.yrcp.com

地址：河南省郑州市顺河路黄委会综合楼14层　　邮政编码：450003

发行单位：黄河水利出版社

发行部电话：0371-66026940、66020550、66028024、66022620(传真)

E-mail：hhslcbs@126.com

承印单位：河南新华印刷集团有限公司

开本：787 mm×1 092 mm　1/16

印张：19.25

字数：445千字　　印数：1—1 000

版次：2020年6月第1版　　印次：2020年6月第1次印刷

定价：45.00元

前　言

土力学与地基基础是土木工程专业的一门主要专业课程。它阐述了土力学的主要概念、基本原理和计算方法,以及地基基础的主要概念、设计与分析的基本方法。本书是根据高等学校“土力学与地基基础”课程教学大纲编写的,结合土木工程专业高等教育的培养目标,以现行规范为主要依据,注重理论和概念的准确性和完整性,注重充实性和新颖性,有利于拓宽学生的知识面。本书在编写过程中,以建筑工程为主,兼顾了水利、道路、桥梁等专业。

本书共分为13章,主要内容包括绪论、土的物理性质和工程分类、土中水的运动规律、土中应力、土的压缩和固结、土的抗剪强度与地基承载力、土压力和土坡稳定、岩土工程勘察、天然地基上浅基础设计、桩基础及其他深基础、地基处理、区域性地基和土工试验指导。本书是在广泛吸收国内外优秀教材、研究成果的基础上编写而成的,具有体系完整、内容全面、例题丰富、适用面广的特点。

本书由西京学院老师主编,编写人员及编写分工如下:吴健编写绪论、第一章和第四章,吉延峻编写第二章、第三章和第十一章,李焕焕编写第五章、第八章,陆婷婷编写第六章、第九章,习羽编写第七章、第十章和第十二章。

由于编者水平有限,对于书中不足之处,恳请读者批评指正。

编　者

2020年4月

目　录

绪　论

一、土力学与地基基础的概念

土力学与地基基础包括土力学及地基与基础两部分。土力学是以土为研究对象,研究土的物理、力学性质,并利用力学知识和土工试验技术来研究土的变形、渗透、强度及规律性的一门学科。它是力学的一个分支,是地基基础设计的理论依据,是为解决建筑物的地基基础、土工建筑物和地下结构物中与土有关的工程问题服务的。地基基础是土力学知识在土木工程中的实际应用,主要是研究房屋、桥梁、涵洞等建筑物地基基础的类型、设计计算和施工方法。土力学与地基基础的内容在工程实践中是相互依存、相互联系、相互制约的整体,必须统一起来一起考虑。

地基与基础是两个不同的概念,如图 0-1 所示。当建筑物建造在地层上时,地层中的应力状态发生了改变,常把因承受建筑物荷载而应力状态发生改变的土层称为地基;把建筑物荷载传递给地基的那部分结构称为基础。地基属于地层,是支承建筑物那一部分地层;基础则与建筑物上部结构紧密联系,是建筑物的一部分,属于建筑物的下部承重结构。

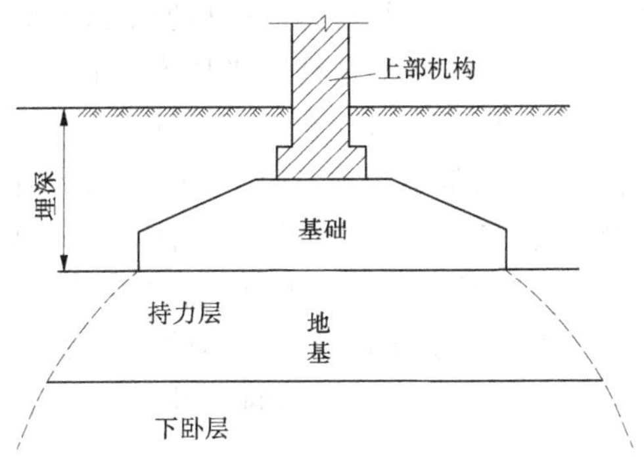

图 0-1　地基与基础示意图

基础按埋深和施工方法的不同,可分为浅基础和深基础两大类。通常把埋深小于等于 5 m,只需经过挖槽、排水等普通施工程序,采用一般施工方法和施工机械就能施工的基础统称为浅基础;而把基础埋深超过 5 m,需借助特殊施工方法施工的基础称为深基础,如桩基础、沉井基础、地下连续墙基础等。

地基根据是否需要进行人工加固处理,可分为天然基础和人工基础。地基基础设计时,如果土质不良,需要经过人工加固处理才能达到使用要求的地基称为人工地基;不需要处理就可以满足使用要求的地基称为天然地基。由于结构物所承受的各种荷载通过基础传给地层,并向深处扩散,其影响逐渐减弱,直至可以把其对地层的影响忽略不计。地基中把直接承托基础的土层或岩层叫作持力层,持力层以下的各层土层或岩层叫作下卧层,如图 0-1 所示。承载力低于持力层承载力的下卧层叫软弱下卧层。

二、土力学与地基基础的发展简介

土力学，始于18世纪兴起了工业革命的欧洲。1773年，法国的库仑(Coulomb)发表了著名的砂土抗剪公式和土压力的滑楔理论。其后，英国的朗肯(Rankine,1869)又从强度理论方面提出与之结果相同且能应用于黏性土中的土压力理论。此外，法国的布辛奈斯克(Boussinesq,1885)得出了半无限弹性体在竖向集中力作用下的应力与变形的理论解答；法国的达西(Darcy,1856)通过水在砂土中的渗流试验，建立了达西定律；瑞典的费伦纽斯(Fellenius,1922)为解决铁路塌方等问题，提出了土坡稳定分析方法。这些古典的理论和方法，为土力学成为一门独立学科奠定了初步的理论基础。

1925年，美国著名土力学家太沙基(Terzaghi)的《土力学》专著问世，使土力学成为一门独立的学科。1936年国际土力学和基础工程学会成立，并举行了第一次国际学术会议，以后每隔四年召开一次，至今已召开了数十次国际会议。每年还有若干次专题讨论会，提出了大量的论文和研究成果报告，使本学科得到了快速发展。特别是现代科技成就，尤其是电子技术渗入到了土力学基础工程的研究领域，使其在基本理论、计算方法、实验技术及设备等诸方面都得到了革命性的发展。基本理论方面，如岩土本构关系的研究，将各种应力—应变—时间的非线性模型应用于实际问题；在计算方法方面，广泛采用计算机，用数值计算方法，如有限元法、差分法等解决以往无法解决的复杂边界和初始条件以及不均匀土层问题；在试验技术和设备方面，采用静、动三轴仪，离心模型机，触探仪，旁压仪等，广泛用计算机程序控制试验过程，并自动采集和加工试验数据。

目前，由于土木工程建设的需要，特别是计算机技术和有限元法的应用，使基础工程理论和技术得以迅猛发展，新材料、新技术、新设备 、新工艺不断涌现，出现了如补偿式基础、桩-筏基础、桩-箱基础等新基础形式。强夯法 、砂井预压法、真空预压法、振冲法、旋喷法等都是近几十年创造和完善的地基处理方法。基坑支护技术也不断提高，出现了盾构、顶管、地下连续墙、深层搅拌水泥挡墙、杆支护结构形式。但是，由于基础工程是地下隐蔽工程，且地质条件极其复杂，随着高层结构的不断涌现，城市建筑的不断密集，会给基础工程提出新的挑战，同时也为基础工程的发展提供了新的机会。

三、土力学与地基基础课程的内容与学习要求

(一)土力学与地基基础课程主要内容

(1)土的物理性质和工程分类：主要介绍土的成因、土的三相组成、土的结构构造、土的物理性质指标及计算、物理状态指标及计算、土的击实性、土的工程分类及鉴别方法。

(2)土中水的运动规律：主要介绍土中水的毛细现象与土的冻融、土的渗流和渗透特性、达西定律、渗透系数的计算及影响渗透系数的因素、渗透力和渗透变形、流网。

(3)土中应力：主要介绍土的自重应力、基底压力、基底附加压力的概念与计算，地基中的附加应力概念与计算。

(4)土的压缩和固结：主要介绍土的压缩性、土的压缩试验、压缩性指标及测定方法、掌握分层总和法计算地基变形量、地基沉降与时间的关系。

(5)土的抗剪强度与地基承载力：主要介绍土的抗剪强度定律、土的抗剪强度试验方

法、土的极限平衡条件、土的抗剪强度指标的测定方法、地基强度的破坏形式和破坏特征、地基承载力的确定方法。

(6)土压力和土坡稳定:主要介绍土压力的概念和分类、朗肯土压力理论和库仑土压力理论及其计算方法、挡土墙的设计、土坡稳定分析方法及计算。

(7)岩土工程勘察:主要介绍岩土工程勘察等级的划分、岩土工程勘察阶段的划分及其工作内容、岩土工程勘察的方法、岩土工程勘察报告和各种勘察成果图件。

(8)天然地基上浅基础设计:主要介绍浅基础的类型、浅基础的设计原则及步骤、地基承载力确定、基础埋置深度、基础地面尺寸确定、控制地基不均匀沉降的措施。

(9)桩基础及其他深基础:主要介绍桩基础类型及构造、桩承载力的计算、桩基础设计、沉井和地下连续墙等其他深基础。

(10)地基处理:主要介绍地基处理的对象和方法、软弱地基的处理方法。

(11)区域性地基:主要介绍湿陷性黄土地基、膨胀土地基、红黏土地基、季节性冻土地基、地震地基基础。

(12)土工试验指导。

(二)土力学与地基基础课程基本要求

土力学与地基基础是一门理论性、实践性强,涉及内容广泛,专业面广及综合性强的学科,加上我国幅员辽阔,工程地质情况、水文地质情况、工程结构特点、使用要求等千差万别,使得在工程设计与施工中,没有一例工程是完全相同的,故需要运用本课程的基本原理,深入调查研究,针对不同情况进行具体分析。

因此,在学习本课程时,要求大家注意理论联系实际,掌握基本原理、基本方法,搞清概念,提高分析问题、解决问题的能力。通过学习本课程,重点掌握土的物理性质及物理性质指标的测定及计算方法,掌握一般建筑物地基基础设计中有关土力学内容的设计计算方法,如地基承载力、地基变形、土坡稳定和挡土墙上土压力的计算等,了解地基勘察工作的内容,能阅读和理解地质勘察报告,能进行一般建筑物地基基础的设计,掌握主要土工试验的基本原理和操作方法。

思考题与习题

1.什么是地基?什么是基础?

2.什么是持力层?什么是下卧层?

3.本课程的主要内容有哪些?

4.本课程的基本要求有哪些?

第一章　土的物理性质和工程分类

第一节　土的成因

一、土的概念

土是由岩石经过风化、剥蚀、搬运、沉积形成的含有固体颗粒、水和气体的松散集合体。不同的土，其矿物成分和颗粒大小存在很大差异，其固体颗粒、水和气体的相对比例也不相同。

二、土的成因

（一）地质作用

地球是由地壳、地幔和地核组成的。地球形成至今约有46亿年历史，而地壳也在不断地演变之中。高山遭受剥蚀夷为平地，沧海被泥土充填变成桑田，火山爆发、地震、山洪等，这种使地壳的组成物质、地壳构造和地表形态等发生变化的各种作用，统称为地质作用。地壳在地质作用下形成了复杂多样的岩石和土。

按引起地质作用能源的不同，地质作用可分为内力地质作用和外力地质作用。内力地质作用的能源来自地球内部，主要是地球自转产生的动能和放射性元素蜕变产生的热能。内力地质作用主要表现为地壳运动、岩浆活动、变质作用和地震等。

外力地质作用主要是由太阳的辐射能引起的，并有重力能参加。外力地质作用主要通过地面河流、海洋、湖泊、冰川、风和生物活动等形式，作用于地壳表层。外力地质作用主要表现为风化作用、剥蚀作用、搬运作用、沉积作用和硬结成岩作用等。

（二）风化作用

地表的岩石在太阳辐射热、水、大气和生物等自然因素的作用下，逐渐破碎与分解，颗粒变细以及化学成分发生改变等现象，统称为风化作用。

风化作用按产生的原因和特征，可分为以下三种类型。

1.物理风化作用

由于温度湿度的变化、水的冻胀、波浪冲击、地震等引起的物理力使岩石体积发生膨胀和收缩，逐渐崩解破碎，形成形状和大小各异的碎块。这些碎块是由石英、长石、云母组成的原生矿物。这种只改变颗粒大小和形状，不改变原有矿物成分的过程称为物理风化。经物理风化作用可生产砂、砾石、块石等无黏性土。

2.化学风化作用

岩石与空气、水和各种水溶液相接触，经溶解、水化、水解和氧化等化学变化，产生了与原来岩石矿物成分不同的次生矿物，这个过程称为化学风化。化学风化可以生成黏土、粉土等黏性土。

3.生物风化作用

由动物、植物和人类活动对岩石的破坏称为生物风化。生物风化使原生矿物生成了次生矿物和腐殖质。

(三)沉积物的类型

工程中遇到的土大都是在第四纪地质历史时期内形成的，称为第四纪沉积物。第四纪沉积物根据形成土的成因不同，可以分为残积物、坡积物、洪积物、冲积物等，如图1-1所示。

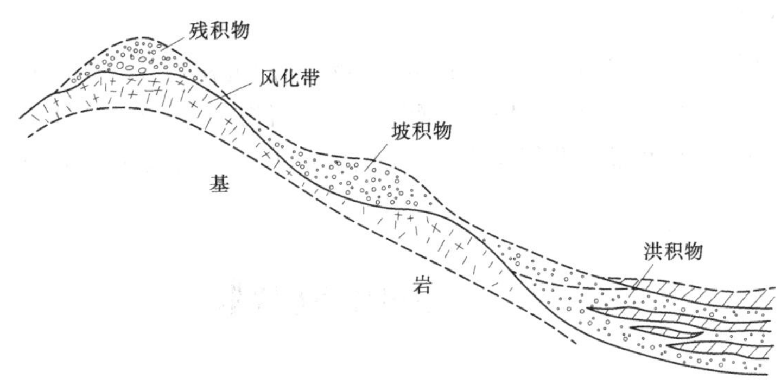

图1-1　岩石风化作用的产物

1.残积物

岩石经风化作用后残留在原地的碎屑堆积物，称为残积物或残积土。它的特征是颗粒表面粗糙、多棱角、粗细不均、无层理，分布受地形的控制，主要分布在宽广的分水岭上及平缓的山坡或低洼地带。

残积土的矿物组成和化学成分与下伏原岩基本一致，有时保存有原岩的残余构造；残积土层与下伏新鲜岩石没有明显的界线，而是逐渐过渡的。残积土的工程地质性质与原岩有很大的差别，它具有较多的孔隙和裂隙，易被水冲刷，强度和稳定性低，在进行工程建设时，要注意残积物地基的不均匀性。

2.坡积物

高处的岩石风化后，由于受到水流搬运或重力作用而沉积在较平缓的山坡上，称为坡积物。一般分布在坡腰或坡脚上，其上部与残积物相接。

坡积物随斜坡自上而下呈现由粗到细的分选现象，但层理不明显，其矿物成分与下卧基岩没有直接关系，其厚度在斜坡较陡地段较薄，在坡脚地段则较厚。由于坡积物形成于山坡，故较易沿下卧基岩倾斜面发生滑动，因此在工程中要考虑坡积物本身及开挖边坡的稳定性。

3.洪积物

由暴雨或大量融雪将山区或高地上的大量碎屑物沿冲沟搬运到山谷出口处或山前平原堆积而成的沉积物，称为洪积物或洪积土。洪积物在靠山近处窄而陡，离山较远处宽而缓，形似扇形或锥体，故又称为洪积扇(锥)。

洪积物流出沟谷后，流速骤减，呈现由粗到细的分选现象，不规则层理构造，有夹层或透镜体等,颗粒由于搬运距离短而磨圆度差。离山前较近的洪积物,颗粒较粗,地势较高且地下水位低,故承载力较高,常为良好天然地基;离山前较远地段,颗粒多为粉粒及黏粒,在形成过程中受到周期性干旱作用,土体胶结密实,承载力较高;中间过渡地段,常由于地下水溢出而形成沼泽地,土质弱而承载力低。

4.冲积物

河流两岸的基岩和上部覆盖物,被河流流水侵蚀后,经搬运、沉积于河道坡度较平缓地带而形成的沉积物,称为冲积物或冲积土。冲积物的特点是具有明显的层理构造,土颗粒上游较粗,下游较细,分选性和磨圆度较好。

5.其他沉积物

除上述几种类型的沉积物外,还有海洋沉积物、湖泊沉积物、冰川沉积物及风积物等。湖泊沉积物主要由湖浪冲蚀湖岸、破坏岸壁形成的碎屑物质堆积而成;冰川沉积物是由冰川或冰川溶化后的冰下水搬运堆积而成的;风积物是由干燥气候条件下,碎屑物被风吹,降落堆积而成的。

第二节　土的组成及特点

一、土的三相组成

土是由固体颗粒、水和气体组成的一种三相体。固体颗粒一般由矿物质组成,有时还有粒间的胶结物和有机质,这构成土的骨架,液体水和气体则填充在固体颗粒的孔隙中。天然土一般是三相土,又称作湿土。在一些特殊时候,土处于二相土状态,当土骨架中的孔隙被水充满时,称为饱和土;当土骨架中的孔隙不含水时,称为干土。

(一)土的固相

土的固体颗粒即为土的固相,土中固体颗粒大小、形状及其在土中所含的比例对土的物理力学性质起到决定性作用。

1.土的粒径与粒组

土粒的大小称为粒径。土是粒径大小不同的固体颗粒相互掺混的产物。土粒由粗到细逐渐变化时,土的工程性质也随之变化。为了准确了解土的工程性质,往往将粒径大小相近的土颗粒划分为一个粒组,而每个粒组认为其矿物成分和物理力学性质基本相近。粒组划分的界限尺寸称为界限粒径,在不同的国家甚至同一国家的不同部门都有不同的规定。表1-1是《土的工程分类标准》(GBJ/T 50145—2007)土粒粒组的划分方法,共分为6个粒组。

2.土的颗粒级配

工程中,土常常是不同粒组的混合物,而土的性质主要取决于不同粒组的相对含量。土的颗粒级配是指大小土粒的搭配情况,通常以土中各个粒组干土的相对含量的百分比来表示。为了解各粒组的相对含量,就需进行颗粒分析。

1)颗粒分析的方法

确定各个粒组相对含量的颗粒分析试验方法有以下两种:

表 1-1　土粒粒组的划分

粒组统称	粒组名称		粒径范围(mm)	一般特性
巨粒组	漂石(块石)		$d>200$	透水性很大,无黏性,无毛细水
	卵石(碎石)		$200\geq d>60$	
粗粒组	砾粒(角砾)	粗砾	$60\geq d>20$	透水性大,无黏性,毛细水上升高度不超过粒径大小
		中砾	$20\geq d>5$	
		细砾	$5\geq d>2$	
	砂粒	粗砂	$2\geq d>0.5$	易透水,当混有云母等杂质时透水性减小,而压缩性增大;无黏性,遇水不膨胀,干燥时松散;毛细水上升高度不大,随粒径变小而增大
		中砂	$0.5\geq d>0.25$	
		细砂	$0.25\geq d>0.075$	
细粒组	粉粒		$0.075\geq d>0.005$	透水性小,湿时稍有黏性,遇水膨胀小,干时稍有收缩;毛细水上升较快,上升高度较大,极易出现冻胀现象
	黏粒		$d\leq 0.005$	透水性很小,湿时有黏性和可塑性,遇水膨胀大,干时收缩显著;毛细水上升高度较大,但速度较慢

(1)筛分法。筛分法适用于粒径在 0.075~60 mm 的土。试验时,将风干的均匀土样放入一套孔径不同的标准筛,标准筛的孔径依次为 60 mm、40 mm、20 mm、10 mm、5 mm、2 mm、1.0 mm、0.5 mm、0.25 mm、0.1 mm、0.075 mm,经筛析机振动将土粒分开,称出留在每个筛上的土粒质量,即可求出各粒组土粒的相对含量,如图 1-2 所示。

(2)密度计法。密度计法适用于粒径小于 0.075 mm 的土。该法根据理想圆球体在水中下沉速度与其直径的平方成正比的原理,把土粒认为是与其有相同沉降速度的理想圆球体,粗颗粒在水中下沉速度快,细颗粒下沉速度慢,通过测定不同时刻水土悬液的密度值,来换算小于某粒径的土粒含量及各粒组的相对含量,如图 1-3 所示。

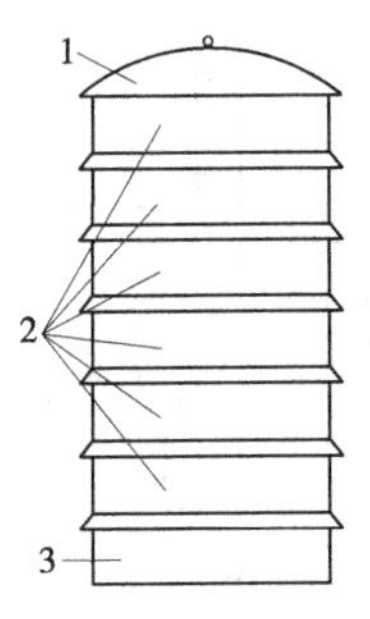

1—筛盖;2—筛身;3—底盘

图 1-2　标准筛

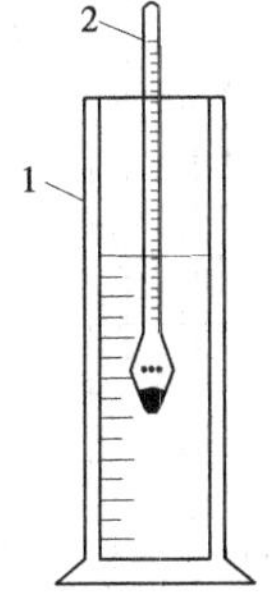

1—量筒;2—密度计

图 1-3　密度计法观测

若土中粗细粒组兼有,可将土样用振摇法或水冲法过 0.075 mm 的筛子,使其分为两部分。粒径大于0.075 mm的土样用筛分法分析,粒径小于0.075 mm的土样用密度计法进行分析,然后将两种试验成果组合一起对土样进行分析。

2)颗粒分析的结果

颗粒分析的结果常用列表法或级配曲线法两种方式表达。

(1)列表法。列出表格直接表达各粒组的百分含量。表1-2即某干土样的颗粒分析结果。

表1-2 某干土的筛分法颗粒分析统计

筛孔直径(mm)	2.0	1.0	0.5	0.25	0.1	0.075
筛上土的质量(g)	165	120	100	35	80	
各粒组土粒含量占总土样的比例(%)	33	24	20	7	16	
小于各粒径的土粒占总土样的百分数(%)	67	43	23	16		

注:1.表中筛上土的质量就是各粒组的土粒含量,该土总土质量为500 g。

2.各粒组土粒含量占总土样的比例$=\frac{\text{筛上土的质量}}{\text{总土质量}}\times100\%$。

(2)级配曲线法。根据筛分法及密度计法试验结果,绘制颗粒级配曲线,横坐标以对数形式表示粒径大小,纵坐标表示小于某粒径的土粒占总土质量的百分数。

颗粒级配曲线的作用有两种:一是利用颗粒级配曲线可以计算出各粒组的含量,作为土的工程分类定名的依据;二是利用颗粒级配曲线分析判断土的级配好坏。

利用颗粒级配曲线定性地分析土的级配好坏,若土样含的土颗粒粒径范围广,粒径大小相差悬殊,曲线较平缓并光滑连续,则级配良好;反之,若土样含的土粒粒径范围窄,土粒粒径大小差不多,曲线较陡或出现平台的,则级配不良。如图1-4所示,从级配曲线a和b可看出,曲线a级配良好,曲线b则级配不良。

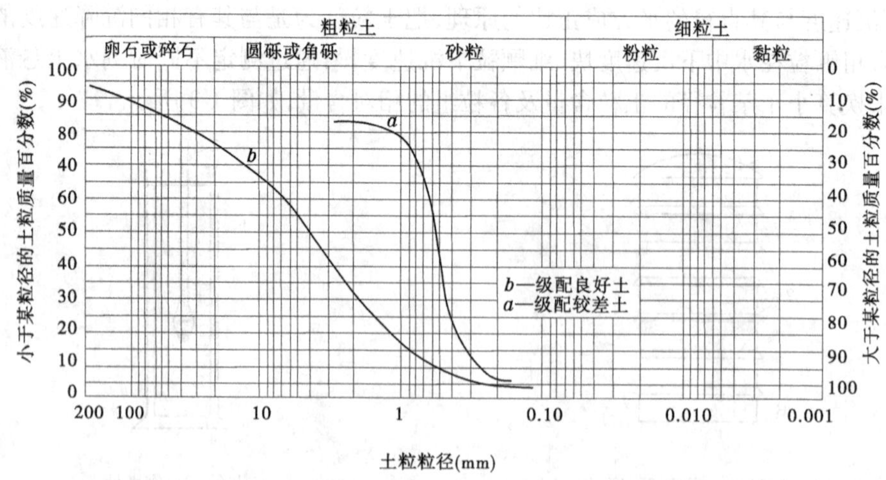

图1-4 颗粒级配曲线

定量地判断土的级配好坏，常用不均匀系数 C_u 和曲率系数 C_c 两个级配指标来衡量。

不均匀系数 C_u：

$$C_u = \frac{d_{60}}{d_{10}} \tag{1-1}$$

曲率系数 C_c：

$$C_c = \frac{d_{30}^2}{d_{60} \times d_{10}} \tag{1-2}$$

式中：d_{60}——土的控制粒径或限定粒径，是指小于该粒径的土粒占总土质量的60%；

d_{10}——土的有效粒径，是指小于该粒径的土粒占总土质量的10%；

d_{30}——小于该粒径的土粒占总土质量的30%。

不均匀系数 C_u 反映土粒大小的不均匀程度，C_u 越大，则曲线越平缓，表示土颗粒粒径范围广，粒径大小悬殊，颗粒大小越不均匀，作为填方工程的土料时，则比较容易获得较大的密实度；曲率系数 C_c 反映粒组的连续情况，其值过大或过小，曲线都有明显的台阶状，说明土样缺少某些粒径的土粒，土体不易压实，透水性及变形均较大。

工程上，$C_u \geq 5$ 且 $C_c = 1 \sim 3$ 的土，称为级配良好的土；不能同时满足上述两个要求的土，称为级配不良的土。

（二）土的液相

土中的水可以处于液态、固态或气态，其类型和数量对土的状态和性质都有重大影响。土中水在不同作用下会处于不同的状态，其类型如图1-5所示。

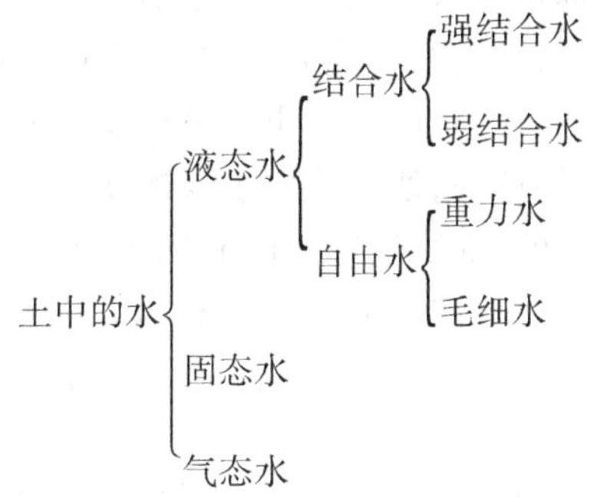

图1-5　土中水的类型

1.结合水

研究表明，大多数黏土颗粒表面都带有负电荷，因而围绕土粒周围形成了一定强度的电场，是孔隙中的水分子极化，这些极化后的极性水分子和水溶液中所含的阳离子（如钾、钠、钙、镁等阳离子），在电场力的作用下定向地吸附在土颗粒周围，形成一层不可自由移动的水膜，该水膜称为结合水。结合水又可根据受电场力作用的强弱分为强结合水和弱结合水，如图1-6、图1-7所示。

强结合水是指被强电场力紧紧地吸附在土粒表面附近的结合水膜（又称吸着水）。其密度为1.2~2.4 g/cm³，冰点很低，可达−78 ℃，沸点较高，在105 ℃以上才可以被释放，而且很难移动，没有溶解能力，不传递静水压力，失去了普通水的基本特性，其性质与固体相近，具有很大的黏滞性和一定的抗剪强度。

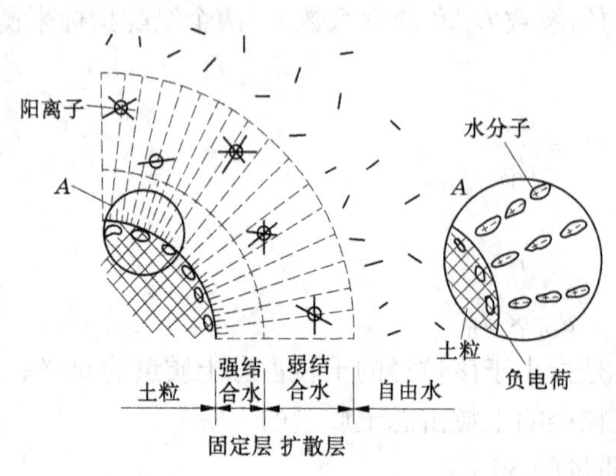

图 1-6 土粒与水分子相互作用模拟

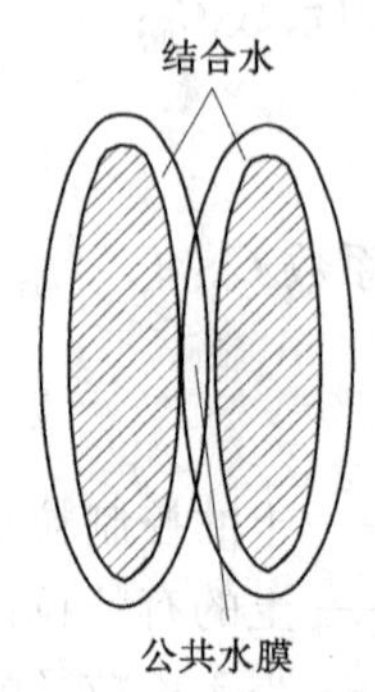

图 1-7 结合水膜

弱结合水是指分布在强结合水外围吸附力稍低的结合水(又称薄膜水)。这部分水膜由于距颗粒表面较远,受电场力作用较小,它与土粒表面的结合不如强结合水紧密。其密度为 1.0~1.7 g/cm^3,冰点低于 0 ℃,不传递静水压力,也不能在孔隙中自由流动,只能以水膜的形式由水膜较厚处缓慢移向水膜较薄的地方,这种移动不受重力影响。

2. 自由水

土孔隙中位于结合水以外的水称自由水,自由水由于不受土粒表面静电场力的作用,且可在孔隙中自由移动,按其运动时所受的作用力不同,可分为重力水和毛细水。

受重力作用而运动的水称重力水。重力水位于地下水位以下,重力水与一般水一样,可以传递静水压力和动水压力,具有溶解能力,可溶解土中的水溶盐,使土的强度降低,压缩性增大;可以对土颗粒产生浮托力,使土的重力密度减小;它还可以在水头差的作用下形成渗透水流,并对土粒产生渗透力,使土体发生渗透变形。

土中存在着很多大小不同的孔隙,这些孔隙有的可以相互连通形成弯曲的细小通道(毛细管),由于水分子与土粒表面之间的附着力和水表面张力的作用,地下水将沿着土中的细小通道逐渐上升,形成一定高度的毛细水带,地下水位以上的自由水称为毛细水。

(三)土的气相

土中的气体有两类:一类是与大气连通的自由气体,其成分与空气相似,在压力作用下,容易排出土体外,对土的工程力学性质影响很小;另一类是不与大气连通的封闭气体,在压力作用下可被压缩或溶解于水,而当压力减小时又可能复原,使土的渗透性减小,弹性增大,不易压缩稳定,对土的工程性质具有一定影响。

二、土的结构和构造

(一)土的结构

土的结构是指土颗粒之间排列与联结特征,在地质作用过程中逐渐形成的,与土的矿物成分、颗粒形状和沉积有关。土的结构通常可分为单粒结构、蜂窝状结构和絮状结构等三种基本类型。

1. 单粒结构

单粒结构是由土粒在自重作用下单独下沉达到稳定状态形成的。颗粒之间是点接触，几乎没有联结，粒间相互作用的影响相比重力作用的影响则可忽略不计，如图 1-8 所示。砂土和砾石土等粗颗粒土，一般都属于单粒结构，这种结构的土可能是紧密的，也可能是疏松的。

2.蜂窝结构

这种结构是粒径在 0.005~0.075 mm 范围的细颗粒土，在沉积过程中土粒之间的引力作用大于土粒自重，使颗粒互相连结成的。由于土粒之间的引力作用为主导作用，土粒不下沉，而是依次被吸引形成蜂窝结构，如图 1-9 所示。其主要特点是孔隙大，在荷载作用下常产生较大变形，同时强度也较低。

3.絮状结构

粒径小于 0.005 mm 的黏土颗粒在水中长期悬浮而不下沉，当这些黏粒在水中相互碰撞而吸引凝聚形成小链环下沉时，在小链环之间形成类似蜂窝状而孔隙特大的结构，称为絮状结构，如图 1-10 所示。这种结构在荷载作用下，特点是变形大、强度小。

图 1-8　单粒结构

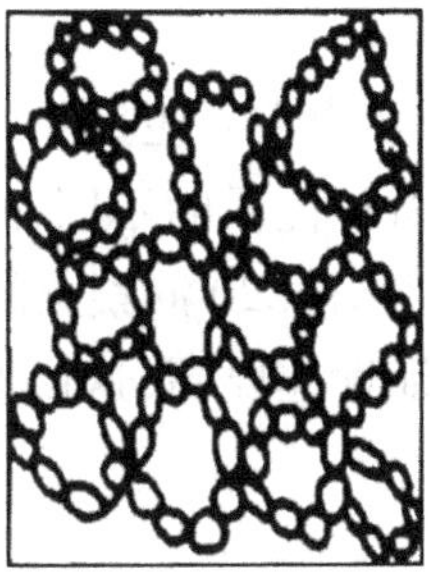

图 1-9　蜂窝结构

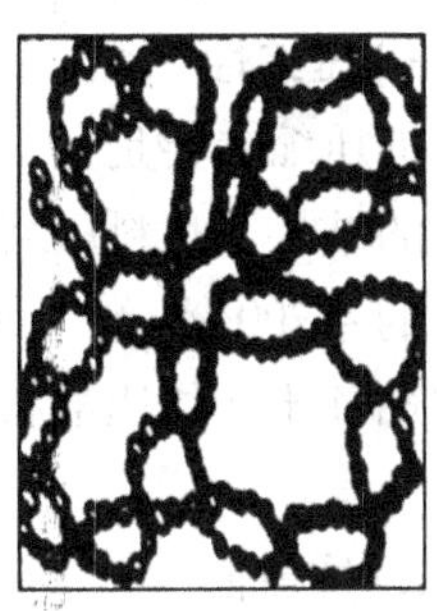

图 1-10　絮状结构

在以上三种结构中，以密实的单粒结构工程性质最好。一般把具有蜂窝状结构和絮状结构的土称为结构性土。对于结构性土，要尽量减少扰动，避免破坏土的原状结构，否则土的力学性质会表现为压缩性高、强度低，不可作为天然地基。

（二）土的构造

土的构造是指同一土层中土颗粒之间的相互位置与充填空间的特征。一般可分为层状构造、分散构造、裂隙构造和结核构造四种类型。

1.层状构造

土粒在沉积形成过程中，由于不同的地质作用和沉积环境，相同的物质成分、大小或颜色的土粒在竖直方向沉积成一定厚度，呈现出成层特征，为细粒土的一个重要特征。第四纪冲积层具有明显的层状构造，因沉积环境条件的变化，常又会出现夹层、尖灭和透镜体等交错层理。

2.分散构造

砂、砾石等沉积物，当沉积厚度较大时，往往无明显的层理而呈分散状，分布均匀，性质相近，称为分散构造。

3.裂隙构造

裂隙构造是指土层中存在的各种不连续的裂隙，裂隙中往往充填着盐类沉淀物。不少坚硬和硬塑状态的黏性土具有此种构造。黄土中有特殊的柱状裂隙，红黏土中网状裂隙发育可延伸至地下 3~4 m。裂隙破坏了土的完整性，使工程性质恶化。

4.结核构造

在细粒土层中混有粗颗粒或铁质、钙质等结合体，称为结核构造。如含砾石的冰碛黏土，含缰石的粉质黏土等。

在以上四种构造中，通常分散构造工程性质最好；层状构造的尖灭层和透镜体的存在会影响土层的受力和压缩的不均匀性，常会引起地基的不均匀变形；裂隙构造的裂隙强度低、渗透性大、工程性质差；结核构造工程性质的好坏取决于细粒土性质。

三、土的特性

土的工程特性即土的力学性质。由于土形成原因的复杂性，所以就从根本上决定了土的工程特性的复杂性。土的多孔性和散体性是土区别于其他固体材料的本质特征。因此，与其他固体材料相比，土的工程特性主要体现在以下三方面。

（一）压缩性

土的压缩主要是在压力作用下，土颗粒发生重新排列，导致土体孔隙中水气排出和体积缩小的结果。材料压缩性高低随材料性质的不同而有很大差别，卵石的压缩性为钢筋压缩性的 4 200 倍，饱和细砂的压缩性比 C20 混凝土的压缩性高 1 600 倍，而软塑或流塑状态的黏性土往往比饱和细砂的压缩性还要高，这说明土的压缩性比其他固体材料高得多。

（二）抗剪性

土的抗剪性是指土的强度。无黏性土的强度来源于土粒表面粗糙不平产生的摩擦力；黏性土的强度除摩擦力外，还有黏聚力。无论摩擦力和黏聚力，均远远小于建筑材料本身的强度，也就是说，土的强度不是指抗压强度或抗拉强度，而是指抗剪强度。土的强度比其他建筑材料（如钢材、混凝土等）都低得多。

（三）透水性

土形成原因决定了土的多孔性，这给水的渗流提供了通道，土的透水性比木材、混凝土等固体材料都大，尤其是粗颗粒的卵石或砂土，其透水性极大。

上述土的三种工程特性，即压缩性高、抗剪性低、透水性大，与建筑工程设计和施工关系密切，被称为土的三大力学性质，需高度重视。

第三节　土的物理性质指标

土中三相物质本身的特性及它们之间的相互作用，对土的性质有着本质的影响，如对于无黏性土，密实状态强度高，松散时强度低；而对于细粒土，含水少时硬，含水多时则软。所以，土的性质不只取决于三相组成中各相本身的特性，三相之间量的比例关系也是一个非常重要的影响因素。把土体三相间量的比例关系称为土的物理性质指标，工程中常用土的物理性质指标作为评价土的工程性质优劣的基本指标。土的物理性质指标包括实测指标和换算指标两大类。

一、土的三相图

为了使土的三相关系形象化,以获得清楚的概念,通常用三相图来表示土的三相组成,如图 1-11 所示。

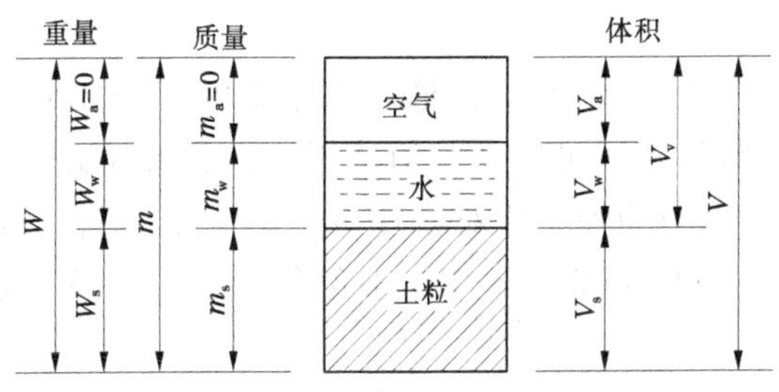

图 1-11　土的三相图

图中各符号的意义如下:W 表示重量,m 表示质量,V 表示体积。下标 a 表示气体,下标 s 表示土粒,下标 w 表示水,下标 v 表示孔隙。如 W_s、m_s、V_s 分别表示土粒重量、土粒质量和土粒体积。

二、实测指标

(一)土的质量密度 ρ 和土的重力密度 γ

土的质量密度,简称土的密度,是指天然状态下单位体积土的质量,常用 ρ 表示,其表达式为

$$\rho = \frac{m}{V} = \frac{m_s + m_w}{V} \quad (g/cm^3) \tag{1-3}$$

土的天然密度变化较大,随土的密实程度和孔隙水含量的多少而变化,一般为 1.6~2.0 g/cm^3。天然土体为三相土时,天然密度称为湿密度;天然土体为饱和状态时,天然密度称为饱和密度。

土的重力密度,简称土的重度,是指单位土体所受的重力,常用 γ 表示,其表达式为

$$\gamma = \frac{W}{V} = \frac{W_s + W_w}{V} \quad (kN/m^3) \tag{1-4}$$

土的密度是通过试验测定的,土的重度可以由土的密度换算得到。其换算关系式为

$$\gamma = \rho g \tag{1-5}$$

式中:g——重力加速度,在国际单位制中常用 9.81 m/s^2,为换算方便,也可近似用 $g = 10$ m/s^2进行计算。

土的密度一般常用环刀法测定,具体方法见《土工试验规程》(SL 237—1999)。工程中现场测定土的密度常用灌砂法、灌水法,以及近期引进的核子密度仪测定方法。

(二)土粒相对密度 G_s

土粒相对密度是指土粒在 105~110 ℃下烘至恒重时的质量与同体积 4 ℃时纯水的质量之比,过去称为比重,其表达式为

$$G_s = \frac{m_s}{V_s \rho_w} \tag{1-6}$$

式中：ρ_w——4 ℃时纯水的密度，取 $\rho_w = 1\ g/cm^3$。

土粒相对密度常用比重瓶法来测定，试验方法详见《土工试验规程》（SL 237—1999）。

土粒相对密度是一个无因次指标，其值取决于土的矿物成分和有机质含量，颗粒越细，相对密度越大，有经验的地区可按经验值选用，砂土相对密度一般为 2.65~2.69，砂质粉土相对密度约为 2.70，黏质粉土相对密度约为 2.71，粉质黏土相对密度一般为 2.72~2.73，黏土相对密度一般为 2.74~2.76。当土中含有机质时，相对密度值减小。

（三）土的含水率 ω

土的含水率是指土中水的质量与土粒质量的比，以百分数表示，其表达式为

$$\omega = \frac{m_w}{m_s} \times 100\% \tag{1-7}$$

土的含水率是反映土干湿程度的指标，土的含水率常用烘干法测定，试验方法详见《土工试验规程》（SL 237—1999），现场也可以用核子密度仪测定。在天然状态下，土的含水率变化幅度很大，一般来说，砂土的含水率 $\omega = 0 \sim 40\%$；黏性土的含水率 $\omega = 15\% \sim 60\%$；淤泥或泥炭的含水率可高达 100%~300%。同一种土，随土的含水率增高，土在变湿、变软，强度会降低，压缩性也会增大。所以土的含水率是控制填土压实质量、确定地基承载力特征值和换算其他物理性质指标的重要指标。

三、换算指标

（一）干密度 ρ_d 和干重度 γ_d

土的干密度是指单位土体中土粒的质量，即土体中土粒质量 m_s 与总体积 V 之比，表达式为

$$\rho_d = \frac{m_s}{V} \quad (g/cm^3) \tag{1-8}$$

单位体积的干土所受的重力称为干重度，可按下式计算：

$$\gamma_d = \frac{W_s}{V} \quad (kN/m^3) \tag{1-9}$$

土的干密度（或干重度）是评价土的密实程度的指标，干密度大表明土密实，干密度小表明土疏松。因此，在填筑堤坝、路基等填方工程中，常把干密度作为填土设计和施工质量控制的指标。一般填土的设计干密度为 15~17 g/cm^3。

（二）饱和密度 ρ_{sat} 和饱和重度 γ_{sat}

土的饱和密度是指土在饱和状态时，单位体积土的密度。此时，土中的孔隙完全被水所充满，土体处于固相和液相的二相状态，其表达式为

$$\rho_{sat} = \frac{m_s + m'_w}{V} = \frac{m_s + V_v \rho_w}{V} \quad (g/cm^3) \tag{1-10}$$

式中：m_w'——土中孔隙全部充满水时的水重；

ρ_w——水的密度，$\rho_w = 1\ g/cm^3$。

饱和重度 $\gamma_{sat} = \rho_{sat} g$。

（三）浮密度 ρ' 和浮重度 γ'

在地下水位以下，单位体积中土粒的质量扣除同体积水的质量后，即为单位体积中土粒的有效质量，称为土的浮密度，其表达式为

$$\rho' = \frac{m_s - V_s \rho_w}{V} \quad (g/cm^3) \tag{1-11}$$

土在水下时，单位体积的有效重量称为土的浮重度，或称有效重度。地下水位以下的土，由于受到水的浮力作用，土体的有效重量应扣除水的浮力的作用，浮重度的表达式为

$$\gamma' = \frac{W_s - V_s \gamma_w}{V} \quad (kN/m^3) \tag{1-12}$$

从上述四种重度的定义可知，同一种土四种重度的数值上关系是：$\gamma_{sat} \geqslant \gamma > \gamma_d > \gamma'$。

（四）孔隙率 n 与孔隙比 e

土的孔隙率是指土体孔隙体积与总体积之比，常用百分数表示，其表达式为

$$n = \frac{V_v}{V} \times 100\% \tag{1-13}$$

土的孔隙比是指土体孔隙体积与土颗粒体积之比，其表达式为

$$e = \frac{V_v}{V_s} \tag{1-14}$$

孔隙率表示孔隙体积占土的总体积的百分数，所以其值恒小于100%。土的孔隙比主要与土粒的大小及其排列的松密程度有关。一般砂土的孔隙比为0.4~0.8，黏土为0.6~1.5，有机质含量高的土，孔隙比甚至可高达2.0以上。

孔隙比和孔隙率都是反映土的密实程度的指标。对于同一种土，e 或 n 愈大，表明土愈疏松；反之，土愈密实。在计算地基沉降量和评价砂土的密实度时，常用孔隙比而不用孔隙率。

（五）饱和度 S_r

饱和度是指土中水的体积与孔隙体积之比，用百分数表示，其表达式为

$$S_r = \frac{V_w}{V_v} \times 100\% \tag{1-15}$$

饱和度反映土中孔隙被水充满的程度。理论上，当 $S_r = 100\%$ 时，表示土体孔隙中全部充满了水，土是完全饱和的；当 $S_r = 0$ 时，表明土是完全干燥的。实际上，土在天然状态下是极少达到完全干燥或完全饱和状态的。因为风干的土仍含有少量水分，即使完全浸没在水下，土中还可能会有一些封闭气体存在。

按饱和度的大小，可将砂土分为以下几种不同的湿润状态：

$S_r \leqslant 50\%$	稍湿
$50\% < S_r \leqslant 80\%$	很湿
$S_r > 80\%$	饱和

四、指标间的换算

上述土的物理性质指标中，天然密度ρ、土粒相对密度G_s和含水率ω三个指标是通过试验测定的。在测定这三个指标后，其他各指标可根据它们的定义并利用土中三相关系导出其换算公式。例如：

$$\gamma_d = \frac{W_s}{V} = \frac{W_s}{W/\gamma} = \frac{\gamma W_s}{W_s + W_w} = \frac{\gamma}{1+\omega}$$

$$e = \frac{V_v}{V_s} = \frac{V - V_s}{V_s} = \frac{W_s V}{W_s V_s} - 1 = \frac{W_s \gamma_w V}{V_s \gamma_w W_s} - 1 = \frac{G_s \gamma_w}{\gamma_d} - 1$$

土的物理性质指标都是三相基本物理量间的相对比例关系，换算指标可假定$V_s=1$或$V=1$，根据定义利用三相图算出各相的数值，取三相图中任一个基本物理量等于任何数值进行计算，都应得到相同的指标值。

实际工程中，为了减少计算工作量，可根据表1-3给出的土的物理性质指标的关系及其最常用的计算公式，直接计算。

表1-3　土的三相比例换算公式

指标	符号	表达式	换算公式
干重度	γ_d	$\gamma_d=\frac{m_s g}{V}$	$\gamma_d=\frac{\gamma}{1+\omega},\gamma_d=\frac{G_s\gamma_w}{1+e},\gamma_d=\frac{nS_r}{\omega}\gamma_w$
孔隙比	e	$e=\frac{V_v}{V_s}$	$e=\frac{G_s\gamma_w}{\gamma_d}-1,e=\frac{G_s\gamma_w(1+\omega)}{\gamma}-1$
孔隙率	n	$n=\frac{V_v}{V}\times100\%$	$n=\frac{e}{1+e},\ n=1-\frac{\gamma_d}{G_s\gamma_w}$
饱和重度	γ_{sat}	$\gamma_{sat}=\frac{m_s g+V_v\gamma_w}{V}$	$\gamma_{sat}=\gamma_d+n\gamma_w,\gamma_{sat}=\frac{G_s+e}{1+e}\gamma_w$
浮重度	γ'	$\gamma'=\frac{m_s g-V_s\gamma_w}{V}$	$\gamma'=\gamma_{sat}-\gamma_w,\gamma'=\frac{G_s-1}{1+e}\gamma_w$
饱和度	S_r	$S_r=\frac{V_w}{V_v}\times100\%$	$S_r=\frac{\omega G_s}{e},S_r=\frac{\omega\gamma_d}{n\gamma_w}$

【例1-1】　用体积$V=50\ cm^3$的环刀切取原状土样，用天平称出土样的湿土质量为94.00 g，烘干后为75.63 g，测得土样的相对密度$G_s=2.68$。求该土的湿重度γ、含水率ω、干重度γ_d、孔隙比e和饱和度S_r各为多少？

解：(1)湿重度

$$\rho = \frac{m}{V} = \frac{94.00}{50} = 1.88(g/cm^3)$$

$$\gamma = \rho g = 1.88 \times 9.81 = 18.44(kN/m^3)$$

(2)含水率

$$\omega=\frac{m_w}{m_s}\times100\%=\frac{m-m_s}{m_s}\times100\%=\frac{94.00-75.63}{75.63}\times100\%=24.30\%$$

(3)干重度

$$\gamma_d=\frac{\gamma}{1+\omega}=\frac{18.44}{1+0.243}=14.84(\mathrm{kN/m^3})$$

(4)孔隙比

$$e=\frac{G_s\gamma_w}{\gamma_d}-1=\frac{2.68\times9.81}{14.84}-1=0.772$$

(5)饱和度

$$S_r=\frac{\omega G_s}{e}\times100\%=\frac{0.243\times2.68}{0.772}\times100\%=84.4\%$$

【例 1-2】 某原状土样,经试验测得土的湿重度 $\gamma=18.44\ \mathrm{kN/m^3}$,天然含水率 $\omega=24.3\%$,土粒的相对密度 $G_s=2.68$,试利用三相图求该土样的干重度 γ_d、饱和重度 γ_{sat}、孔隙比 e 和饱和度 S_r 等指标值。

解:1.求基本物理量

设 $V=1\ \mathrm{m^3}$,求三相草图 1-11 中各相的数值

(1)求 W_s、W_w、W

由　$\gamma=\frac{W}{V}$ 得 $W=\gamma V=18.44\times1=18.44(\mathrm{kN})$

又　$\omega=\frac{W_w}{W_s}$ 得 $W_w=\omega W_s=0.243W_s$　①

$W=W_s+W_w$　②

①代入②得 $18.44=W_s+0.243W_s$

$$W_s=\frac{18.44}{1.243}=14.84(\mathrm{kN})$$

$W_w=0.243W_s=0.243\times14.84=3.61(\mathrm{kN})$

(2) 求 V_s、V_w、V_v

由　$G_s=\frac{W_s}{V_s\gamma_w}$ 得 $V_s=\frac{W_s}{G_s\gamma_w}=\frac{14.84}{2.68\times9.81}=0.564(\mathrm{m^3})$

又　$\gamma_w=\frac{W_w}{V_w}$ 得 $V_w=\frac{W_w}{\gamma_w}=\frac{3.61}{9.81}=0.368(\mathrm{m^3})$

$V_v=V-V_s=1.0-0.564=0.436(\mathrm{m^3})$

2.求 γ_d、e、S_r

$$\gamma_d=\frac{W_s}{V}=\frac{14.84}{1}=14.84(\mathrm{kN/m^3})$$

$$e=\frac{V_v}{V_s}=\frac{0.436}{0.564}=0.773$$

$$S_r = \frac{V_w}{V_v} \times 100\% = \frac{0.368}{0.436} \times 100\% = 84.4\%$$

【例 1-3】　某饱和黏性土的含水率为 $\omega = 38\%$，相对密度 $G_s = 2.71$，求土的孔隙比 e 和干重度 γ_d。

解：1.计算各基本物理量

设 $V_s = 1\ \text{m}^3$，绘三相草图，见图 1-12，求三相草图中的各基本物理量。

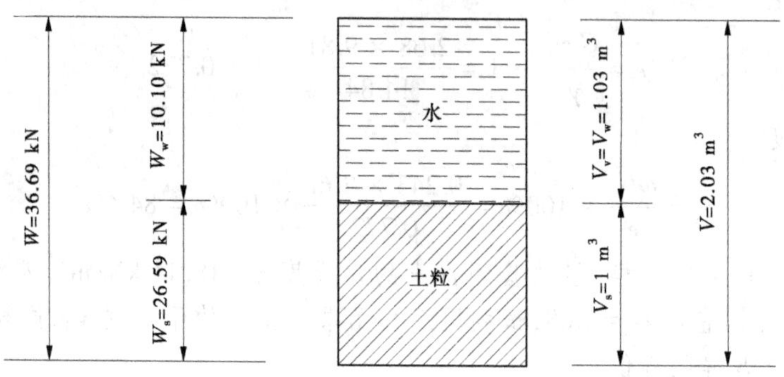

图 1-12　例 1-3 图

(1)求 W_s、W_w、W

由　$G_s = \dfrac{W_s}{V_s \gamma_w}$ 得 $W_s = G_s V_s \gamma_w = 2.71 \times 1 \times 9.81 = 26.59(\text{kN})$

由　$\omega = \dfrac{W_w}{W_s}$ 得 $W_w = \omega W_s = 0.38 \times 26.59 = 10.10(\text{kN})$

$W = W_s + W_w = 26.59 + 10.10 = 36.69(\text{kN})$

(2)求 V_w、V_v、V

由　$\gamma_w = \dfrac{W_w}{V_w}$ 得 $V_w = \dfrac{W_w}{\gamma_w} = \dfrac{10.10}{9.81} = 1.03(\text{m}^3)$

因是饱和土体，所以 $V_w = V_v$；$V = V_s + V_w = 1 + 1.03 = 2.03(\text{m}^3)$

2.求 e 和 γ_d

$$e = \frac{V_v}{V_s} = \frac{1.03}{1} = 1.03$$

$$\gamma_d = \frac{W_s}{V} = \frac{26.59}{2.03} = 13.10(\text{kN/m}^3)$$

第四节　土的物理状态指标

土在自然状态下所表现出的松密、软硬等程度，称为土的物理状态。土的物理状态对土的工程性质影响较大，而不同类的土，其物理状态的影响因素也不同。影响无黏性土物理状态的主要因素是密实度，黏性土则主要是受含水量变化的影响。

一、无黏性土的密实度

无黏性土一般是指碎石(类)土和砂(类)土。这两类土中一般黏粒含量甚少,不具有可塑性,呈单粒结构。这两类土的物理状态主要取决于土的密实程度。无黏性土呈密实状态时,强度较高,是良好的天然地基;呈松散状态时则是一种软弱地基,在振动作用下,饱和的粉砂、细砂还可能发生液化。对无黏性土评价的关键问题是正确地划分其密实度,描述土密实程度的定量指标一般有孔隙比、相对密实度和标准贯入锤击数。

(一)孔隙比

判别无黏性土密实度最简便的方法是用孔隙比 e,孔隙比愈小,表示土愈密实,孔隙比愈大,土愈疏松。但由于颗粒的形状和级配对孔隙比的影响很大,而孔隙比没有考虑颗粒级配这一重要因素的影响,故应用时存有缺陷。

(二)相对密实度

为弥补孔隙比的缺陷,在工程上采取相对密实度,相对密实度 D_r 是将天然状态时的孔隙比 e 与最疏松状态的孔隙比 e_{max} 和最密实状态的孔隙比 e_{min} 进行对比,作为衡量无黏性土密实度的指标,判断无黏性土的密实度,其表达式为

$$D_r = \frac{e_{max} - e}{e_{max} - e_{min}} \tag{1-16}$$

式中:D_r——砂土的相对密实度;

e_{max}——砂土在最松散状态下的孔隙比,即最大孔隙比;

e_{min}——砂土在最密实状态下的孔隙比,即最小孔隙比;

e——砂土的天然孔隙比。

显然,D_r 越大,土越密实。当 $D_r=0$ 时,表示土处于最疏松状态;当 $D_r=1$ 时,表示土处于最紧密状态。工程中根据相对密实度 D_r,将无黏性土的密实程度划分为密实、中密和松散三种状态,其标准见表 1-4。

表 1-4　砂土密实度划分标准

密实状态	密实	中密	松散
相对密实度 D_r	$0.67<D_r\leqslant 1$	$0.33<D_r\leqslant 0.67$	$0<D_r\leqslant 0.33$

相对密实度 D_r 由于考虑了颗粒级配的影响,所以在理论上是较完善的,但在测定 e_{max} 和 e_{min} 时,人为因素影响很大,试验结果不稳定。

【例 1-4】　某砂层的天然重度 $\gamma=18.2\ \text{kN/m}^3$,含水率 $\omega=13\%$,土粒的相对密度 $G_s=2.65$,最小孔隙比 $e_{min}=0.40$,最大孔隙比 $e_{max}=0.85$,该土层处于什么状态?

解:(1)求土层的天然孔隙比 e

$$e=\frac{G_s\gamma_w(1+\omega)}{\gamma}-1=\frac{2.65\times 9.81\times(1+0.13)}{18.2}-1=0.614$$

(2)求相对密度 D_r

$$D_r=\frac{e_{max}-e}{e_{max}-e_{min}}=\frac{0.85-0.614}{0.85-0.40}=0.524$$

因为 $0.33<D_r<0.67$，故该土层处于中密状态。

（三）标准贯入试验

对于天然土体，较普遍的做法是采用标准贯入试验锤击数 N 来现场判定砂土的密实度。标准贯入试验是在现场进行的原位试验。该法是用质量为 63.5 kg 的穿心锤，以一定高度（76 cm）的落距将贯入器打入土中 30 cm 中所需要的锤击数作为判别指标，称为标准贯入锤击数 N。显然锤击数 N 愈大，表明土层愈密实；反之，N 愈小，土层愈疏松。按标准贯入锤击数 N 划分砂土密实度的标准如表 1-5 所示。

表 1-5　砂土的密实度

密实度	密实	中密	稍密	松散
标准贯入锤击数 N	$N>30$	$15<N\leqslant 30$	$10<N\leqslant 15$	$N\leqslant 10$

碎石土的密实度可按重型（圆锥）动力触探试验击数 $N_{63.5}$ 和 N_{120} 划分。划分标准见表 1-6和表 1-7。

表 1-6　碎石土密实度按 $N_{63.5}$ 分类

密实度	密实	中密	稍密	松散
重型动力触探锤击数 $N_{63.5}$	$N_{63.5}>20$	$10<N_{63.5}\leqslant 20$	$5<N_{63.5}\leqslant 10$	$N_{63.5}\leqslant 5$

注：本表适用于平均粒径等于或小于 50 mm，且最大粒径小于 100 mm 的碎石土。对于平均粒径大于 50 mm，或最大粒径大于 100 mm 的碎石土，可用超重型动力触探或用野外观察鉴别。

表 1-7　碎石土密实度按 N_{120} 分类

密实度	很密	密实	中密	稍密	松散
超重型动力触探锤击数 N_{120}	$N_{120}>14$	$11<N_{120}\leqslant 14$	$6<N_{120}\leqslant 11$	$3<N_{120}\leqslant 6$	$N_{120}\leqslant 3$

二、黏性土的稠度

（一）黏性土的稠度状态和界限含水率

所谓稠度，是指黏性土在某一含水率时的稀稠程度或软硬程度。黏性土处在某种稠度时所呈现出的状态，称稠度状态。土有四种状态，即固态、半固态、可塑状态和流动状态。土的状态不同，稠度不同，强度及变形特性也不同，土的工程性质不同。

所谓界限含水率，是指黏性土从一个稠度状态过渡到另一个稠度状态时的分界含水率，也称稠度界限。黏性土的物理状态随其含水率的变化而有所不同，四种稠度状态之间有三个界限含水率，分别叫作缩限 ω_S、塑限 ω_P 和液限 ω_L，如图 1-13 所示。

（1）缩限 ω_S 是指固态与半固态之间的界限含水率。当含水率小于缩限 ω_S 时，土体的体积不随含水率的减小而缩小。

（2）塑限 ω_P 是指半固态与可塑状态之间的界限含水率。

（3）液限 ω_L 是指可塑状态与流动状态之间的界限含水率。

如图 1-13 所示，当土中含水率很小时，水全部为强结合水，此时土粒表面的结合水膜很薄，土颗粒靠得很近，颗粒间的结合水联结很强。因此，当土粒之间只有强结合水时，按水膜厚薄不同，土呈现为坚硬的固态或半固态，随着含水率的增加，土粒周围结合水膜加厚，结合水膜中除强结合水外还有弱结合水，此时，土处于可塑状态。土在这一状态范围内具有可塑性，即被外力塑成任意形状而土体表面不发生裂缝或断裂，外力去掉后仍能保持其形变的特性。黏性土只有在可塑状态时，才表现出可塑性；当含水率继续增加，土中除结合水外还有自由水时，土粒多被自由水隔开，土粒间的结合水联结消失，土就处于流动状态。

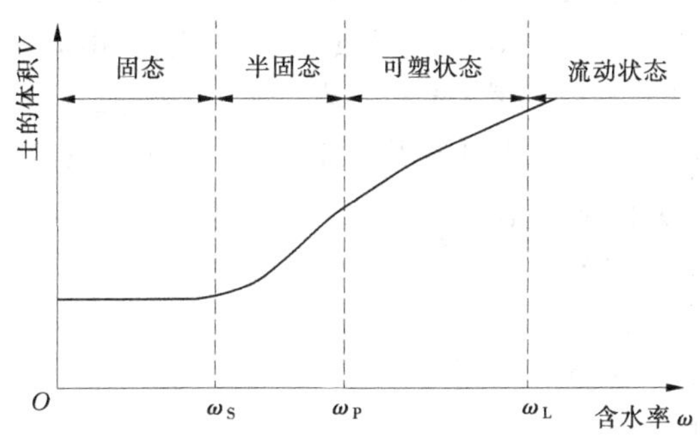

图 1-13　黏性土的稠度状态

(二)塑性指数与液性指数

1.塑性指数 I_P

塑性指数 I_P 是指液限与塑限的差值，其表达式为

$$I_P = \omega_L - \omega_P \tag{1-17}$$

塑性指数表明了黏性土处在可塑状态时含水率的变化范围，习惯上用直接去掉百分号的数值来表示。

塑性指数的大小与土的黏粒含量及矿物成分有关，土的塑性指数愈大，说明土中黏粒含量愈多，土处在可塑状态时含水率变化范围也就愈大，I_P 值也愈大；反之，I_P 值愈小。所以，塑性指数是一个能反映黏性土性质的综合性指数，工程上可采用塑性指数对黏性土进行分类和评价。按塑性指数大小，《建筑地基基础设计规范》(GB 50007—2011) 对黏性土的分类标准为：黏土($I_P > 17$)，粉质黏土($10< I_P \leqslant 17$)。

2.液性指数 I_L

土的含水率在一定程度上可以说明土的软硬程度。只知道土的天然含水率还不能说明土所处的稠度状态，还必须把天然含水率 ω 与这种土的塑限 ω_P 和液限 ω_L 进行比较，才能判定天然土的稠度状态。

黏性土的液性指数为天然含水率与塑限的差值和液限与塑限的差值之比。其表达式为

$$I_L = \frac{\omega - \omega_P}{\omega_L - \omega_P} = \frac{\omega - \omega_P}{I_P} \tag{1-18}$$

根据《岩土工程勘察规范》(GB 20021—2001)、《建筑地基基础设计规范》(GB 50007—2011) 和《公路桥涵地基与基础设计规范》(JTG D63—2007)，黏性土的稠度状态按液性指数 I_L 划分为表 1-8 中所示五种状态。

表 1-8　按液性指数划分黏性土稠度状态

稠度状态	坚硬	硬塑	可塑	软塑	流塑
液性指数	$I_L \leqslant 0$	$0 < I_L \leqslant 0.25$	$0.25 < I_L \leqslant 0.75$	$0.75 < I_L \leqslant 1$	$I_L > 1$

值得注意的是，黏性土的塑限与液限都是将土样扰动后测定的，没有考虑土的原状结构对强度的影响，用于评价原状土的天然稠度状态，往往偏于保守。

【例 1-5】 已知黏性土的密度 $\rho_s = 2.75\ \mathrm{g/cm^3}$，液限为 40%，塑限为 22%，饱和度为 0.98，孔隙比为 1.15，试计算塑性指数、液性指数及确定黏性土的状态。

解：根据液限和塑限可以求得塑性指数为 18，土的含水率及液性指数可由下式求得：

$$\omega = \frac{e\gamma_w S_r}{\gamma_s} = \frac{1.15 \times 9.81 \times 0.98}{2.75 \times 9.81} = 41\%$$

$$I_L = \frac{\omega - \omega_p}{\omega_L - \omega_p} = \frac{0.41 - 0.22}{0.40 - 0.22} = 1.06$$

$I_L > 1$，故此黏性土为流塑状态。

第五节　土的击实性

在工程建设中，常用土料填筑土堤、土坝、路基和地基等，土料是由固体颗粒、孔隙中的水和气体组成的松散集合体。土的击实性就是指土体在一定的击实功能作用下，土颗粒克服粒间阻力，产生位移，颗粒重新排列，使土的孔隙比减小、密实度增大，提高强度，减小压实性和渗透性。但在击实过程中，即使采用相同的击实功能，对于不同种类、不同含水率的土，击实效果也不完全相同。因此，为了技术上可靠和经济上合理，必须对填土的击实性进行研究。

一、击实试验

研究土的击实性的方法有两种：一是在室内用标准击实仪进行击实试验；另一种是在现场用碾压机具进行碾压试验，施工时以施工参数（包括碾压设备的型号、振动频率及重量、铺土厚度、加水量、碾压遍数等）及干密度同时控制。

室内击实试验标准击实仪如图 1-14 所示，该击实仪主要由击实筒、击实锤和导筒组成。

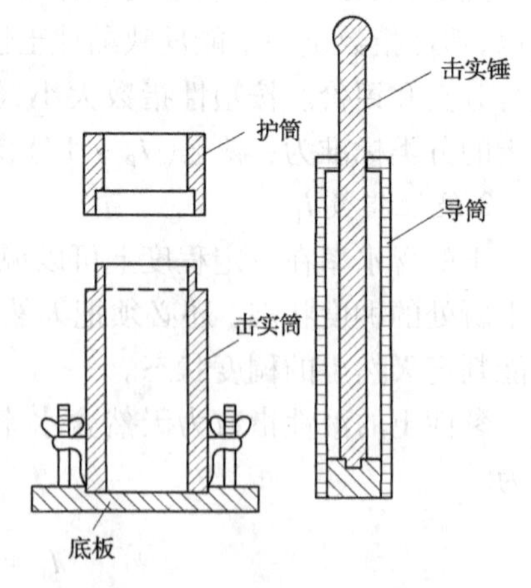

图 1-14　击实仪示意图

击实试验时，先将待测的土料按不同的预定含水率（不少于 5 个），制备成不同的试样。取制备好的某一试样，分 3 层装入击实筒，在相同击实功（锤重、锤落高度和锤击数三者的乘积）下击实试样，称筒和筒土合重，根据已知击实筒的体积测算出试样湿密度，用推土器推出试样，测试样含水率,然后计算出该试样的干密度,不同试样得到不同的干密度 ρ_d 和含水率 ω。以干密度为纵坐标、含水率为横坐标，绘制干密度 ρ_d 和含水率 ω 的关系曲线,如图 1-15 即为土的击实曲线。击实试验的目的就是用标准击实方法,测定土的干密度和含水率的关系，从击实曲线上确定土的最大干密度 ρ_{dmax} 和相应的最优含水率 ω_{op} ,为填土的设计与施工提供重要的依据。

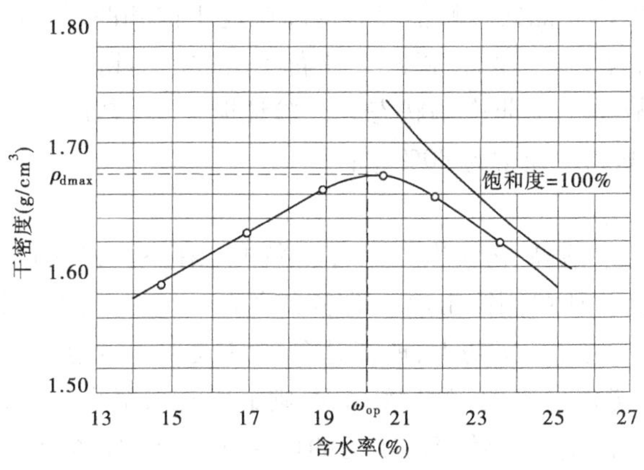

图 1-15　击实曲线

二、影响土击实性的因素

土的击实性主要与填土的级配、含水率和击实功的大小等因素有关。

(一) 土粒级配

在相同的击实功条件下,级配不同的土,其击实特性是不相同的。颗粒级配良好的土,最大干密度较大,最优含水率较小,可满足强度和稳定性的要求。

土料质量控制是保证填筑质量的重要一环,所以土方填筑前要做颗粒分析试验,并选择符合设计要求的土料。

(二) 土的含水率

从土的击实曲线(见图 1-15) 中可明显地看出，在一定击实功的作用下，$\omega < \omega_{op}$ 时，击实曲线上的干密度是随着含水率的增加而增加的。这是由于在含水率较小时,土粒周围的结合水膜较薄,土粒间的结合水的联结力较大,可以抵消部分击实功的作用,土粒不易产生相对移动而挤密,所以土的干密度较小。随着含水率增大、结合水膜增厚,土粒间结合水的联结力将减弱,水在土体中起一种润滑作用,摩阻力减小,土粒间易于移动而挤密,故土的干密度增大。当 $\omega > \omega_{op}$ 时,曲线上的干密度则是随着含水率的增加而逐渐减小。这是由于含水率的过量增加,使孔隙中出现了自由水,并将部分空气封闭,在击实瞬时荷载作用下,不可能使土中多余的水分和封闭气体排出,从而孔隙水压力不断升高,抵消了部分击实功,击实效果反而下降,结果是土的干密度减小。随着含水率增大,抵消作用愈强,土的干密度也就愈小。只有当 ω 在 ω_{op} 附近时,由于含水率适当,此时土中结合水膜较厚,但孔隙水量小,所以土粒间的结合水的联结力和摩阻力较小,土中孔隙水压力和封闭气体的抵消作用也较小。在相同的击实功下，土粒易排列紧密，可得到较大的干密度，因而击实效果最好。黏性土的最优含水率一般接近黏性土的塑限，可近似取为 $\omega_{op} = \omega_P + 2\%$ 。

将不同含水率及所对应的土体达到饱和状态时的干密度点绘于图 1-15 中，得到理论上所能达到的最大击实曲线，即饱和度为 $S_r = 100\%$ 的击实曲线，也称饱和曲线。从图 1-15中可见，试验的击实曲线在峰值以右逐渐接近于饱和曲线，并且大体上与它平行，但永不相交。这是因为在任何含水率下，填土都不会被击实到完全饱和状态，土内总留存一定量的封闭气体，故填土是非饱和状态。试验证明，一般黏性土在其最佳击实状态下（击实曲线峰点），其饱和度通常为 80%左右。

（三）击实功

击实功是击实锤重、落高、击实次数三者的乘积。在室内击实试验中，当锤重和锤落高一定时，击实功的大小还可用锤击数 n 的多少来表示。对于同一种土，击实功小，则所能达到的最大干密度也小；击实功大，所能达到的最大干密度也大。最优含水率正好相反，即击实功小，则最优含水率大；而击实功大，则最优含水率小，如图 1-16 所示。应该指出的是，击实效果增大的幅度是随着击实功的增大而降低的，企图单纯地用增加击实功的办法来提高土的干密度是不经济的，而应该综合地加以考虑。

粗粒土的击实性也与含水率有关。一般在完全干燥或充分洒水饱和的状态下，容易击实到较大的干密度。而在潮湿状态，由于毛细压力的作用，增加了土粒间的连接，填土不易击实，干密度显著降低，如图 1-17 所示。在击实功一定时，对其充分洒水使土料接近饱和，击实后得到的密度较大，粗粒土一般不做击实试验。

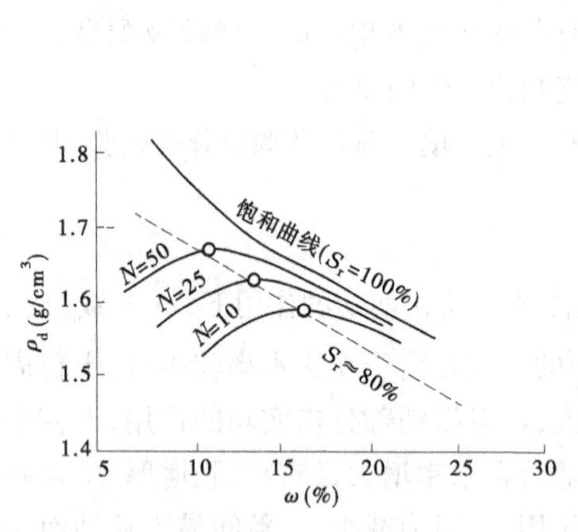

图 1-16 土的含水率、干密度和击实功关系曲线

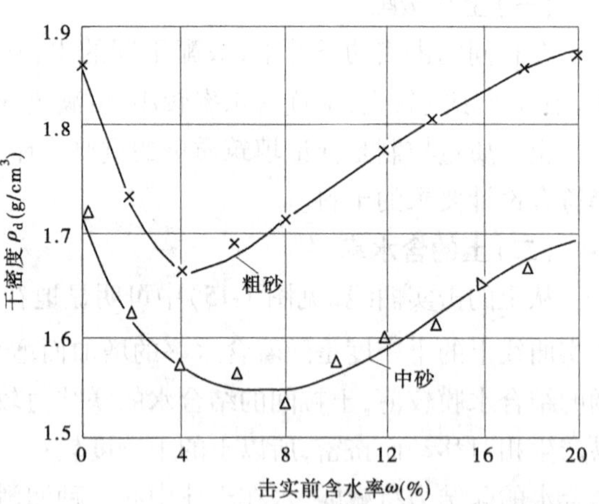

图 1-17 粗粒土的击实曲线

三、现场填土的压实质量控制

改善填土的工程性质，使其强度增加、变形减少、渗透性减小，提高土的压实度和均匀性，使填土具有足够的抗剪强度和较小的压缩性，填土必须采取夯打、碾压或振动等方法

将土料击实到一定的密实程度,工程中常用羊角碾、气胎碾、振动碾和夯实机械对土料压实,并对填土进行现场质量检测,以保证地基稳定和建筑物的安全。

(一)压实度的概念

土料填筑施工质量是关键,细粒土填筑标准则通常根据击实试验确定,最大干密度是评价土的压实度的一个重要指标,它的大小直接决定着现场填土的压实质量是否符合施工技术规范的要求。由于黏性填土存在着最优含水率,因此在填土施工时应将土料的含水率控制在最优含水率左右,以期用较小的能量获得最好的压实效果。因此,在确定土的施工含水率时,应根据土料的性质、填筑部位、施工工艺和气候条件等因素综合考虑,一般在最优含水率 ω_{op} 的-2%~3%范围内选取。

在工程实践中常用压实度 P 来控制施工质量,压实度是设计填筑干密度 ρ_d 与室内击实试验的最大干密度 ρ_{dmax} 的比值, 即

$$P = \frac{\text{设计填筑干密度}\ \rho_d}{\text{标准击实试验的最大干密度}\ \rho_{dmax}} \tag{1-19}$$

未经压实的松土的干密度一般为 1.12~1.33 g/cm^3, 压实后可达 1.58~1.83 g/cm^3,填土一般压实后干密度为 1.63~1.73 g/cm^3。

(二)填土的压实质量控制

施工质量的检查方法为以 200~500 cm^{3}环刀(环刀压入碾压土层的 2/3 深度处)或灌砂(水)法测湿密度、含水率,并计算其施工现场填土的干密度。

我国土石坝工程设计规范中规定,黏性土料 1、2 级坝和高坝,填土的压实度控制在不低于 97%~99%;3 级及其以下的中坝,压实度控制在不低于 95%~97%。压实度越接近 100%,表示压实质量越高。

土料碾压筑堤压实质量合格标准见表 1-9。

表 1-9　土料碾压筑堤压实质量合格标准

填筑类型	筑堤材料	压实干密度合格率下限(%)	
		1、2 级土堤	3 级土堤
新填筑堤	黏性土	85	80
	少黏性土	90	85
老堤加高培厚	黏性土	85	80
	少黏性土	85	80

注:1.不合格干密度不得低于设计干密度值的 96%。

2.不合格样不得集中在局部范围内。

路床范围内的土层承受着强烈的车辆荷载反复作用,路基下层主要承受本身重量。因此,路床范围的压实度要求较高。路堤、路堑和路堤基底均匀压实。对于土质路基(含土石路堤)的压实度,《公路路基施工技术规范》(JTG F10—2006)的规定见表 1-10。

表 1-10 路堤压实质量合格标准

部位		路床顶面以下深度(m)	高速公路(%)	一级公路(%)	二、三、四级公路(%)
路堤	上路床	0~0.3	≥96	≥95	≥94
	下路床	0.3~0.8	≥96	≥95	≥94
	上路堤	0.8~1.5	≥94	≥94	≥93
	下路堤		≥93	≥92	≥90
零填及挖方路基		0~0.3	≥96	≥95	≥94
		0.3~0.8	≥96	≥95	—

第六节 土的工程分类

自然界的土类众多,其成分和工程性质变化很大。土的工程分类的目的就是将工程性质相近的土归成一类并予以定名,以便于对土进行合理的评价和研究。

人们对土已提出过不少的分类系统,如地质分类、土壤分类、结构分类等,每个分类系统反映了土某些方面的特征。对同样的土如果采用不同的规范分类,定出的土名可能会有差别,所以在使用规范时,必须先确定工程所属行业,根据有关行业规范,确定建筑物地基土的工程分类。

本书将分别介绍建筑工程、水利工程和公路工程三大行业土的分类方法。

一、《建筑地基基础设计规范》(GB 50007—2011)分类法

《建筑地基基础设计规范》(GB 50007—2011)将作为建筑地基的岩土,分为岩石、碎石土、砂土、粉土、黏性土和人工填土六大类,另有淤泥质土、红黏土、膨胀土、黄土等特殊土。

(一)岩石

作为建筑地基的岩石一般根据其坚硬程度和完整程度进行分类。岩石的坚硬程度按饱和单轴抗压强度分为坚硬岩、较硬岩、较软岩、软岩和极软岩,见表 1-11;岩体的完整程度可划分为完整、较完整、较破碎、破碎和极破碎,见表 1-12;岩石风化程度可分为未风化、微风化、中等风化、强风化和全风化。

表 1-11 岩石坚硬程度的划分

坚硬程度类别	坚硬岩	较硬岩	较软岩	软岩	极软岩
饱和单轴抗压强度标准值 f_{rk}(MPa)	$f_{rk}>60$	$60\geqslant f_{rk}>30$	$30\geqslant f_{rk}>15$	$15\geqslant f_{rk}>5$	$f_{rk}\leqslant 5$

表 1-12　岩体完整程度的划分

完整程度等级	完整	较完整	较破碎	破碎	极破碎
完整性指数	>0.75	0.75~0.55	0.55~0.35	0.35~0.15	<0.15

注:完整性指数为岩体纵波波速与岩块纵波波速之比的平方。选定岩体、岩块测定波速时应有代表性。

(二)碎石土

粒径大于 2 mm 的颗粒含量超过总质量的 50%的土为碎石土,根据粒组含量及颗粒形状可进一步分为漂石、块石、卵石或碎石、圆砾或角砾。分类标准见表 1-13。

表 1-13　碎石土的分类

土的名称	颗粒形状	粒组含量
漂石	圆形及亚圆形为主	粒径大于 200 mm 的颗粒超过总质量 50%
块石	棱角形为主	
卵石	圆形及亚圆形为主	粒径大于 20 mm 的颗粒超过总质量 50%
碎石	棱角形为主	
圆砾	圆形及亚圆形为主	粒径大于 2 mm 的颗粒超过总质量 50%
角砾	棱角形为主	

注:分类时,应根据粒组含量由上到下以最先符合者确定。

(三)砂土

粒径大于 2 mm 的颗粒含量不超过总质量的 50%、粒径大于 0.075 mm 的颗粒含量超过总质量 50%的土为砂土。根据粒组含量可进一步分为砾砂、粗砂、中砂、细砂和粉砂,分类标准见表 1-14。

表 1-14　砂土的分类

土的名称	粒组含量
砾砂	粒径大于 2 mm 的颗粒含量占总质量 25%~50%
粗砂	粒径大于 0.5 mm 的颗粒含量超过总质量 50%
中砂	粒径大于 0.25 mm 的颗粒含量超过总质量 50%
细砂	粒径大于 0.075 mm 的颗粒含量超过总质量 85%
粉砂	粒径大于 0.075 mm 的颗粒含量超过总质量 50%

注:1.定名时应根据颗粒级配由大到小以最先符合者确定。
2.当砂土中,粒径小于 0.075 mm 的土的塑性指数大于 10 时,应冠以“含黏性土”定名,如含黏性土的粗砂等。塑性指数由相应于 76 g 圆锥体沉入土样中深度为 10 mm 时测定的液限计算而得。

(四)粉土

塑性指数 $I_P \leqslant 10$ 且粒径大于 0.075 mm 的颗粒含量不超过总质量 50%的土为粉土。

(五)黏性土

塑性指数 $I_P>10$ 的土为黏性土。黏性土按塑性指数大小又分为黏土($I_P>17$)和粉质黏土($10<I_P\leqslant17$)。

(六)人工填土

人工填土是指由于人类活动而形成的堆积物。人工填土物质成分较复杂,均匀性也较差,按堆积物的成分和成因可分为:

(1)素填土。由碎石、砂土、粉土或黏性土所组成的填土。

(2)杂填土。含有建筑物垃圾、工业废料及生活垃圾等杂物的填土。

(3)冲填土。由水力冲填泥沙形成的填土。

在工程建设中所遇到的人工填土,各地区往往不一样。在历代古城,一般都保留有人类文化活动的遗物或古建筑的碎石、瓦砾。在山区常是由于平整场地而堆积、未经压实的素填土。城市建设常遇到的是煤渣、建筑垃圾或生活垃圾堆积的杂填土,一般是不良地基,多需进行处理。

(七)特殊性土

《建筑地基基础设计规范》(GB 50007—2011)中又把淤泥、淤泥质土、红黏土和膨胀土及湿陷性黄土单独制定了它们的分类标准。

(1)淤泥和淤泥质土。淤泥和淤泥质土是指在静水或缓慢流水环境中沉积,经生物化学作用形成的黏性土。天然含水率大于液限,天然孔隙比 $e\geqslant1.5$ 的黏性土称为淤泥。天然含水率大于液限而天然孔隙比 $1\leqslant e<1.5$ 为淤泥质土。

淤泥和淤泥质土的主要特点是含水率大、强度低、压缩性高、透水性差,固结需时间长。

(2)红黏土。红黏土是指碳酸盐岩系出露的岩石,经红土化作用形成的棕红、褐黄等色的高塑性黏土。其液限一般大于50%,具有上层土硬、下层土软,失水后有明显的收缩性及裂隙发育的特性。

红黏土经再搬运后,仍保留其基本特征,其液限 ω_L 大于45%的土称为次红黏土。

(3)膨胀土。土中黏粒成分主要由亲水性矿物组成,同时具有显著的吸水膨胀性和失水收缩性,其自由胀缩率大于或等于40%的黏性土为膨胀土。

(4)湿陷性黄土。当土体浸水后沉降,其湿陷系数大于或等于0.015的土称为湿陷性黄土。

【例1-6】 已知从某土样的颗粒级配曲线上查得:大于0.075 mm的颗粒含量为64%,大于0.25 mm的颗粒含量为38.5%,大于2 mm的颗粒含量为8.5%,并测得该土样细粒部分的液限 $\omega_L=38\%$,塑限 $\omega_P=19\%$,试按《建筑地基基础设计规范》(GB 50007—2011)对该分类定名。

解:(1)因该土样大于2 mm的颗粒含量为8.5%<50%,而且大于0.075 mm的颗粒含量为总质量的64%>50%,所以该土属砂土。

(2)查表1-14,因大于0.25 mm的颗粒含量为38.5%<50%,大于0.075 mm的颗粒含量为64%,不超过85%,且超过50%,该土定名为粉砂。

【例1-7】 从某土样颗粒级配曲线上查得:大于0.075 mm的颗粒含量为38%,大于2

mm 的颗粒含量为 13%，并测得该土样细粒部分的液限 $\omega_L=46\%$，塑限 $\omega_P=28\%$，《建筑地基基础设计规范》(GB 50007—2011)对土分类定名。

解：(1)因该土大于 0.075 mm 的颗粒含量为 38%<50%，又因塑性指数 $I_P=18>10$，故为黏性土。

(2)因 $I_P=18>17$，所以该土定名为黏土。

二、水利部《土工试验规程》(SL 237—1999)分类法

水利部颁发的《土工试验规程》(SL 237—1999)与交通部颁发的《公路土工试验规程》(JTG E40—2007)分类体系和标准基本相同，以下介绍水利部颁发的《土工试验规程》(SL 237—1999)分类体系。土的总分类体系见图 1-18，分类时应以图 1-18 中从左到右逐步确定土的名称，具体步骤如下。

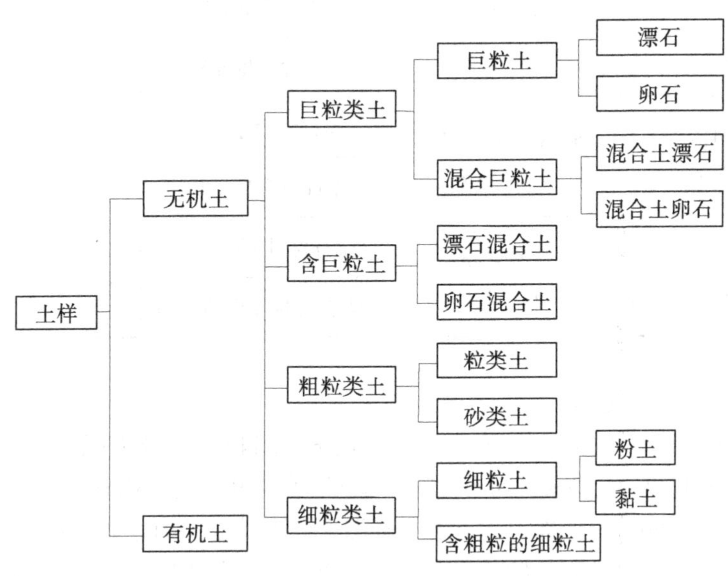

图 1-18　土的总分类体系

(一)鉴别有机土和无机土

土中的有机质无固定粒径，由完全分解、部分分解到未分解的动植物残骸构成的物质。有机质含量可根据颜色、气味、纤维质来鉴别，如土样呈黑色、青黑色或暗色，有臭味，含纤维质，手触有弹性和海绵感时，一般是有机质土。不含或基本不含有机质时，为无机土。水利部《土工试验规程》(SL 237—1999)与《岩土工程勘察规范》(GB 50021—2001)规定：有机质含量 $Q_u\geq5\%$ 时称有机土，其中分为有机质土($5\%\leq Q_u\leq10\%$)、泥炭质土($10\%<Q_u\leq60\%$)和泥炭($Q_u>60\%$)。

(二)鉴别巨粒类土、含巨粒土、粗粒土或细粒(类)土

对无机土，先根据该土样的颗粒级配曲线，确定巨粒组($d>60$ mm)的质量占土总质量的百分数，当土样中巨粒组质量大于总质量的 50%时，该土称巨粒类土；当土样中巨粒组质量为总质量的 15%~50%时，该土称为含巨粒土；当土样中巨粒组质量小于总质量的

15%时,可扣除巨粒,按粗粒土或细粒(类)土的相应规定分类定名。

当粗粒组(0.075 mm<d≤60 mm)质量大于总质量的 50%时,该土称为粗粒类土;当细粒组质量大于或等于总质量的 50%时,该土则为细粒(类)土。然后再对巨粒土、含巨粒土、粗粒土或细粒(类)土进一步细分。

(三)对巨粒土、粗粒土或细粒类土的进一步分类

1.巨粒土的分类和定名

巨粒土分为漂(卵)石、漂(卵)石夹土和漂(卵)石质土,巨粒土的详细分类定名见表 1-15。

表 1-15 巨粒土和含巨粒土的分类

土类	粒组含量		土代号	土名称
巨粒土 (漂(卵)石)	巨粒含量 100%~75%	漂石粒含量>50%	B	漂石
		漂石粒含量≤50%	C_b	卵石
混合巨粒土 (漂(卵)石夹土)	巨粒含量小于 75%, 大于 50%	漂石粒含量>50%	BSI	漂石夹土
		漂石粒含量≤50%	C_bSI	卵石夹土
巨粒混合土 (漂(卵)石质土)	巨粒含量 50%~15%	漂石含量>卵石含量	SIB	漂石质土
		漂石含量≤卵石含量	SIC_b	卵石质土

2.粗粒土的分类和定名

粗粒组质量大于总质量 50%的土称为粗粒土。粗粒土又分为砾类土和砂类土。当粗粒类土中砾粒组(2 mm<d≤60 mm)质量大于总质量 50%的土称砾类土;砾粒组质量小于或等于总质量的 50%的土称为砂类土。砾类土和砂类土又细分如下:

(1)砾类土分类。根据其中的细粒含量和类别,以及粗粒组的级配,砾类土又分为砾、含细粒土砾和细粒土质砾。细分和定名详见表 1-16。

表 1-16 砾类土分类

土类	粒组含量		土代号	土名称
砾	细粒含量小于 5%	级配:C_u>5,C_c=1~3	GW	级配良好的砾
		级配:不同时满足上述要求	GP	级配不良的砾
含细粒土砾	细粒土含量 5%~15%		GF	含细粒土砾
细粒土质砾	15%<细粒含量≤50%	细粒为黏土	GC	黏土质砾
		细粒为粉土	GM	粉土质砾

(2)砂类土的分类。砂类土也根据其中的细粒含量及类别、粗粒组的级配又分为砂、含细粒土砂和细粒土质砂,细分和定名详见表 1-17。

表 1-17 砂类土分类定名

土类	粒组含量		土代号	土名称
砂	细粒含量小于 5%	级配：$C_u>5$，$C_c=1\sim3$	SW	级配良好的砂
		级配：不同时满足上述要求	SP	级配不良的砂
含细粒土砂	细粒土含量 5%～15%		SF	含细粒土砂
细粒土质砂	15%<细粒含量≤50%	细粒为黏土	SC	黏土质砂
		细粒为粉土	SM	粉土质砂

3.细粒（类）土的分类和定名

细粒类土又分为细粒土、含粗粒的细粒土和有机质土。粗粒组质量小于总质量的25%的土称细粒土；粗粒组质量为总质量的 25%～50%的土称含粗粒的细粒土；试样中有机质含量大于或等于 5%，且小于 10%的土称有机质土。细粒土、含粗粒的细粒土和有机质土细分如下：

（1）细粒土的分类。细粒土应根据塑性图分类。塑性图是以土的液限 ω_L 为横坐标，塑性指数 I_P 为纵坐标，见图 1-19。塑性图中有 A、B 两条线，A 线方程式 $I_P=0.73(\omega_L-20)$，A 线上侧为黏土，下侧为粉土。B 线方程式为 $\omega_L=50\%$，$\omega_L<50\%$ 为低液限，$\omega_L\geq50\%$ 为高液限。这样 A、B 两条线将塑性图划分为四个区域，每个区域都标出两种土类名称的符号。应用时，根据土的 ω_L 和 I_P 值可在图中得到相应的交点。按照该点所在区域的符号，由表 1-18 便可查出土的典型名称。

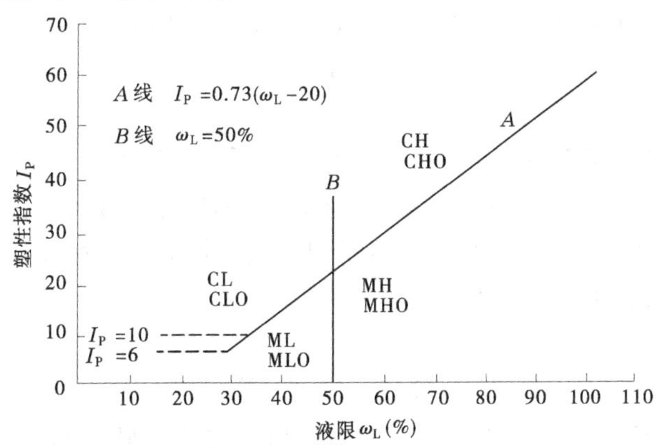

图 1-19 塑性图

（2）含粗粒的细粒土分类先按表 1-18 的规定确定细粒土名称，再按下列规定最终定名：① 粗粒中砾粒占优势，称含砾细粒土，土代号后缀以代号 G，如 CHG—含砾高液限黏土，MLG—含砾低液限黏土。② 粗粒中砂粒占优势，称含砂细粒土，土代号后缀以代号 S，如 CHS—含砂高液限黏土，MLS—含砂低液限黏土。

此外，自然界中还分布有许多一般土所没有的特殊性质的土，如黄土、红黏土、膨胀土、冻土等特殊土。它们的分类都有专门的规范，工程实践中遇到时，可选择相应的规范查用。

表 1-18 细粒土分类表

土的塑性指标在图中的位置		土代号	土名称
塑性指数(I_P)	液限(ω_L)		
$I_P \geqslant 0.73(\omega_L-20)$ 和 $I_P \geqslant 10$	$\omega_L \geqslant 50\%$	CH(或 CHO)	高液限黏土(或有机质高液限黏土)
	$\omega_L<50\%$	CL(或 CLO)	低液限黏土(或有机质低液限黏土)
$I_P<0.73(\omega_L-20)$ 和 $I_P<10$	$\omega_L \geqslant 50\%$	MH(或 MHO)	高液限粉土(或有机质高液限粉土)
	$\omega_L<50\%$	ML(或 MLO)	低液限粉土(或有机质低液限粉土)

有机质土的分类定名是按表 1-18 规定定出细粒土名称,再在各相应土类代号之后缀以代号 O,如 CHO 表示有机质高液限黏土;MLO 表示有机质低液限粉土。也可直接从塑性图中查出有机质土的定名。

三、《公路桥梁地基与基础设计规范》(JTG D63—2007)分类法

《公路桥梁地基与基础设计规范》(JTG D63—2007)规范中土的工程分类体系与《建筑地基基础设计规范》(GB 50007—2011)规范中采用的分类体系基本相同,但分类标准并不同。《公路桥梁地基与基础设计规范》(JTG D63—2007)规范将地基土分为岩石、碎石土、砂土和黏性土四大类。

(一)岩石

根据岩石的坚固性可分为硬质岩石、软质岩石和极软质岩石三类;根据岩石风化程度又可分为微风化、软风化、强风化和全风化岩石四大类。

(二)碎石土

碎石土是指粒径大于 2 mm 的颗粒含量超过总质量 50%的土。《公路桥梁地基与基础设计规范》(JTG D63—2007)规范对碎石土的定名和划分标准与《建筑地基基础设计规范》(GB 50007—2011)规范采用的完全相同,都是将碎石土分为漂石和块石、卵石和碎石、圆砾和角砾,划分标准与表 1-13 中相同。

(三)砂土

砂土是指粒径大于 2 mm 的颗粒含量不超过总质量的 50%,且粒径大于 0.1 mm 的颗粒含量超过或不超过总质量 75%的土。砂土也可再分为砾砂、粗砂、中砂、细砂和粉砂,但划分标准与《建筑地基基础设计规范》(GB 50007—2011)规范的标准不同,见表 1-19。

表 1-19 砂土的分类

土的名称	粒组含量
砾砂	粒径大于 2 mm 的颗粒占总质量 25%~50%
粗砂	粒径大于 0.5 mm 的颗粒超过总质量 50%
中砂	粒径大于 0.25 mm 的颗粒超过总质量 50%
细砂	粒径大于 0.1 mm 的颗粒超过总质量 75%
粉砂	粒径大于 0.1 mm 的颗粒不超过总质量 75%

注:定名时应根据颗粒级配由大到小以最先符合者确定。

(四)黏性土

按塑性指数的大小,《公路桥梁地基与基础设计规范》(JTG D63—2007)规范对黏性土的分类标准为:$1<I_P\leqslant 7$ 为亚砂土;$7<I_P\leqslant 17$ 为亚黏土;$I_P>17$ 为黏土。

(五)特殊土

特殊土是具有一些特殊成分、结构和性质的区域性地基土,包括软土、膨胀土、湿陷性土、红黏土、冻土、盐渍土和填土等。

思考题与习题

1.什么是土?土是怎样生成的?

2.土沉积物分为哪些类型?

3.什么是土的三相体?土的各相系对土的状态和性质有何影响?

4.什么是土的颗粒级配?什么是土的颗粒级配曲线?

5.何谓土的结构?土结构的类型一般有哪几种?

6.何谓土的构造?土的构造类型一般有哪些?

7.土的工程特性主要体现在哪些方面?

8.土的物理性质指标有哪些?其中哪几个可以直接测定?常用的测定方法是什么?

9.无黏性土的主要物理状态指标有哪些?

10.黏性土的主要物理特征是什么?何谓塑限?如何测定?何谓液限?如何测定?

11.何谓液性指数?如何应用液性指数来评价土的工程性质?

12.《建筑地基基础设计规范》(GB 50007—2011)中土的工程分类有哪些?

13.使用体积 60 cm^3 的环刀切取土样,测得土样质量为 114 g,烘干后的质量为 91.2 g,又经相对密度试验测得 $G_s=2.70$,试求:①该土的湿密度 ρ、湿重度 γ、含水率 ω 和干重度 γ_d;②在 1 m^3 土体中,土颗粒、水与空气所占的体积和质量。

14.某地基土试验中,测得土的干重度为 15.7 kN/m^3,含水率为 19.3%,土粒相对密度为 2.71,求该土的孔隙比、孔隙率及饱和度。

15.某原状土样,测出该土的 $\gamma=17.8\ kN/m^3$,$\omega=25\%$,$G_s=2.65$,试计算该土的干重度 γ_d、孔隙比 e、饱和重度 γ_{sat}、浮重度 γ' 和饱和度 S_r。

16.某黏性土的天然含水率 $\omega=28\%$,测得土的液限 $\omega_L=37\%$,塑限 $\omega_P=22\%$。试求:①该土的塑性指数 I_P;②该土的液性指数 I_L,并判别其所处的状态;③确定土的名称。

17.有 A、B 两土样,已知各物理指标如表 1-20 所示。

表 1-20　土样 A 和 B 的物理性质指标

土样	ω_L(%)	ω_P(%)	ω(%)	G_s	S_r(%)
A	30	12	45	2.70	100
B	29	16	26	2.68	100

试问:(1)哪一个土样的黏粒含量高?

(2)哪一个土样的孔隙比大?

(3)哪一个土样的饱和重度大?

(4)用《建筑地基基础设计规范》(GB 50007—2011)确定两土样的名称及状态。

18.某无机土样的颗粒级配曲线上查得大于0.075 mm的颗粒含量为97%,大于2 mm的颗粒含量为63%,大于60 mm的颗粒含量为7%,$d_{60}=3.55$ mm,$d_{30}=1.65$ mm,$d_{10}=0.3$ mm。试按《土工试验规程》(SL 237—1999)对土分类定名。

第二章　土中水的运动规律

第一节　土中水的毛细现象与土的冻融

土中水并非处于静止不变的状态，而是在运动着的。土中水的运动原因和形式很多，例如在重力的作用下，地下水的流动（土的渗透性问题），在土中附加应力作用下孔隙水的排出（土的固结问题），由于表面现象产生的水分移动（土的毛细现象），在土颗粒的分子引力作用下结合水的移动（如冻结时土中水分的移动），由于孔隙水溶液中离子浓度的差别产生的渗附现象等。土中水的运动将对土的性质产生影响，在许多工程实践中碰到的问题，如水利工程中的土坝和闸基、建筑物基础施工中开挖的基坑等，以及流砂、冻胀、软土地基固结、渗流时的边坡稳定以及水库的渗漏等，都与土中水的运动有关。

地下水的运动影响工程建筑的设计和使用安全，因此工程建设中必须对土中水的运动规律、水对土的工程性质的影响进行研究。

一、毛细现象

毛细现象是指发生在气、液、固三相界面上，土中的水在表面张力的作用下，沿着细的孔隙向上或向其他方向移动的现象，这种细微孔隙中的水被称为毛细水，如图 2-1 所示。毛细水会引起路基的冻害，引起房屋的地下室过分潮湿，毛细现象引起的盐渍化会对基础中的钢筋混凝土产生腐蚀等，这些现象都会对土的工程性质产生不良影响。

毛细水产生的原因：第一，水与空气的分界面上存在着表面张力，而液体总是力图缩小自己的表面积，以便表面自由能变得最小。这也就是一滴水珠总是成为球状的原因。第二，毛细管管壁的分子和水分子之间有引力作用，这个引力使与管壁接触部分的水面呈向上的弯曲状，这种现象称为湿润现象。而毛细管的直径较细，湿润现象使毛细管内水面的弯液面互相连接，形成了内凹的弯液面状，如图 2-1 所示。这时，水柱的表面积增加了。由于管壁与水分子之间的引力很大，它又会促使管内的水柱升高，从而改变弯液面形状，缩小表面积，降低了表面自由能。但当水柱升高而改变了弯液面的形状时，管壁与水之间的湿润现象又会使水柱面恢复为内凹的弯液面状。这样的重复

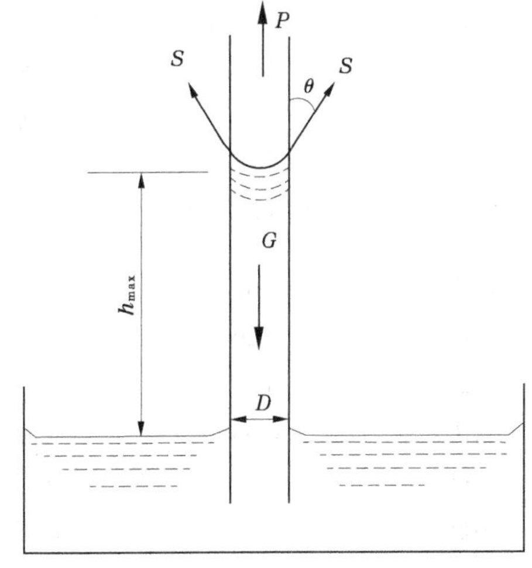

图 2-1　毛细管中水柱的上升

使毛细管内的水柱上升，直到升高的水柱重力和管壁与水分子间的引力所产生的上举力平衡。

毛细水的理论上升高度计算公式为

$$h_c = \frac{4\sigma}{D\gamma_w} \tag{2-1}$$

式中：D——毛细管直径；

γ_w——水的重度；

σ——水的表面张力，见表2-1。

表2-1　水与空气间的表面张力 σ 值

温度(℃)	−5	0	5	10	15	20	30	40
表面张力 σ (dyn/cm)	76.4	75.6	74.9	74.2	73.5	72.8	71.2	69.6

注：1 dyn/cm＝1×10^{-3} N/m。

从式(2-1)中可知，毛细水的上升高度与毛细管直径成反比，毛细管越细，毛细水上升高度越大。实际上，在天然土层中，毛细水的上升高度是不能简单地直接用式(2-1)计算的。因为土中的孔隙是不规则的，与圆柱状的毛细管根本不同，使得天然土层中的毛细现象比毛细管的情况要复杂得多。例如，假定黏土颗粒直径为0.000 5 mm，那么这种均匀黏粒堆积起来的孔隙直径，由式(2-1)计算可得毛细水上升高度最大达300 m，这是根本不可能的，实际上的毛细水上升不过数米而已。因而，海森(A.Hazen)提出了下面的经验公式：

$$h_0 = \frac{C}{ed_{10}} \tag{2-2}$$

式中：h_0——毛细水实际上升高度；

d_{10}——土的有效粒径；

e——土的孔隙比；

C——系数，一般为$(1\sim5)\times10^{-5}\ m^2$。

无黏性土毛细水上升高度的大致范围见表2-2。

表2-2　无黏性土毛细水上升高度

土名称	颗粒直径(mm)	孔隙比	毛细水头(cm)	
			毛细升高	饱和毛细水头
粗砾	0.82	0.27	5.4	6
砂砾	0.20	0.45	28.4	20
细砾	0.30	0.29	19.5	20
粉砾	0.06	0.45	106.0	69
粗砂	0.11	0.27	82.0	60
中砂	0.03	0.36	165.5	112
细砂	0.02	0.48~0.66	239.6	120
粉土	0.006	0.95~0.93	359.2	180

由表2-2可见，砾类与粗砂，毛细水上升高度很小；细砂和粉土，不仅毛细水高度大，而且上升速度也快，即毛细现象严重。但对于黏性土，由于结合水膜的存在，将减小土中孔隙的有效直径，使毛细水在上升时受到很大阻力，故上升速度很慢。

毛细压力可用图2-2来说明。

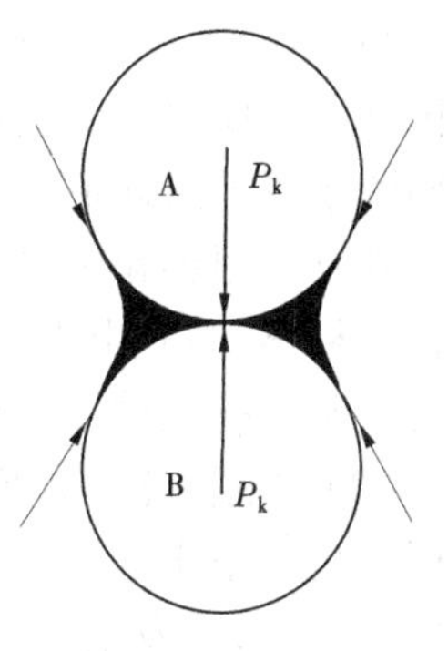

图2-2　毛细压力示意图

图中两个土粒A、B的接触面上有一些毛细水，由于土粒表面的湿润作用，使毛细水形成弯液面。在水和空气的分界面上产生的表面张力总是沿着弯液面切线方向作用的，它促使两个土粒互相靠近，在土粒的接触面上产生了一个压力，这个压力称为毛细压力P_k，也称为毛细黏聚力，它随含水量的变化时有时无。如干燥的砂土是松散的，颗粒间没有黏结力；而在潮湿砂中有时可挖成直立的坑壁，短期内不会坍塌；但当砂土被水淹没时，表面张力消失，坑壁便会倒塌。这就是毛细黏聚力的生成与消失所造成的现象。了解毛细压力的特性后，在工程实践中可以解决一些实际问题。

二、土的冻胀

地面下一定深度的水温，随大气温度而改变。当大气负温传入土中时，土中的自由水首先冻结成冰晶体，随着气温的继续下降，弱结合水的最外层也开始冻结，使冰晶体逐渐扩大。这样，使冰晶体周围土粒的结合水膜减薄，土粒就产生剩余的分子引力；另外，由于结合水膜的减薄，使得水膜中的离子浓度增加，产生了渗透压力（当两种水溶液的浓度不同时，会在它们之间产生一种压力差，使浓度较小的溶液中的水向浓度较大的溶液渗流）。在这两种引力作用下，下卧未冻结区水膜较厚处的弱结合水，被吸引到水膜较薄的冻结区，并参与冻结，使冰晶体增大，而不平衡引力却继续存在。假使下卧未冻结区存在着水源（如地下水距冻结区很近）及适当的水源补给通道（毛细通道），能够源源不断地补充到冻结区来，那么未冻结区的水分（包括弱结合水和自由水）就会不断地向冻结区迁移和积聚，使冰晶体不断扩大，在土层中形成冰夹层，土体随之发生隆起，即冻胀现象。这种冰晶体的不断增大，一直要到水源的补给断绝后才停止。当土层解冻时，土中积聚的冰晶体融化，土体随之下陷，即出现融陷现象。土的冻胀现象和融陷现象是季节性冻土的特性，亦即土的冻胀性。

可见，冻胀和融陷对工程都产生不利影响，特别是高寒地区，当发生冻胀时，使路基隆起，柔性路面鼓包、开裂，刚性路面错缝或折断；若在冻土上修建了建筑物，冻胀将引起建筑物的开裂、倾斜，甚至使轻型构筑物倒塌。而发生融陷后，路基土在车辆反复碾压下，轻者路面变得松软，重者路面翻浆，也会使房屋、桥梁、涵管发生大量下沉或不均匀下沉，引起建筑物的开裂破坏。

从上述土冻胀的机制分析中可以看到，土的冻胀现象是在一定条件下形成的。影响冻胀的因素包含以下三方面：

（1）土的因素。冻胀现象通常发生在细粒土中，特别是粉砂、粉土、粉质黏土和粉质亚砂土等，冻结时水分迁移积聚最为强烈，冻胀现象严重。这是因为这类土具有较显著的毛细现象，毛细水上升高度大，上升速度快，具有较通畅的水源补给通道。同时，这类土颗粒较细，表面能大，土粒矿物成分亲水性强，能持有较多结合水，从而能使大量结合水迁移和积聚。相反，黏土虽有较厚的结合水膜，但毛细孔隙很小，对水分迁移的阻力很大，没有通畅的水源补给通道，所以其冻胀性比上述土类小。

砂砾等粗颗粒土没有或具有很少量的结合水，孔隙中自由水冻结后，不会发生水分的迁移和积累，同时由于砂砾无毛细现象，因而不会发生冻胀。所以，在工程实践中常在地基或路基中换填砂土，以防治冻胀。

(2)水的因素。前面已指出，土层发生冻胀的原因是水分的迁移和积聚。因此，当冻结区附近地下水位较高，毛细水上升高度能够达到或接近冻结线，使冻结区能得到外部水源的补给时，将发生比较强烈的冻胀现象。因而，可以分为开敞型冻胀和封闭型冻胀两种类型，前者是在冻结过程中有外来水源补给的，后者是在冻结过程中没有外来水源补给的。开敞型冻胀往往在土层中形成很厚的冰夹层，产生强烈冻胀，而封闭型冻胀，土中冰夹层薄，冻胀量也小。

(3)温度的因素。当气温骤降且冷却强度很大时，土的冻结面迅速向下推移，即冻结速度很快。这时，土中弱结合水及毛细水还来不及向冻结区迁移就在原地冻结成冰，毛细通道也被冰晶体所堵塞。这样，水分的迁移和积聚不会发生，在土层中看不到冰夹层，只有散布于土孔隙中的冰晶体，这时形成的冻土一般无明显的冻胀。如气温缓慢下降，冷却强度小，但负温持续的时间较长，则就能促使未冻结区水分不断地向冻结区迁移和积聚，在土中形成冰夹层，出现明显的冻胀现象。

上述三方面的因素是土层发生冻胀的三个必要条件，可知在持续负温作用下，地下水位较高处的粉砂、粉土、粉质黏土等土层常具有较大的冻胀危害。因此，一般可采取将构筑物基础底面置于当地冻结深度(可查有关规范)以下，以防止冻害的影响。

第二节　土的渗透性

水在重力作用下通过土中的孔隙，从势能高的地方向势能低的地方发生流动，这种现象称为水的渗透。土是具有空隙的介质，当土作为水工建筑物地基或直接用来筑建土坝挡水时，在水头差的作用下，水会透过土体发生流动，这种现象称为渗透。这种土体被水透过的性质，称为土的渗透性。如图 2-3 所示，当土坝或水闸挡水后，在上下游水位差的作用下，上游的水就会通过土坝或水闸地基渗透到下游，水也会在浸润线以下的坝体中产生渗流。

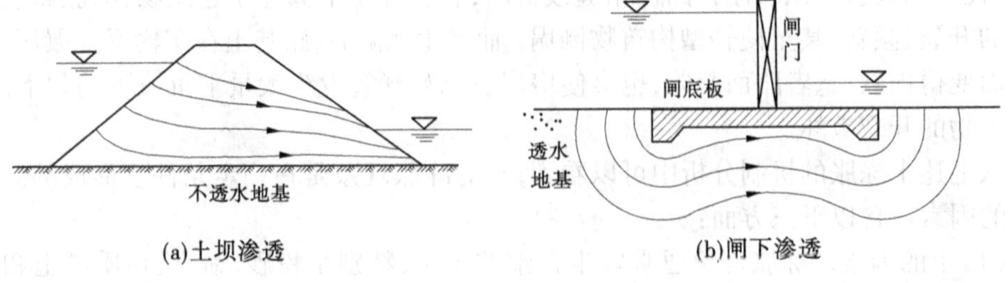

(a)土坝渗透　(b)闸下渗透

图 2-3　闸坝渗透示意图

水在土中的渗透,一方面会引起渗漏,造成水量损失,减小工程的经济效益;另一方面还会使土中的应力发生变化,改变土体的稳定条件,甚至造成土体的流土、管涌等渗流破坏和土体的滑坡等稳定问题。在土木工程领域,基坑开挖时涌水量计算、堤坝地基的稳定性、对流沙等不良地质现象的治理,都可以通过研究水的渗透性得以解决。

一、达西定律

为了解决生产实践中的渗流问题,首先必须研究渗流运动的基本规律。1856 年,法国工程师达西用直立圆筒装砂进行渗透试验,如图 2-4 所示。试验结果表明:水从砂土中流过的渗流量 Q 与过水断面面积 A、土体两端测压管中的水位差 Δh 成正比,与渗流路径(渗径)L 成反比,引入表征土的渗透性大小的系数即渗透系数 k 后,可以表示如下:

$$q = \frac{Q}{t} = k\frac{\Delta hA}{L} = kAi \qquad (2\text{-}3)$$

或

$$v = \frac{q}{A} = ki \qquad (2\text{-}4)$$

式中:q ——单位时间渗流量,cm^3/s;

v ——过水断面平均渗透速度,cm/s;

i——水力坡降,$i = \frac{\Delta h}{L}$。

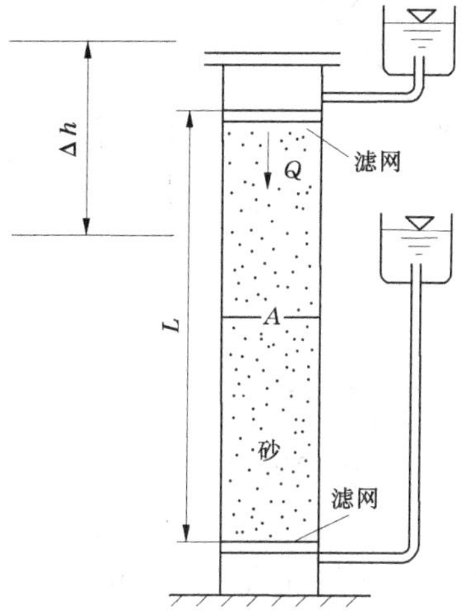

图 2-4　达西渗透试验

也就是说,根据达西的研究,当水流在层流状态时,水的渗透速度与水力坡降成正比。这就是著名的达西定律。

达西定律研究时由于观测实际流动的巨大困难,按照生产实际的需要对渗流进行了简化,不考虑土的固体颗粒,认为整个土体的空间均被渗流所充满。而实际上,由于水在土体中的渗透不是经过整个土体的截面面积,而仅仅是通过该截面面积内土体的孔隙面积,因此水在土体孔隙中渗透的实际速度要大于按式(2-4)计算出的渗透速度。

二、达西定律的适用范围

达西定律是土力学中的重要定律之一。不仅仅是研究地下水运动的基本定律,而且在水利水电工程建设中,坝基和渠道的渗漏计算、水库的渗漏计算、基坑排水计算、井孔的涌水量计算等,都是以达西定律为基础获得解决的。

达西定律适用于地下水的流动状态属于层流的大多数情况。如砂土、砂粒含量较高的黏性土,其渗透规律符合达西定律,如图 2-5(a)所示。

对于密实黏土,其孔隙主要为结合水所填充,由于结合水膜的黏滞阻力,当水力坡降较小时,渗透速度与水力坡降呈非线性关系,甚至不发生渗流,只有当水力坡降达到某一数值,克服了结合水膜的黏滞阻力以后,才发生渗流,引起发生渗流的水力坡降成为密实黏土起始水力坡降,以 i_b 表示,如图 2-5(b)所示。此时可将达西定律公式简写成如下形式：

$$v = k(i - i_b) \tag{2-5}$$

对于粗粒土（如砾石、卵石等），当水力坡降较小时，其渗透规律符合达西定律，而当水力坡降大于某值后，渗透速度与水力坡降的关系就表现为非线性的紊流规律，如图 2-5（c）所示，此时达西定律已不适用。

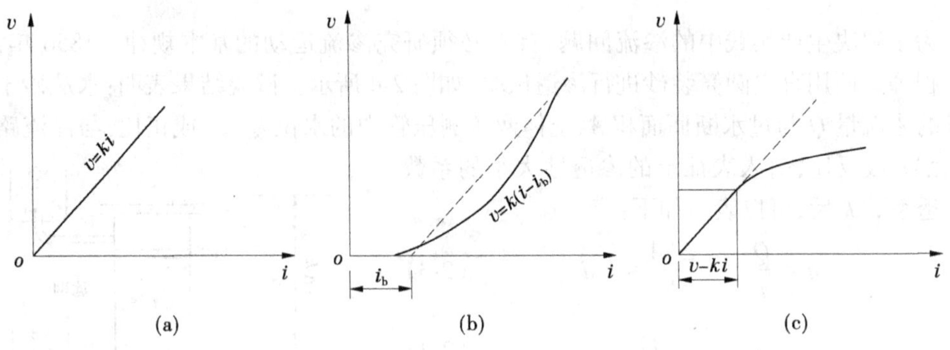

图 2-5　土的渗透速度和水力坡降的关系

三、渗透系数及其测定

（一）渗透系数

从达西定律公式中可以获得当 $i=1$ 时，则 $v=k$，表明渗透系数 k 是单位水力坡降时的渗透速度。它是表示土的透水性强弱的指标，单位为 cm/s，与水的渗透速度单位相同。常用它来计算堤坝和地基的渗流量，分析堤防和基坑开挖边坡逸出点的渗透稳定，以及作为透水强弱的标准和选择坝体填筑土料的依据。一般，当 $k>10^{-2}$ cm/s 时，称为强透水层；当 $k=10^{-3} \sim 10^{-5}$ cm/s 时，称为中等透水层；当 $k<10^{-6}$ cm/s 时，称为相对不透水层。

各种土的渗透系数参考值见表 2-3。

表 2-3　各种土的渗透系数参考值

土的类别	渗透系数 k		土的类别	渗透系数 k	
	m/d	cm/s		m/d	cm/s
黏土	<0.005	$<6\times10^{-6}$	细砂	1.0~5	$1\times10^{-3}\sim6\times10^{-3}$
粉质黏土	0.005~0.1	$6\times10^{-6}\sim1\times10^{-4}$	中砂	5~20	$6\times10^{-3}\sim2\times10^{-2}$
粉土	0.1~0.5	$1\times10^{-4}\sim6\times10^{-4}$	粗砂	20~50	$2\times10^{-2}\sim6\times10^{-2}$
黄土	0.25~0.5	$3\times10^{-4}\sim6\times10^{-4}$	圆砾	50~100	$6\times10^{-2}\sim1\times10^{-1}$
粉砂	0.5~1.0	$6\times10^{-4}\sim1\times10^{-3}$	卵石	100~150	$1\times10^{-1}\sim6\times10^{-1}$

（二）渗透系数的测定方法

土的渗透系数可通过现场和室内试验测定，通常根据室内试验来确定。室内渗透试验使用的仪器较多，但根据其原理，可分为常水头法与变水头法两种方法。前者适用于透水性大（$k>10^{-2}$ cm/s）的土，例如砂土和中等卵石。后者适用于透水性小（$k<10^{-2}$ cm/s）

的土,例如粉土和一般黏性土。

1.常水头法

常水头法就是在试验过程中,渗流水头始终保持不变。如图 2-6 所示,L 为土样长度,A 为土样的截面面积,Δh 为作用于土样上的水头。

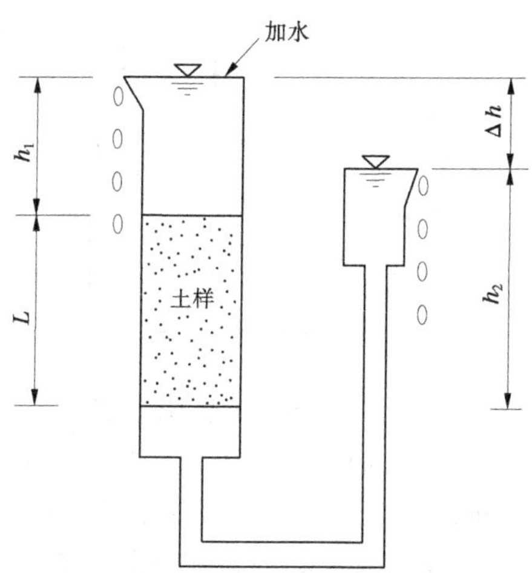

图 2-6　常水头渗透试验

试验时测出一定时间 t 内流过土样的总水量 Q,即可根据达西定律求出土的渗透系数值。

因为
$$Q = vAt = k\frac{\Delta h}{L}At \tag{2-6}$$

则
$$k = \frac{QL}{\Delta hAt} \tag{2-7}$$

【例 2-1】　已知对某砂土进行常水头试验,土样的长度为 10 cm,直径为 7.5 cm,水位差为 8.0 cm,经测试在 60 s 时间内渗水量为 120 cm^3,试求该砂土的渗透系数。

解: $k = \frac{QL}{\Delta hAt} = \frac{120 \times 10}{\frac{\pi}{4} \times 7.5^2 \times 8.0 \times 60} = 5.66 \times 10^{-2}(\text{cm/s})$

2.变水头法

由于黏性土的透水性很小,流过土样的水量也小,不易测准;或者由于需要的时间很长,会因蒸发而影响试验的精度,故常用变水头试验法。所谓变水头法,就是在整个试验过程中,水头随时间变化的一种试验方法。其试验装置如图 2-7 所示。土样上端装置一根有刻度的竖玻璃管,便于在试验过程中观测水位的变化数值,其横截面积为 a。

根据渗流的连续性,通过土样上端竖管的单位时间流量和通过土样单位时间流量是相等的,则

$$k = 2.3\frac{aL}{At}\lg\frac{h_1}{h_2} \tag{2-8}$$

式中:h_1——开始时的水头,cm;

h_2——终止时的水头,cm。

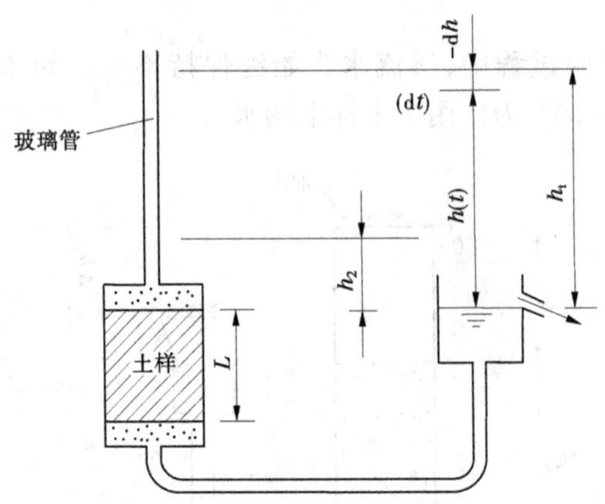

图 2-7 变水头试验装置示意图

【例 2-2】 设做变水头渗透试验的黏土试样的截面面积 A 为 30 cm^2,厚度为 4 cm,渗透仪细玻璃管的内径为 0.4 cm,试验开始时的水头差为 165 cm,经过时段 5 min 25 s 观察得水头差为 150 cm,试验时的水温为 20 ℃,试求试样的渗透系数。

解:细玻璃管的截面面积 $a=\dfrac{\pi d^2}{4}=\dfrac{3.14\times 0.4^2}{4}=0.125\,6(\mathrm{cm})$

$A=30\ \mathrm{cm}^2, L=4\ \mathrm{cm}, t=5\times 60+25=325(\mathrm{s}), h_1=165\ \mathrm{cm}, h_2=150\ \mathrm{cm}$

将以上数据代入式(2-8)中:

$$k=2.3\frac{aL}{At}\lg\frac{h_1}{h_2}=2.3\times\frac{0.125\,6\times 4}{30\times 325}\times\lg\frac{165}{150}=4.91\times 10^{-6}(\mathrm{cm/s})$$

所以,试样在 20 ℃时的渗透系数为 4.91×10^{-6} cm/s。

3.现场抽水试验

对于粗粒土或成层土,室内试验时不易取到原状样,或者土样不能反映天然土层的层次或土颗粒排列情况,这时现场试验得到的渗透系数将比室内试验准确。具体的试验原理和方法可参阅水文地质方面的有关书籍。

在现场研究场地的渗透性、进行渗透系数测定时,常常用现场抽水试验或井孔注水试验的方法。现场抽水试验测定渗透系数一般适用于均质粗粒土层,试验如图 2-8 所示。在现场打一口贯穿的要测定渗透系数 k 的土层的试验井,并在距井中心处设置两个以上观测地下水位变化的观察孔,然后自井中以不变的速率进行抽水。抽水时,井周围的地下水迅速向井中渗透,造成井周围的地下水位下降,形成一个以井孔为中心的降水漏斗。当渗流达到稳定后,若测得的抽水量为 Q,观测孔距井轴线的距离分别为 r_1、r_2,孔中的水位高度为 h_1、h_2,围绕井轴取一过水断面,该断面距井中心距离为 r,水面高度为 h,那么过水断面的面积为

$$A=2\pi rh \tag{2-9}$$

设该过水断面上各处的水力坡降为常数,且等于地下水位线在该处的坡降,则

$$i=\frac{\mathrm{d}h}{\mathrm{d}r} \tag{2-10}$$

通过达西定律即可求出土层的平均渗透系数，即

$$k = \frac{q\ln(r_2/r_1)}{\pi(h_2^2 - h_1^2)} \tag{2-11}$$

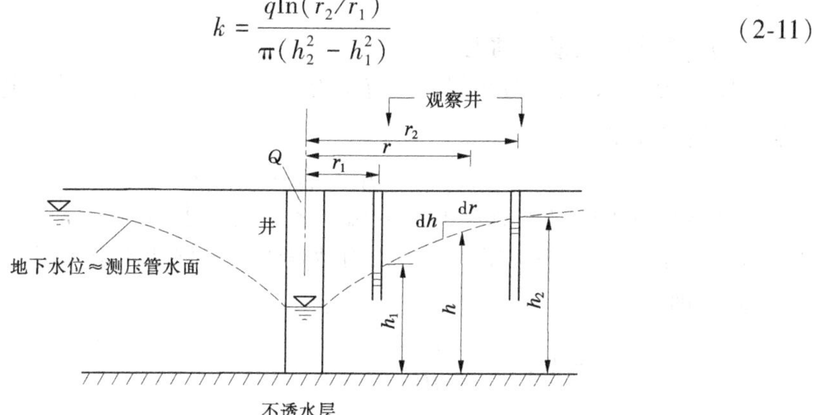

图 2-8　现场抽水试验示意图

四、成层土的渗透系数

天然地基往往由渗透性不同的土层所组成，其各向渗透性也不相同。对于成层土，应分别测定各层土的渗透系数，然后根据渗流方向求出与层面平行或与层面垂直的平均渗透系数。

(一) 平行层面渗流情况

如图 2-9 所示，各层土的渗透系数为 k_1、k_2、…、k_n，厚度为 H_1、H_2、…、H_n，总厚度为 H。若流经各层土单位宽度的渗流量为 q_{1x}、q_{2x}、…、q_{nx}，则总单宽渗流量 q_x 应为

$$q_x = q_{1x} + q_{2x} + \cdots + q_{nx}$$

根据达西定律有

$$q_{ix} = k_{ix} i H_i \tag{2-12}$$

式中：k_x——与层面平行的渗流平均渗透系数；

i——成层土的平均水力坡降。

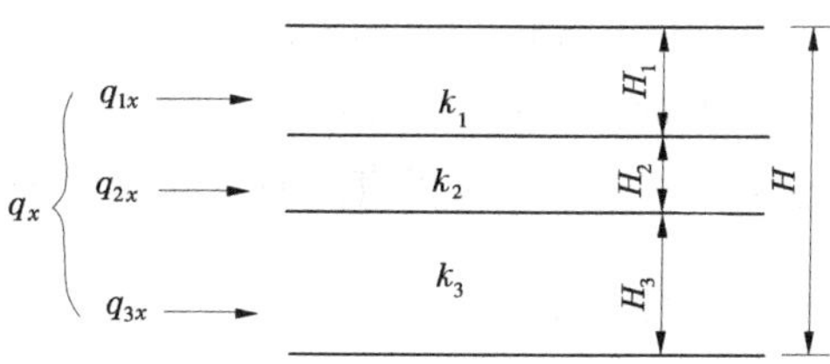

图 2-9　与层面平行渗流

对于平行层面的渗流，流经各层土相同距离的水头损失均相等，各层土的水力坡降亦相等。与层面平行渗流的平均渗透系数为

$$k_x i H = k_{1x} i H_1 + k_{2x} i H_2 + \cdots + k_{nx} i H_n$$

$$k_x = \frac{1}{H}(k_{1x}H_1 + k_{2x}H_2 + \cdots + k_{nx}H_n) \tag{2-13}$$

(二)与层面垂直渗流情况

如图 2-10 所示,流经各土层的渗流量为 q_{1y}、q_{2y}、…、q_{ny},根据水流连续原理,流经整个土层的单宽渗流量应为

$$q_y = q_{1y} = q_{2y} = \cdots = q_{ny} \tag{2-14}$$

设渗流通过土层 H 的总水头为 h,流经各土层的水头为 h_1、h_2、…、h_n,则各土层的水力坡降为 i_1、i_2…i_n,整个土层的平均水力坡降为 i,根据达西定律可得各土层的渗流量与总渗流量,即

$$q_{iy} = k_{iy}iA = k_{iy}\frac{h_i}{H_i}A$$

$$h_i = \frac{q_{iy}H_i}{k_{iy}A} \tag{2-15}$$

$$q_y = k_y iA = k_y\frac{h}{H}A$$

$$h = \frac{q_yH}{k_yA} \tag{2-16}$$

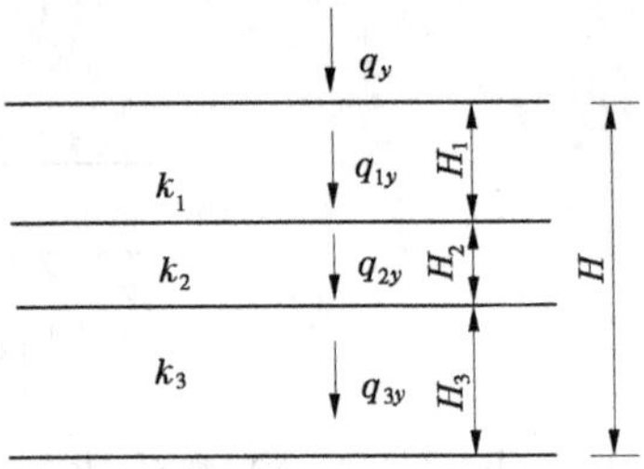

图 2-10 与层面垂直渗流

式中:k_y——与层面垂直渗流的平均渗透系数;

A——渗流截面面积。

对于垂直于层面的渗流,通过整个土层的总水头损失应等于各层水头损失之和,即

$$h = \sum h_i \tag{2-17}$$

将式(2-15)、式(2-16)代入式(2-17)中,经整理后可得与层面垂直渗流整个土层的平均渗透系数为

$$k_y = \frac{H}{\frac{H_1}{k_1} + \frac{H_2}{k_2} + \cdots + \frac{H_n}{k_n}} \tag{2-18}$$

比较式(2-18)与式(2-13)可知,成层土水平方向渗流的平均渗透系数取决于最透水土层的渗透系数和厚度;垂直方向的渗透系数取决于最不透水土层的渗透系数和厚度。因此,平行层面渗流平均渗透系数总是大于垂直层面渗流的平均渗透系数。

五、影响渗透系数的主要因素

渗透系数表明了水在土中流动的难易程度,大小受土的颗粒级配、密实程度、水温和封闭气体含量等因素的影响。

(一)土粒大小与级配

土粒大小与级配直接决定土中孔隙的大小,对土的渗透系数影响最大。粗粒土颗粒愈粗、愈均匀、愈浑圆,其渗透系数则愈大。细粒土颗粒愈细、黏粒含量愈多,其渗透系数则愈小。

(二)土的密实度

同一种土,在不同密实状态下具有不同的渗透系数。土的密度增加,孔隙比变小,土的渗透性随之减小。因此,在测定渗透系数时,必须考虑实际土的密度状态,并控制土样孔隙比与实际相同,或者在不同孔隙比下测定土的渗透系数,绘出孔隙比与渗透系数的关系曲线,从中查出所需孔隙比下的渗透系数。

(三)水的温度

渗透系数直接受水的动力黏滞系数的影响,不同水温情况,水的动力黏滞系数变化较大。水温愈高,水的动力黏滞系数就愈小,水在土中的渗透速度则愈大。同一种土在不同的温度下,将有不同的渗透系数。在某一温度 T ℃下测定的渗透系数,应换算为标准温度(能使度量准确又能使测量仪器都具有正确指示的温度)20 ℃下的渗透系数,即

$$k_{20} = k_T \frac{\eta_T}{\eta_{20}} \tag{2-19}$$

式中:k_T、k_{20}——T ℃和 20 ℃时土的渗透系数;

η_T、η_{20}——T ℃和 20 ℃时水的动力黏滞系数,η_T/η_{20}见《土工试验规程》(SL 237—1999)。

(四)封闭气体含量

土中封闭气泡的存在,使土的有效渗透面积减小,渗透系数降低。封闭气泡含量愈多,土的渗透性愈弱。渗透试验时,土的渗透系数受土体饱和度影响,饱和度低的土,可能有封闭气泡,渗透系数减小。为了保证试验的可靠性,要求土样必须充分饱和。

第三节　渗透力和渗透变形

一、渗透力

如图 2-11 所示为在一定水头作用下发生的渗流。当水在土体孔隙中流动时,将会受到土颗粒的阻力,而引起水头损失。根据作用力与反作用力相等的原理可知,渗流必然对土颗粒产生一个相等的反作用力。常将渗流作用在单位土体中的土颗粒上的作用力称为渗透力,以 j 表示。

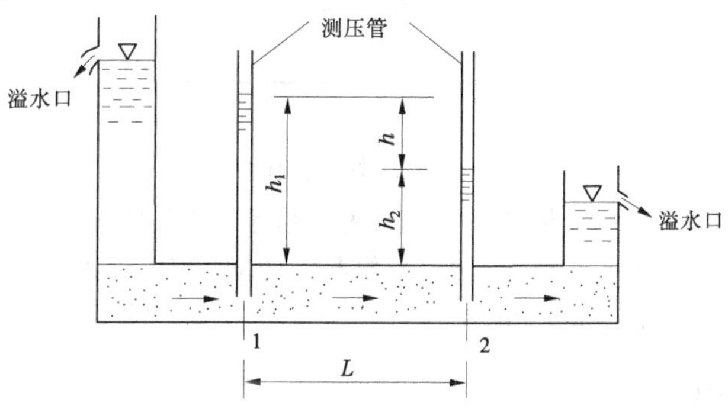

图 2-11　渗透力计算示意图

在图 2-11 中沿渗流方向取一个长度为 L，横截面面积为 A 的柱体来研究。因 $h_1>h_2$，水头差为 h，水从截面 1 流向截面 2。由于土中渗透速度一般很小，其流动水流惯性力可以忽略不计。现假设所取土柱体中完全是水，并考虑土柱体中的土颗粒对渗流阻力影响，则作用于土柱体中水体上的力有：

(1) 截面 1 上的总水压力，$P_1=\gamma_w h_1 A$，其方向与渗流方向一致；

(2) 截面 2 上的总水压力，$P_2=\gamma_w h_2 A$，其方向与渗流方向相反；

(3) 土柱体中的土颗粒对渗流水的总阻力 F，其大小应和总渗透力 J 相等，$F=J=jLA$，方向与渗流方向相反。

根据渗流方向力的平衡条件得：

$$J=P_1-P_2$$

或

$$jLA=\gamma_w(h_1-h_2)A$$

则渗透力

$$j=\frac{h_1-h_2}{L}=\gamma_w\frac{h}{L}=\gamma_w i \tag{2-20}$$

渗透力是一种体积力，单位为 kN/m³，其大小与水力坡降成正比，方向与渗流方向一致。

由于渗透力的方向与渗流方向一致，因此它对土体稳定性有着很大的影响。如图 2-12所示的水闸地基，渗流的进口处 A 点受到向下渗流的作用，渗透力与土的有效重力方向一致，渗透力增大了土有效重力的作用，对土体稳定有利；在渗流近似水平部位的 B 点处，渗透力与土的有效重力近似正交，它使土粒产生向下游移动的趋势，对土体稳定是不利的；在渗流的出逸处 C 点，受向上的渗流作用，渗透力与土的有效重力方向相反，渗透力起到了减轻土的有效重力的作用，对土体的稳定不利。渗透力愈大，渗流对土体稳定性的影响就愈大。在渗流出口处，当向上的渗透力大于土的有效重度时，则土粒将会被渗流挟带向上涌出，土体失去稳定，发生渗透破坏。因此，在对闸坝地基、土坝、基坑开挖等情况进行土体稳定分析时，应考虑渗透力的影响。

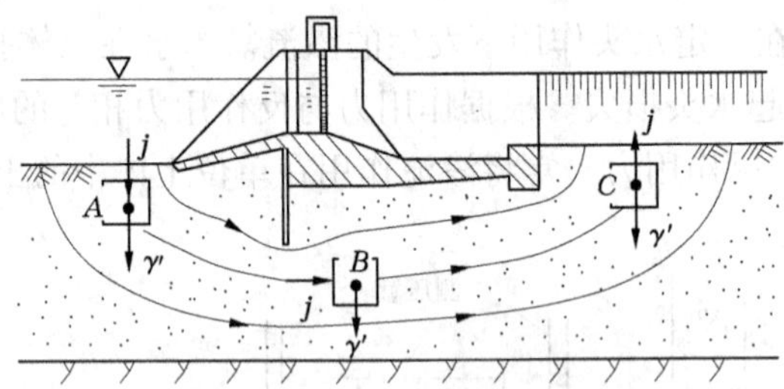

图 2-12　渗流对闸基土的作用

【例 2-3】　某基坑在细砂层中开挖，经施工抽水，待水位稳定后，实测水位情况如图 2-13所示。据场地勘察报告提供：细砂层饱和重度 $\gamma_{sat}=19.2$ kN/m³，$k=5.5\times10^{-3}$ cm/s，试求渗透水流的平均流速和渗透力。

解：$i=\dfrac{5.5-3.0}{10}=0.25$

$v=ki=5.5\times10^{-3}\times0.25=1.375\times10^{-3}$ (cm/s)

由式(2-20)得渗透力：

$$j=\gamma_w i=9.8\times0.25=2.45(\text{kN/m}^3)$$

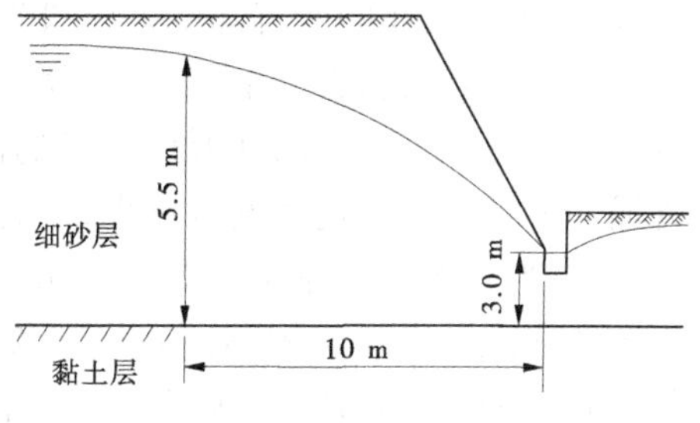

图 2-13　基坑开挖示意图

二、渗透变形

土工建筑物及地基在渗流作用下，可能将土体中的细颗粒冲走或局部土体同时浮起而流失，导致土体变形或破坏的现象称为渗透变形，也称为渗透破坏。土体渗透变形的实质就是由渗透力的作用而引起。大量的研究和实践证明，单一土层渗透变形通常分为流土和管涌两种基本形式。

(一)流土

流土是指在渗流作用下，局部土体隆起、浮动或颗粒群同时发生起动而流失的现象。流土一般发生在无保护的渗流出口处，而不发生在土体内部。开挖基坑或渠道时出现的所谓流砂现象，就是流土的常见形式。如图 2-14(a)为河堤覆盖层下流砂涌出的现象，由于覆盖层下有一强透水砂层，堤内外水头差大，弱透水层薄弱处被冲溃，大量砂土涌出，危及河堤的安全；在图 2-14(b)中，由于细砂层的承压水作用，当基坑开挖至细砂层时，在渗透力作用下，细砂向上涌出，出现大量流土，房屋地基不均匀变形，引起上部结构开裂，影响了正常使用。流土的发生一般是突发性的，对工程危害较大。

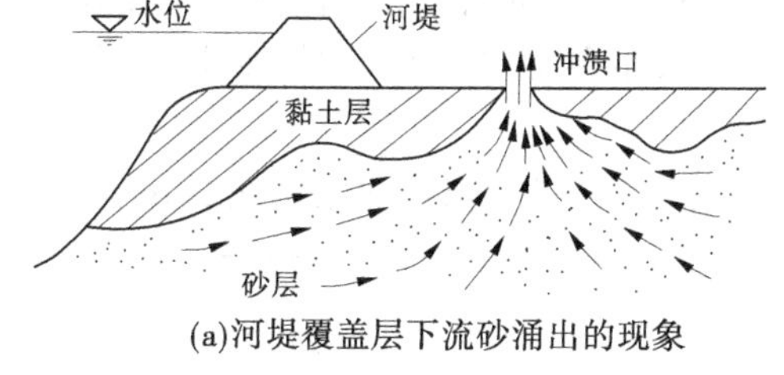

(a)河堤覆盖层下流砂涌出的现象

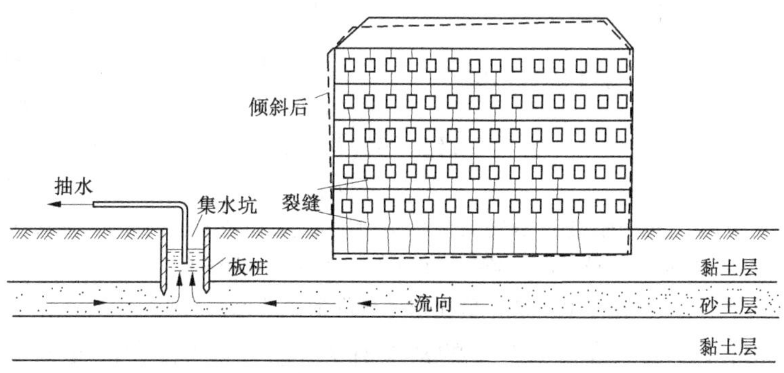

(b)流砂涌向基坑引起房屋不均匀下沉的现象

图 2-14　流土的危害

(二)管涌

管涌是指在渗流作用下，土中的细颗粒通过粗颗粒的孔隙被带出土体以外的现象。

管涌可以发生在土体的所有部位。如图 2-15 所示坝基发生管涌的现象，首先细颗粒在粗颗粒的孔隙中移动，随着土中孔隙的逐渐扩大，渗流速度不断增大，较粗的颗粒也被水流逐渐冲走，最后导致土体内部形成贯通的渗流通道，酿成溃坝（堤）的严重后果。由此可见，管涌的发生要有一定的发展过程，因而是一种渐进性的破坏。

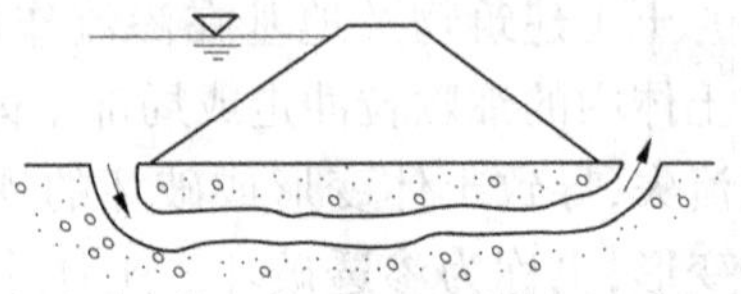
图 2-15　坝基发生管涌的现象

渗透变形的两种基本形式是水力坡降较大的情况下，土体表现出来的两种不同破坏现象，渗透变形的形式与土的性质有关。一般黏性土，细颗粒呈粒团存在，颗粒间具有较大的黏聚力，且孔隙直径极小，细颗粒不会在孔隙中随渗流移动并带出，所以不会发生管涌破坏，而多在渗透坡降大时以流土形式出现。无黏性土的渗透变形形式主要取决于颗粒组成。研究表明，不均匀系数 $C_u \leqslant 10$ 的匀粒砂土，只可能出现流土破坏形式；$C_u > 10$ 的砂砾土，既可能发生管涌，也可能产生流土，主要取决于土的级配情况与细料含量。对于缺乏中间粒径的不连续级配土，其渗透变形形式主要取决于细料含量（细料含量是指级配曲线水平段下限的粒径），细料含量少于 25%时，不能充满粗料所形成的孔隙，细颗粒可以很容易在孔隙中移动，渗透变形常以管涌形式出现；若细料含量在 35%以上，细料填满粗料孔隙，粗细料形成一个整体，细颗粒移动困难，多发生流土破坏。对于级配连续的不均匀土，根据试验研究，我国有些学者提出，用土的孔隙直径比较法，以判别土的渗透变形的形式。当土中有 5%以上细颗粒的粒径小于孔隙平均直径，在较小的水力坡降下，细颗粒将会被渗流所带走，而形成管涌破坏；当土中对应 3%细颗粒的粒径大于孔隙平均直径时，细颗粒很少流失，不会发生管涌，渗透变形呈流土形式。

综上所述，无黏性土渗透破坏形式的判别准则见图 2-16。

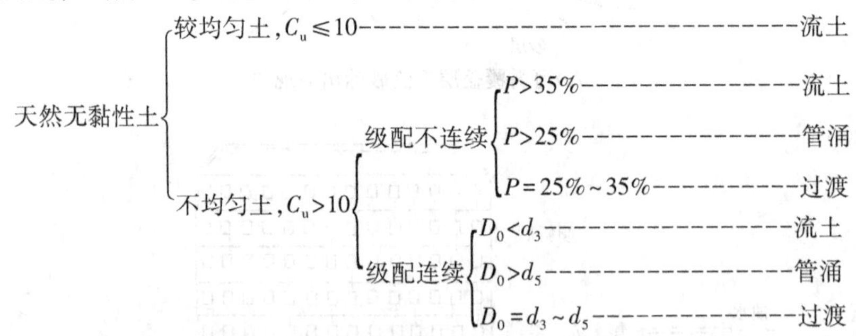

P 为级配曲线上断点以下对应颗粒含量，即为细料含量；D_0 为孔隙平均直径，可用 $D_0 = 0.25d_{20}$ 计算；d_3、d_5、d_{20} 分别为小于该粒径土粒含量为 3%、5%、20%对应的粒径。

图 2-16　无黏性土渗透破坏形式的判别准则

另外，无黏性土的渗透变形还与土的密度有关，有些土在较大密度下可能发生流土，而在小密度下则可能出现管涌。

（三）流土和管涌的临界水力坡降

渗透破坏是当渗透水力坡降达到一定值后才可能发生的，土体开始发生渗透变形时的水力坡降，称为临界水力坡降（也称抗渗坡降），它表示土抵抗渗透破坏的能力。土的临界水力坡降是评价土体或水工建筑物渗透稳定的重要参数，选用合理与否，直接关系到建筑物的造价和安全。对于重要工程，应尽可能结合实际条件通过试验确定，一般工程，可用半经验公式确定。

1.流土的临界水力坡降

如前所述，渗透力与渗透方向一致，在堤坝下游渗流逸出处，若为一水平面，由渗流产生的向上的渗透力与土的重力方向相反。如果向上的渗透力足够大，就会导致流土的发生，其条件就是$j>\gamma'$。当渗透力与土的有效重度相等时，土体处于流土的临界状态，此时的水力坡降即为流土的临界水力坡降，用i_{cr}表示。于是可写成

$$j=\gamma'$$

临界状态时土的渗透力 $$j=\gamma_w i_{cr}$$

土的有效重度 $$\gamma'=\frac{G_s-1}{1+e}\gamma_w=\gamma_{sat}-\gamma_w$$

所以 $$i_{cr}=\frac{\gamma'}{\gamma_w}=\frac{G_s-1}{1+e}=\frac{\gamma_{sat}-\gamma_w}{\gamma_w} \tag{2-21}$$

由式(2-21)可知，流土的临界水力坡降取决于土的物理性质，当土的G_s和e已知时，则该土的临界水力坡降即为一定值，一般在0.8~1.2之间。

流土往往发生在渗流逸出处，如果工程中用渗流逸出处的水力坡降i与其临界水力坡降i_{cr}比较，即可判别流土的可能性。

(1)若$i<i_{cr}$，则土体处于稳定状态，不发生流土；

(2)若$i=i_{cr}$，则土体处于临界状态；

(3)若$i>i_{cr}$，则土体发生流土。

在设计中，应考虑流土发生历时短及土的复杂性等因素，确保建筑物的安全，所以常将临界水力坡降除以适当的安全系数作为允许水力坡降[i]，设计中将出逸处的水力坡降i控制在允许水力坡降[i]之内，即要求：

$$i\leqslant[i]=i_{cr}/K \tag{2-22}$$

式中：K——流土的安全系数，一般取2.0~2.5，《碾压式土石坝设计规范》(SL 274—2001)及《小型水利水电工程碾压式土石坝设计规范》(SL 189—2013)规定安全系数K取1.5~2.0。

【例2-4】 某基坑开挖工程，如图2-17所示。开挖土层为均质的各向同性的黏土层，$G_s=2.72$，$e=0.63$，厚15.32 m；黏土层下为均质的砂层，地下水位在地面以下3 m处。试问基坑不发生渗透破坏的最大开挖深度是多少？

解：该黏土层的临界水力坡降 $i_{cr}=\frac{\gamma'}{\gamma_w}=\frac{G_s-1}{1+e}=\frac{2.72-1}{1+0.63}=1.06$

设最大开挖深度为D，则总水头差 $\Delta h=(15.32-3)-(5.32-D)=D-3$ (m)

平均水力坡降 $i=\frac{\Delta h}{L}=\frac{D-3}{15.32-D}$

令$i=i_{cr}$得 $1.06=\frac{D-3}{15.32-D}$

解得$D=9.34$ m。

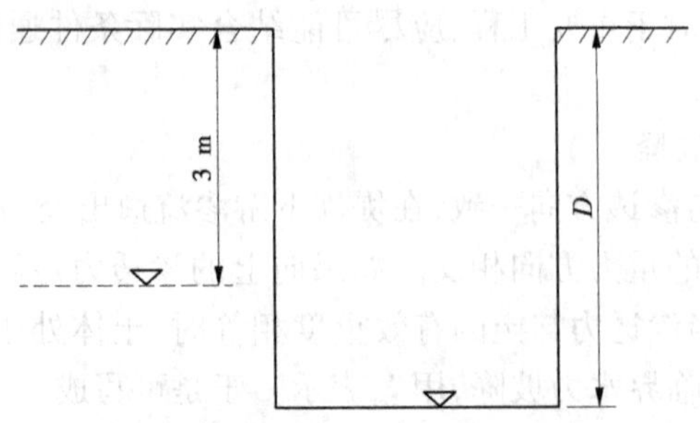

图 2-17　基坑开挖示意图

2.管涌的临界水力坡降

渗透力能带动细颗粒在孔隙中滚动或移动而开始发生管涌,也可以用临界水力坡降表示,但至今管涌的临界水力坡降尚无成熟的计算公式可循。对于重要工程,需通过渗透破坏试验确定,通常可按图 2-18 所示的渗透试验装置进行,试验时,可将水头逐渐升高,直至开始发生管涌。除目测细颗粒的移动判断外,还要建立水力坡降与渗透速度的关系来判断管涌是否发生。如图 2-19 所示,当水力坡降增至某一数值后(A 点),$i \sim v$ 关系曲线明显转折,这说明细颗粒已被带出,孔隙通道加大,渗透速度随之增大。最后取 A 点对应的水力坡降和肉眼观察到细颗粒移动时的水力坡降两者中的较小值,作为管涌临界水力坡降。

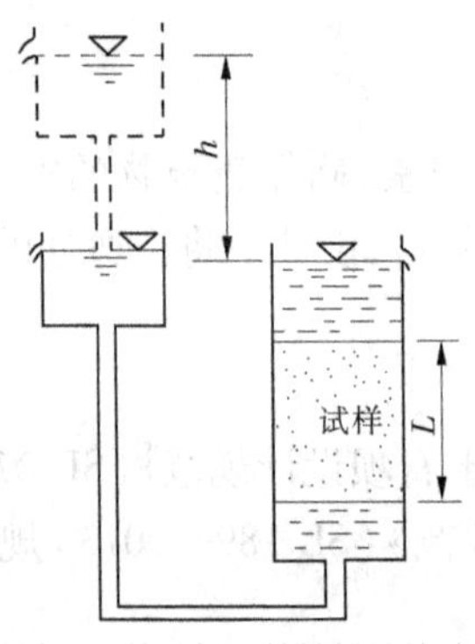

图 2-18　管涌试验装置示意图

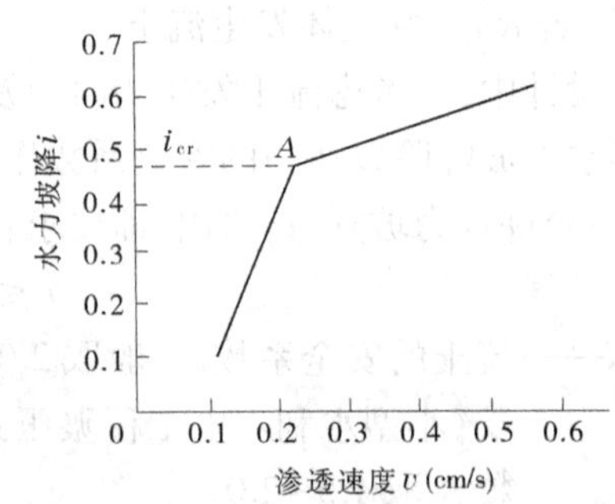

图 2-19　$i \sim v$ 关系曲线

由于管涌临界水力坡降的影响因素较多,国内外学者对此进行了很多研究。对于中小型工程,无黏性土发生管涌的临界水力坡降,南京水利科学研究院提供的经验公式如下:

$$i_{cr} = \frac{42d_3}{\sqrt{\frac{k}{n^3}}} \tag{2-23}$$

式中:d_3——小于该粒径颗粒含量为 3%所对应的粒径,cm;

n——孔隙比;

k——渗透系数,cm/s。

伊斯托美娜根据理论分析,并结合一定数量的试验资料,认为管涌的水力坡降与土颗粒的不均匀程度有关,提出了无黏性土发生管涌临界水力坡降与不均匀系数的关系曲线,如图 2-20 所示。C_u 愈大的土,则发生管涌的 i_{cr} 愈小;渗流的水力坡降若超过图中曲线(在曲线上方),土将发生管涌。但仅以不均匀系数 C_u 值作为确定水力坡降的唯一指标,显然具有其局限性。我国学者对级配连续与否的土进行了理论分析与试验研究,在此基础上提出了无黏性土发生管涌的临界水力坡降与允许水力坡降的范围值,列于表 2-4 中以供参考。

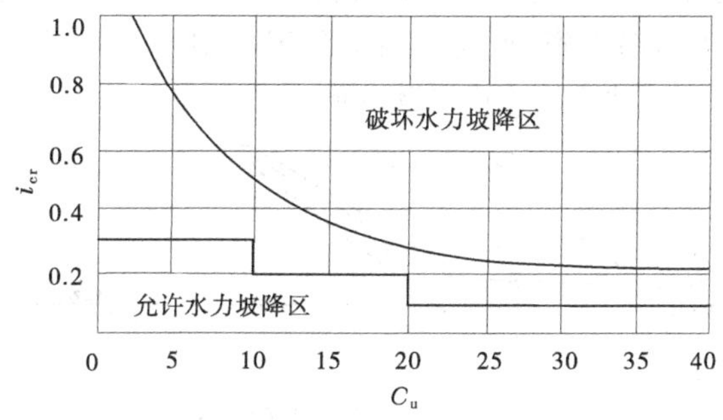

图 2-20　i_{cr} 与 C_u 的关系曲线

表 2-4　无黏性土管涌的水力坡降变化范围

水力坡降	级配连续土	级配不连续土
临界水力坡降 i_{cr}	0.20~0.40	0.10~0.30
允许水力坡降[i]	0.15~0.25	0.10~0.20

注:1.表中数据只适用于渗流逸出处无反滤保护的情况;有满足要求的反滤保护,则临界水力坡降要提高。

2.表中小值适用于一、二级建筑物,大值可用于三、四级建筑物。

三、渗透变形的防治

土产生渗透变形的原因诸多,如土的类别、颗粒组成、密度、水流条件和防渗、排渗等,致使发生渗透破坏的机制也各自不同,但产生流土、管涌的主要原因基本上有两方面:一方面是由上下游水位差形成的水力坡降作用;另一方面是土的颗粒组成特性。因此,防治渗透变形的工程措施基本上归结为两类:一类是降低水力坡降,常可设置水平与垂直防渗体,从而增加渗径长度,在允许的条件下,也可以减小上下游水头差,以达到降低水力坡降的目的,使其水力坡降不超过允许值,保持土体的渗透稳定;另一类是增强渗流逸出处土体抗渗能力,采取排水或适当加固措施,如排水沟、反滤层等,顺畅渗透水流,减小下游逸出处的渗透力,拦截被渗流挟带的细颗粒,防止产生渗流破坏。

(一)水工建筑物防渗措施

(1)设置垂直防渗体延长渗径。截水槽如图 2-21 所示,混凝土防渗墙如图 2-22 所示,板桩和帷幕灌浆及新发展的防渗技术,如劈裂灌浆、高压定向喷射灌浆、倒挂井防渗墙等。

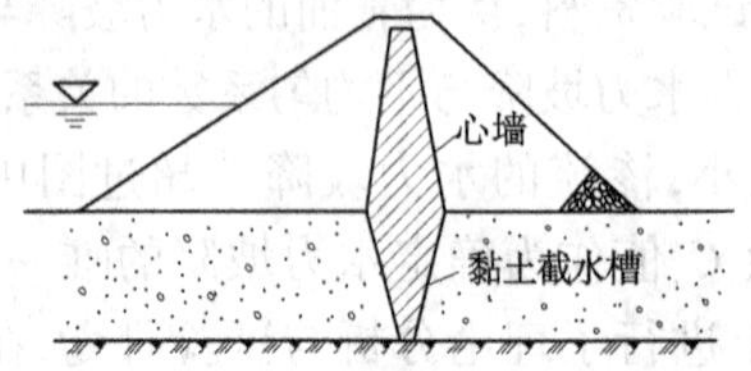

图 2-21　心墙坝的黏土截水槽示意图

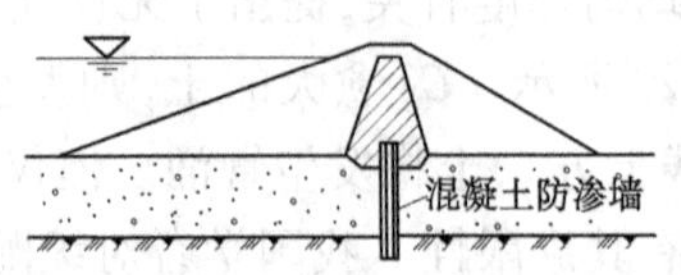

图 2-22　心墙坝混凝土防渗墙示意图

(2)设置水平黏土铺盖或铺设土工合成材料,与坝体防渗体连接,延长渗径长度。如图 2-23 为坝体黏土铺盖防渗措施;近期江河堤防工程中,采用临河或背河吹填固堤的措施,通过增加堤宽,延长渗径长度,防止渗透变形。

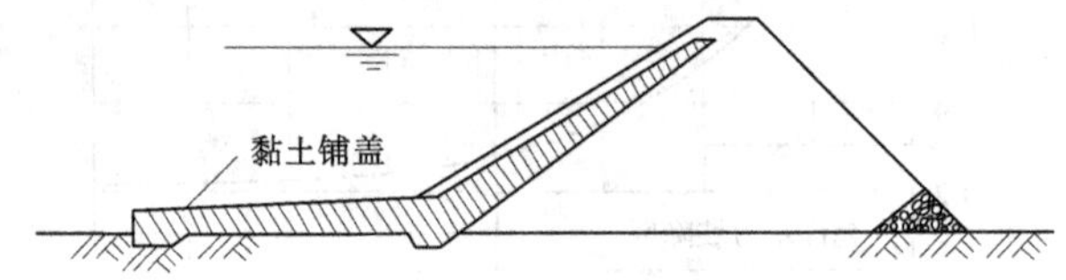

图 2-23　水平黏土铺盖示意图

(3)设置反滤层和盖重。在渗流逸出部位铺筑 2~3 层不同粒径的无黏性土料(砂、砾、卵石或碎石)即为反滤层,其作用是滤土排水。它是一项提高抗渗能力、防止渗透变形很有效的措施。在下游可能发生流土的部位设置透水盖重,增强土体抵抗流土破坏的能力,如图 2-24 所示为水闸防渗。

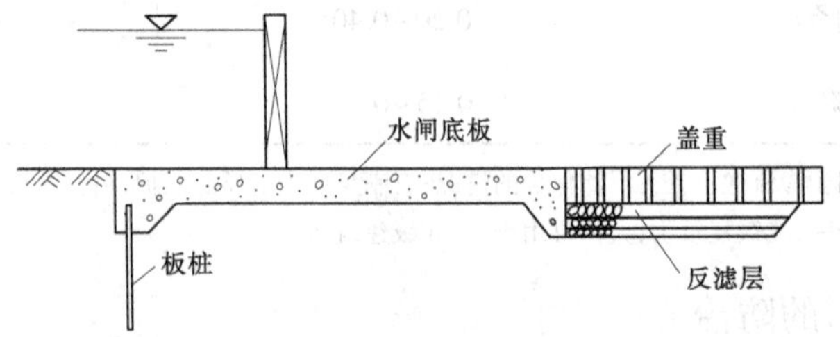

图 2-24　水闸防渗示意图

(4)设置减压设备。减压措施常根据上面相对不透水层的厚薄采用排水沟或减压井切入下面不透水层中以减小渗透压力,提高抗渗能力。

(二)基坑开挖防渗措施

在地下水位以下开挖基坑时,若采用明式排水开挖,坑内外造成水位差,则基坑底部的地下水将向上渗流,地基中产生向上的渗透力,当渗透水力坡降大于临界水力坡降 i_{cr} 时,坑底泥沙翻涌,出现流沙现象,不仅给施工带来很大困难,甚至影响邻近建筑物的安全,所以在开挖基坑时要防止流沙的发生。其主要措施有:

(1)井点降水法,即先在基坑范围以外设置井点,降低地下水位后再开挖,减少或消除基坑内外的水位差,达到降低水力坡降的目的。

(2)设置板桩,可增长渗透路径,减小水力坡降。板桩沿坑壁打入,其深度要超过坑底,使受保护土体内的水力坡降小于临界水力坡降,同时还可以起到加固坑壁的效果。

(3)采用水下挖掘或枯水期开挖,也可进行土层加固处理,如冻结法、注浆法。

第四节　土的有效应力原理与孔隙水压力

一、有效应力原理

在饱和土体中,孔隙水传递(或承担)的应力称为孔隙水压力,常以 u 表示。因为土中的孔隙是互相连通的,饱和土体中的孔隙水也是连续的,所以孔隙水压力与通常的静水压力一样,方向垂直作用面,任一点的孔隙水压力各向都相等,其值等于该点的测压管水柱高度 h_w 与水的重度 γ_w 的乘积,即

$$u = \gamma_w h_w \tag{2-24}$$

只要已知某点的测压管水柱高度,即可求出该点的孔隙水压力。孔隙水压力不会使土体骨架发生变形,故又称为中性应力。

土体中,由土粒间接触面(或点)传递的应力,称为有效应力,常以 σ' 表示。该应力作用在土体骨架上,会引起土粒间的相互错动而使土体产生变形。由于土粒间接触面微小且复杂,直接计算有效应力是不可能的,通常以间接的方法求解。

外荷载作用下,在某一平面上引起的总应力 σ,必将由该面上的孔隙水和土粒间接触面共同承担,即总应力应分解为孔隙水压力与有效应力,可表示为

$$\sigma = \sigma' + u \tag{2-25}$$

式(2-25)是由太沙基(Terzaghi)首先提出来的,称为有效应力原理。它表达了平面上的总应力、有效应力和孔隙水压力的关系。

二、静水条件下土的孔隙水压力与有效应力

浸没在静水位下的饱和土体如图 2-25 所示。设土表面以上水深为 h_1,则土表面以下深为 h_2 的 $a—a$ 平面的孔隙水压力 u,就是作用在单位面积上水柱的重力,即

$$u = \gamma_w (h_1 + h_2) \tag{2-26}$$

$a—a$ 平面上的总应力 σ 就是作用单位面积上土水重力的合力,即

$$\sigma = \gamma_w h_1 + \gamma_{sat} h_2 \tag{2-27}$$

根据有效应力原理,$a—a$ 平面上的有效应力为

$$\sigma' = \sigma - u = (\gamma_w h_1 + \gamma_{sat} h_2) - \gamma_w (h_1 + h_2) = (\gamma_{sat} - \gamma_w) h_2 = \gamma' h_2 \tag{2-28}$$

由此可见,在静水条件下,孔隙水压力等于研究平面上单位面积的水柱重量,与水深成正比,呈三角形分布;而有效应力等于研究平面上单位面积的土柱的有效重量,与土层深度成正比,也呈三角形分布,与超出土面以上静水位的高低无关。孔隙水压力和有效应力的分布如图 2-25 所示。

三、稳定渗流时土中的孔隙水压力和有效应力

(一)渗流方向向下

图 2-26(a)为土体在水位差作用下发生由上向下的渗流情况。

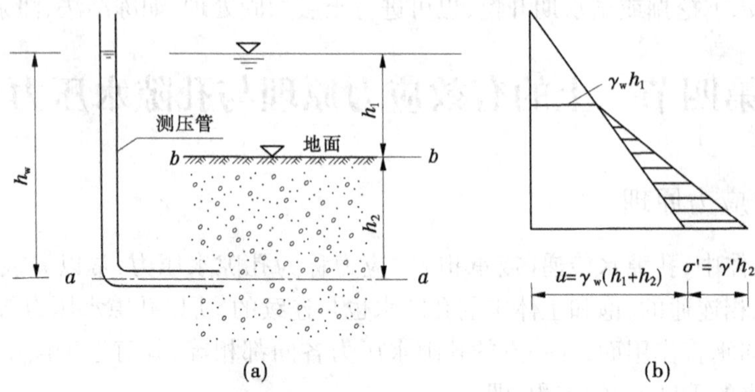

图 2-25　在静水条件下的饱和土体孔隙水压力与有效应力

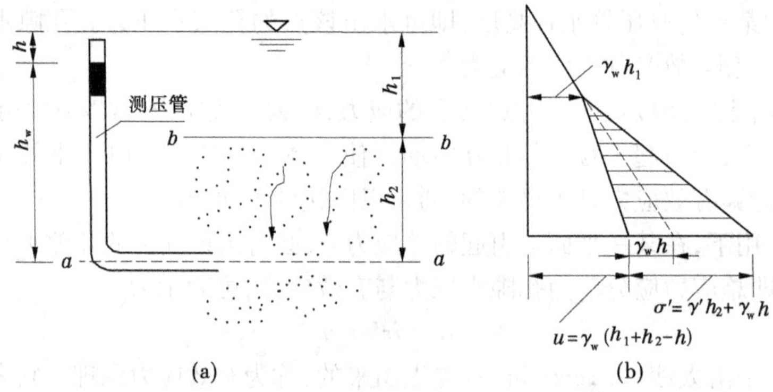

图 2-26　向下渗流时的孔隙水压力和有效应力

在土层表面 b—b 上的孔隙水压力与静水情况相同，仍等于 $\gamma_w h_1$，而 a—a 面上的孔隙水压力将因水头损失而减小，其值为

$$u=\gamma_w h_w=\gamma_w(h_1+h_2-h) \tag{2-29}$$

式中：h——b—b 面与 a—a 面的水头差。

a—a 面上的总应力不变，则 a—a 面上的有效应力为

$$\sigma'=\sigma-u=(\gamma_w h_1+\gamma_{sat}h_2)-\gamma_w(h_1+h_2-h)=(\gamma_{sat}-\gamma_w)h_2+\gamma_w h$$

$$=\gamma' h_2+\gamma_w h=(\gamma'+\gamma_w\frac{h}{h_2})h_2=(\gamma'+\gamma_w i)h_2 \tag{2-30}$$

孔隙水压力和有效应力的分布见图 2-26(b)。

与静水情况相比，a—a 面上的总应力不变而孔隙水压力减少 $\gamma_w h$，同时有效应力增加 $\gamma_w h$，也就是有效应力中增加了向下的渗流力，即向下的渗流有利于土体的稳定。

(二)渗流方向向上

图 2-18(a)为土体在水位差作用下发生由下向上的渗流情况。

此时在土层表面 b 上的孔隙水压力与静水情况相同，仍等于 $\gamma_w h_1$，而面 a—a 上的孔隙水压力将因水头增加而增大，其值为

$$u=\gamma_w h_w=\gamma_w(h_1+h_2+h) \tag{2-31}$$

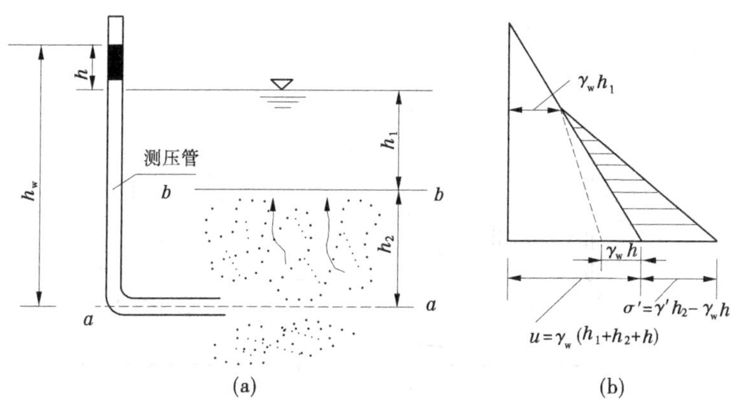

图 2-27　向上渗流时的孔隙水压力和有效应力

式中：h——b—b 面与 a—a 面的水头差。

a—a 面上的总应力不变，则 a—a 面上的有效应力为

$$\sigma' = \sigma - u = (\gamma_w h_1 + \gamma_{sat} h_2) - \gamma_w (h_1 + h_2 + h) = (\gamma_{sat} - \gamma_w) h_2 - \gamma_w h$$

$$= \gamma' h_2 - \gamma_w h = (\gamma' - \gamma_w \frac{h}{h_2}) h_2 = (\gamma' - \gamma_w i) h_2 \tag{2-32}$$

孔隙水压力和有效应力的分布见图 2-27(b)。

与静水情况相比，面 a—a 上的总应力不变而孔隙水压力增加了 $\gamma_w h$，同时有效应力减少 $\gamma_w h$，也就是说在总应力不变时，孔隙水压力和有效应力是此消彼长的关系。此外，在向上渗流的情况下，有效应力中减少了向上的渗流力，当式(2-32)中的 $\gamma' = \gamma_w i = j$ 时，有效应力为零，即流土发生的临界条件。这也说明流土发生的实质是土中的有效应力为零，因而向上的渗流不利于土体的稳定。

第五节　二维渗流及流网

一、流网的特征

在简单边界条件下发生水平或垂直流动的单向渗流情况，水力坡降、渗透速度和渗流量等渗流要素可直接根据达西定律确定。但在工程中遇到的渗流，常常是边界条件复杂的二维或三维问题，例如闸坝透水地基和土坝坝身等的渗流，问题要比单向渗流复杂，通常将其作为二维渗流来研究，其渗流的各要素可通过流网来解决。

流网是由流线与等势线彼此正交形成的网状图形。图 2-28 为流网示意图。

对于各向同性的土层（水平和竖直向渗透系数相等的均质土层），流网具有下列特征：

(1)流线与等势线彼此正交，即在交点处两曲线的切线互相垂直。

(2)各个网格的长宽比为常数。若取长宽比等于 1，网格即成为曲边正方形，这是最常见的一种流网。

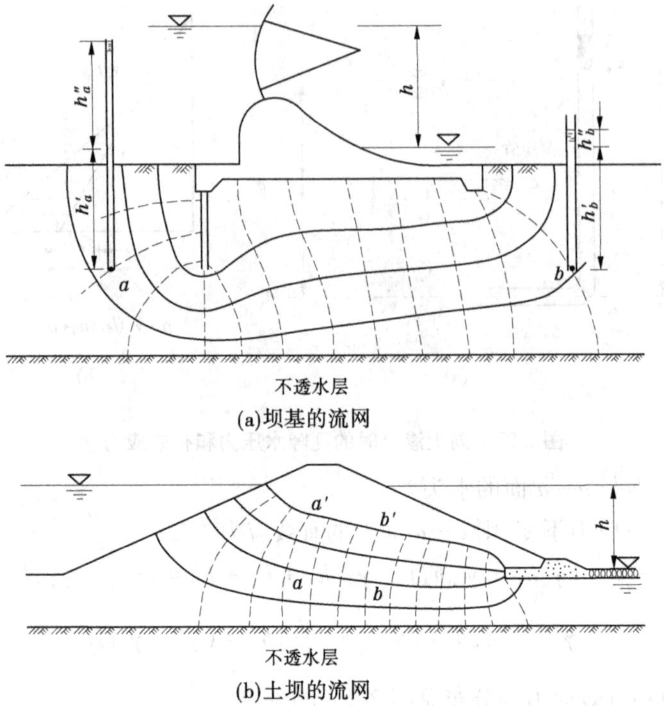

(a)坝基的流网

(b)土坝的流网

图 2-28　流网示意图

(3)流网中各个流槽的渗透流量相等。

(4)任意两相邻等势线间水头损失相等。

由这些特征可知,流网中流线越密的部位流速越大,等势线越密的部位水力坡降越大。流网能够形象地表示出渗流的情况。

流网可以利用试验方法得出,也可由图解法绘制出。图解法绘制流网易于掌握,并能用于建筑物边界轮廓较复杂的情况,只要按照绘制流网的基本要求进行,精确度也可以得到保证,所以在工程上应用广泛。随着电子计算机的普及,目前多用有限元法编程绘制流网,精度高、速度快,并且可以绘制三维渗流情况的流网。

二、流网的应用

流网绘好后,就可以直观地获得渗流要素的总体轮廓,并可计算确定渗流场中各点测压管水头、水力坡降、渗透速度、渗透力、渗透流量、孔隙水压力等。这里主要介绍根据流网确定水力坡降、渗透力和孔隙水压力。

(一)水力坡降的计算

根据流网特性可知,任意两相邻等势线间的水头损失相等。如图 2-28 中,上、下游的水头差为 h,等势线的间距数为 n,则相邻两条等势线之间的水头损失 Δh 为

$$\Delta h = h/n \tag{2-33}$$

每个网格沿流线方向的中线长度为 ΔL(可从图中量出),在流网中网格的水力坡降为

$$i = \Delta h / \Delta L \tag{2-34}$$

在进行地基的渗流稳定分析时，常需知道渗流的逸出坡降，由于某一点的逸出坡降难以求得，往往将渗流逸出处附近网格上的平均坡降作为逸出坡降。逸出坡降可用式(2-34)计算，式中的 ΔL 取渗流逸出处附近网格沿流线方向的中线长度。

（二）渗透力的计算

利用流网求出任一网格的水力坡降 i，按式(2-20)即可计算出该网格单位土体的平均渗透力

$$j = \gamma_w i = \gamma_w \Delta h \Delta L \tag{2-35}$$

若任一个网格在两相邻流线间的平均长度为 ΔS，则作用在该网格范围内单宽土体上的渗透力

$$j_i = j_i \Delta L \Delta S = \gamma_w \Delta h \Delta S \tag{2-36}$$

j_i通过网格的形心，方向与流线平行。

作用在渗流场内的总渗透力 J 等于各网格渗透力的矢量之和，即

$$\vec{J} = \sum \vec{J_i}$$

总渗透力作用在渗流场面积的形心上。

在进行地基渗透变形分析时，渗流逸出处的渗透力应是渗流逸出处附近网格单位土体的渗透力，可用式(2-35)计算。

（三）孔隙水压力的计算

渗流场中任意一点的孔隙水压力，可以利用流网确定该点的测压管水头 h_u（水柱高度）来确定，即各点的孔隙水压力为

$$u = \gamma_w h_u \tag{2-37}$$

如图 2-28(a)中的 a 点，测压管水头 $h_{ua} = h'_a + h''_a$，其中 h'_a为 a 点与下游静水位的高差，可从流网图中直接量得，h''_a为测压管水位与下游静水位高差，应比上游水头低 n 个 Δh，即 $h''_a = h - n\Delta h$。

上述各渗流要素常用于有渗流作用下的地基与土坡的渗透和抗滑稳定性分析。

思考题与习题

1. 毛细水上升的原因是什么？毛细现象在哪种土中最为显著？为什么？
2. 影响土冻胀的因素包括哪些？
3. 达西定律的内容和适用范围是什么？
4. 渗透系数的测定方法有哪些？
5. 影响土的渗透性的因素主要有哪些？
6. 什么是渗透变形？两种主要的渗透变形形式是什么？
7. 渗透变形产生的原因是什么？常见的防治措施是什么？
8. 什么是有效应力原理？其表达式是什么？
9. 什么是流网？流网的特征有哪些？

10.已知对某砂土进行渗透试验，土样的长度为 25 cm，土样截面面积为 5 cm^2，试验渗透水头为 20.0 m，试验在 5 min 后测得渗透流量为 15 cm^3，试求该砂土的渗透系数。

11.已知某砂土渗透系数为 6×10^{-3} cm/s，土样的长度为 20 cm，截面面积为 5 cm^2，试验作用水头为 25.0 m，试求试验在 10 min 后可测得的渗透流量。

第三章　土中应力

第一节　概　述

一、土中应力分布

土中的应力指土体在自身重力、建(构)筑物荷载或其他因素(如土中水的渗流、地震等)作用下,土中产生的应力。土中应力过大时,会使土体因强度不够发生破坏,甚至发生滑动失去稳定。此外,土中应力增加会引起土体变形,使建筑物发生沉降、倾斜及水平位移。土的变形过大,往往会影响建筑物的正常使用和安全。因此,掌握土中应力的大小及分布规律,是研究土体强度、变形及进行稳定性分析的基础。

土中应力按其产生的原因不同,可分为自重应力和附加应力。由土体自身重力作用所产生的应力称为土的自重应力。对于成土年代悠久的土体,在自重作用下已经压缩稳定或完全固结,其自重应力不再引起地基的变形。但对于成土年代不久,如新近沉积土或近期人工填土,在自重作用下尚未压缩稳定或未完成固结,因而自重应力将使土体进一步产生变形。土中的附加应力是指受外荷载(建筑物荷载、堤坝荷载、交通荷载等)作用前后土体中应力变化的增量。附加应力是引起地基变形和导致土体破坏而失去稳定的外因,因此研究地基变形与稳定问题,必须明确地基中附加应力的大小和分布。

二、土中应力计算方法

目前,土中应力的计算方法主要是采用弹性理论公式,把地基土视为均匀的、连续的、各向同性的半无限弹性体。这种假定虽然同土体的实际情况有差别,但其计算结果还是能满足实际工程的要求,其原因可以从下述几方面来分析:

(1)土的分散性影响。土是由三相组成的分散体,而不是连续介质,土中应力是通过土颗粒间的接触而传递的。但是,由于建筑物的基础面积尺寸远远大于土颗粒尺寸,所研究的也只是计算平面上的平均应力,而不是土颗粒间的接触集中应力。因此,可以忽略土分散性的影响,近似地把土体作为连续体考虑,而应用弹性理论来计算土中应力。

(2)土的非均质性和非理想弹性体的影响。土在形成过程中具有各种结构与构造,使土呈现不均匀性。同时土体也不是一种理想的弹性体,而是一种具有弹塑性或黏滞性的介质。但在实际工程土中,外部荷载引起土中的应力水平较低,土的应力—应变关系接近于线性关系,因此可应用弹性理论公式。当土层间的性质差异并不悬殊时,采用弹性理论计算土中应力在实用上是允许的。

(3)地基土可视为半无限体。所谓半无限体,就是无限空间的一半,也即该物体在水平向 x 轴及 y 轴的正负方向是无限延伸的,而竖直向 z 轴仅只在向下的正方向是无限延伸的,向上的负方向等于零。地基土在水平向及深度方向相对与建筑物的尺寸而言,可以认为是无限延伸的。因此,可以认为地基土是符合半无限体的假定。

第二节　土的自重应力

一、均质土的自重应力

在计算土体自重应力时,通常把土体(或地基)视为均质、连续、各向同性的半无限体。在半无限土体中任意竖直面和水平面上剪应力均为零,土体内相同深度各点的土体自重应力相等。如图 3-1(a)为均质天然地基,重度为 γ,在任意深度 z 处的水平面上任取一单位面积的土柱进行分析。由土柱的静力平衡条件可知,z 深度处的竖向自重应力(简称自重应力)应等于单位面积上的上覆土柱的有效重力,即

$$\sigma_{cz} = \gamma z \tag{3-1}$$

σ_{cz}沿水平面均匀分布,且与 z 成正比,所以 σ_{cz} 随深度 z 线性增加,呈三角形分布,如图 3-1(b)所示。

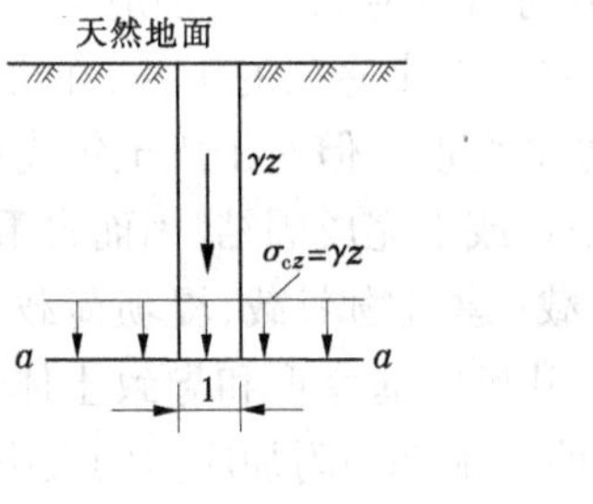

(a)任意水平面上σ_{cz}的分布与土柱受力

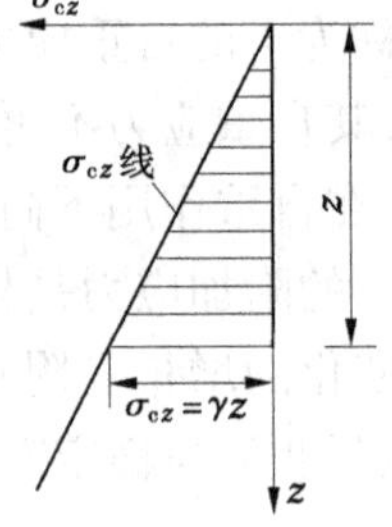

(b)σ_{cz}沿深度z分布

图 3-1　均质土中竖向自重应力

二、成层土的自重应力

地基土通常为成层土,即土体是由不同性质的成层土所组成的,如图 3-2 所示。若各层土的重度分别为 γ_1、γ_2、…、γ_n,相应土层的厚度为 h_1、h_2、…、h_n,则地基中第 n 层底面处的竖向自重应力应等于各层土自重应力的总和,即

$$\sigma_{cz} = \gamma_1 h_1 + \gamma_2 h_2 + \cdots + \gamma_n h_n = \sum_{i=1}^{n} \gamma_i h_i \tag{3-2}$$

式中:γ_i——第 i 层土的天然重度,地下水位以下的土层取 γ',kN/m^3;

h_i——第 i 层土的厚度,m。

由式(3-2)与图 3-2 可看出,由于各层土的重度不同,所以成层土中自重应力沿深度呈折线分布,转折点位于土层分界面处。

【例 3-1】　试绘制图 3-3 所示地基剖面土的自重应力沿深度的分布图。

解:(1)在地面处:$\sigma_{cz}=0$

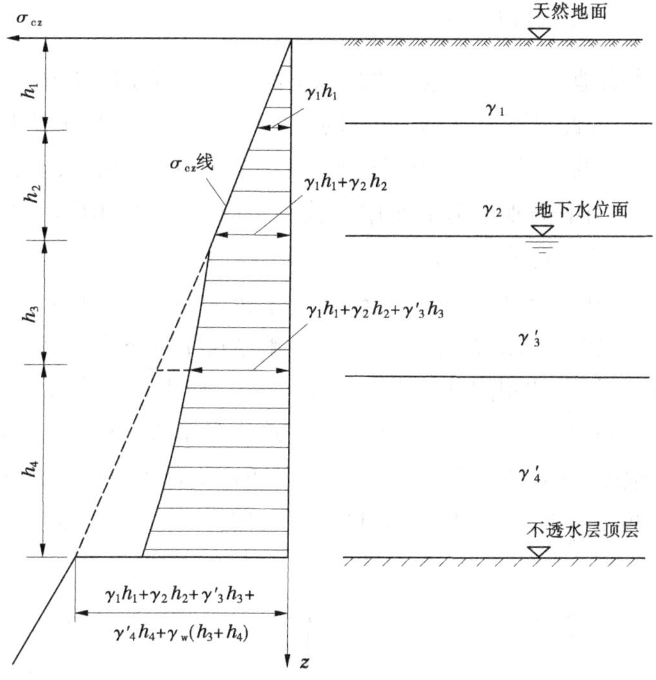

图 3-2　成层土中自重应力分布

(2) $z=1.8$ m 处：$\sigma_{cz}=\gamma_1 h_1=19\times1.8=34.2$(kPa)

(3) $z=3.8$ m 处：$\sigma_{cz}=\gamma_1 h_1+\gamma_2 h_2=34.2+18\times2=70.2$(kPa)

(4) $z=6.3$ m 处：$\sigma_{cz}=\gamma_1 h_1+\gamma_2 h_2+\gamma'_3 h_3=70.2+(19.8-9.8)\times2.5=95.2$(kPa)

据此绘制自重应力分布曲线，如图 3-3 所示。

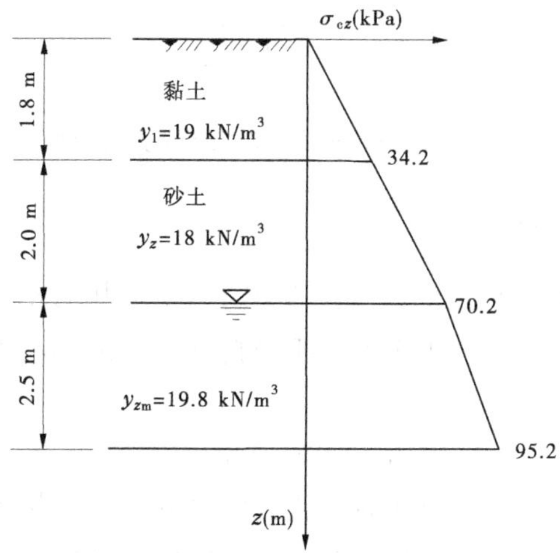

图 3-3　例 3-1 图

三、有地下水时的土自重应力

当地基土中含有地下水时，在地下水位以下的土因受到水的浮力作用，使土的自重减轻，自重应力减少。因此，计算水位以下土的自重应力时，应采用土的有效重度γ'计算。如果在地下水位以下的土层中埋藏有不透水层（指岩石或致密的黏土层），如图3-2所示时，由于不透水层顶面上静水压力的作用使其自重应力增加，相应的自重应力也随之增加，则不透水层顶面处的自重应力为

$$\sigma_{cz}=\gamma_1 h_1+\gamma_2 h_2+\gamma'_3 h_3+\gamma'_4 h_4+\gamma_w(h_3+h_4) \tag{3-3}$$

地下水位的变化对自重应力有一定影响，一般情况下地下水位是随季节变化的，只是变化的幅度有所不同。如果由于某种原因或施工需要使得地下水位大幅度的下降，必须考虑其不利影响。如图3-4所示，地下水位从原水位降至现水位，其下降高度为h_2，由于地下水位突然大幅度下降，使该土层浮力消失，自重应力增加。但是新增加的这部分自重应力相当于大面积附加均布荷载，能引起下部土层产生新的压密变形，因此属于附加应力。

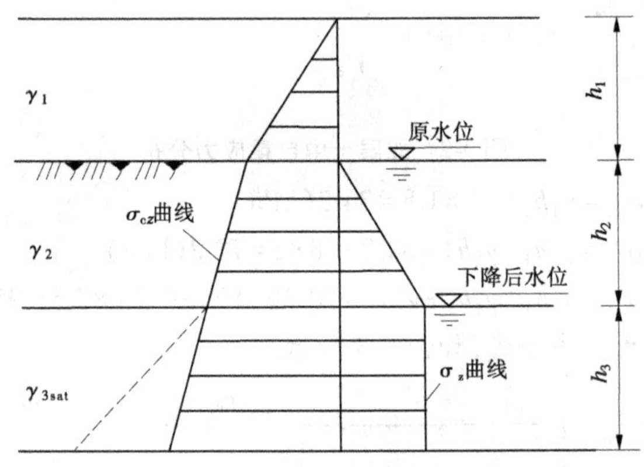

图3-4　地下水位下降对自重应力的影响

四、水平向自重应力

土体在自重作用下除有竖向的自重应力σ_{cz}外，还作用有水平向应力σ_{cx}、σ_{cy}。在半无限弹性体内，土不可能发生侧向变形，水平向自重应力σ_{cx}、σ_{cy}相等，且与σ_{cz}成正比，而剪应力为零，即

$$\sigma_{cx}=\sigma_{cy}=k_0\sigma_{cz} \tag{3-4}$$

式中：k_0——土的静止侧压力系数（或称静止土压力系数），它表示土体在无侧向变形条件下，水平向应力与竖向应力的比值，可由试验确定，当无试验资料时，可参考经验数值确定。

第三节　基底压力

建筑物的荷载通过基础传给地基土体。由基础底面传至地基单位面积上的压力，称为基底压力（或称接触压力），地基对基础的作用力称为地基反力。在计算地基附加应力和基础结构设计时，必须首先确定基底压力的大小和分布情况。

一、基底压力的分布规律

研究表明，基底压力的分布比较复杂，不仅与基础的形状、尺寸、刚度和埋深等因素有关，还与土的性质、种类、荷载的大小和分布等因素有关。

通常依据基础刚度、考虑荷载与土的性质等因素分析确定基底压力的分布形式。基础的刚度是指其抗弯刚度，基础按刚度可划分为如下三种类型：

（1）柔性基础：基础刚度很小，在荷载作用下，基础的变形与地基土表面的变形协调一致，如土坝、土堤、路基等土工建筑物，其基底压力分布和大小与作用在基底面上的荷载分布和大小相同。当基底面上的荷载为均匀分布时，基底压力也是均匀分布，如图 3-5 所示。当基底面上荷载为梯形分布时，基底压力也是梯形分布。其基底压力大小等于上部荷载的强度。

（2）刚性基础：基础的刚度很大，在荷载作用下，基础本身几乎不变形，基底始终保持为平面，不能适应地基变形。如混凝土基础和砖石基础，这类基础基底压力分布将与作用在基底面上的荷载大小、土的性质及基础埋深等因素有关。试验结果表明：中心受压的刚性基础随荷载的增大，基底压力为马鞍形、抛物线形、钟形等三种分布形态，如图 3-6 所示。

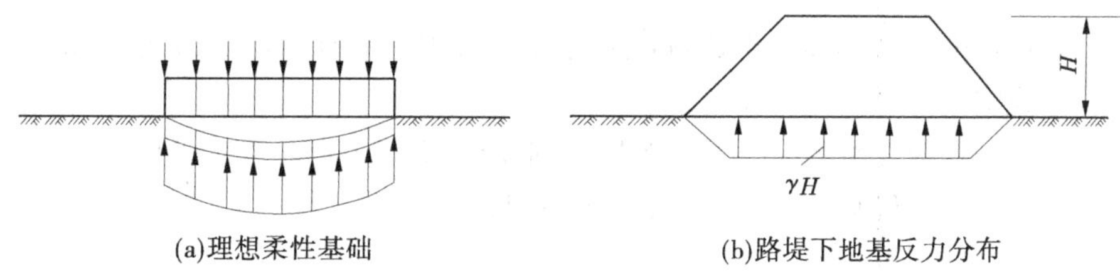

(a)理想柔性基础　　(b)路堤下地基反力分布

图 3-5　柔性基础基底压力分布

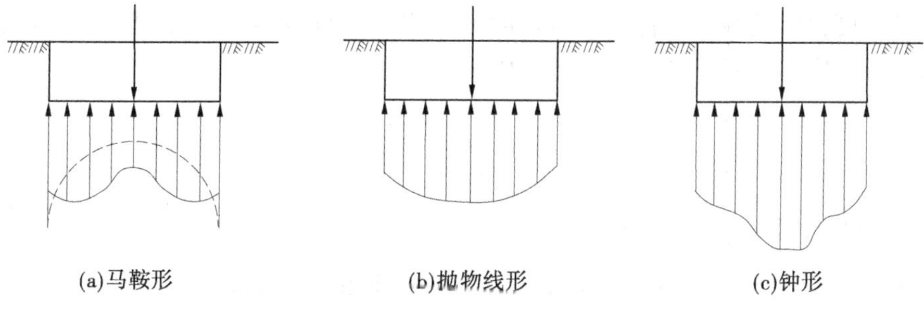

(a)马鞍形　　(b)抛物线形　　(c)钟形

图 3-6　刚性基础基底压力分布

(3)半刚性基础:基础具有一定的刚度,是介于柔性基础和刚性基础之间的类型。因受地基土变形的影响,基础将发生一些弯曲变形,如水闸底板等钢筋混凝土基础,可以调整基础本身的应力和变形。

实际工程中,基础都具有一定的埋深,基础宽度又不很小,而且由于受地基承载力的限制,荷载不会太大,其基底压力分布接近马鞍型,并趋向于直线分布。据弹性理论,基础底面一定深度(一般为1.5~2倍的基础宽度)以下的附加应力,几乎与基底压力分布形态无关,而只与其合力的大小及作用点位置有关。由此,对于刚性基础或具有一定刚度的基础,在基础宽度大于1.0 m,荷载小于300~500 kPa的情况下,常假定基底压力为直线分布,其基底压力可按材料力学中受压杆件的计算公式进行简化计算,则地基变形计算中由此引起的误差在工程允许范围内。

二、基底压力的简化计算

(一)中心荷载作用下的基底压力

承受竖向中心荷载作用的基础,其荷载的合力通过基底形心,基底压力为均匀分布。

1.矩形基础和圆形基础

基底压力计算公式为

$$p=\frac{F+G}{A} \tag{3-5}$$

式中:p——矩形基础与圆形基础上的基底压力,kPa;

F——上部结构传至基础顶面的竖向力,kN;

G——基础及底面以上回填土总重力,kN,$G=\gamma_G A\bar{h}$,其中γ_G为基础及回填土的平均重度,一般可取20 kN/m^3,地下水位以下应取有效重度,$\bar{h}$必须从设计地面或室内外平均地面算起;

A——基础底面积,m^2,对于矩形基础$A=bl$,b与l分别为基础的宽度与长度,对于圆形基础$A=\pi d^2/4$,d为基础底面直径。

2.条形基础

理论上,当$l/b=\infty$时视为条形基础,但是在使用上当$l/b\geqslant10$时即可称为条形基础(如工业与民用建筑工程中),有些工程的基础,当$l/b\geqslant5$时也可视为条形基础(如水利工程),其精度仍满足要求。若荷载沿长度方向均匀分布,基底压力计算时,可沿基底长度方向取一单位长度来考虑。其基底压力为

$$\bar{p}=\frac{\bar{F}+\bar{G}}{b} \tag{3-6}$$

式中:$\bar{p}$——平均基底压力,kPa;

$\bar{F}+\bar{G}$——沿基底长度方向1 m长基础上的荷载和基础自重,kN/m。

(二)单向偏心荷载作用下的基底压力

基础承受单向偏心竖直荷载作用,如图3-7所示的矩形基础,为了抵抗荷载的偏心作

用,通常取基础长边 l 与偏心方向一致。假定基底压力为直线分布,基底两端最大与最小压力分别为 p_{max}、p_{min},按材料力学的偏心受压公式计算,即

$$\begin{matrix} p_{max} \\ p_{min} \end{matrix} = \frac{F+G}{A} \pm \frac{M}{W} \tag{3-7}$$

式中:M——作用于基础底面的力矩,kN·m;

W——基础底面的抵抗矩,m^3,对于矩形基础 $W = bl^2/6$。

将荷载的偏心距 $e=M/(F+G)$ 及 $W=bl^2/6$ 代入式(3-7)中,得:

$$\begin{matrix} p_{max} \\ p_{min} \end{matrix} = \frac{F+G}{A}\left(1 \pm \frac{6e}{l}\right) \tag{3-8}$$

对于条形基础,仍沿长边方向取 1 m 进行计算,则 $A=b\times1$,偏心方向与基础宽度一致。基底压力分别为

$$\begin{matrix} p_{max} \\ p_{min} \end{matrix} = \frac{\overline{F}+\overline{G}}{b}\left(1 \pm \frac{6e}{b}\right) \tag{3-9}$$

由式(3-8)及式(3-9)可见,基底压力有以下三种分布形式(以矩形基础基底压力分布为例说明):

当 $e<l/6$ 时,$p_{min}>0$,基底压力呈梯形分布,如图 3-7(a)所示;

当 $e=l/6$ 时,$p_{min}=0$,基底压力呈三角形分布,如图 3-7(b)所示;

当 $e>l/6$ 时,$p_{min}<0$,基底出现拉应力,如图 3-7(c)所示。由于基底与地基之间不能承受拉力,此时基底与地基之间发生局部脱开,使其基底压力重新分布。根据作用在基础底面上的偏心荷载与基底反力相平衡的条件,偏心竖向荷载的合力 $F+G$ 应通过基底压力分布图形的形心,由此可得最大基底压力 p_{max} 为

$$p_{max} = \frac{2(F+G)}{3ab} \tag{3-10}$$

式中:a——竖向偏心荷载作用点至基底最大压力边缘的距离,m,$a=l/2-e$。

从上述分析可见,$e>l/6$ 时,p_{max} 将增加很多,因此在工程设计时,一般不允许 $e>l/6$,以便充分发挥地基承载力。

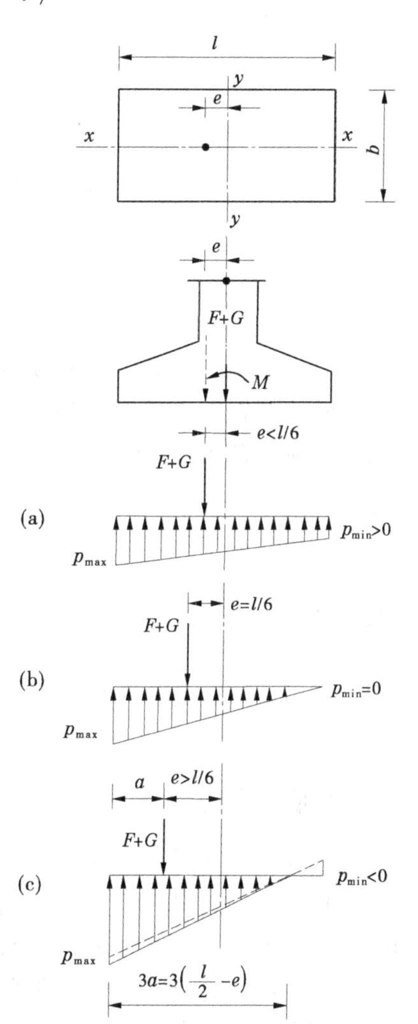

图 3-7　单向偏心荷载下矩形基础基底压力分布

若矩形基础在双向偏心竖直荷载作用下,基底压力仍按材料力学的偏心受压公式计算,两端最大、最小压力为

$$\left.\begin{matrix}p_{\max}\\p_{\min}\end{matrix}\right\}=\frac{F+G}{A}\pm\frac{M_x}{W_x}\pm\frac{M_y}{W_y} \tag{3-11}$$

式中：M_x、M_y——荷载合力分别对基底面 x、y 轴的力矩；

W_x、W_y——基底面分别对 x、y 轴的抵抗矩。

（三）偏心斜向荷载作用下的基底压力

如图 3-8 所示，当基础承受偏心斜向荷载作用时（如基础在竖直荷载、水压力共同作用下），可将其斜向荷载 R 分解为竖向分量 P_v 和水平向分量 P_h，其中 $P_v = R\cos\delta$，$P_h = R\sin\delta$，δ 为斜向荷载与竖直线的夹角。

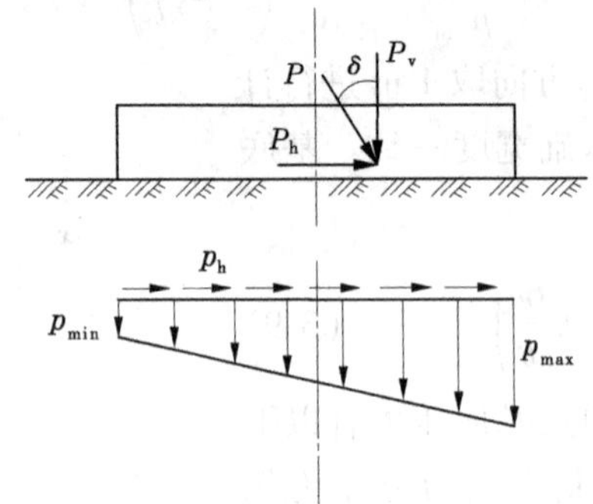

图 3-8　斜向偏心荷载作用下基底压力的分布

由竖向偏心荷载 P_v 引起的基底压力，可按式(3-8)或式(3-9)计算。

由水平荷载 P_h 引起的基底压力，一般假定为均匀分布，其水平基底压力计算公式为

矩形基础
$$p_h = \frac{P_h}{A} \tag{3-12}$$

条形基础
$$p_h = \frac{\overline{P}_h}{b} \tag{3-13}$$

式中：$\overline{P}_h$——1 m 长基底上作用的水平荷载，kN/m；

p_h——水平荷载引起的基底压力，kPa。

三、基底附加压力

在建造建筑物之前，基础底面处就有自重应力的作用。在建造建筑物之后，基础底面处将有基底压力作用，与开挖基坑之前相比基础底面的应力增加，其增加的应力即为基底附加压力。基底附加压力向地基传递，将引起地基变形。

由于建筑物基础需要有一定的埋深，因此在基础施工时要把基底标高以上的土挖除，基底处原来存在的自重应力消失。在基底压力相同时，基底埋深越大，其附加压力越小，越有利于减小基础的沉降，根据该原理可以对基础采用补偿性设计。

对于基底压力为均布的情况，其基底附加压力为

$$p_0 = p - \sigma_c = p - \gamma_0 d \tag{3-14}$$

对于偏心荷载作用下梯形分布的基底压力，其基底附加压力为

$$p_{0\,\min}^{\,\max} = p_{\min}^{\max} - \gamma_0 d \tag{3-15}$$

式中：γ_0——基础底面标高以上的天然土体的加权平均重度；

d——基底埋深，从天然地面算起，对于新填土地区则从老地面算起。

【例 3-2】 某厂区管道支架柱下独立基础，其底面面积尺寸为 $a\times b=2.5\text{ m}\times2.5\text{ m}$，上部结构传来轴向力设计值 $F=480\text{ kN}$，基础埋深 $d=1.6\text{ m}$，地基土第一层为杂填土，重度 $\gamma=17\text{ kN/m}^3$，厚度为 0.6 m；第二层为黏土，重度为 $\gamma=18.6\text{ kN/m}^3$，厚度为 5 m。试求基础底面压力 p 和基底附加压力 p_0。

解：$G=\bar{\gamma}Ad=20\times2.5\times2.5\times1.6=200(\text{kN})$

$$p=\frac{F+G}{A}=\frac{480+200}{2.5\times2.5}=108.8(\text{kPa})$$

$$\gamma=\frac{\sigma_c}{d}=\frac{17\times0.6+18.6\times1}{1.6}=18(\text{kN/m}^3)$$

$$p_0=p-\sigma_c=p-\gamma_0 d=108.8-18\times1.6=80(\text{kPa})$$

第四节　地基中的附加应力

地基中的附加应力是指建筑物等荷载通过基底压力在地基中引起的应力增量。目前，在求解地基中的附加应力时，一般假定地基土是均质、连续、各向同性的完全弹性体，根据弹性理论的基本公式进行计算。附加应力的大小不仅与基底压力有关，还与计算点的空间坐标有关，按照问题的性质，划分为空间问题和平面问题两大类型：若应力是 x、y、z 三个坐标的函数，则称为空间问题，矩形基础下的附加应力即属空间问题；若应力是 x、z 两个坐标的函数，则称为平面问题，条形基础下的附加应力可认为属平面问题。

一、竖直集中荷载作用下地基中的附加应力

如图 3-9，在半无限的弹性地基表面，作用一竖直集中荷载 P，按照布西奈斯克的弹性理论解答，在地基中任一点 $M(x,y,z)$ 产生的附加应力有 σ_x、σ_y、σ_z、τ_{xy}、τ_{xz}、τ_{yz} 等 6 个应力分量，其中竖向附加应力 σ_z 对计算地基变形最有意义，其计算公式为

$$\sigma_z=\frac{3P}{2\pi}\frac{z^3}{R^5}=\frac{3P}{2\pi z^2}\frac{1}{\left[1+\left(\frac{r}{z}\right)^2\right]^{\frac{5}{2}}}=\alpha\frac{P}{z^2} \tag{3-16}$$

式中：P——作用于坐标原点的竖直集中荷载，kN；

R——计算点 M 至坐标原点的距离，$R=\sqrt{x^2+y^2+z^2}$，m；

α——附加应力系数，$\alpha=\dfrac{3}{2\pi\left[1+\left(\frac{r}{z}\right)^2\right]^{\frac{5}{2}}}$，$\alpha$ 是 (r/z) 的函数，可由公式计算或查表 3-1得到。

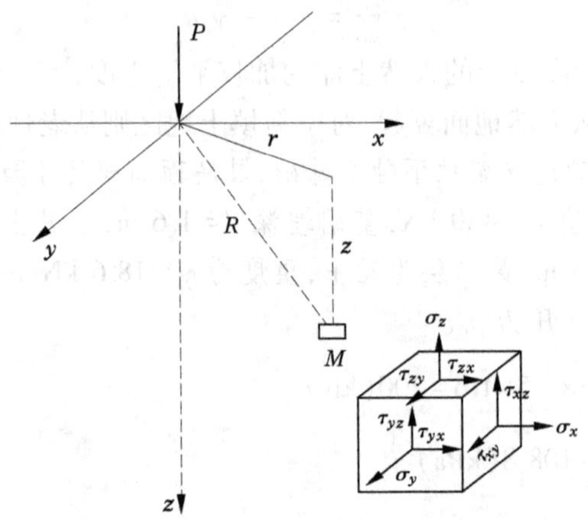

图 3-9　竖直集中力作用下的附加应力

表 3-1　竖直集中荷载作用下地基中任一点的附加应力系数 α 值

r/z	α	r/z	α	r/z	α	r/z	α	r/z	α
0	0.477 5	0.50	0.273 3	1.00	0.084 4	1.50	0.025 1	2.00	0.008 5
0.05	0.474 5	0.55	0.246 6	1.05	0.074 4	1.55	0.022 4	2.20	0.005 8
0.10	0.465 7	0.60	0.221 4	1.10	0.065 8	1.60	0.020 0	2.40	0.004 0
0.15	0.451 6	0.65	0.197 8	1.15	0.058 1	1.65	0.017 9	2.60	0.002 9
0.20	0.432 9	0.70	0.176 2	1.20	0.051 3	1.70	0.016 0	2.80	0.002 1
0.25	0.410 3	0.75	0.156 5	1.25	0.045 4	1.75	0.014 4	3.00	0.001 5
0.30	0.384 9	0.80	0.138 6	1.30	0.040 2	1.80	0.012 9	3.50	0.000 7
0.35	0.357 7	0.85	0.122 6	1.35	0.035 7	1.85	0.011 6	4.00	0.000 4
0.40	0.329 4	0.90	0.108 3	1.40	0.031 7	1.90	0.010 5	4.50	0.000 2
0.45	0.301 1	0.95	0.095 6	1.45	0.028 2	1.95	0.009 5	5.00	0.000 1

由式(3-16)计算可知,竖向附加应力 σ_z 的分布规律为:

(1)在任一深度的水平面上 σ_z 的分布:当深度 z 为一定值时,在水平距离 $r=0$ 处 σ_z 最大,随着 r 的逐渐增大,K 值愈小,则 σ_z 值也愈小,如图 3-10 所示。

(2)集中力作用线上 σ_z 的分布:在集中力的作用线上 $r=0$,当 $z=0$ 时,竖向附加应力 $\sigma_z \to \infty$,随着深度增加而 σ_z 逐渐减小,如图 3-10 所示。注意 $z=0$ 时,$\sigma_z \to \infty$ 这说明用弹性理论导出的应力计算公式不适用于集中力附近点的附加应力计算,实际上,该点土体已处在塑性状态,因此再用弹性理论计算将得出不合理的结论。

(3)在 $r>0$ 的铅垂直线上 σ_z 的分布:在 $r>0$ 的铅垂直线上,当 $z=0$ 时,$\sigma_z=0$,随着 z 的增加,σ_z 从零逐渐增大,至一定深度又随着 z 值的增加而减小,如图 3-10 所示。

将地基中 σ_z 相同的点联结起来,便可绘出如图 3-11 所示的等应力线,该线形如泡状,故又称应力泡。土中离集中力作用点越远,附加应力越小,这种现象称为应力扩散现象。

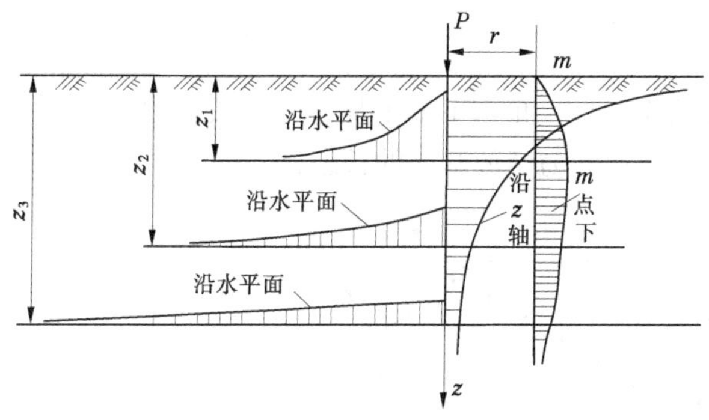

图 3-10　竖向集中荷载作用下 σ_z 的分布

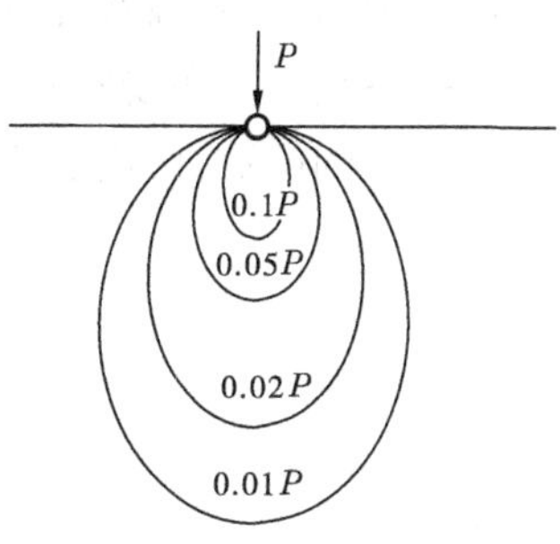

图 3-11　σ_z 的等值线图

若地面上有 n 个相邻的集中力作用，如图 3-12 中的 P_1、P_2，应先分别算出各个集中力在土中某一深度引起的附加应力（图 3-12 中 a、b 线）。再根据应力叠加原理把它们叠加起来。图 3-12 中的 c 线即为 P_1 与 P_2 在该平面处引起的附加应力的叠加曲线。这种应力叠加现象称为应力的积聚现象。

在多个相邻的集中力作用下，利用式（3-17）及叠加原理，可求出地基中任意点 M 的附加应力为

$$\sigma_z = K_1 \frac{P_1}{z^2} + K_2 \frac{P_2}{z^2} + \cdots + K_n \frac{P_n}{z^2} \tag{3-17}$$

式中：$K_1, K_2, \cdots, K_n$——集中力 $P_1, P_2, \cdots, P_n$ 作用下的竖向附加应力系数。

因附加应力的扩散和积聚作用，邻近基础将产生互相影响，引起基础附加沉降，如新建筑物可能使相邻的旧建筑物产生裂缝和倾斜，这在软土地基上尤为突出。因此，在工程设计与施工中必须考虑相邻基础的互相影响。

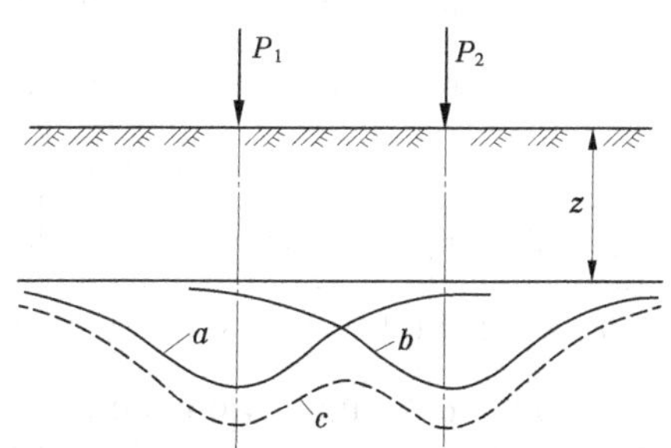

图 3-12　两个竖向集中荷载作用下 σ_z 的叠加

二、矩形基底下地基附加应力的计算

（一）矩形基底受竖直均布荷载作用

1. 矩形基底任一角点下附加应力的计算

如图 3-13 所示，在竖直均布荷载作用下，矩形基底任一角点 c 下某一深度 z 处 M 点的竖向附加应力，可利用式（3-18）沿整个矩形面积进行积分求得，简化成如下形式

$$\sigma_z = \alpha_c p \tag{3-18}$$

式中：p——竖直均布荷载，kPa；

α_c——矩形基底受竖直均布荷载作用任一角点下的附加应力系数，它是 L/B 和 z/B 的函数，可由表 3-2 查得（注意 L 为矩形基底的长边，B 为短边）。

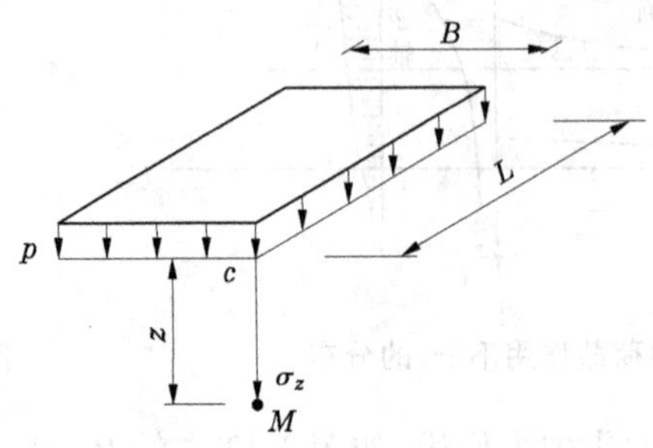

图 3-13　矩形基底受竖直均布荷载作用任一角点下的附加应力

表 3-2　矩形基底受竖直均布荷载作用任一角点下的附加应力系数 α_c 值

z/B	L/B													
	1.0	1.2	1.4	1.6	1.8	2.0	2.2	2.4	2.6	2.8	3.0	4.0	5.0	10.0
0	0.250	0.250	0.250	0.250	0.250	0.250	0.250	0.250	0.250	0.250	0.250	0.250	0.250	0.250
0.2	0.249	0.249	0.249	0.249	0.249	0.249	0.249	0.249	0.249	0.249	0.249	0.249	0.249	0.249
0.4	0.240	0.242	0.243	0.243	0.244	0.244	0.244	0.244	0.244	0.244	0.244	0.244	0.244	0.244
0.6	0.223	0.228	0.230	0.232	0.232	0.233	0.233	0.233	0.234	0.234	0.234	0.234	0.234	0.234
0.8	0.200	0.208	0.212	0.215	0.217	0.218	0.218	0.219	0.219	0.219	0.220	0.220	0.220	0.220
1.0	0.175	0.185	0.191	0.196	0.198	0.200	0.201	0.202	0.203	0.203	0.203	0.204	0.204	0.205
1.2	0.152	0.163	0.170	0.176	0.180	0.182	0.184	0.185	0.186	0.187	0.187	0.188	0.189	0.189
1.4	0.131	0.142	0.151	0.157	0.161	0.164	0.167	0.169	0.170	0.171	0.171	0.173	0.174	0.174
1.6	0.112	0.124	0.133	0.140	0.145	0.149	0.151	0.153	0.155	0.156	0.157	0.159	0.160	0.160
1.8	0.097	0.108	0.117	0.124	0.129	0.133	0.137	0.139	0.141	0.142	0.143	0.146	0.147	0.148
2.0	0.084	0.095	0.103	0.110	0.116	0.120	0.124	0.126	0.128	0.130	0.131	0.135	0.136	0.137
2.2	0.073	0.083	0.092	0.098	0.104	0.108	0.112	0.115	0.117	0.119	0.121	0.125	0.126	0.128
2.4	0.064	0.073	0.081	0.088	0.093	0.098	0.102	0.105	0.107	0.109	0.111	0.116	0.118	0.119
2.6	0.057	0.065	0.073	0.079	0.084	0.089	0.092	0.096	0.098	0.100	0.102	0.107	0.110	0.112
2.8	0.050	0.058	0.065	0.071	0.076	0.081	0.084	0.088	0.090	0.092	0.094	0.100	0.102	0.105
3.0	0.045	0.052	0.058	0.064	0.069	0.073	0.077	0.080	0.083	0.085	0.087	0.093	0.096	0.099
3.2	0.040	0.047	0.053	0.058	0.063	0.067	0.070	0.074	0.076	0.079	0.081	0.087	0.090	0.093

续表 3-2

z/B	L/B													
	1.0	1.2	1.4	1.6	1.8	2.0	2.2	2.4	2.6	2.8	3.0	4.0	5.0	10.0
3.4	0.036	0.042	0.048	0.053	0.057	0.061	0.065	0.068	0.070	0.073	0.075	0.081	0.085	0.088
3.6	0.033	0.038	0.043	0.048	0.052	0.056	0.059	0.062	0.065	0.065	0.069	0.076	0.080	0.084
3.8	0.030	0.035	0.040	0.044	0.048	0.052	0.055	0.058	0.060	0.063	0.065	0.072	0.075	0.080
4.0	0.027	0.032	0.036	0.040	0.044	0.047	0.051	0.054	0.056	0.059	0.060	0.067	0.071	0.076
4.2	0.025	0.029	0.033	0.037	0.041	0.044	0.047	0.050	0.052	0.054	0.056	0.063	0.067	0.072
4.4	0.023	0.027	0.031	0.034	0.038	0.041	0.044	0.046	0.049	0.051	0.053	0.060	0.064	0.069
4.6	0.021	0.025	0.028	0.032	0.035	0.038	0.041	0.043	0.045	0.047	0.049	0.056	0.061	0.066
4.8	0.019	0.023	0.026	0.029	0.032	0.035	0.038	0.040	0.042	0.044	0.046	0.053	0.058	0.064
5.0	0.018	0.021	0.024	0.027	0.030	0.033	0.036	0.038	0.040	0.042	0.044	0.050	0.055	0.061
6.0	0.013	0.015	0.017	0.020	0.022	0.024	0.026	0.028	0.029	0.031	0.033	0.039	0.043	0.051
7.0	0.009	0.011	0.013	0.015	0.016	0.018	0.020	0.021	0.022	0.024	0.025	0.031	0.035	0.043
8.0	0.007	0.009	0.010	0.011	0.013	0.014	0.015	0.017	0.017	0.019	0.020	0.025	0.028	0.037
9.0	0.006	0.007	0.008	0.009	0.010	0.011	0.012	0.013	0.014	0.015	0.016	0.020	0.024	0.032
10.0	0.005	0.006	0.007	0.007	0.008	0.009	0.010	0.011	0.012	0.012	0.013	0.017	0.020	0.028

2.地基中任一点附加应力的计算——角点法

若计算点不在矩形基底角点正下方，可利用式(3-18)，通过添加辅助线，将矩形基底划分为几个矩形，使得计算点在每个新矩形的公共角点下，再利用叠加(减)原理求出计算点的竖向附加应力 σ_z 值，这种方法称为角点法。

根据计算点平面位置的不同，可有以下 4 种情况，如图 3-14 所示。

(1)计算点在基底面内 N 点下，如图 3-14(a)所示，则

$$\sigma_z=(\alpha_{c1}+\alpha_{c2}+\alpha_{c3}+\alpha_{c4})p$$

(2)计算点在基底边缘 N 点下，如图 3-14(b)所示，则

$$\sigma_z=(\alpha_{c1}+\alpha_{c2})p$$

(3)计算点在基底边缘外侧 N 点下，如图 3-14(c)所示，则

$$\sigma_z=(\alpha_{cNa}+\alpha_{cNb}-\alpha_{cNd}-\alpha_{cNc})p$$

(4)计算点在基底角点外侧 N 点下，如图 3-14(d)所示，则

$$\sigma_z=(\alpha_{cNa}-\alpha_{cNb}-\alpha_{cNd}+\alpha_{cNc})p$$

【例 3-3】 如图 3-15 所示，有一矩形基础，底面尺寸为 2 m×3.4 m，基底面以上作用中心荷载 P=1 360 kN，试求图中 A 点以下 z=4 m 处的竖向附加应力 σ_z。

解：基底面受中心荷载作用，基底压力按均匀分布简化，基底压力为

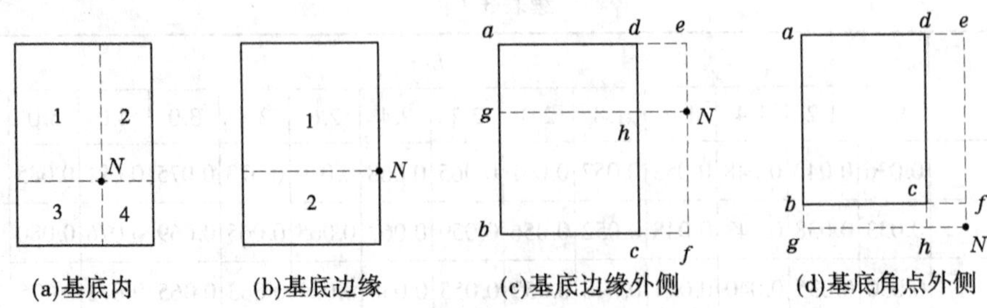

图 3-14 角点法示意图

$$p=\frac{1\ 360}{2\times3.4}=200(\text{kPa})$$

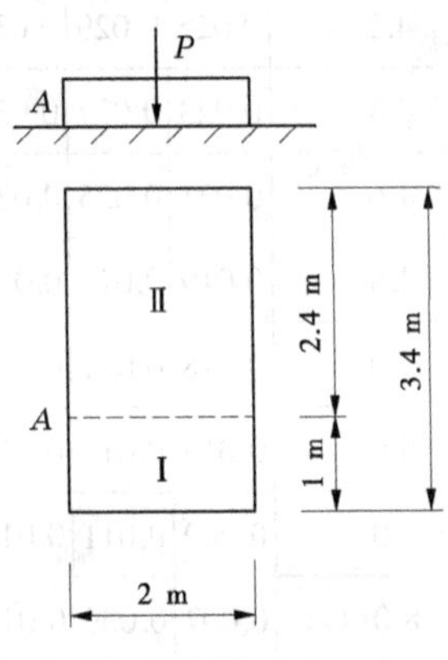

图 3-15 基础图

过 A 点将矩形底面分为Ⅰ、Ⅱ两部分。

对部分Ⅰ：

$L/B=2/1=2$，$z/B=4/1=4$，查表 3-2 得 $\alpha_c^{\text{I}}=0.047$。

对部分Ⅱ：

$L/B=2.4/2=1.2$，$z/B=4/2=2$，查表 3-2 得 $\alpha_c^{\text{II}}=0.095$。

$$\begin{aligned}\sigma_z&=(\alpha_c^{\text{I}}+\alpha_c^{\text{II}})p\\&=(0.047+0.095)\times200\\&=28.4(\text{kPa})\end{aligned}$$

说明：如果基础底面有埋深，计算中应以 p_0 代替 p。

（二）矩形基底受竖直三角形分布荷载作用

如图 3-16 所示，竖直三角形分布荷载最大强度为 p_t，作用在矩形基底面上，荷载强度为 0 的一侧角点下深度 z 处 M 点的竖向附加应力 σ_z，同样通过积分的办法简化成如下形式：

$$\sigma_z=\alpha_t p_t \tag{3-19}$$

式中：p_t——竖直三角形分布荷载的最大强度，kPa；

α_t——矩形基底受竖直三角形分布荷载作用零角点下的附加应力系数，它是 L/B 和 z/B 的函数，可由表 3-3 查得（注意 L 为沿荷载强度不变方向的边长，B 为另一边的边长）。

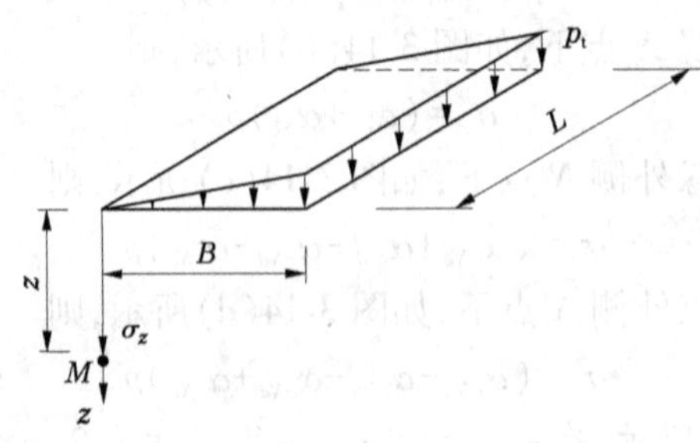

图 3-16 矩形基底受竖直三角形分布荷载作用零角点下的附加应力

表 3-3　矩形基底受竖直三角形分布荷载作用零角点下的附加应力系数 α_t 值

z/B	L/B													
	0.4	0.6	0.8	1.0	1.2	1.4	1.6	1.8	2.0	3.0	4.0	6.0	8.0	10.0
0	0	0	0	0	0	0	0	0	0	0	0	0	0	0
0.2	0.028	0.030	0.030	0.030	0.031	0.031	0.031	0.031	0.031	0.031	0.031	0.031	0.031	0.031
0.4	0.042	0.049	0.052	0.053	0.054	0.054	0.055	0.055	0.055	0.055	0.055	0.055	0055	0.055
0.6	0.045	0.056	0.062	0.065	0.067	0.068	0.069	0.069	0.070	0.070	0.070	0.070	0.070	0.070
0.8	0.042	0.055	0.064	0.069	0.072	0.074	0.075	0.076	0.076	0.077	0.078	0.078	0.078	0.078
1.0	0.038	0.051	0.060	0.067	0.071	0.074	0.075	0.077	0.077	0.079	0.079	0.080	0.080	0.080
1.2	0.032	0.045	0.055	0.062	0.066	0.070	0.072	0.074	0.075	0.077	0.078	0.078	0.078	0.078
1.4	0.028	0.039	0.048	0.055	0.061	0.064	0.067	0.069	0.071	0.074	0.075	0.075	0.075	0.075
1.6	0.024	0.034	0.042	0.049	0.055	0.059	0.062	0.064	0.066	0.070	0.071	0.071	0.072	0.072
1.8	0.020	0.029	0.037	0.044	0.049	0.053	0.056	0.059	0.060	0.065	0.067	0.067	0.068	0.068
2.0	0.018	0.026	0.032	0.038	0.043	0.047	0.051	0.053	0.055	0.061	0.062	0.063	0.064	0.064
2.5	0.013	0.018	0.024	0.028	0.033	0.036	0.039	0.042	0.044	0.050	0.053	0.054	0.055	0.055
3.0	0.009	0.014	0.018	0.021	0.025	0.028	0.031	0.033	0.035	0.042	0.045	0.047	0.047	0.048
5.0	0.004	0.005	0.007	0.009	0.010	0.012	0.014	0.015	0.016	0.021	0.025	0.028	0.030	0.030
7.0	0.002	0.003	0.004	0.005	0.006	0.006	0.007	0.008	0.009	0.012	0.015	0.019	0.020	0.021
10.0	0.001	0.001	0.002	0.002	0.003	0.003	0.004	0.004	0.005	0.007	0.008	0.011	0.013	0.014

(三)矩形基底受水平均布荷载作用

如图 3-17 所示,矩形基底上作用有水平均布荷载 p_h,通过积分,可求出矩形基底沿水平荷载方向左、右两角点下任一深度 z 处的竖向附加应力 σ_z,其公式简写为

$$\sigma_z = \pm \alpha_h p_h \tag{3-20}$$

式中:p_h——水平均布荷载;

α_h——矩形基底受水平均布荷载作用角点下的附加应力系数,根据 L/B 和 z/B 查表 3-4(注意 B 为平行于荷载方向的矩形基底的长度,L 为另一边的边长)。

当计算点在水平荷载的起始端下时,σ_z 为负值(拉应力),取"-"号;当计算点在水平荷载的终止端下时,σ_z 为正值(压应力),取"+"号。

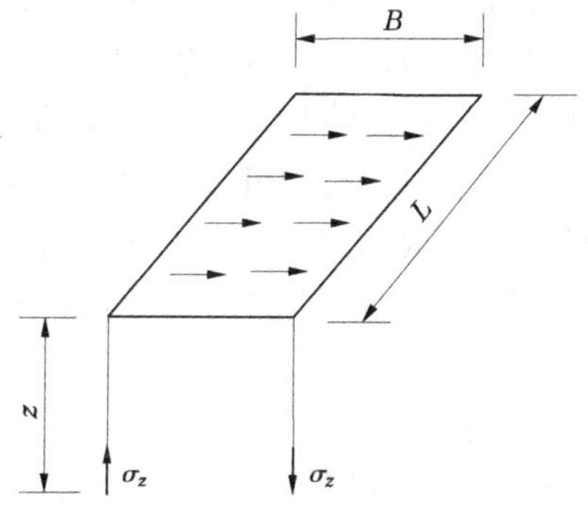

图 3-17　矩形基底受竖直三角形分布荷载作用零角点下的附加应力

表 3-4 矩形基底受水平均布荷载作用角点下的附加应力系数 α_h 值

z/B	L/B										
	1.0	1.2	1.4	1.6	1.8	2.0	3.0	4.0	6.0	8.0	10.0
0	0.159	0.159	0.159	0.159	0.159	0.159	0.159	0.159	0.159	0.159	0.159
0.2	0.152	0.152	0.153	0.153	0.153	0.153	0.153	0.153	0.153	0.153	0.153
0.4	0.133	0.135	0.136	0.136	0.137	0.137	0.137	0.137	0.137	0.137	0.137
0.6	0.109	0.112	0.114	0.115	0.116	0.116	0.117	0.117	0.117	0.117	0.117
0.8	0.086	0.090	0.092	0.094	0.095	0.096	0.097	0.097	0.097	0.097	0.097
1.0	0.067	0.071	0.074	0.075	0.077	0.077	0.079	0.079	0.080	0.080	0.080
1.2	0.051	0.055	0.058	0.060	0.062	0.062	0.065	0.065	0.065	0.065	0.065
1.4	0.040	0.043	0.046	0.048	0.049	0.051	0.053	0.053	0.054	0.054	0.054
1.6	0.031	0.034	0.037	0.039	0.040	0.041	0.044	0.044	0.045	0.045	0.045
1.8	0.024	0.027	0.029	0.031	0.033	0.034	0.036	0.037	0.037	0.038	0.038
2.0	0.019	0.022	0.024	0.025	0.027	0.028	0.030	0.031	0.032	0.032	0.032
2.5	0.011	0.013	0.015	0.016	0.017	0.018	0.020	0.021	0.022	0.022	0.022
3.0	0.007	0.008	0.009	0.010	0.011	0.012	0.014	0.015	0.016	0.016	0.016
5.0	0.002	0.002	0.002	0.003	0.003	0.003	0.004	0.005	0.006	0.006	0.006
7.0	0.001	0.001	0.001	0.001	0.001	0.001	0.002	0.002	0.003	0.003	0.003
10.0	0	0	0	0	0	0.001	0.001	0.001	0.001	0.001	0.001

三、条形基底下地基附加应力的计算

(一)条形基底受竖直均布荷载作用

当基础长宽比 $L/B=\infty$时,其上作用的荷载沿长度方向分布相同,则地基中垂直于长度方向,各个截面的附加应力分布规律均相同,与长度无关,此种应力状态属平面问题。但在实际工程中,并不存在无限长的基础,当基础的长宽比 $L/B\geqslant 5$ 或 10(一般水利工程为 5,工业与民用建筑为 10)时,地基中的附加应力与按 $L/B=\infty$时计算结果误差不大,因此土坝、土堤、水闸、墙基、路基等条形基础,均可按平面问题计算地基中的附加应力。

如图 3-18,设宽度为 B 的条形基底受竖直均布荷载 p,土中任一点的竖向附加应力 σ_z 由弹性理论中的弗拉曼公式在荷载分布宽度范围内积分得到,可简化为如下形式:

$$\sigma_z = \alpha_z^s p \tag{3-21}$$

式中:p——竖直条形均布荷载,kPa;

α_z^s——条形基底受竖直均布荷载作用地基中的附加应力系数,它是 x/B 和 z/B 的函数,可由表 3-5 查得(注意此处坐标系的原点是在均布荷载的中点)。

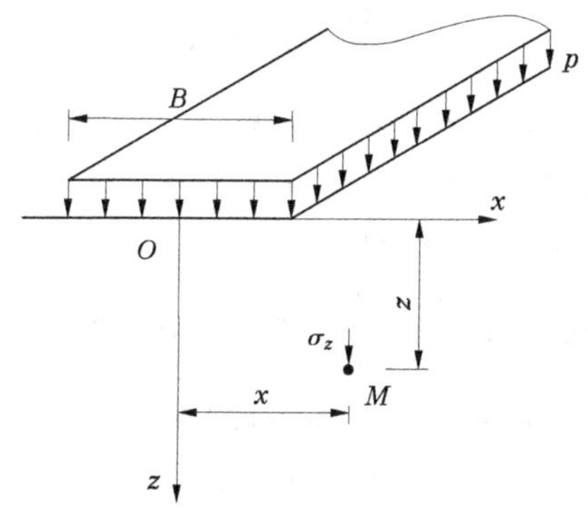

图 3-18　条形基底受竖直均布荷载作用地基中的附加应力

表 3-5　条形基底受竖直均布荷载作用地基中的附加应力系数 α_z^s 值

z/B	x/B								
	-1.0	-0.75	-0.50	-0.25	0	0.25	0.50	0.75	1.00
0.01	0.001	0	0.500	0.999	0.999	0.999	0.500	0	0.001
0.1	0.002	0.011	0.499	0.988	0.997	0.988	0.499	0.011	0.002
0.2	0.011	0.091	0.498	0.936	0.978	0.936	0.498	0.091	0.011
0.4	0.056	0.174	0.489	0.797	0.881	0.797	0.489	0.174	0.056
0.6	0.111	0.243	0.468	0.679	0.756	0.679	0.468	0.243	0.111
0.8	0.155	0.276	0.440	0.586	0.642	0.586	0.440	0.276	0.155
1.0	0.186	0.288	0.409	0.511	0.549	0.511	0.409	0.288	0.186
1.2	0.202	0.287	0.375	0.450	0.478	0.450	0.375	0.287	0.202
1.4	0.210	0.279	0.348	0.401	0.420	0.401	0.348	0.279	0.210
2.0	0.205	0.242	0.275	0.298	0.306	0.298	0.275	0.242	0.205
2.5	0.188	0.212	0.231	0.244	0.248	0.244	0.231	0.212	0.188
3.0	0.171	0.186	0.198	0.206	0.208	0.206	0.198	0.186	0.171
3.5	0.154	0.165	0.173	0.178	0.179	0.178	0.173	0.165	0.154
4.0	0.140	0.147	0.153	0.156	0.158	0.156	0.153	0.147	0.140
4.5	0.128	0.133	0.137	0.139	0.140	0.139	0.137	0.133	0.128
5.0	0.117	0.121	0.124	0.126	0.126	0.126	0.124	0.121	0.117

【例 3-4】　如图 3-19 所示，某条形基础宽度 $B=4$ m，基底以上作用竖直中心荷载 $\overline{p}=600$ kN/m，试求基础中点下 9 m 范围内的附加应力 σ_z，并绘制应力分布图。

解：中心荷载作用基底压力简化为均匀分布

$$p=\frac{\bar{p}}{B}=\frac{600}{4}=150(\text{kPa})$$

按图示建立坐标系，坐标原点在基础中心处，z 轴向下，x 轴向右（或左），取 $z=0$ m，3 m，6 m，9 m 几个点进行计算，分别以 O、A、B、C 标记。当 $z=3$ m 时，$x/B=0$，$z/B=3/4=0.75$，附加应力系数 α_z^s 由表 3-5 经线性内插而得：

$$\alpha_z^s=0.642+\frac{0.8-0.75}{0.8-0.6}\times(0.756-0.642)=0.671$$

$$\sigma_z=0.678\times150=100.6(\text{kPa})$$

同理可得其他点的附加应力 σ_z，如表 3-6 所示。

表 3-6　σ_z 计算

点位	z(m)	z/B	α_z^s	σ_z(kPa)
O	0	0	1	150.0
A	3	0.75	0.671	100.6
B	6	1.5	0.401	60.2
C	9	2.25	0.282	42.3

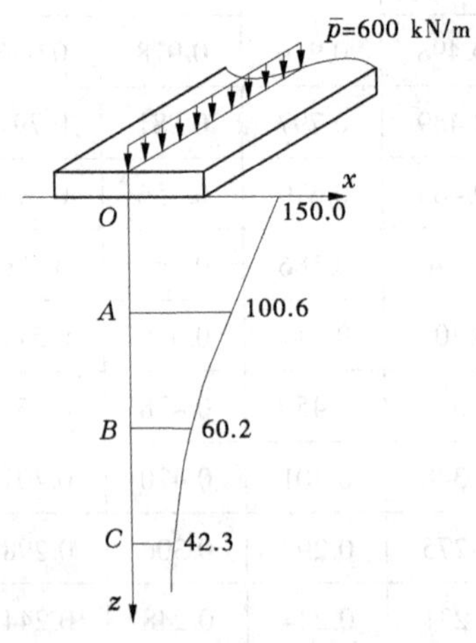

图 3-19　附加应力分布图　（应力单位：kPa）

（二）条形基底受竖直三角形分布荷载作用

如图 3-20，设宽度为 B 的条形基底上作用三角形分布荷载，其最大强度 p_t，土中任一点的竖向附加应力 σ_z 同样可通过积分简化为如下形式：

$$\sigma_z=\alpha_z^t p_t \tag{3-22}$$

式中：p_t——竖直三角形分布荷载最大强度，kPa；

α_z^t——条形基底受竖直三角形分布荷载作用地基中的附加应力系数，它是 x/B 和 z/B 的函数，可由表 3-7 查得（注意此处坐标系的原点在荷载强度为零的一侧，x 轴正向指向强度增大一侧）。

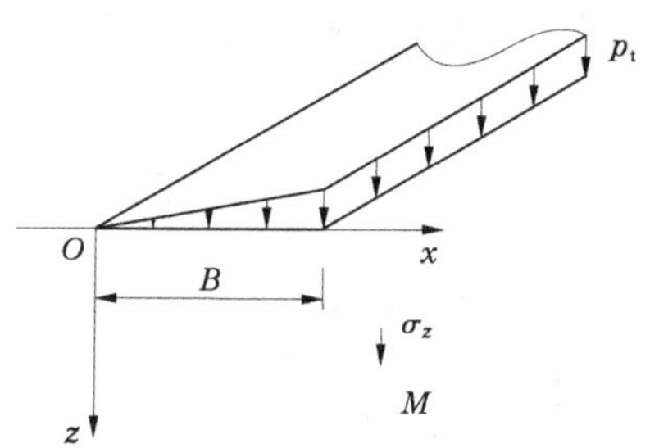

图 3-20　条形基底受竖直三角形分布荷载作用地基中的附加应力

表 3-7　条形基底受竖直三角形分布荷载作用地基中的附加应力系数 α_z^t 值

z/B	x/B								
	−0.50	−0.25	0	0.25	0.50	0.75	1.00	1.25	1.50
0.01	0	0	0.003	0.249	0.500	0.750	0.497	0	0
0.1	0	0.002	0.032	0.251	0.498	0.737	0.468	0.010	0.002
0.2	0.003	0.009	0.061	0.255	0.489	0.682	0.437	0.050	0.009
0.4	0.010	0.036	0.110	0.263	0.441	0.534	0.379	0.137	0.043
0.6	0.030	0.066	0.140	0.258	0.378	0.421	0.328	0.177	0.080
0.8	0.050	0.089	0.155	0.243	0.321	0.343	0.285	0.188	0.106
1.0	0.065	0.104	0.159	0.224	0.275	0.286	0.250	0.184	0.121
1.2	0.070	0.111	0.154	0.204	0.239	0.246	0.221	0.176	0.126
1.4	0.080	0.114	0.151	0.186	0.210	0.215	0.198	0.165	0.127
2.0	0.090	0.108	0.127	0.143	0.153	0.155	0.147	0.134	0.115
2.5	0.086	0.098	0.110	0.119	0.124	0.125	0.121	0.113	0.103
3.0	0.080	0.088	0.095	0.101	0.104	0.105	0.102	0.098	0.091
3.5	0.073	0.079	0.084	0.088	0.090	0.090	0.089	0.086	0.081
4.0	0.067	0.071	0.075	0.077	0.079	0.079	0.078	0.076	0.073
4.5	0.062	0.065	0.067	0.069	0.070	0.070	0.070	0.068	0.066
5.0	0.057	0.059	0.061	0.063	0.063	0.063	0.063	0.062	0.060

(三)条形基底受水平均布荷载作用

如图 3-21 所示,设宽度为 B 的条形基底上作用水平均布荷载 p_h,土中任一点的竖向附加应力 σ_z 简化形式为

$$\sigma_z = \alpha_z^h p_h \tag{3-23}$$

式中:p_h——水平均布荷载;

α_z^h——条形基底受水平均布荷载作用地基中的附加应力系数,它是 x/B 和 z/B 的函

数,可由表 3-8 查得(注意此处坐标系的原点在荷载起点一侧,x 轴正向与荷载方向一致)。

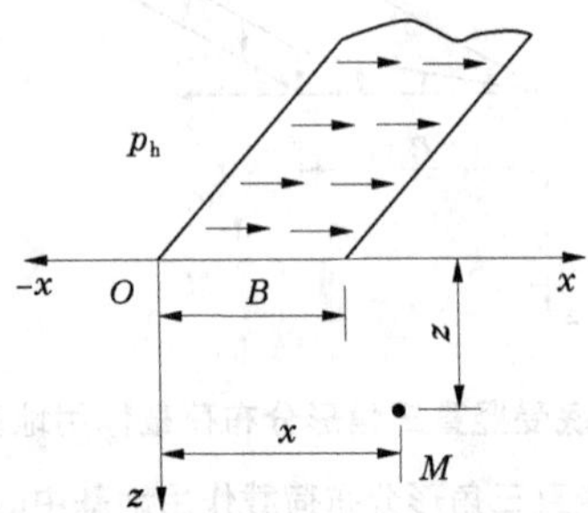

图 3-21　条形基底受水平均布荷载作用地基中的附加应力

表 3-8　条形基底受水平均布荷载作用地基中的附加应力系数 α_z^h 值

z/B	x/B							
	−0.25	0	0.25	0.50	0.75	1.00	1.25	1.50
0.01	−0.001	−0.318	−0.001	0	0.001	0.318	0.001	0.001
0.1	−0.042	−0.315	−0.039	0	0.039	0.315	0.042	0.011
0.2	−0.116	−0.306	−0.103	0	0.103	0.306	0.116	0.038
0.4	−0.199	−0.274	−0.159	0	0.159	0.274	0.199	0.103
0.6	−0.212	−0.234	−0.147	0	0.147	0.234	0.212	0.144
0.8	−0.197	−0.194	−0.121	0	0.121	0.194	0.197	0.158
1.0	−0.175	−0.159	−0.096	0	0.096	0.159	0.175	0.157
1.2	−0.153	−0.131	−0.078	0	0.078	0.131	0.153	0.147
1.4	−0.132	−0.108	−0.061	0	0.061	0.108	0.132	0.133
1.6	−0.113	−0.089	−0.050	0	0.050	0.089	0.113	0.121
1.8	−0.098	−0.075	−0.041	0	0.041	0.075	0.098	0.108
2.0	−0.085	−0.064	−0.034	0	0.034	0.064	0.085	0.096
2.5	−0.061	−0.044	−0.023	0	0.023	0.044	0.061	0.072
3.0	−0.045	−0.032	−0.017	0	0.017	0.032	0.045	0.055
3.5	−0.034	−0.024	−0.012	0	0.012	0.024	0.034	0.043
4.0	−0.027	−0.019	−0.010	0	0.010	0.019	0.027	0.034
4.5	−0.022	−0.015	−0.008	0	0.008	0.015	0.022	0.028
5.0	−0.018	−0.012	−0.006	0	0.006	0.012	0.018	0.023

若实际工程中遇到多种荷载组合的情况，可将荷载分解为竖直均布荷载、竖直三角形分布荷载及水平均布荷载，然后分别按上述方法计算各自产生的附加应力 σ_z，最后进行应力叠加即可。

思考题与习题

1. 什么是土中应力？土中应力按其产生的原因不同如何分类？

2. 土的自重应力分布有何规律？

3. 地下水位上升和下降对土体自重应力有何影响？

4. 基底压力和基底附加压力有何区别？为何要计算基底附加压力？

5. 基础按刚度分为哪几种类型？

6. 什么是应力的积聚现象？

7. 某土层的剖面图和资料如图 3-22 所示。

(1) 试计算并绘制竖向自重应力沿深度的分布曲线；

(2) 若土层中的地下水位由原来的水位下降 2 m（至黏土层底），此时土中的自重应力将有何变化？并用图表示之。

8. 有两相邻的矩形基础 A 和 B，其尺寸、相对位置及荷载如图 3-23 所示。考虑相邻基础的影响，试求基础 A 中心点下深度 $z=2$ m 处的竖向附加应力。

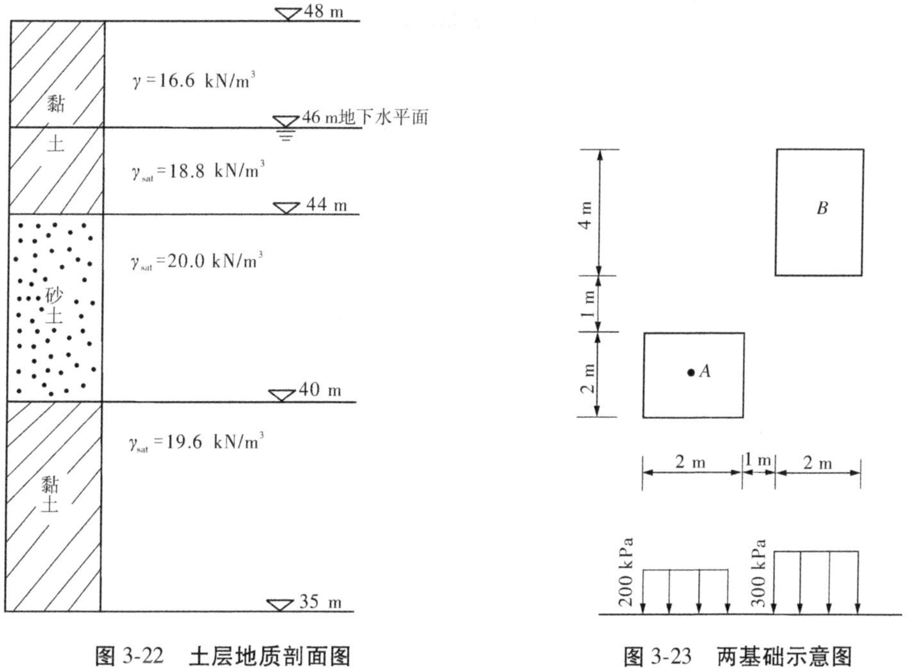

图 3-22　土层地质剖面图

图 3-23　两基础示意图

9. 有两相邻荷载面 A、B，其尺寸、相对位置及所受的荷载如图 3-24 所示。试求 A 基础中心点以下深度 $z=2$ m 处的铅直附加应力。

10.一条形基础面尺寸及荷载情况如图 3-25 所示,求荷载面中线下 20 m 深度内的竖向附加应力分布,并绘出附加应力分布曲线。

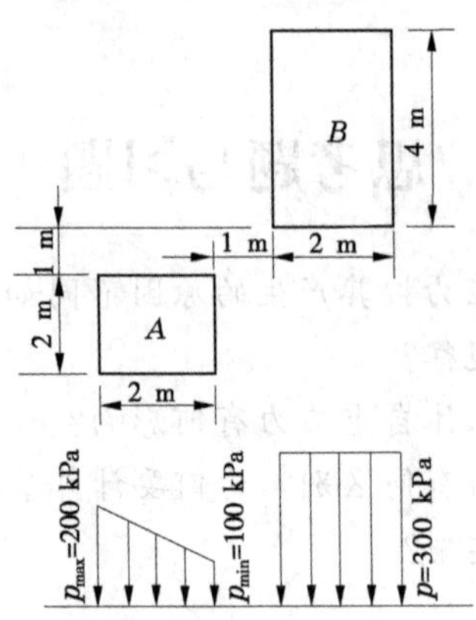

图 3-24　两相邻荷载面位置和受力图

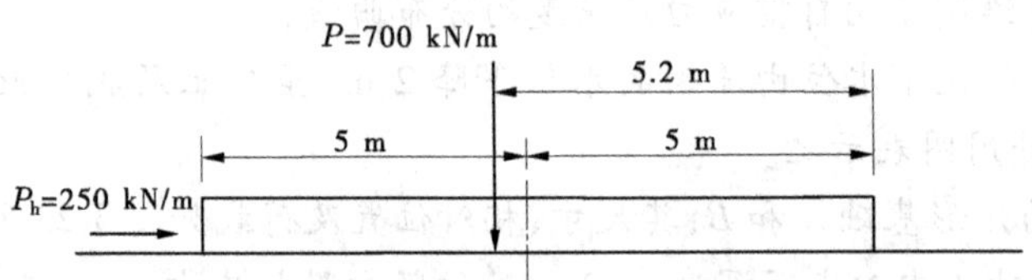

图 3-25　条形基础示意图

第四章　土的压缩和固结

地基土在荷载的作用下会产生变形，建筑物基础会随之产生沉降。土体的变形或沉降一方面与荷载作用的情况有关，即外荷载作用改变了地基原有的应力状态，使地基土体发生变形；另一方面与地基土的变形特性有关，天然地基土都是由土粒、水和空气三相组成的，有一定的散粒性和压缩性，一旦地基承受基础传来的压力后，会产生变形，建筑物会随之产生一定沉降。

第一节　土的压缩性

一、土的压缩性

土的压缩性是土力学的基本性质之一，是指土体在外荷载作用下，体积压缩的性质，也是反映土中应力变化与其变形之间关系的一种工程性质。简单地说，土的压缩性是指土在压力作用下体积缩小的特性。根据土的气、液、固三相的组成，分析土产生压缩性的原因包括：一是固体土颗粒的压缩；二是土中水及封闭气体被压缩；三是土中水和气体从孔隙中排出，孔隙体积缩小。试验研究表明，在工程常见压力（一般在 100 ~ 600 kPa）作用下，土粒和水本身的压缩变形都很小，可以忽略不计；土中气体一般与大气相通，不受外荷载作用，只有封闭气体可产生压缩变形，由于变形量太小，也可以忽略不计。因此，土体体积减小主要是由于在外在荷载作用下，土中一部分水和气体被挤出土体之外，土粒间发生相对移动，相互挤紧，导致土的孔隙体积缩小。

研究土的压缩性，就是研究土的压缩变形量和压缩过程，即研究压力与孔隙体积的变化关系及孔隙体积随时间变化的情况。土在压力作用下，其压缩量随时间增长的过程，称为土的固结。对于无黏性土，固结过程所需要的时间较短；对于饱和黏性土，由于土的渗透性较弱，水被挤出的速度较慢，固结所需的时间相当长，需要几年甚至几十年才能压缩固结稳定。

土的压缩有两种形式，有侧限压缩和无侧限压缩。当自然界广阔土层上作用着大面积均布荷载时，认为是有侧限形式。一般工程常采用这种形式。具体地，土的压缩性高低要用压缩性指标来表示，压缩性指标通常进行测限压缩试验确定。研究方法通常有室内压缩试验和现场载荷试验两种方法。

二、室内侧限压缩试验与压缩性指标

（一）室内侧限压缩试验

室内侧限压缩试验亦称固结试验，是研究土压缩性的最基本方法。室内压缩试验采用的试验装置是压缩仪（也称固结仪），其主要构造如图 4-1 所示。压缩试验时，用金属环

刀切取土样,环刀内径通常为6.18 cm和8 cm两种,对应的截面面积分别为30 cm^3和50 cm^3,高度为2 cm;将切有土样的环刀置于刚性护环中,由于金属环刀和刚性护环的限制,土样在压力作用下只发生竖向压缩变形,无侧向变形;在土样上下各垫一块透水石,使土样受压后能够自由排水;在水槽内注水,以使土样在试验过程中保持浸在水中,因为室内压缩试验主要用于饱和土。如果需要做不饱和土的侧限压缩试验,就不能浸土样于水中,但需要用湿棉纱或湿海绵覆盖于容器上,以免土样内水分蒸发。

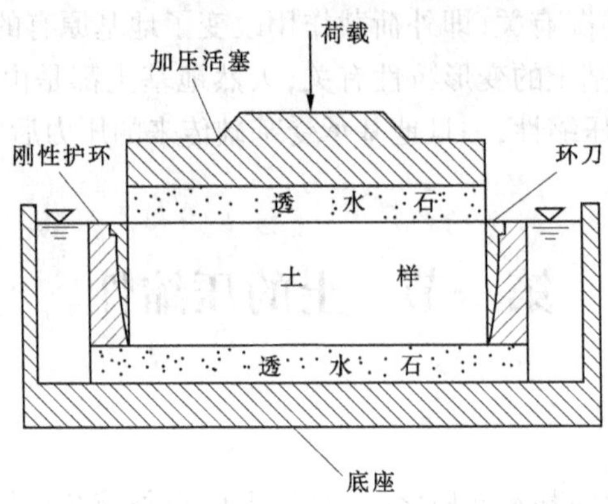

图4-1 压缩试验仪(固结仪)示意图

压缩过程中竖向压力可通过刚性板施加给土样,土样产生的压缩量可以通过百分表测量。分级施加竖向压力,常规压缩试验的加荷等级 P 依次为50 kPa、100 kPa、200 kPa、300 kPa、400 kPa,在每级荷载作用下使土样变形至稳定,用百分表测出土样稳定后的变形量 s_i。

根据上述压缩试验得到的 $\Delta H \sim p$ 关系,可以得到土样相应的孔隙比与加荷等级之间的 $e \sim p$ 关系。如图4-2所示,压缩试验中,可认为土粒体积不变,土样在各级压力 p_i 作用下的变形常用孔隙比 e 表示。设土样截面面积为 A,令 $V_s = 1$,在加压前:

$$V_v = e_0 \quad V = 1 + e_0$$

$$\frac{V_s}{V} = \frac{1}{1 + e_0} \quad V_s = \frac{V}{1 + e_0} = \frac{AH_0}{1 + e_0}$$

在压力 p_i 作用下,土样的稳定变形量为 s_i,土样高度 $H_i = H_0 - s_i$,此时土样孔隙比为 e_i,则

$$V_s = \frac{AH_i}{1 + e_i} = \frac{A(H_0 - s_i)}{1 + e_i} \tag{4-1}$$

由于加压前后土样的截面面积 A 和土粒体积 V_s 均不改变,简化可得:

$$e_i = e_0 - (1 + e_0)\frac{s_i}{H_0} \tag{4-2}$$

其中

$$e_0 = \frac{G_s\rho_w(1 + \omega)}{\rho} - 1 \tag{4-3}$$

式中:e_0——土的初始孔隙比;

G_s、ω、ρ_w——土粒相对密度、土样的初始含水率及初始密度，它们可根据室内试验测定。

因此，只要测定了土样的各级压力 p_i 作用下的稳定变形量 s_i 后，就可根据式(4-2)算出相应的孔隙比 e_i。然后可以横坐标表示 p，纵坐标表示 e，绘制出 $e \sim p$ 关系曲线。

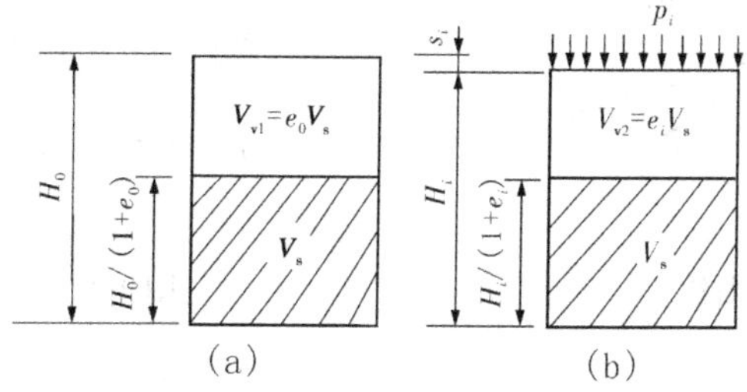

图 4-2　压缩试验中土样孔隙比的变化

(二)压缩性指标

1. 压缩系数

压缩系数是指 $e \sim p$ 曲线中某一压力范围的割线斜率，如图 4-3 所示，记为 α，单位为 MPa^{-1}。

$$\alpha = \frac{e_1 - e_2}{p_2 - p_1} \tag{4-4}$$

式中：p_1、p_2——增压前、后的压力，kPa；

e_1、e_2——增压前、后土体在 p_1、p_2 作用下压缩稳定后的孔隙比。

式(4-4)为土的力学性质的基本定律之一，称为压缩定律。

压缩系数是表示土的压缩性大小的主要指标，压缩系数大，表明在某压力变化范围内孔隙比减少得越多，压缩性就越高。压缩系数不是常数，它取决于压力间隔。在工程实际中，为便于比较，《建筑地基基础设计规范》(GB 50007—2011)规定以 $P_1=100$ kPa，$P_2=200$ kPa 的压缩系数即 α_{1-2} 作为判断土的压缩性高低的标准，并将土分为三类，见表 4-1。

表 4-1　压缩系数判断土的压缩性

压缩系数(MPa^{-1})	$\alpha_{1-2}<0.1$	$0.1\leq\alpha_{1-2}<0.5$	$\alpha_{1-2}\geq0.5$
类型	低压缩性土	中压缩性土	高压缩性土

2. 压缩指数

如图 4-4 所示的 $e \sim \lg p$ 曲线可以看出，此曲线开始一段呈曲线，其后很长一段为直线，该直线的斜率称作土的压缩指数，记为 C_c，即

$$C_c = \frac{e_1 - e_2}{\lg p_2 - \lg p_1} \tag{4-5}$$

类似于压缩系数，压缩指数 C_c 值可以用来判别土的压缩性的大小，C_c 值越大，表示在一定压力变化的 Δp 范围内，孔隙比的变化量 Δe 越大，说明土的压缩性越高。一般认为，当 $C_c<0.2$ 时，属低压缩性土；当 $C_c=0.2\sim0.4$ 时，属中压缩性土；当 $C_c>0.4$ 时，属高压缩性土。国外广泛采用 $e \sim \lg p$ 曲线来分析研究应力历史对土压缩性的影响。

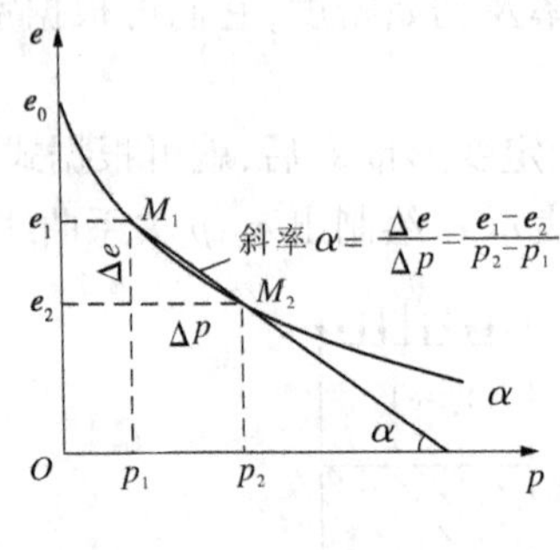

图 4-3　$e \sim p$ 曲线

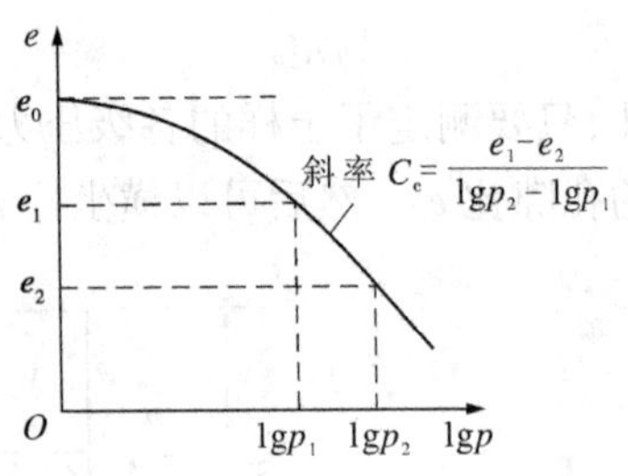

图 4-4　$e \sim \lg p$ 曲线

3. 压缩模量

压缩模量是指在侧限条件下受压时压力变化值 Δp 与相应的压应变 $\Delta\varepsilon$ 的比值，记为 E_s，单位为 MPa。

$$E_s = \frac{\Delta p}{\Delta\varepsilon} = \frac{1+e}{\alpha} \tag{4-6}$$

土的压缩系数和压缩模量，是判断土的压缩性和计算地基压缩变形量的重要指标。两者之间的关系为反比关系。α 越小，E_s 越大，表明在同一压力范围内土的压缩变形越小，土的压缩性越低。用压缩模量也可以判别土的压缩性大小，见表 4-2。

表 4-2　压缩模量判断土的压缩性

压缩模量(MPa)	$E_s>15$	$4\leqslant E_s\leqslant 15$	$E_s<4$
类型	低压缩性土	中压缩性土	高压缩性土

4. 回弹指数

常规的压缩曲线是在试验中联系递增加压获得的，如果加压到某一值 p_i（对应于如图 4-5 所示曲线上的 b 点）后不再加压，而是逐级进行卸载直至零，并且测得各卸载等级下土回弹稳定后的高度，进而换算得到相应的孔隙比，即可绘制出卸载阶段的关系曲线，如图 4-5 中 bc 曲线所示，称为回弹曲线（或膨胀曲线）。可以看到，回弹曲线不与初始加载的曲线 ab 重合，卸载至零时，土样的孔隙比没有恢复到初始压力为零时的孔隙比 e_0。这就显示了土残留了一部分压缩变形，称之为残余变形，但也恢复了一部分压缩变形，称之为弹性变形。

若接着重新逐渐加压，则可测得土样在各级荷载作用下再压缩稳定后的孔隙比，相应地绘制出在压缩曲线，如图 4-5 的 cdf 曲线所示。可以发现其中 df 段像是 ab 段的延续，犹如其间没有经过卸载和再压的过程一样。卸载段和再压缩段的平均斜率称为回弹指数或在压缩指数 C_e。通常 $C_e\leqslant C_c$，一般黏性土的 $C_e\approx(0.1\sim0.2)C_c$。

三、应力历史对土体压缩性的影响

（一）不同情况的应力历史

土的应力历史是指土体历史上曾经受过的应力状态。为研究应力历史对土压缩性的

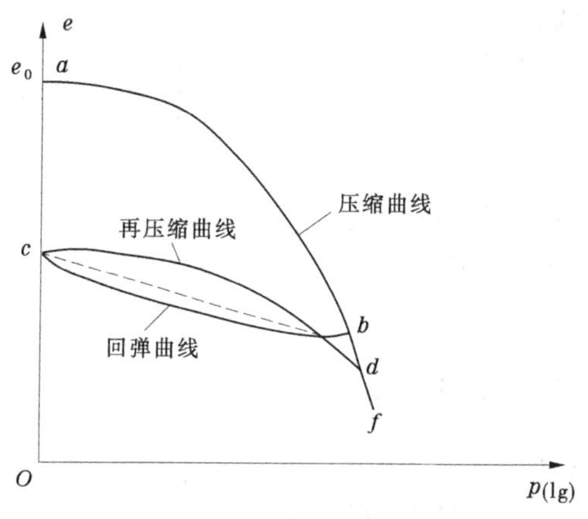

图 4-5　土的回弹—再压缩曲线

影响,可将土历史上受到过的最大有效固结压力称为先期固结压力,以 p_c 表示。将土体在地质历史时期受到的最大固结压力 p_c 与目前现有的固结应力 p_0 的比值称为超固结比,以 OCR 表示。根据 OCR 可将土分为以下三种类型:

(1)正常固结土($OCR=1$)。一般土体的固结是在自重应力作用下伴随土的沉积过程逐渐达到的,当土体达到固结稳定后,土层中的应力未发生明显变化,也就是说,先期固结压力为目前土层的自重应力,这种状态的土被称为正常固结 ,如图 4-6(a)所示。

(2)超固结土($OCR>1$)。当土层在历史上经受过较大固结应力作用而达到固结稳定后,由于受到强烈的侵蚀、冲刷等,使其目前的自重应力小于先期固结压力,这种状态的土称为超固结土,如图 4-6(b)所示。

(3)欠固结土($OCR<1$)。土层沉积历史短,在自重应力作用下尚未达到固结稳定,这种状态称为欠固结土,如图 4-6(c)所示。

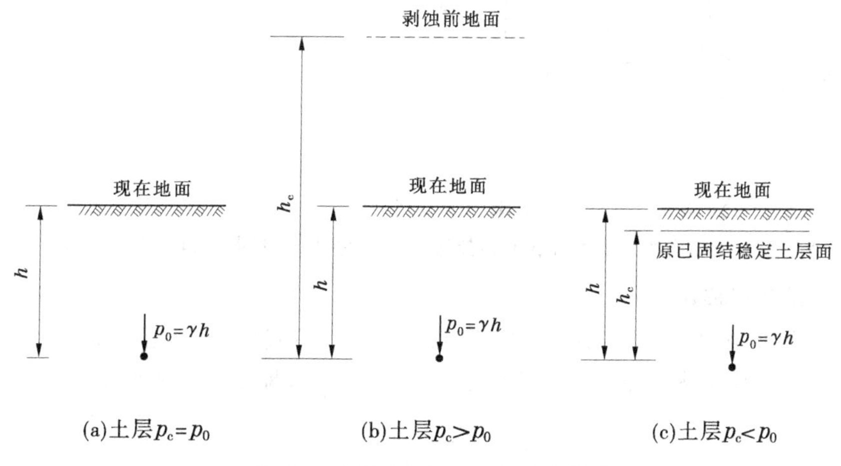

图 4-6　土层按先期固结压力的分类

(二)先期固结压力的确定

先期固结压力通常采用作图法确定。图 4-7 为卡萨格兰德经验作图法,具体步骤如下:

(1)作 $e\sim\lg p$ 压缩曲线；

(2)过曲率半径最下点 A 作水平线 $A1$ 和切线 $A2$；

(3)作 $\angle 1A2$ 的角平分线 $A3$；

(4)将 $e\sim\lg p$ 曲线中的直线段反向延长交 $\angle 1A2$ 的角平分线 $A3$ 于 B 点，则 B 点对应的压力为先期固结压力 p_c。

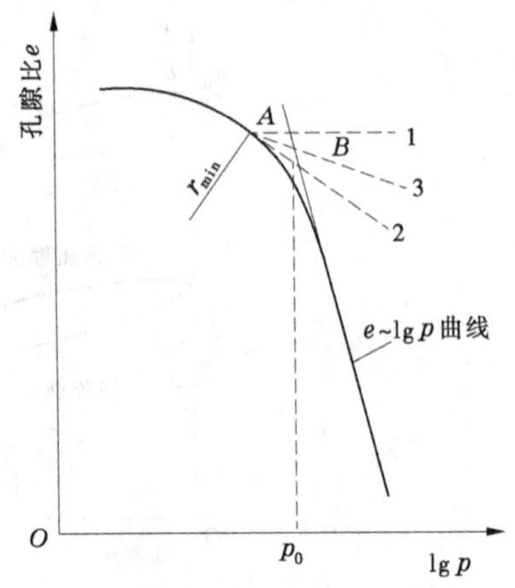

图 4-7 卡萨格兰德法确定先期固结压力

四、现场静载荷试验及变形模量

(一)现场载荷试验方法

现场载荷试验装置包括加荷装置、提供反力装置和沉降测量装置，其中加荷装置包括荷载板、垫块和千斤顶等。根据提供反力装置的方式不同，载荷试验分为地锚反力架法和堆载反力架法(见图 4-8)。

现场试验时，通过千斤顶逐级对荷载板施加荷载，每加一级荷载到 p，观测记录沉降随时间的发展及稳定时的沉降量 s，将上述试验得到的各级荷载与相应的稳定沉降量绘制成 $p\sim s$ 曲线，即获得了地基土载荷试验的结果，如图 4-9 所示。图中虚线为进行卸荷试验，并进行沉降观测得到的回弹曲线，此时可知道卸荷时的回弹变形和残余变形。

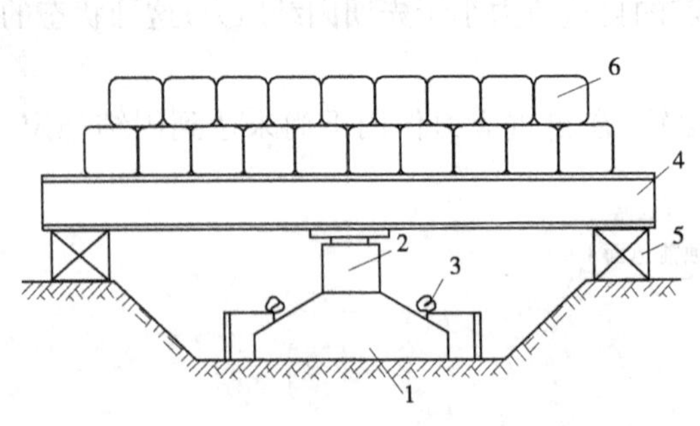

1—载荷板；2—千斤顶；3—百分表；4—平台；5—枕木；6—堆重

图 4-8 地基土现场载荷试验堆载反力架法

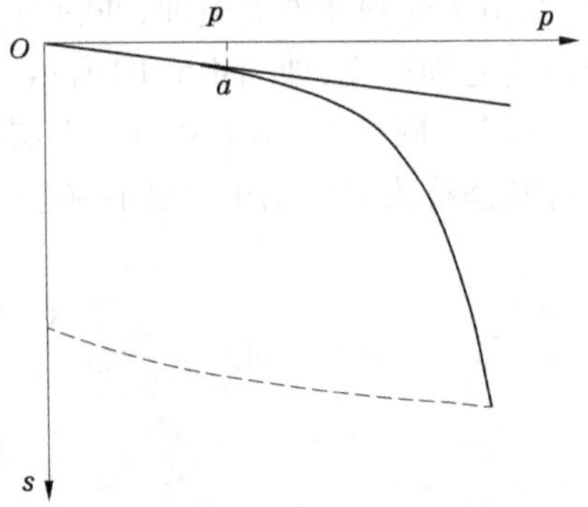

图 4-9 地基土现场载荷试验 $p\sim s$ 曲线

(二)地基变形模量

在 $p\sim s$ 曲线中，当荷载 p 小于某数值时，荷载 p 与荷载板沉降之间基本呈直线关系。在这段直线关系内，可根据弹性理论计算沉降的公式反求地基的变形模量 E_0：

$$E_0=\frac{pb(1-\mu^2)}{s}\omega \tag{4-7}$$

式中：p——直线段的荷载强度，kPa；

s——相应于荷载 p 的载荷板下沉量；

b——载荷板的宽度或直径；

μ——土的泊松比，砂土可取0.2～0.25，黏性土可取0.25～0.45；

ω——沉降影响系数，对刚性荷载，方形板取0.88，圆形板取0.79。

从理论上可以得到压缩模量与变形模量之间的换算关系：

$$E_0 = \beta E_s \tag{4-8}$$

式中：$\beta = 1 - \frac{2\mu^2}{1-\mu} = 1 - 2\mu K_0$。

式(4-8)给出了变形模量与压缩模量之间的理论关系，由于$0 \leqslant \mu \leqslant 0.5$，所以$0 \leqslant \beta \leqslant 1$。

由于土体不是完全弹性体，加上两种试验的影响因素较多，使得理论关系与实测关系有一定差距。实测资料表明，E_0与E_s的比值并不像理论得到的在0～1变化，而可能出现E_0/E_s超过1的情况，且土的结构性越强或压缩性越小，其比值越大。

土的弹性模量要比变形模量、压缩模量大得多，可能是它们的十几倍或更大。

第二节　地基最终沉降量计算

地基最终沉降量是指地基土层在荷载作用下压缩变形稳定后的沉降量。计算地基最终变形量的目的在于确定建筑物可能产生的最大沉降量、沉降差、倾斜及局部倾斜，判断是否超过允许范围，为建筑物设计和地基处理提供依据，保证建筑物的安全。国内常用的计算地基最终沉降量的方法有分层总和法、《建筑地基基础设计规范》(GB 50007—2011)法和弹性力学法。

一、分层总和法

分层总和法通常假设地基压缩时不允许发生侧向变形，即采用侧限条件下的压缩试验成果进行计算。为弥补这样的沉降量偏小的缺点，通常采用基础中心点下的附加应力σ_z进行计算。假定地基土层的厚度为H；地基土层在建筑物施工前的初始应力(土的自重应力σ_{cz})为p_1，其相应的孔隙比为e_1；建筑物施工后在地基中引起了附加应力σ_z，则总应力$p_2 = p_1 + \sigma_z$，其相应的孔隙比为e_2。即单一土层的地基最终沉降量s则由式(4-9)可得

$$s = \frac{e_1 - e_2}{1 + e_1}H \tag{4-9}$$

用压缩系数a可表示为

$$s = \frac{a}{1 + e_1}\sigma_z H \tag{4-10}$$

用压缩模量E_s可表示为

$$s = \frac{1}{E_s}\sigma_z H \tag{4-11}$$

分层总和法的计算方法和步骤如下：

(1)收集上部结构和地基土层资料，绘制地基土层分布图和基础剖面图。根据地基的土质条件、基础类型、基地面积、荷载大小及分布情况，在基底范围内选定沉降计算点。

(2)地基土分层。其原则为:地基土中的天然土层的层面必须作为分层界面;平均地下水作为分层界面;每分层内的附加应力分布曲线接近于直线,即要求分层厚度 $h \leqslant 0.4b$ (b 为基础宽度),水闸地基分层厚度 $h \leqslant 0.25b$。

(3)计算基底压力和基底附加压力。

(4)计算各分层上、下层面处土的自重应力 σ_{cz} 和附加应力 σ_z,并绘出它们的分布图(见图 4-10)。

(5)确定压缩层的计算深度。考虑到基底下一定深度处,附加应力对地基的压缩变形影响甚微,以至其下土层的沉降量可以忽略不计。因此,工程中常以基底至这个深度作为压缩层的计算深度,用 z_n 表示。压缩层计算深度的下限,一般取 $\sigma_z \leqslant 0.2\sigma_{cz}$ 处,在该深度以下若有软黏土,则取 $\sigma_z \leqslant 0.1\sigma_{cz}$。

(6)计算各分层的平均自重应力 $\overline{\sigma}_{cz}$ 和平均附加应力 $\overline{\sigma}_z$。平均应力取上、下分层面应力的算术平均值,即 $\overline{\sigma}_{cz} = (\sigma_{czi-1} - \sigma_{czi})/2$,$\overline{\sigma}_z = (\sigma_{zi-1} + \sigma_{zi})/2$。

(7)计算各分层变形量。在 $e \sim p$ 曲线上依据 $p_{1i} = \overline{\sigma}_{czi}$ 和 $p_{2i} = \overline{\sigma}_{czi} + \overline{\sigma}_{zi}$ 查出相应的孔隙比 e_{1i} 和 e_{2i}。

(8)将各层沉降量 s_i 总和起来求出总沉降量 $s = \sum s_i$。

$$s_i = \frac{e_{1i} - e_{2i}}{1 + e_{1i}} H_i \tag{4-12}$$

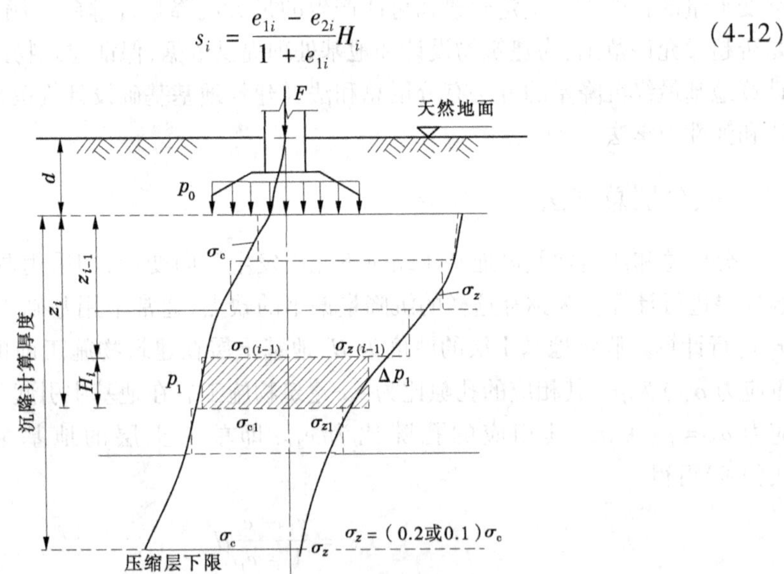

图 4-10　分层总和法计算地基最终沉降量

【例 4-1】　某水闸基底长 200 m,宽 20 m,作用在基底上的荷载如图 4-11 所示,沿宽度方向的轴向偏心荷载 $P = 360\ 000$ kN(偏心距 $e = 0.5$ m),水平荷载 $P_H = 30\ 000$ kN,基底埋深 $d = 3$ m,地基土体为正常固结黏性土,地下水位在基底以下 3 m 处,基底以下 0 ~ 3 m、3 ~ 8 m、8 ~ 15 m 范围内土体的压缩性分别如图 4-12 曲线Ⅰ、Ⅱ、Ⅲ所示,基底 15 m 以下为中砂。地下水位以上土体的重度 $\gamma_1 = 19.62$ kN/m³,地下水位以下土体浮重度为 $\gamma' = 9.81$ kN/m³,计算基础中线下(点 2)和两侧边点(点 1、3)的最终沉降量(不计砂土层的变形)。

解:(1)地基土分层。

以基底为计算零点,取层底深度分别为 $z_1=3$ m、$z_2=8$ m、$z_3=11.5$ m、$z_4=15$ m,最大分层厚度为 5 m=0.25b,符合闸基要求的最大分层厚度 $h\leqslant0.25b$。

(2)计算基底压力及附加压力。

因为 $l/b=200\div20=10>5$,故可按条形基础计算。基础每米宽度上所受的铅直荷载 $\overline{P}=360\ 000\div200=1\ 800$(kN/m),所受水平荷载 $\overline{P}_H=30\ 000\div200=150$(kN/m),因此基底竖直压力为

$$p_{\min}^{\max}=\frac{\overline{P}}{b}\left(1\pm\frac{6e}{b}\right)=\frac{1\ 800}{20}\left(1\pm\frac{6\times0.5}{20}\right)=\frac{103.5}{76.5}(\text{kPa})$$

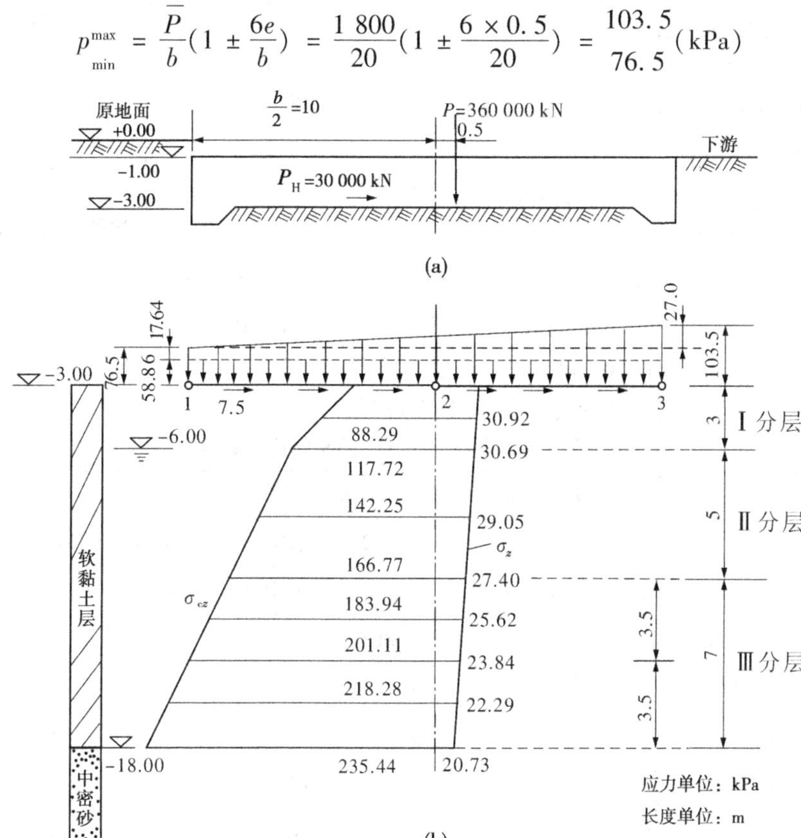

图 4-11　例 4-1 图

基底附加压力为

$$p_{\substack{0\max\\0\min}}=p_{\substack{\max\\\min}}-\gamma d=\frac{103.5}{76.5}-19.62\times3=\frac{44.64}{17.64}(\text{kPa})$$

基底水平基底压力为

$$p_H=150/20=7.50(\text{kPa})$$

基底压力及基底附加压力分布如图 4-11(b)所示。

(3)计算各分层面处的自重应力:

基础底面处($z=0$)

$$\sigma_{cz0}=\gamma D=19.62\times3=58.86(\text{kPa})$$

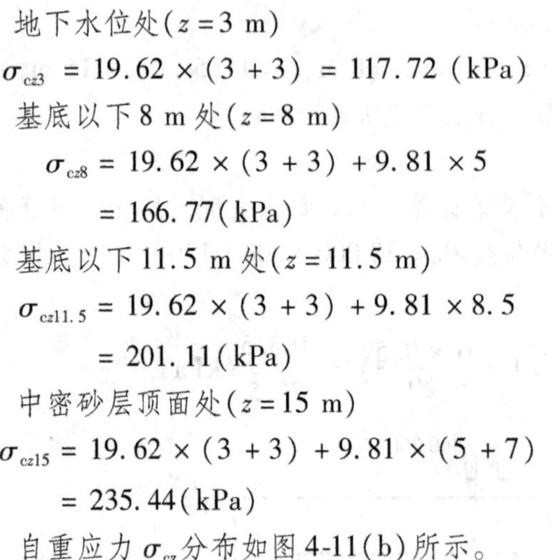

地下水位处（$z=3$ m）

$$\sigma_{cz3} = 19.62\times(3+3) = 117.72\ (\text{kPa})$$

基底以下 8 m 处（$z=8$ m）

$$\sigma_{cz8} = 19.62\times(3+3)+9.81\times5 = 166.77(\text{kPa})$$

基底以下 11.5 m 处（$z=11.5$ m）

$$\sigma_{cz11.5} = 19.62\times(3+3)+9.81\times8.5 = 201.11(\text{kPa})$$

中密砂层顶面处（$z=15$ m）

$$\sigma_{cz15} = 19.62\times(3+3)+9.81\times(5+7) = 235.44(\text{kPa})$$

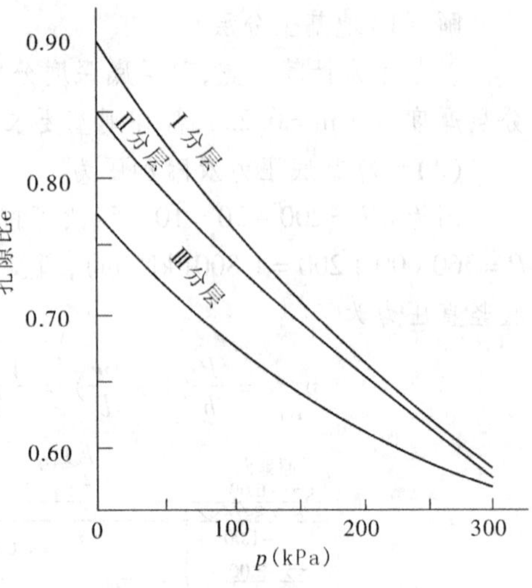

图 4-12　黏土层的 $e\sim p$ 曲线

自重应力 σ_{cz} 分布如图 4-11(b) 所示。

（4）各层面处附加应力计算。

将基底竖直附加应力分为均布荷载和三角形荷载，其中三角形竖直荷载

$$p_t = 44.64 - 17.64 = 27.00(\text{kPa})$$

均布竖直荷载 $p_0 = 17.64$ kPa，此外，水平荷载 $p_H = 7.50$ kPa，各荷载在地基中引起的附加应力计算见表 4-3，附加应力分布见图 4-11(b)。

表 4-3　基础中点下（2 点）的附加应力计算

z (m)	z/b	$b=20$ m　　$x/b=0.5$						$\sum\sigma_z$ (kPa)
		$p_0=17.64$ kPa		$p_t=27.00$ kPa		$p_H=7.50$ kPa		
		K_z^s	σ_z(kPa)	K_z^t	σ_z(kPa)	K_z^h	σ_z(kPa)	
0	0	1.00	17.64	0.50	13.50	0	0	31.14
3	0.15	0.99	17.46	0.49	13.23	0	0	30.69
8	0.40	0.88	15.52	0.44	11.88	0	0	27.40
11.5	0.58	0.77	13.58	0.38	10.26	0	0	23.84
15	0.75	0.67	11.82	0.33	8.91	0	0	20.73

（5）确定压缩层计算深度。

由题意可知，中密砂土层的压缩量可以忽略不计，软黏土底部（$z=15$ m）处的附加应力 $\sigma_z = 20.73$ kPa $< 0.1\sigma_{cz}$，故压缩层计算深度可取为 15 m。

（6）计算各土层自重应力平均值和附加应力平均值。

计算见表 4-3，其中第一层应力平均值为

$$\overline{\sigma}_{cz} = \frac{1}{2}\times(58.86+117.72) = 88.29\ (\text{kPa})$$

$$\overline{\sigma}_z = \frac{1}{2}\times(31.14+30.69) = 30.92\ (\text{kPa})$$

同理计算出其他各土层的应力平均值。

(7)计算基础中点的变形量。

由初始应力平均值($\overline{\sigma}_{cz}$)查出初始孔隙比 e_1,由最终应力平均值($\overline{\sigma}_{cz}+\overline{\sigma}_z$)查出最终孔隙比 e_2,代入式(4-9)计算各层的变形量 s_i,然后求和得到基础中点的沉降量为 21.1 cm。计算如表 4-4 所示。

表 4-4　基底中点下地基变形量计算表

分层编号	分层厚度(cm)	初始应力平均值(kPa)	压缩应力平均值(kPa)	最终应力平均值(kPa)	e_{1i}	e_{2i}	$\frac{e_{1i}-e_{2i}}{1+e_{1i}}$	s_i(cm)
Ⅰ	300	88.29	30.92	119.19	0.783	0.745	0.021 3	6.4
Ⅱ	500	142.20	29.05	171.30	0.695	0.665	0.017 7	8.9
$Ⅲ_1$	350	183.94	25.62	209.56	0.619	0.604	0.009 3	3.2
$Ⅲ_2$	350	218.28	22.29	240.57	0.602	0.590	0.007 5	2.6
$s=21.1$ cm								

按上述同样方法可以计算出点 1 和点 3 的沉降量分别为 4.3 cm 和 7.2 cm。

二、《建筑地基基础设计规范》(GB 50007—2011)法

由于地基土的不均匀性,所取土样的代表性与实际情况难免存在诸多问题,再加之分层总和法的几点假定与实际情况不完全符合,使得理论计算值与建筑物沉降实际观测量出现差异,根据统计发现计算的沉降量对于软弱地基数值偏小,最多可差 40%;而对于坚实地基,计算量远大于实测沉降量,最多大 5 倍。根据上述情况,我国《建筑地基基础设计规范》(GB 50007—2011)推荐了地基最终沉降量计算的简化公式,常简称“规范法”,其原理是利用附加应力分布图形的面积计算土层变形量,因此也称为“应力面积法”。该法是在总结大量实践经验的基础上,对分层总和法地基沉降量计算结果做出必要修正,使计算值更符合实际。

(一)单一土层变形计算原理及公式

应力面积法与分层总和法的计算原理基本相同,都是分别计算各层土的变形量,然后求和得出地基的总变形量。不同的是两者的单层变形量计算公式的形式不同,以下介绍应力面积法的基本原理和公式的形式。

如图 4-13 为某地基中附加应力的分布情况,在基底以下深度 z 处取一微薄土层 dz,在附加应力的作用下产生的变形量为 ds,因此其应变为

$$\varepsilon = \mathrm{d}s/\mathrm{d}z \tag{4-13}$$

由压缩模量的概念可得 $\varepsilon=\sigma_z/E_s$,将其代入式(4-13)中得:

$$\mathrm{d}s = \frac{\sigma_z}{E_s}\mathrm{d}z \tag{4-14}$$

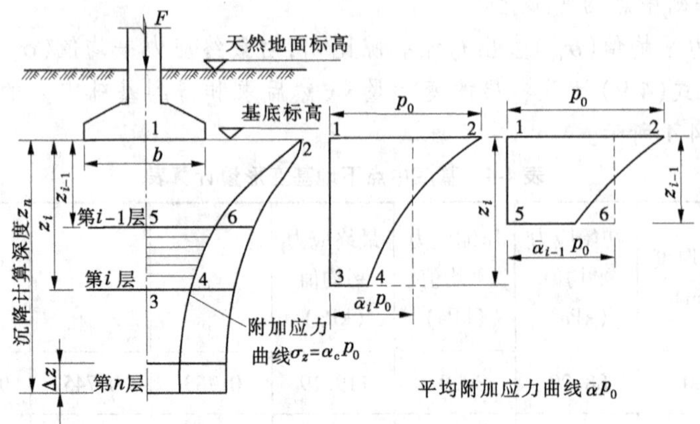

图 4-13　应力面积法的计算原理图

若地基第 i 层土上、下层面的深度分别为 z_{i-1} 和 z_i，则第 i 层土的变形量可由式(4-14)积分得到计算公式：

$$s_i = \int ds_i = \int_{z_{i-1}}^{z_i} \frac{\sigma_{zi}}{E_{si}} dz = \frac{1}{E_{si}} \int_{z_{i-1}}^{z_i} \sigma_{zi} dz \tag{4-15}$$

式(4-15) 中 σ_z 为计算点(基底以下深度为 z) 处的附加应力，其积分$\int_{z_{i-1}}^{z_i} \sigma_{zi} dz$ 为计算层中附加应力的分布图形面积。只要求出附加应力分布图形的面积，很容易计算其变形量。由第三章可知任意深度 z 处的附加应力 $\sigma_z = Kp_0$，由于 p_0 为基底附加压力，对于任何土层其值不变，故式(4-15)可写成：

$$s_i = \frac{p_0}{E_{si}} \int_{z_{i-1}}^{z_i} k dz = \frac{p_0}{E_{si}} \left[\int_0^{z_i} k dz - \int_0^{z_{i-1}} k dz \right] \tag{4-16}$$

将$\overline{\alpha_i} = \frac{1}{z_i} \int_0^{z_i} k dz$ 代入式(4-16) 则得：

$$s_i = \frac{p_0}{E_{si}} (z_i \overline{\alpha_i} - z_{i-1} \overline{\alpha_{i-1}}) \tag{4-17}$$

式中：p_0——基底附加压力；

$\overline{\alpha_i}$——地基深度 z_i 范围内的附加应力系数的平均值，与基底压力分布情况有关，均布矩形铅直荷载作用下中心点下的平均附加应力系数$\overline{\alpha_i}$ 可由表 4-5 查出，有关矩形面积三角形分布荷载作用下的竖向平均附加应力系数这里从略。

(二)沉降计算深度 Z_n 的确定

《建筑地基基础设计规范》(GB 50007—2011)用符号 Z_n 表示沉降计算深度，并规定一般地基应符合下列要求：

$$\Delta s'_n \leqslant 0.025 \sum s'_i \tag{4-18}$$

式中：$\Delta s'_n$——计算深度向上取厚度为 Δz 的土层变形量计算值，Δz 见图 4-13 并由表 4-6 确定；

s'_i——在计算深度范围内，第 i 层土的计算变形值。

表 4-5　矩形面积均布荷载作用下基础中点下地基的平均附加压力系数值 $\overline{\alpha}_i$

z/b	l/b												
	1.0	1.2	1.4	1.6	1.8	2.0	2.4	2.8	3.2	3.6	4.0	5.0	>10
0	1.000	1.000	1.000	1.000	1.000	1.000	1.000	1.000	1.000	1.000	1.000	1.000	1.000
0.2	0.987	0.990	0.991	0.992	0.992	0.992	0.930	0.993	0.993	0.993	0.993	0.993	0.993
0.4	0.936	0.947	0.953	0.956	0.958	0.960	0.961	0.962	0.962	0.963	0.963	0.963	0.963
0.6	0858	0.878	0.890	0.898	0.903	0.906	0.910	0.912	0.913	0.914	0.914	0.915	0.915
0.8	0.775	0.801	0.810	0.831	0.839	0.844	0.851	0.855	0.857	0.858	0.859	0.860	0.860
1.0	0.689	0.738	0.749	0.764	0.775	0.783	0.792	0.798	0.801	0.803	0.804	0.806	0.807
1.2	0.631	0.663	0.686	0.703	0.715	0.725	0.737	0.744	0.749	0.752	0.754	0.756	0.758
1.4	0.573	0.605	0.629	0.648	0.661	0.672	0.687	0.696	0.701	0.705	0.708	0.711	0.714
1.6	0.524	0.556	0.580	0.599	0.613	0.625	0.614	0.651	0.658	0.663	0.666	0.670	0.675
1.8	0.482	0.513	0.537	0.556	0.571	0.583	0.600	0.611	0.619	0.624	0.629	0.633	0.638
2.0	0.446	0.475	0.499	0.518	0.533	0.545	0.563	0.575	0.584	0.590	0.594	0.600	0.606
2.2	0.414	0.443	0.466	0.484	0.499	0.511	0.530	0.543	0.552	0.558	0.563	0.570	0.577
2.4	0.387	0.414	0.436	0.454	0.469	0.481	0.500	0.513	0.523	0.530	0.535	0.543	0.551
2.6	0.362	0.389	0.410	0.428	0.442	0.455	0.473	0.487	0.496	0.504	0.509	0.518	0.528
2.8	0.341	0.366	0.387	0.404	0.418	0.430	0.449	0.463	0.472	0.480	0.486	0.495	0.506
3.0	0.322	0.346	0.366	0.383	0.397	0.409	0.427	0.441	0.451	0.459	0.465	0.477	0.487
3.2	0.305	0.328	0.348	0.364	0.377	0.389	0.407	0.420	0.431	0.439	0.445	0.455	0.468
3.4	0.289	0.312	0.331	0.346	0.359	0.371	0.388	0.402	0.412	0.420	0.427	0.437	0.452
3.6	0.276	0.297	0.315	0.330	0.343	0.353	0.372	0.385	0.395	0.403	0.410	0.421	0.436
3.8	0.263	0.284	0.301	0.316	0.328	0.339	0.356	0.369	0.379	0.388	0.394	0.405	0.422
4.0	0.251	0.271	0.288	0.302	0.314	0.325	0.342	0.355	0.365	0.373	0.379	0.391	0.408
4.2	0.241	0.260	0.276	0.290	0.300	0.312	0.328	0.341	0.352	0.359	0.366	0.377	0.396
4.4	0.231	0.250	0.265	0.278	0.290	0.300	0.316	0.329	0.339	0.347	0.353	0.365	0.384
4.6	0.222	0.240	0.255	0.268	0.279	0.289	0.305	0.317	0.327	0.335	0.341	0.353	0.373
4.8	0.214	0.231	0.245	0.258	0.269	0.279	0.294	0.300	0.316	0.324	0.330	0.342	0.362
5.0	0.206	0.223	0.237	0.249	0.260	0.269	0.284	0.296	0.306	0.313	0.320	0.332	0.352

注：l、b 为矩形的长边与短边；z 为基底以下的深度。

表 4-6　Δz 取值

b(m)	$b \leqslant 2$	$2 < b \leqslant 4$	$4 < b \leqslant 8$	$8 < b$
Δz(m)	0.3	0.6	0.8	1.0

如确定的计算深度下部仍有较软土层,应继续计算。当无相邻荷载影响,基础宽度在1 ~30 m时,基础中点的变形计算深度也可以按下列简化公式计算:

$$z_n = b(2.4 - 0.4\ln b) \tag{4-19}$$

式中:b——基础宽度,m。

对于地基中较坚硬的黏土层,其孔隙比小于0.5、压缩模量大于50 MPa,或压缩模量大于80 MPa的密实砂卵石层可以不计算变形量。

(三)地基最终变形量计算

地基变形量等于各层土变形量之和:

$$s' = \sum_{i=1}^{n} s_i = \sum_{i=1}^{n} \frac{p_0}{E_{si}}(z_i \bar{\alpha}_i - z_{i-1} \bar{\alpha}_{i-1}) \tag{4-20}$$

规范规定,按上述公式计算得到的沉降值尚应乘以经验系数 Ψ_s,以提高计算准确度,即

$$s = \Psi_s \sum_{i=1}^{n} s_i = \Psi_s \sum_{i=1}^{n} \frac{p_0}{E_{si}}(z_i \bar{\alpha}_i - z_{i-1} \bar{\alpha}_{i-1}) \tag{4-21}$$

$$\bar{E}_s = \frac{\sum A_i}{\sum \frac{A_i}{E_{si}}} \tag{4-22}$$

式中:Ψ_s——经验系数按地区沉降观测资料及经验确定,无地区经验时可按$\bar{E}_s$ 查表4-7中的数值;

$\bar{E}_s$——沉降计算深度范围内压缩模量当量值;

A_i——第 i 层土附加应力沿土层厚度的积分值;

f_{ak}——地基承载力特征值。

表4-7 沉降计算经验系数 Ψ_s

基底附加压力	$\bar{E}_s$				
	2.5	4.0	7.0	15.0	20.0
$p_0 \geqslant f_{ak}$	1.4	1.3	1.0	0.4	0.2
$p_0 \leqslant 0.75 f_{ak}$	1.1	1.0	0.7	0.4	0.2

【例4-2】 图4-14所示为某厂房柱下独立方形基础,已知基础底面尺寸为4 m×4 m,基础埋深 $d=1.0$ m,上部结构传至基础顶面的荷载 $F=1\,440$ kN,地基为粉质黏土,其天然重度 $\gamma=16.0$ kN/m^3,地下水位埋深3.4 m,地下水位以下土体的饱和重度 $\gamma_{sat}=18.2$ kN/m^3。土层压缩模量为:地下水位以上 $E_{s1}=5.5$ MPa,地下水位以下 $E_{s2}=6.5$ MPa,地基土的承载力特征值 $f_{ak}=94$ kPa,试用规范法计算柱基中点的沉降量。

解: (1)计算基底附加压力。

$$p_0 = \frac{F + \gamma_G A d}{A} - \gamma d$$

$$= \frac{1\,440}{4 \times 4} + 20 \times 1 - 16 \times 1 = 94.0(\text{kPa})$$

(2)确定地基压缩层深度 z_n 并分层。

由式(4-19)得：

$$z_n = b(2.5 - 0.4\ln b) = 4.0 \times (2.5 - 0.4 \times \ln 4) = 7.8(\text{m})$$

分层：由于压塑模量不同，将地基分为两层。从基础底面到地下水位面为第一层，土层厚度为 $z_1 = 3.4 - 1.0 = 2.4(\text{m})$；从地下水位面到压缩层深度处为第二层，厚度 $z_2 = 7.8 - 2.4 = 5.4(\text{m})$。

(3)列表计算各层沉降量 s'。

由式(4-20)计算确定，见表4-8。

表4-8　基础中心点沉降量计算

z(m)	l/b	z/b	$\bar{\alpha}_i$	$\bar{\alpha}_i z_i$(m)	$(\bar{\alpha}_i z_i - \bar{\alpha}_{i-1} z_{i-1})$(m)	E_{si} (kPa)	S_i (mm)	s' (mm)
2.4	4/4=1	0.60	0.858	2.059	2.059	5 500	35.19	56.74
7.8		1.95	0.455	3.549	1.490	6 500	21.55	
7.2		1.80	0.482	3.470	0.079	6 500	1.14	

由表4-6中查得：$\Delta z = 0.6$ m，相应的 $\Delta s_n = 1.14$ mm，则

$\Delta s_n / s' = 1.14/56.74 = 0.02 \leqslant 0.025$

满足式(4-18)的要求。

(4)确定修正系数 Ψ_s。

第一土层的附加应力系数分布图的面积 $A_1 = 2.06$，第二土层的附加应力系数分布面积 $A_2 = 1.49$，压缩模量当量值为

$$\bar{E}_s = \frac{\sum A_i}{\sum \dfrac{A_i}{E_{si}}} = \frac{2.06 + 1.49}{\dfrac{2.06}{5.5} + \dfrac{1.49}{6.5}} = 5.88(\text{MPa})$$

由 $p_0 = f_{ak}$ 和 $\bar{E}_s = 5.88$ MPa 查表4-7得：$\psi_s = 1.11$。

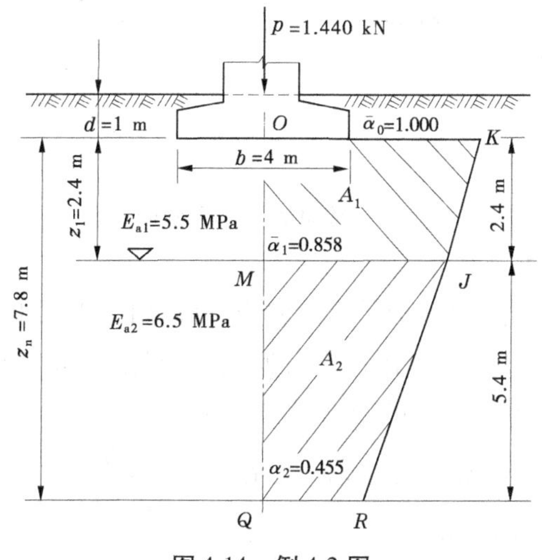

图4-14　例4-2图

(5)计算柱基中点的沉降量。

$$s = \psi_s s' = 1.11 \times 56.74 = 63.0(\mathrm{mm})$$

三、用现场压缩曲线计算地基最终沉降量

现场压缩曲线法计算地基沉降量的原理与分层总和法基本相同。其方法是首先根据 $e \sim \lg p$ 曲线推求出现场压缩曲线,根据现场压缩曲线的压缩指数 C_c 计算各土层的变形量,然后求和。用现场压缩曲线计算地基最终沉降量可以考虑土体的不同固结状态。下面分别介绍不同固结情况下单一压缩土层沉降量的计算方法。

(一)正常固结土的变形量计算

1. 现场原始压缩曲线的确定

由于在钻探取样、运输、试验过程中土体将受到不同程度的扰动,其室内压缩曲线不能反映现场土的压缩性,必须根据室内压缩的 $e \sim \lg p$ 曲线进行修正求出现场原始压缩曲线。现场压缩曲线的确定方法如下:正常固结土现场初始孔隙比就是试样压缩前的空隙比 e_0,而初始应力 p_0 等于先期固结压力 p_c,因此现场压缩曲线应通过 $B'(p_c, e_0)$ 点,如图 4-15 所示。另外,根据大量的试验研究表明,无论土扰动的程度如何,其压缩曲线均在 $0.4e_0$ 附近趋于一点(图 4-15 中 C 点),因此可以认为土的现场压缩曲线即为直线 $B'C$,其斜率即为现场压缩指数 C_c。

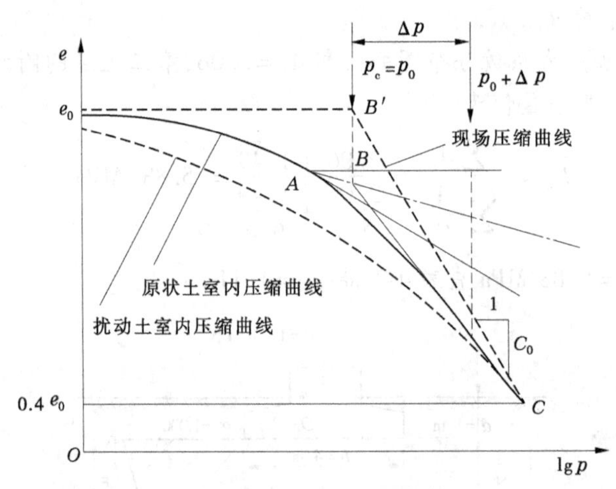

图 4-15　正常固结土的现场压缩曲线

2. 正常固结土的变形量计算

图 4-16 为正常固结土的现场原始压缩曲线,设作用于土层中点的自重应力为 p_{0i},相应的初始孔隙比为 e_{0i};该点所受的附加应力为 Δp_i,受荷之后的总应力为 $p_{0i} + \Delta p_i$,相应的孔隙比为 e_{1i},则附加应力作用引起的孔隙比变化量为

$$\Delta e_i = e_{0i} - e_{1i} = C_c \lg\left(\frac{p_{0i} + \Delta p_i}{p_{0i}}\right) \tag{4-23}$$

将式(4-23)代入式(4-9)得:

$$s_i = \frac{C_{ci}}{1+e_{0i}} H_i \lg(\frac{p_{0i}+\Delta p_i}{p_{0i}}) \tag{4-24}$$

式中：H_i——第 i 层土的厚度；

C_{ci}——第 i 层土的压缩指数；

e_{0i}、e_{1i}——自重作用下和受荷稳定后的孔隙比。

计算出各层土的变形量，然后求和即可算出地基的最终沉降量。

（二）超固结土的变形量计算

1. 原始压缩曲线的确定

先期固结压力的确定同前述方法，然后根据现存上覆土压力 p_0 和相应的初始孔隙比 e_0 找出 $D(\lg p_0, e_0)$ 点，如图 4-17 所示。在压缩试验中先加压超过先期固结压力后再减压至现存上覆压力 p_0，然后再压缩，绘出再压缩曲线，根据回滞环求出回弹段的膨胀指数 C_s，即直线 FE 的斜率。过 D 点作 FE 的平行线交先期固结压力线与 B' 点，同样现场压缩曲线通过压缩曲线上 $0.4e_0$ 处。因此，折线 $DB'C$ 即为现场原始压缩曲线。

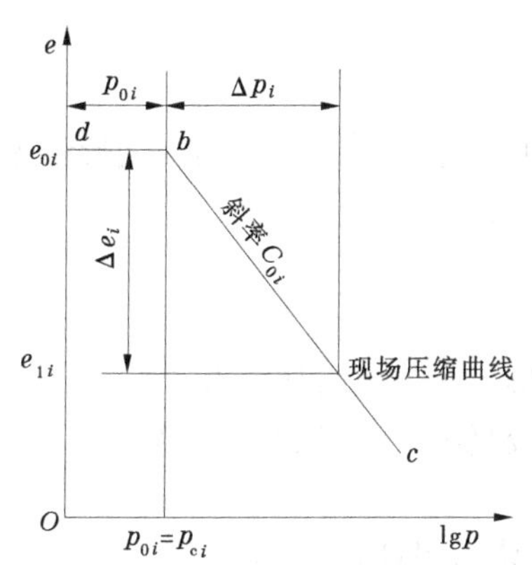

图 4-16　正常固结土的孔隙比变化

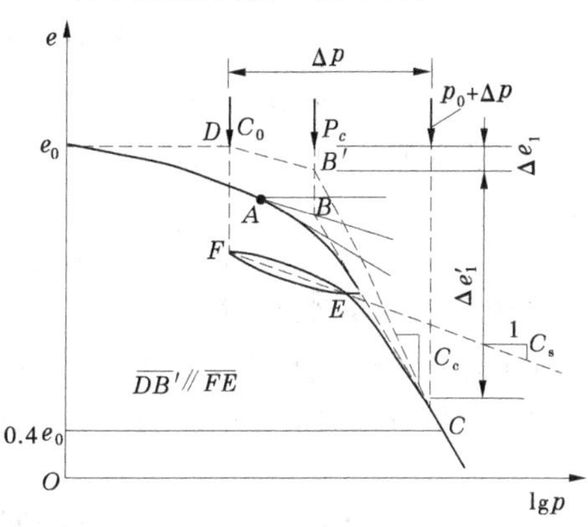

图 4-17　超固结土的现场压缩曲线

2. 超固结土沉降量计算

根据现场压缩曲线计算超固结土的变形量时，可能出现以下两种情况：

（1）当附加应力 $\Delta p > p_{ci} - p_{0i}$ 时。

如图 4-18(a) 所示，对于荷载由 p_{0i} 到 p_{ci} 的超固结段，以 C_{si} 代换式(4-24)中的 C_{ci} 计算变形量为

$$s_1 = \frac{C_{si}}{1+e_{0i}} H_i \lg(\frac{p_{ci}}{p_{0i}}) \tag{4-25}$$

对于 p_{ci} 到 $p_{0i}+\Delta p$ 的正常固结段土层的变形量为

$$s_2 = \frac{C_{ci}}{1+e_{0i}} H_i \lg(\frac{p_{0i}+\Delta p}{p_{ci}}) \tag{4-26}$$

超固结土在压缩应力 Δp 作用下的压缩量由超固结段压缩量 s_1 和正常固结段压缩量 s_2 组成，即压缩量为

$$s = s_1 + s_2 = \frac{C_{si}}{1+e_{0i}} H_i \lg(\frac{p_{ci}}{p_{0i}}) + \frac{C_{ci}}{1+e_{0i}} H_i \lg(\frac{p_{0i}+\Delta p}{p_{ci}}) \tag{4-27}$$

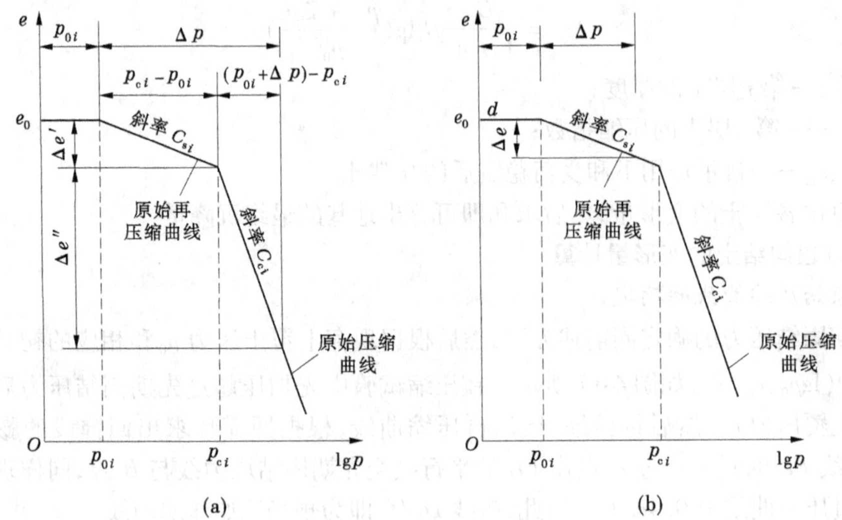

图 4-18　超固结土的孔隙比变化

(2)当附加应力 $\Delta p \leqslant p_{ci}-p_{0i}$时。

土层再压缩曲线如图 4-18(b)所示,土层完全处于超固结段,土层最终变形量为

$$s=\frac{C_{si}}{1+e_{0i}}H_i\lg\left(\frac{p_{0i}+\Delta p}{p_{0i}}\right) \tag{4-28}$$

(三)欠固结土变形量计算

这种土在自重作用下尚未完全固结,其地基变形量不仅由附加应力产生,而且还有土体原来欠固结部分自重应力引起的压缩量,计算比较复杂,可参见有关专著。

第三节　地基沉降与时间的关系

土一般松软多孔,在荷重作用下发生压缩变形不是瞬时就能达到稳定,而是需要时间过程,所需时间的长短随土层性质、排水条件和地基情况而不同。建筑物位于砂土地基上,因砂土层的透水性较大,压缩性较小,一般在施工完成时,地基的变形已基本稳定。而建造在黏性土基上的建筑物,特别是饱和黏土地基上的建筑物,其地基土的固结变形常要延续数年才能完成。

在工程实践中,一般建筑物在施工期间完成的沉降量,对于砂土,可认为其最终沉降量已基本完成;对于低压缩黏性土,可认为已完成其最终沉降量的 50% ~80%;对于中压缩黏性土,可认为已完成其最终沉降量的 20% ~50%;对于高压缩黏性土,可认为已完成其最终沉降量的 5% ~20%。

对于固结很慢的地基,例如高压缩黏性土地基,在设计时,不仅要计算基础的最终沉降量,有时还须知道施工期间及工程完工后一段时间的地基变形量,以掌握地基的变形过程,便于组织施工顺序,控制施工进度,作为采取必要措施的依据。

为了掌握饱和土体的压缩过程,首先必须研究饱和土体的渗透固结问题。研究地基土体的压缩变形与时间关系的渗透固结理论,是土力学中的重要内容之一。

饱和土体在荷载作用下，土孔隙中的自由水随着时间推移缓慢渗出，土的体积逐渐减小的过程，称为土的渗透固结。

一、饱和土的单向固结模型

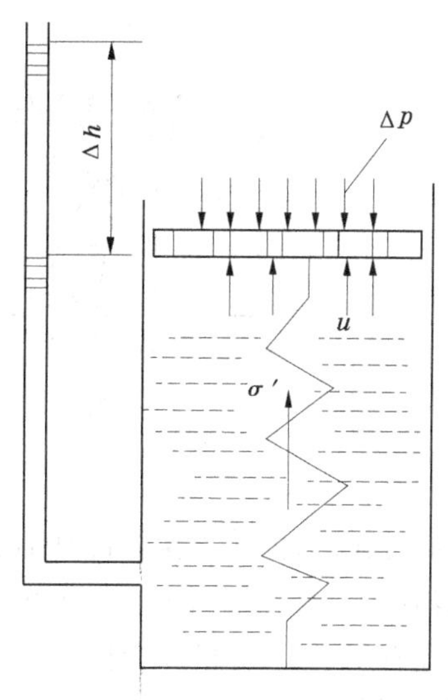

图 4-19　饱和黏性土单向渗透固结模型

饱和土的渗透固结可以借助于渗透固结模型来说明。图 4-19 所示为饱和黏性土单向渗透固结模型。模型由一个盛满水的容器、弹簧和带孔的轻质活塞组成，弹簧代表土骨架，容器中的水代表孔隙水，活塞模拟土的排水通道，容器壁上装有一根测压管，以显示容器内的水压力。

当活塞上无外力作用时，测压管水位与容器中水位相同，测压管水头 $h=0$，此时孔隙水压力等于静水压力，土中无渗流发生。

在活塞上施加压力强度为 Δp 的外荷载，施加的瞬间，容器中的水还来不及排出，由于水体被视为不可压缩体，此时活塞未下降，弹簧没有变形，说明土骨架未受力，荷载全部由孔隙水承担。孔隙水压力增大，测压管水头升高，其高度 $\Delta h=\Delta p/\gamma_w$。这时有效应力为零，孔隙水中超过原来静水压力部分的超静水压力 u 等于外加压力 Δp，即 $t=0$ 时，$u=\Delta p$、$\sigma'=0$。随着受压时间的延续，容器中的水通过活塞小孔向外排出，测压管水头下降，弹簧逐渐被压缩，说明孔隙水压力在减小，有效应力在增加，总压力由两种应力共同承担，即 $0<t<\infty$ 时，u 减小、σ'增大，$\Delta p=u+\sigma'$。随着排水过程的延续，测压管水头越来越小，有效应力越来越大，最后压力水头消散，排水终止，弹簧达到最大变形，说明超静水压力已减小到零，总应力全部由土颗粒承担，即 $t=\infty$ 时，$u=0$、$\sigma'=\Delta p$。

图 4-20(a)所示为饱和黏土层在均布荷载 p 作用下的固结情况，其固结过程可以通过多层渗透模型[见图 4-20(b)]来说明。多层渗透模型由多层带孔的活塞板、弹簧和容器组成，容器内充满水。模型各层分别表示不同深度的土层。荷载作用于模型后，可以从测压管中水位的变化情况剖析土层中孔隙水压力随时间消散的过程。

加荷之前，测压管中的水位与容器中的水位保持齐平，表明土中各点的超静水压力荷载 p 施加的瞬间($t=0$ 时)，各土层的水都来不及排出，活塞板不下沉，弹簧未变形，即弹簧不受力，全部荷载由容器中孔隙水来承担。各测压管中水的水位都升高了 $h_0=p/\gamma_w$，表明土层中各点的超静水压力都为 $u=p$，而 $\sigma'=0$。在升高的水压力作用下，模型中的水将随时间不断排出，表示土体开始固结。因模型顶面为排水面，第 1 层的水首先排出，随后第 2 层、第 3 层、第 4 层的水依次被排出，离排水面愈远的点，排水愈困难，因而孔隙水压力形成上小、下大的状况，将某一时刻各测压管的水位连接起来，可得如图 4-21 所示的曲线，此时($0<t<\infty$)模型中的各点：

超静水压力 $u_1<u_2<u_3<u_4<p$，土骨架的有效应力 $\sigma_1'>\sigma_2'>\sigma_3'>\sigma_4'$，且 $p=u_i+\sigma_i'$。

随着时间的增长，测压管中的水位逐渐恢复到与圆筒中水位齐平。此时筒中的水不

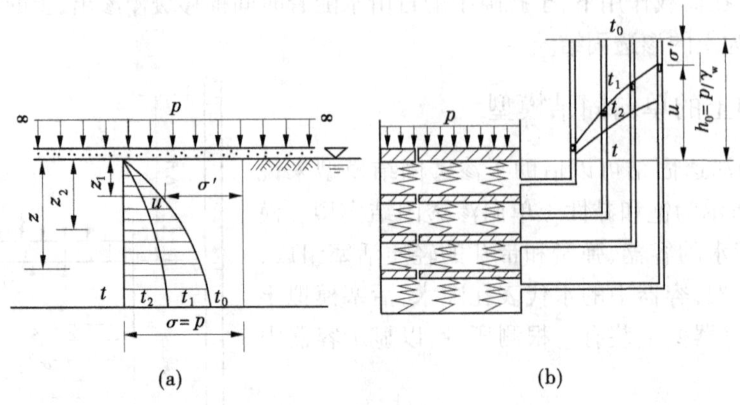

图 4-20　土的多层渗透固结模型

再向外排出，弹簧承担全部外荷载，变形达到稳定，相当于土层中各点的超静水压力已全部消散，荷载全部由土骨架承担，即 $t=\infty$ 时，$u_i=0$、$\sigma_i'=p$。表明此时土的渗透固结完成。由此看出，饱和土的渗透固结过程实质上是孔隙水压力向有效应力转换的过程，或孔隙水压力消散而有效应力增长的过程。

二、饱和土的单向固结理论

土体在固结过程中如果孔隙水只沿一个方向排出，土的压缩也只在一个方向发生（一般指竖直方向），那么，这种固结就称为单向固结。工程中，当荷载分布面积很广阔，靠近地表的薄层土层，其渗透固结就近似属于这种情况。

（一）单向渗透固结理论的基本假设

（1）地基土为均质、各向同性的饱和土；

（2）土的压缩完全是由孔隙体积的减少而引起的，土粒和孔隙水均不可压缩；

（3）孔隙水的渗流和土的压缩只沿竖向发生，侧向既不变形，也不排水；

（4）孔隙水的渗流服从达西定律，土的固结快慢取决于渗透系数的大小；

（5）在整个固结过程中，假定孔隙比 e、压缩系数 a 和渗透系数 K 为常量；

（6）荷载是连续均布的，并且是一次瞬时施加的。

（二）单向固结微分方程的建立及其解答

如图 4-21 所示，饱和黏性土层厚度为 H，上面为透水层，底面为不透水层（属非压缩层），在自重应力作用下已固结稳定。作用于层面的荷载为无限广阔的均布荷载，则在土层内部引起的竖向附加应力（固结应力）沿土层深度的分布是均匀的，即各点的附加应力等于外加均布荷载（$\sigma_z=p_0$）。在黏土层中深度 z 处取厚度为 $\mathrm{d}z$ 的微分单元体（面积为 1 ×1）进行水量平衡分析。

微元体的体积 $V=1\times1\times\mathrm{d}z=\mathrm{d}z$，由于 $\dfrac{V_s}{V}=\dfrac{1}{1+e}$，所以土颗粒体积 $V_s=\dfrac{1}{1+e}\mathrm{d}z$，且在固结过程中保持不变，孔隙体积 $V_v=nV=\dfrac{e}{1+e}\mathrm{d}z$，因此微元体在时间 $\mathrm{d}t$ 内的体积变化量为

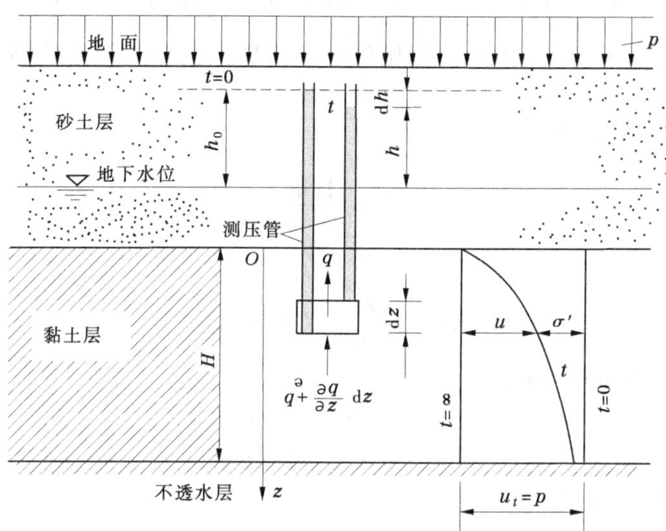

图 4-21　饱和土的固结过程

$$\frac{\partial V}{\partial t}\mathrm{d}t=\frac{\partial(V_s+V_v)}{\partial t}\mathrm{d}t=\frac{\partial V_v}{\partial t}\mathrm{d}t=\frac{\partial\left(\frac{e}{1+e}\mathrm{d}z\right)}{\partial t}\mathrm{d}t=\frac{1}{1+e}\frac{\partial e}{\partial t}\mathrm{d}z\mathrm{d}t \tag{4-29}$$

根据微元体的变形条件，由压缩系数的概念可知：

$$\mathrm{d}e=-a\mathrm{d}\sigma'=-a\mathrm{d}(p-u)=a\mathrm{d}u \tag{4-30}$$

式(4-30)代入式(4-29)得：

$$\frac{\partial V}{\partial t}\mathrm{d}t=\frac{a}{1+e}\frac{\partial u}{\partial t}\mathrm{d}z\mathrm{d}t \tag{4-31}$$

设在固结过程中的某一时刻 t，从单元体顶面流出的流量为 q，则从底面流入的流量应为 $q+\frac{\partial q}{\partial z}\mathrm{d}z$。因此在时间增量 $\mathrm{d}t$ 内，单元体中的水量变化应等于流出与流入单元体的数量之差，即

$$Q_1-Q_2=q\mathrm{d}t-\left(q+\frac{\partial q}{\partial z}\mathrm{d}z\right)\mathrm{d}t=-\frac{\partial q}{\partial z}\mathrm{d}z\mathrm{d}t \tag{4-32}$$

由于微元体中土粒的体积不变，其体积的变化实际就是土体内孔隙水体积的变化，即体积变化量等于流入和流出单元体的水量的数量之差：

$$Q_2-Q_1=\frac{\partial V}{\partial t}\mathrm{d}t \tag{4-33}$$

即

$$\frac{\partial q}{\partial z}\mathrm{d}z\mathrm{d}t=\frac{\partial V}{\partial t}\mathrm{d}t \tag{4-34}$$

由式(4-31)代入式(4-34)得：

$$\frac{\partial q}{\partial z}=\frac{a}{1+e}\frac{\partial u}{\partial t} \tag{4-35}$$

在加荷的瞬间($t=0$)，根据前述固结理论可知固结应力全部由孔隙中的水来承担，所以各点的测压管水位都将升高 $h_0=u_0/\gamma_w=p/\gamma_w$。固结过程中的某一时刻 t，由于孔隙水

压力开始消散，测压管水位都将下降，设此时单元体顶面处的孔隙水压力为 u，则测压管水位高出地面水位 $h = u/\gamma_w$，而底面测压管水位将比顶面测压管水位高出 $dh = \frac{\partial h}{\partial z}dz = \frac{1}{\gamma_w}\frac{\partial u}{\partial z}dz$，如图 4-22 所示，因此有：

$$\frac{\partial h}{\partial z} = \frac{1}{\gamma_w}\frac{\partial u}{\partial z} \tag{4-36}$$

根据达西定律有：

$$q = Aki = K\frac{\partial h}{\partial z} \quad (A = 1 \times 1) \tag{4-37}$$

由式(4-36)、式(4-37)可得：

$$\frac{\partial q}{\partial z} = k\frac{\partial^2 h}{\partial z^2} = \frac{k}{\gamma_w}\frac{\partial^2 u}{\partial z^2} \tag{4-38}$$

式(4-35)代入式(4-38)左端得：

$$\frac{a}{1+e}\frac{\partial u}{\partial t} = \frac{k}{\gamma_w}\frac{\partial^2 u}{\partial z^2}$$

整理可得：

$$\frac{\partial u}{\partial t} = \frac{k(1+e)}{\gamma_w a}\frac{\partial^2 u}{\partial z^2} \tag{4-39}$$

令 $C_v = \frac{k(1+e)}{a\gamma_w}$，则式(4-39)可写为

$$\frac{\partial u}{\partial t} = C_v\frac{\partial^2 u}{\partial z^2} \tag{4-40}$$

式中：C_v——土的固结系数，cm^2/年；

e——土的初始孔隙比；

K——土的渗透系数，cm/年；

a——土的压缩系数，cm^2/N；

γ_w——水的重度，0.009 81 N/cm^3。

式(4-39)、式(4-40)为饱和土的单向渗透固结微分方程，根据初始条件和边界条件可求得任一深度 z 在任一时刻 t 时的孔隙水压力 u 的表达式。初始条件指开始固结时附加应力的分布情况；边界条件指可压缩土层顶面的排水条件。图 4-21 的初始条件和边界条件如下：

(1) $t=0$ 和 $0 \leqslant z \leqslant H$ 处，$u_0 = \sigma_z = p$（施加荷载的瞬间）；

(2) $0 < t < \infty$ 及 $z = 0$ 处，$u = 0$（在排水面处）；

(3) $z = H$ 处，$q = 0$，$\frac{\partial u}{\partial z} = 0$（排水距离最大处）。

将上述初始条件和边界条件代入式(4-40)，得微分方程的解为

$$u = \frac{4\sigma_z}{\pi}\sum_{m=1}^{\infty}\frac{1}{m}\sin\left(\frac{m\pi z}{2H}\right)e^{-m^2\frac{\pi^2}{4}T_v} \tag{4-41}$$

式中：m——正整奇数，即 1、3、5…；

e——自然对数的底，2.718 28；

u——某一时刻深度 z 处的孔隙水压力；

σ_z——附加应力；

H——土层最大排水距离，单面排水为土层厚度，双面排水时取土层厚度的一半；

T_v——时间因数，无因次，$T_v = \dfrac{C_v t}{H^2}$。

（三）几种不同情况的固结度计算

固结度是指地基在某一固结应力作用下，经历时间 t 以后，土体发生固结或孔隙水压力消散的程度。单向压缩情况可表示为任一时刻的沉降量 s_t 与最终沉降量 s 的比值。土层任一深度 z 处，在 t 时刻的固结度可用下式表示，即

$$U_t = \frac{u_0 - u}{u_0} = 1 - \frac{u}{u_0} \tag{4-42}$$

某一点的固结度对于解决工程实际问题并无很大意义，为此，下面引入平均固结度的概念。土层平均固结度，就是指任一时刻该土层孔隙水压力的平均消散程度，即有效应力分布图面积与总应力分布图形面积的比值，可表示为

$$U_t = 1 - \frac{\int_0^H u \mathrm{d}z}{\int_0^H u_0 \mathrm{d}z} \tag{4-43}$$

式(4-43)为各种情况下，任一时刻 t 的平均固结度的基本表达式。

将式(4-41)代入式(4-43)积分后整理可得：

$$U_{t\alpha} = 1 - \frac{\frac{\pi}{2}\alpha - \alpha + 1}{1 + \alpha} \cdot \frac{32}{\pi^3}\left(e^{-\frac{\pi^2}{4}T_v} + \frac{1}{9}e^{-\frac{\pi^2}{9}T_v} + \cdots\right) \tag{4-44}$$

对于单面排水附加应力呈矩形分布情况 $\alpha = 1$ 时，可得

$$U_t = 1 - \frac{8}{\pi^2}\left(e^{-\frac{\pi^2}{4}T_v} + \frac{1}{9}e^{-\frac{9\pi^2}{4}T_v} + \cdots\right) \tag{4-45}$$

式(4-45)括号内的级数收敛很快，实用上可取第一项近似表达，即得：

$$U_{t(\alpha=1)} = 1 - \frac{8}{\pi^2}e^{-\frac{\pi^2}{4}T_v} \tag{4-46}$$

由式(4-44)可知平均固结度是时间因数 T_v 的单值函数，它与固结应力的大小无关，但与土层中固结压力的分布有关，式(4-45)、式(4-46)适合于单面排水，附加应力呈矩形分布，也适合于所有的双面排水情况的固结度计算，双面排水时，T_v 计算式中的 H 为排水最大距离，即压缩层厚度的一半。对于其他各种情况的平均固结度与时间因数的关系，也可从理论上求得，并且也是时间因数的单值函数。为使用方便，已将各种情况的 U_t 和 T_v 之间的关系曲线绘于图 4-22 中。图中曲线的参数 $\alpha = \dfrac{\sigma_z'}{\sigma_z''}$，$\sigma_z'$ 为透水面处的固结应力，σ_z'' 为非透水面处的固结应力。在图 4-22 中，可以根据固结度 U_t 查出时间因数 T_v，或根据时间因数 T_v 查出相应的固结度 U_t。

式(4-46)亦可用下列近似公式计算：

$$T_v = \frac{\pi}{4}U_t^2 \qquad U_t < 0.6 \tag{4-47a}$$

$$T_v = -0.933\lg(1 - U_t) - 0.085 \qquad U_t > 0.6 \tag{4-47b}$$

$$T_v = 3U_t \qquad U_t = 1 \tag{4-47c}$$

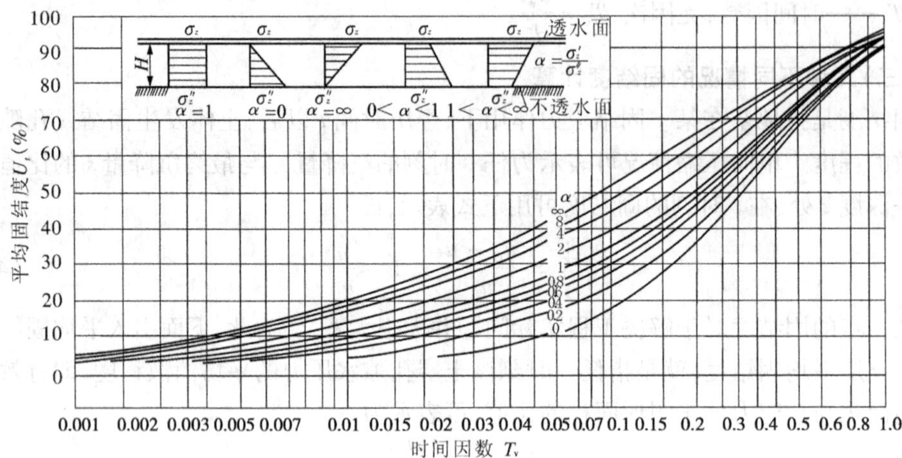

图 4-22　平均固结度与时间因数的关系曲线

【例 4-3】 某地基压缩层为厚 8 m 的饱和软黏土层，下部为隔水层，软黏土初始孔隙比 $e_0 = 0.7$，渗透系数 $k = 2.0$ cm/年，压缩系数 $\alpha = 0.25\ \text{MPa}^{-1}$，附加应力分布如图 4-23 所示，求：(1)一年后地基沉降量为多少？(2)加荷多长时间，地基固结度可达 80%？

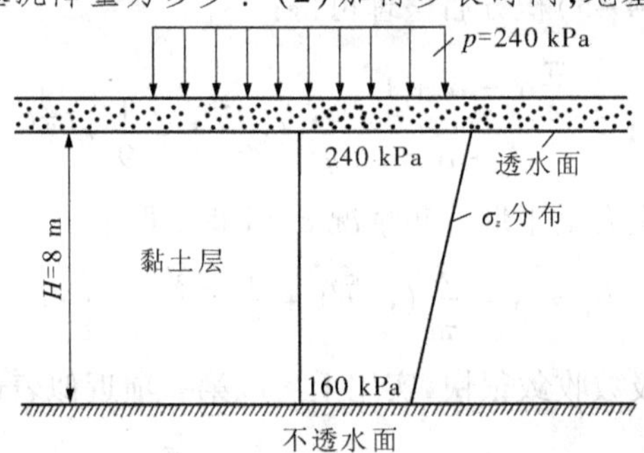

图 4-23　例 4-3 图

解：(1)求土层最终沉降量 s。

地基的平均附加应力为：

$$\bar{\sigma}_z = \frac{240 + 160}{2} = 200(\text{kPa})$$

$$s = \frac{a}{1 + e_0}\bar{\sigma}_z H = \frac{0.25 \times 10^{-3}}{1 + 0.7} \times 200 \times 800 = 23.53\ (\text{cm})$$

该土层固结系数为

$$C_v = \frac{k(1 + e_0)}{\alpha\gamma_\omega} = \frac{2 \times (1 + 0.7)}{0.000\,25 \times 0.098} = 1.39 \times 10^5(\text{cm}^2/\text{年})$$

$$T_v = \frac{C_v t}{H^2} = \frac{1.39 \times 10^5 \times 1}{800^2} = 0.217$$

$$\alpha = \frac{\sigma'_z}{\sigma''_z} = 240 \div 160 = 1.5$$

查图 4-22 知加荷一年的固结度 $U_t = 0.55$，故 $s_t = U_t s = 0.55 \times 23.53 = 12.94(\text{cm})$。

(2)计算地基固结度为 80% 时所经历的时间。

由 $\alpha = \frac{\sigma'_z}{\sigma''_z} = 1.5$ 和 $U_t = 0.8$ 查图 4-22 知 $T_v = 0.54$。

由式 $T_v = \frac{C_v t}{H^2}$ 得，固结度达 80% 所需时间：

$$t = \frac{T_v H^2}{C_v} = \frac{0.54 \times 800^2}{1.39 \times 10^5} = 2.49\ (\text{年})$$

三、地基变形验算

土质地基的变形验算是指在建筑物荷载的作用下，建筑物的地基变形计算值不能超过建筑物的地基变形允许值，以保证建筑物的安全和正常使用。由于不同建筑物的结构类型、整体刚度、使用要求的差异，对地基变形的敏感程度、危害、变性要求也不同。因此，不同类型的建筑物要求控制的地基变形特征各不相同，计算时应注意。

（一）地基的变形特征

地基变形特征可分为沉降量、沉降差、倾斜和局部倾斜，如图 4-24 所示。

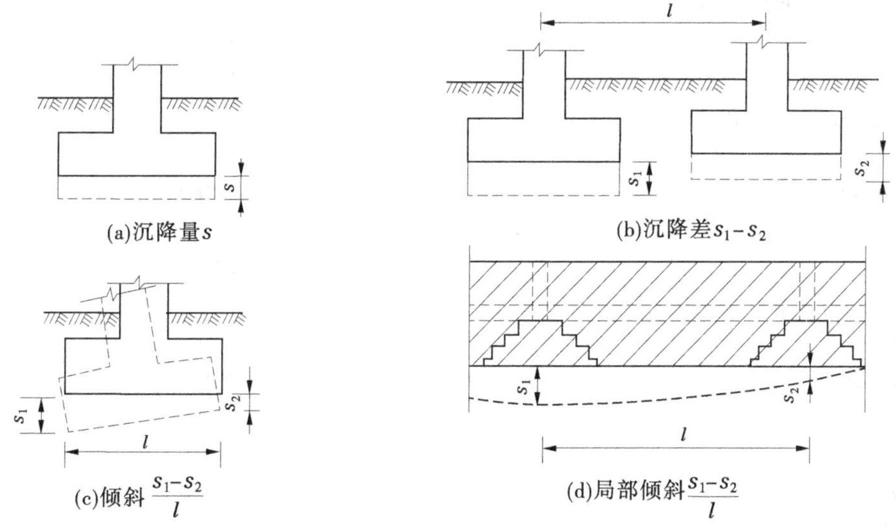

图 4-24　地基的变形特征

(1)沉降量：指基础中心的沉降量 s，以 mm 为单位。对单层排架结构柱基础、地基均匀和无相邻荷载影响的高耸结构基础变形由沉降量控制。

(2)沉降差：指两相邻独立基础沉降量的差值 $\Delta s = s_1 - s_2$，以 mm 为单位。对建筑物地基软硬不均、有相邻荷载影响和荷载差异较大的框架结构、单层排架结构，需要验算基础的沉降差。

(3)倾斜：指基础倾斜方向两端点的沉降差与其距离的比值 $(s_1 - s_2)/b$。对地基不均匀、有相邻荷载影响的多层、高层建筑物基础以及烟囱、水塔、高炉等高耸结构的基础，须验算基础沉降差。

(4)局部倾斜:指砌体承重结构沿纵墙 6 ~ 10 m 内基础两点间的沉降差与其距离的比值$(s_1 - s_2)/l$。工程实践表明:建筑物的局部倾斜过大,往往使砖石砌体承受弯矩而拉裂。因此,对于砌体承重结构设计,应由局部倾斜控制。

(二)地基变形验算

《建筑地基基础设计规范》(GB 50007—2011)根据大量的常见建筑物的类型、变形特征及观测资料进行分析,提出了表 4-9 所列建筑物的地基变形允许值。规范要求:建筑物的地基变形特征值 Δ 不应大于地基变形允许值[Δ],即

表 4-9 建筑物地基变形特征允许值

变形特征	地基土的类别	
	中、低压缩性土	高压缩性土
砌体承重结构基础的局部倾斜	0.002	0.003
工业与民用建筑相邻柱基的沉降量		
(1)框架结构	$0.002l$	$0.003l$
(2)砖石墙填充的边排柱	$0.000\,7l$	$0.001l$
(3)当基础不均匀沉降时不产生附加应力的结构	$0.005l$	$0.005l$
单层排架结构(柱距为 6 m)柱基的沉降量(mm)	(120)	200
桥式吊车轨面的倾斜(按不调整轨道考虑)		
纵向	0.004	
横向	0.003	
多层和高层建筑基础的倾斜		
$H_g \leqslant 24$	0.004	
$24 < H_g \leqslant 60$	0.003	
$60 < H_g \leqslant 100$	0.002 5	
$H_g > 100$	0.001 5	
高耸结构基础的倾斜		
$H_g \leqslant 20$	0.008	
$20 < H_g \leqslant 50$	0.006	
$50 < H_g \leqslant 100$	0.005	
$100 < H_g \leqslant 150$	0.004	
$150 < H_g \leqslant 200$	0.003	
$200 < H_g \leqslant 250$	0.002	
高耸结构基础的沉降量(mm)		
$H_g \leqslant 100$	400	
$100 < H_g \leqslant 200$	300	
$200 < H_g \leqslant 250$	200	

注:1. 有括号者仅适用于中压缩性土。

2. l 为相邻柱基的中心距离,mm;H_g 为自室外地面起算的建筑物高度。

3. 倾斜指基础倾斜方向两端点的沉降差与其距离的比值。

4. 局部倾斜指砌体承重结构沿纵向 6 ~ 10 m 内基础两点的沉降差与距离的比值。

$$\Delta \leqslant [\Delta] \tag{4-48}$$

对表中未包括的其他建筑物的地基变形允许值，可根据上部结构对地基变形特征的适应能力和使用上的要求确定。

思考题与习题

1. 土的自重应力分布有何规律？

2. 地下水位上升和下降对土体自重应力有何影响？

3. 基底压力和基底附加压力有何区别？为何要计算基底附加压力？

4. 偏心荷载作用下的基底压力简化计算应注意什么？

5. 土中附加应力分布有何规律？

6. 土中附加应力的计算对于矩形基础和条形基础有何区别？为什么？

7. 角点法计算附加应力应注意些什么？

8. 如何从土的压缩曲线分析土的压缩特性？

9. 从分层总和法分析地基最终沉降量的影响因素是什么？

10. 什么是土的渗透固结？

11. 如图 4-25 所示某地基土层剖面，各层土的厚度及重度见图，试计算自重力大小并绘制其分布图。

12. 某矩形基础长 3.6 m，宽 2.0 m，埋深 1.5 m，上部荷载 $F = 900$ kN，$\gamma = 16$ kN/m^3，$\alpha_{1-2} = 0.4$ MPa^{-1}，$e_1 = 1.0$，地基承载力特征值 $f_{ak} = 150$ kPa，试用规范法计算基础中心的最终沉降量。

13. 一地基为饱和黏土层，层厚为 10 m，上下为砂层。由基底压力在黏土层中引起的附加应力 σ_z 的分布如图 4-26 所示。已知黏土层的物理力学指标为：$\alpha = 0.25$ MPa^{-1}，$e_1 = 0.8$，$k = 2$ cm/年，试求：(1) 加荷一年后地基的变形量；(2) 地基变形量达到 25 cm 时所需时间。

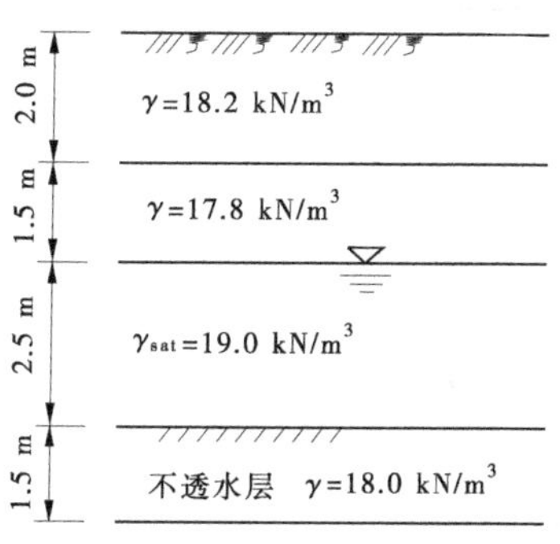

图 4-25

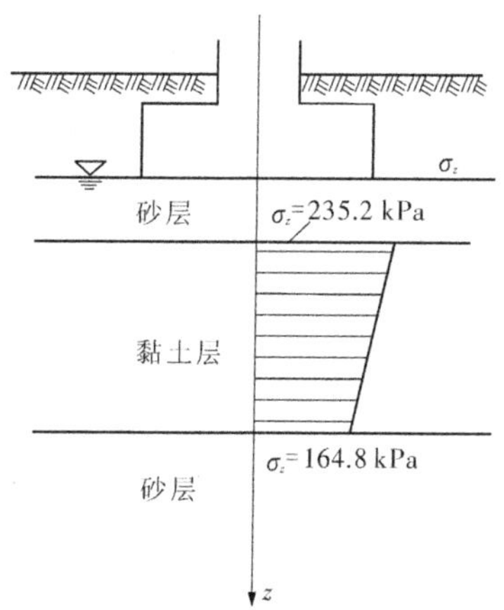

图 4-26

第五章　土的抗剪强度与地基承载力

第一节　土的抗剪强度与极限平衡条件

一、土的抗剪强度

土的抗剪强度是指土体抵抗剪切破坏的极限能力。当土体受到外荷载作用后，土中各点将产生剪应力，如果某点的剪应力达到剪切强度，那么土体就会沿着剪应力作用方向产生相对滑动，使土体丧失整体稳定性，则该点发生了剪切破坏。

在实际工程中，常存在下面三个与土的抗剪强度相关的问题。

(1)土坡稳定性问题。包括土坝、路堤等人工填方土坡，山坡、河岸等天然土坡和挖方边坡等的稳定性问题，如图 5-1(a)所示。

(2)地基承载力问题。若外荷载很大，基础下地基中的塑性变形区扩展成一个连续的滑动面，使得建筑物整体丧失了稳定性，如图 5-1(b)所示。

(3)土压力问题。包括挡土墙、地下结构物等周围的土体对其产生的侧向压力可能导致这些构造物发生滑动或倾覆，如图 5-1(c)所示。

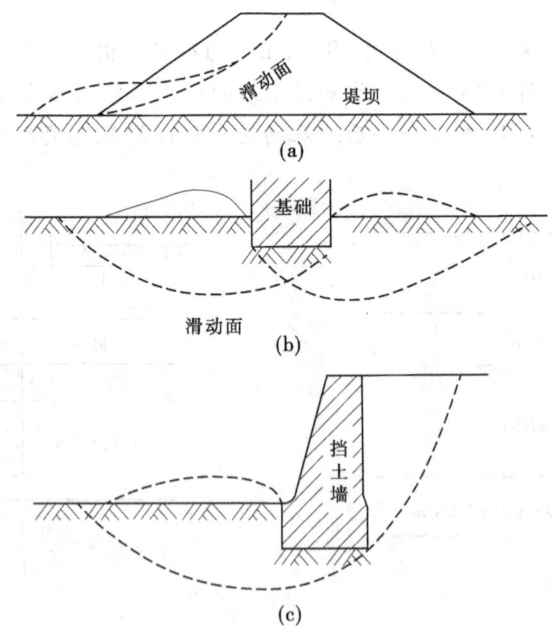

图 5-1　土坝、基础建筑物的地基失稳示意图

(一)土的抗剪强度规律——库仑定律

1776 年,法国学者库仑通过对砂土进行大量的试验研究,得出砂土的抗剪强度的表达式为

无黏性土　$$\tau_f = \sigma \tan\varphi \tag{5-1}$$

黏性土　$$\tau_f = \sigma \tan\varphi + c \tag{5-2}$$

式中:τ_f——土的抗剪强度,kPa;

σ——剪切面上的正应力,kPa;

c——土的黏聚力,kPa;

φ——土的内摩擦角,(°)。

式(5-1)和式(5-2)分别表示无黏性土和黏性土的抗剪强度规律,通常统称为库仑定律。根据库仑定律可以绘出如图 5-2 所示的库仑直线,其中库仑直线与横轴的夹角称为土的内摩擦角 φ,库仑直线在纵轴上的截距 c 即为黏聚力,c、φ 称为土的抗剪强度指标。

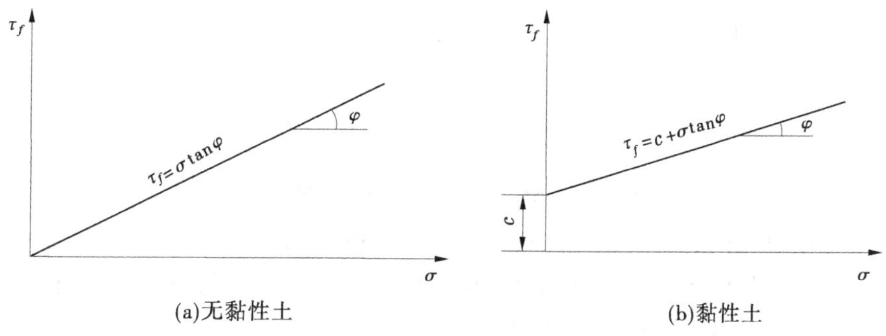

图 5-2　抗剪强度与法向压应力之间的关系

(二)土的抗剪强度的影响因素

影响土的抗剪强度的因素是多方面的,主要有以下几个方面:

(1)土粒的矿物成分、形状、颗粒大小与颗粒级配。一般颗粒大、形状不规则、表面粗糙和颗粒级配良好的土,由于其内摩擦力大,抗剪强度也高。黏土矿物成分中的微晶高岭石含量越多时,黏聚力越大。土中胶结物的成分及含量对土的抗剪强度也有影响。

(2)土的密度。土的初始密度越大,土粒间接触比较紧密,土粒间的表面摩擦力和咬合力越大,剪切试验时需要克服的摩阻力也越大,则土的抗剪强度越大。黏性土的密度大则表现出的黏聚力也较大。

(3)含水率。土中含水率的多少,对土抗剪强度的影响十分明显。土中的含水率增大,会降低土粒表面上的摩擦力,使土的内摩擦角减小;黏性土的含水率增高,会使结合水膜加厚,因而也就降低了土的黏聚力。

(4)土体结构的扰动情况。黏性土的天然结构如果被破坏,土粒间的胶结物联结被破坏,黏性土的抗剪强度将会显著下降,故原状土的抗剪强度高于同密度和同含水率的重塑土。所以,在现场取样、试验和施工过程中,要注意保持黏性上的天然结构不被破坏,特别是基坑开挖时,更应保持持力层的原状结构不扰动。

(5)有效应力。从有效应力原理可知,土中某点所受的总应力等于该点的有效应力

与孔隙水压力之和。随着孔隙水压力的消能和有效应力的增加，土体受到压缩，土的密度增大，因而土的 c、φ 值变大，抗剪强度增高。

二、土的极限平衡条件

（一）土中一点的应力状态

当土中某点任一方向的剪应力 τ 达到土的抗剪强度时，称该点处于极限平衡状态。因此，若已知土体的抗剪强度 τ_f，则只要求得土中某点各个面上的剪应力 τ 和法向应力 σ，即可判断土体所处的状态。从土体中任取一单元体，如图 5-3 所示。

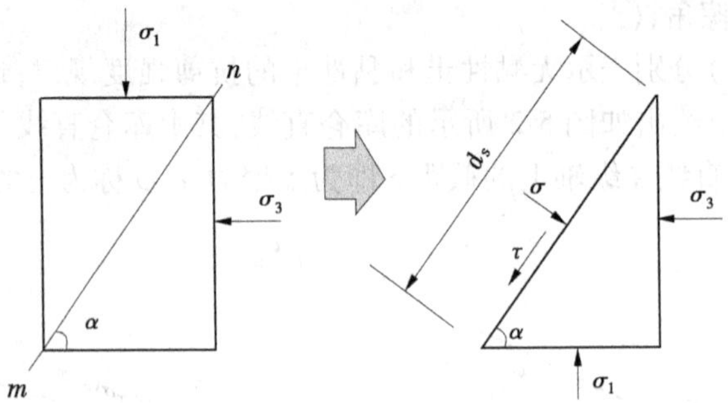

图 5-3　土中一点应力状态力学分析图

设作用在该单元体上的大、小主应力分别为 σ_1 和 σ_3，在单元体内与大主应力作用面成任意角 α 的 mn 平面上，有正应力 σ 和剪应力 τ。为建立 σ、τ 与 σ_1、σ_3 之间的关系，取楔形脱离体，根据楔形体静力平衡条件可得：

水平方向：$\sigma_3 d_s \sin\alpha - \sigma d_s \sin\alpha + \tau d_s \cos\alpha = 0$

竖直方向：$\sigma_1 d_s \sin\alpha - \sigma d_s \cos\alpha - \tau d_s \sin\alpha = 0$

所以可得：

$$\sigma = \frac{1}{2}(\sigma_1 + \sigma_3) + \frac{1}{2}(\sigma_1 - \sigma_3)\cos 2\alpha \tag{5-3}$$

$$\tau = \frac{1}{2}(\sigma_1 - \sigma_3)\sin 2\alpha \tag{5-4}$$

在 $\sigma \sim \tau$ 坐标中，按一定比例沿 σ 轴截取 σ_3 和 σ_1，以 D 点 $\left(\frac{\sigma_1+\sigma_3}{2}, 0\right)$ 为圆心、$\frac{\sigma_1-\sigma_3}{2}$ 为半径作圆，即为摩尔应力圆，如图 5-4 所示。

摩尔应力圆圆周上某点的坐标表示土中该点相应某个面上的正应力和剪应力，该面与大主应力作用面的夹角，等于弧 CA 所含圆心角的一半。由图 5-4 可见，最大剪应力 $\tau_{max} = \frac{1}{2}(\sigma_1 - \sigma_3)$，其作用面与大主应力 σ_1 作用面的夹角 $\alpha = 45°$。

在 $\sigma \sim \tau$ 坐标系中，将抗剪强度包线与描述土体中某点的摩尔应力圆同时绘出，二者的相对位置关系分为三种：

(1)摩尔应力圆与抗剪强度包线相离：表明通过该点的任何平面上的剪应力都小于

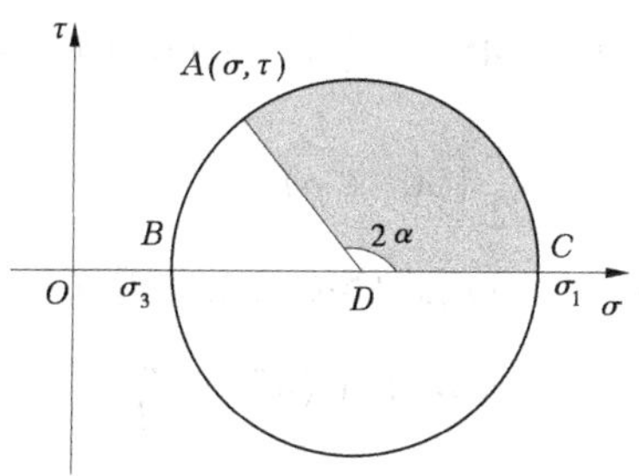

图 5-4　摩尔应力圆

抗剪强度，即 $\tau < \tau_f$，所以该点处于弹性平衡状态。

(2)摩尔应力圆与抗剪强度包线相切：表明该点所代表的平面上的剪应力等于抗剪强度，即 $\tau = \tau_f$，该点处于极限平衡状态。

(3)摩尔应力圆与抗剪强度包线相割：表明过该点的相应于割线所对应弧段代表的平面上的剪应力，均已超过土的抗剪强度，即 $\tau > \tau_f$，无数点所代表的平面已被剪坏。这种应力状态是不可能存在的，因为在任何物体中的应力都不可能超过其强度值。

土的极限平衡条件即 $\tau = \tau_f$ 时应力之间的关系，故与抗剪强度包线相切的摩尔应力圆被称为极限摩尔应力圆。

(二)土的极限平衡条件

黏性土的抗剪强度包络线与极限摩尔应力圆的关系，如图 5-5 所示。

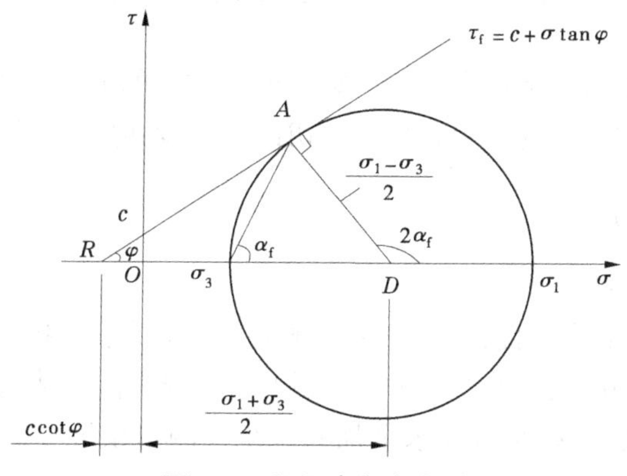

图 5-5　极限摩尔应力圆

由极限摩尔应力圆可得：

$$\sin\varphi = \frac{\overline{AD}}{\overline{RD}} = \frac{\dfrac{\sigma_1 - \sigma_3}{2}}{c\cot\varphi + \dfrac{\sigma_1 + \sigma_3}{2}}$$

由此推出图的极限平衡条件为

$$\sigma_1 = \sigma_3 \tan^2(45° + \frac{\varphi}{2}) + 2c\tan^2(45° + \frac{\varphi}{2}) \tag{5-5}$$

或

$$\sigma_3 = \sigma_1 \tan^2(45° - \frac{\varphi}{2}) - 2c\tan^2(45° - \frac{\varphi}{2}) \tag{5-6}$$

和

$$\alpha_f = \frac{1}{2}(90° + \varphi) = 45° + \frac{\varphi}{2} \tag{5-7}$$

对黏性土,可将 $c=0$ 代入式(5-5)、式(5-6),由此得简化形式为

$$\sigma_1 = \sigma_3 \tan^2(45° + \frac{\varphi}{2}) \tag{5-8}$$

$$\sigma_3 = \sigma_1 \tan^2(45° - \frac{\varphi}{2}) \tag{5-9}$$

式(5-5)~式(5-9)统称为摩尔-库伦强度理论,由该理论所描述的土体极限平衡状态可知,土的剪切破坏并不是由最大剪应力 $\tau_{max} = \frac{1}{2}(\sigma_1 - \sigma_3)$ 所控制的,即剪破面并不产生于最大剪应力面,而是与最大剪应力面成 $\frac{\varphi}{2}$ 的夹角。

土的极限平衡条件常用来评判土中某点的平衡状态,具体方法是:

(1)当 $\sigma_1 < \sigma_{1f}$ 或 $\sigma_3 > \sigma_{3f}$ 时,土体中该点处于稳定平衡状态。

(2)当 $\sigma_1 = \sigma_{1f}$ 或 $\sigma_3 = \sigma_{3f}$ 时,土体中该点处于极限平衡状态。

(3)当 $\sigma_1 > \sigma_{1f}$ 或 $\sigma_3 < \sigma_{3f}$ 时,土体中该点处于破坏状态。

第二节 土的抗剪强度试验方法

确定土的抗剪强度的试验称为剪切试验。剪切试验的方法有多重,通常有室内试验和现场试验两类。常用的室内试验有直接剪切试验、三轴剪切试验、无侧限压缩试验。

一、直接剪切试验

(一)试验仪器及原理

直接剪切试验,通常简称直剪试验,它是测定土体抗剪强度指标最简单的方法。直剪仪可分为应力控制式和应变控制式两种。试验中通常采用应变控制式直剪仪,其结构如图5-6所示。主要由剪力盒、垂直和水平加载系统及测量系统等部分组成。剪力盒分为上、下盒,试验时对齐上、下盒,将土样放于盒内,并在土样上、下各放一块透水石,通常根据试验方法的不同在透水石与土样之间分别放滤纸或不透水膜。安装好土样后,通过垂直加压系统施加垂直荷载,即受剪面上的法向应力 σ,再通过均匀旋转手轮向土样施加水平剪应力 τ,当土样受剪破坏时,受剪面上所施加的剪应力即为土的抗剪强度 τ_f。对于同一种土至少需要3~4个土样,在不同的法向应力 σ 下进行剪切试验,测出相应的抗剪强度 τ_f,然后根据3~4组相应的试验数据点绘出库仑直线,由此求出土的抗剪强度指标 φ、c,如图5-7所示。

(二)直剪试验方法及其强度指标

由于直剪试验只能测定作用在受剪面上的总应力,不能测定有效应力或孔隙水压力,所以试验中常模拟工程实际选择直接快剪、直接慢剪和固结快剪三种试验方法。

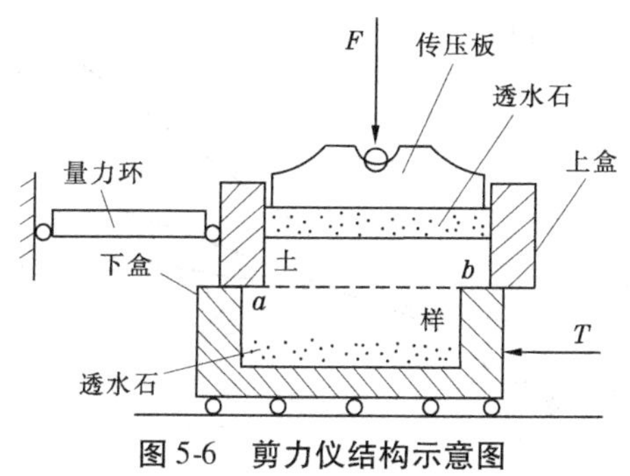

图 5-6　剪力仪结构示意图

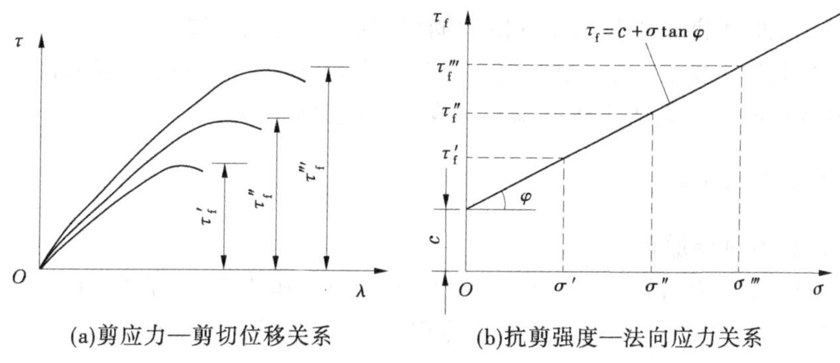

(a)剪应力—剪切位移关系　　(b)抗剪强度—法向应力关系

图 5-7　直接剪切试验成果图

(1)直接快剪。试验时土样两端各放一张不透水薄膜,封闭土体中的孔隙水不让排出,在施加法向应力后立即剪切,在 3 ~5 min 内将土样剪破。试验中土样的含水率基本不变,有较大的孔隙水压力,其强度指标 φ_q、c_q较小,主要用于分析地基排水条件不好、加荷速度较快的建筑物地基。

(2)固结快剪。土样安装时,在土样两端分别放滤纸和透水石。施加法向应力后让土样充分固结,孔隙水压力充分消散;然后快速施加剪切力,使土样在 2 ~3 min 内被剪坏。施加剪力时所产生的孔隙水压力几乎不消散,其抗剪强度指标用 φ_{cq}、c_{cq}表示。固结快剪强度指标可用于验算水库水位骤降时土坝边坡稳定安全系数,或使用期建筑物地基的稳定问题。

(3)直接慢剪。土样安装与固结快剪相同,施加法向应力后,让土样充分排水固结,孔隙水压力全部消散后再分级缓慢施加剪切力,在施加剪切力时让土样内的孔隙水压力完全消散,直至土样破坏。其抗剪强度指标用 φ_s、c_s表示,通常用于分析透水性较好,施工速度较慢的建筑物地基的稳定性。

以上三种试验方法,由于土样排水条件和固结程度的不同,因此所得的抗剪强度指标也不相同,其库仑直线如图 5-8 所示。

三种方法的内摩擦角有如下关系:$\varphi_s > \varphi_{cq} > \varphi_q$。由此说明强度指标与试验方法有关,直接受排水条件和加荷速度影响。工程中要根据具体情况选择恰当的强度指标。

(三)直剪试验的优缺点

直剪试验仪器构造简单,土样制备及操作方法便于掌握,目前广泛应用。其缺点是:

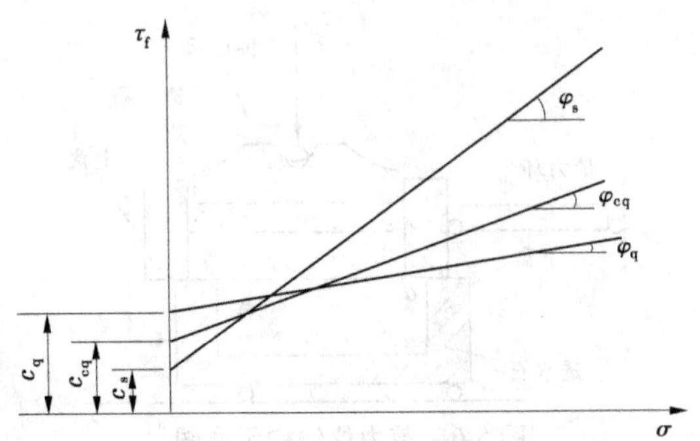

图 5-8　不同试验方法的抗剪强度指标

人为规定了受剪面，不能真正反映土体的软弱剪切面；剪切试验过程中土样的受剪面积逐渐减小，垂直荷载发生偏心，土样中剪应力分布不均匀；试验土样的固结和排水是靠加荷速度快慢来控制的，实际无法严格控制排水或测量孔隙水压力。

二、三轴剪切试验

（一）三轴仪及试验原理

三轴仪的构造示意图如图 5-9 所示，由放置土样的压力室、垂直压力控制及量测系统、围压控制及量测系统、土样孔隙水压及体积变化量测系统等部分所组成。

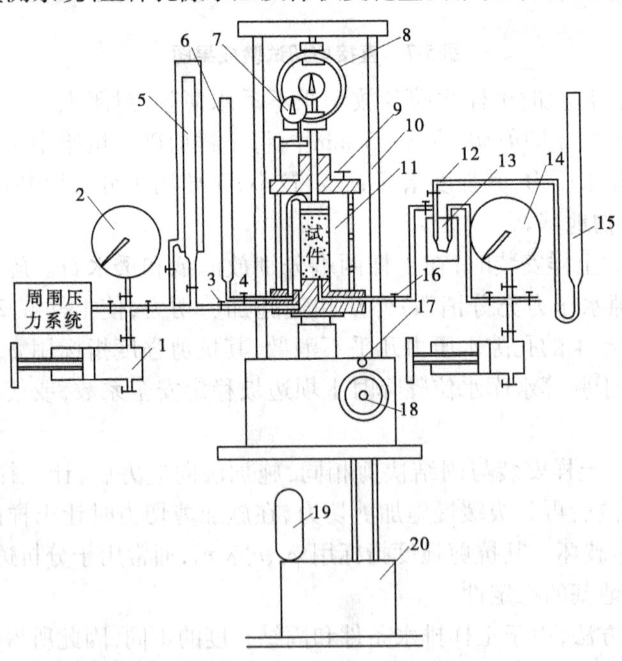

1—调压筒；2—周围压力表；3—周围压力阀；4—排水阀；5—体变管；6—排水管；7—变形量表；8—量力环；9—排气孔；10—轴向加压设备；11—压力室；12— 量管阀；13—零位指示器；14—孔隙压力表；15—量管；16—孔隙压力阀；17—离合器；18—手轮；19—马达；20—变速器

图 5-9　三轴仪构造示意图

压力室是由金属顶盖、底座和透明有机玻璃筒组装起来的密闭容器，如图5-10所示。圆柱形的土样装在乳胶薄膜中，置于试样帽和底座之间，必要时在土样两端安放滤纸和透水石。通过传力杆将竖直压力施加于土样帽，从而传给土样，围压通过土样周围的水来施加。

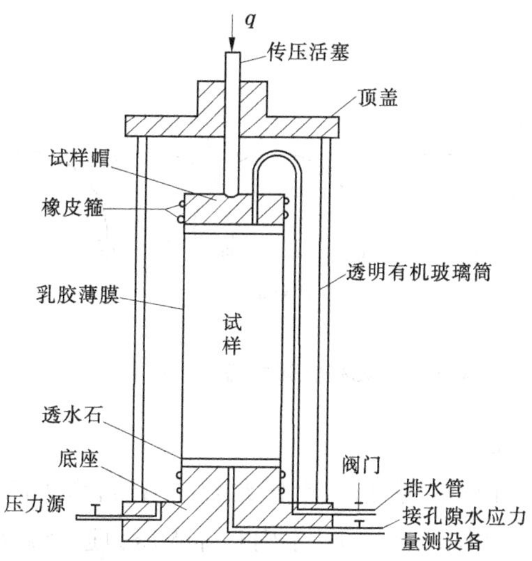

图5-10　压力室构造图

试验时，先安装好土样，通过围压系统施加围压 σ_3，此时土样周围各方向均有压应力 σ_3 作用，然后通过加压活塞杆施加竖向应力 $\Delta\sigma$，并不断增加 $\Delta\sigma$ 至土样破坏。此时根据量测系统的围压值 σ_3 和竖向应力增量 $\Delta\sigma = q$ 可得到土样破坏时的第一主应力 $\sigma_1 = \sigma_3 + q$，如图5-11所示。由此可绘出破坏时的极限莫尔应力圆，该圆应该与库仑直线相切。同一土体的若干土样在不同 σ_3 作用下得出的试验结果，可绘出不同的极限莫尔应力圆，其切线就是土的库仑直线，由此求出土的抗剪强度指标 φ、c。

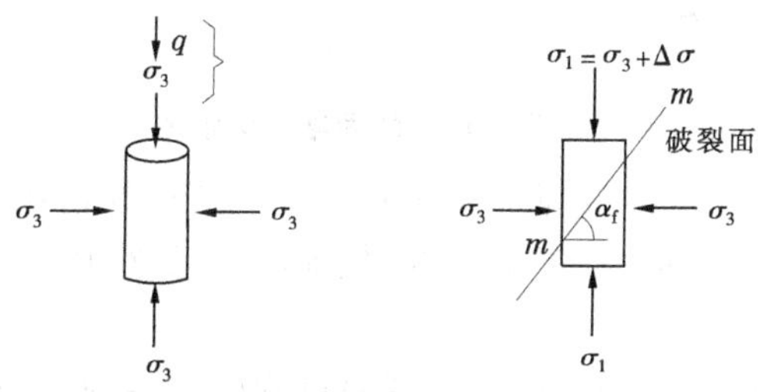

(a)试样受周围压力　(b)破坏时试样上的主应力

图5-11　三轴试验土样的受力状态

(二)三轴剪切试验方法

1. 不固结不排水剪

不固结不排水剪(UU试验)简称不排水剪，在试验过程中，无论是施力围压 σ_3，还是施加轴向竖直应力，始终关闭排水阀门，土样中的水始终不能排出来，不产生体积变形，因此土样中孔隙水压力大，有效应力很小，所得强度指标用 c_u、φ_u 表示。对于饱和软黏土不

管如何改变 σ_3，所绘出的莫尔应力圆直径都相同，仅是位置不同，库仑直线是一条水平线，如图 5-12 所示。该试验指标适用于地基排水条件不好、加荷速度又快的施工期地基稳定或土工构筑物稳定情况。

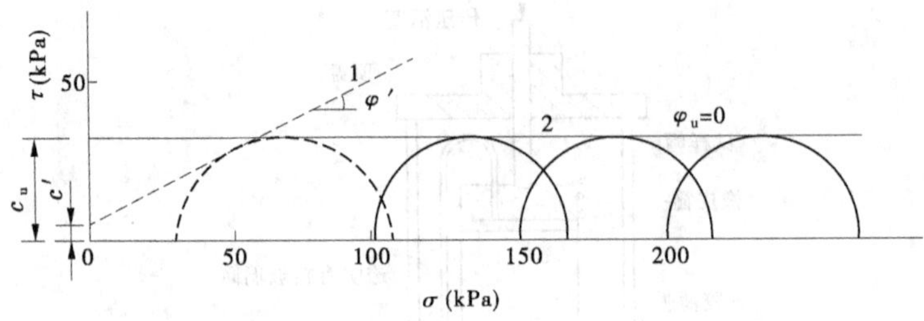

图 5-12 饱和软黏土的不排水剪试验

2. 固结不排水剪(CU 试验)

在围压 σ_3作用下，打开排水阀门，让土样充分固结后，再关闭排水阀，施加轴向竖直压力 $\Delta\sigma$，直至土样破坏。在围压作用下，土内孔隙水压力逐渐减小至零，在竖向压力 $\Delta\sigma$ 作用下，土样内产生孔隙水压力，所得强度指标用 φ_{cu}、c_{cu}表示，如图 5-13 所示。

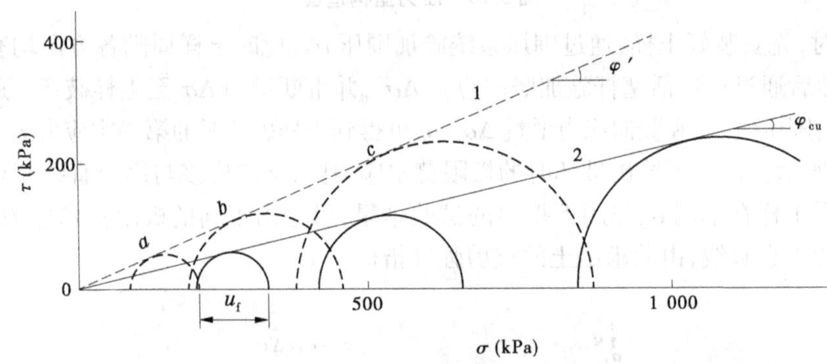

图 5-13 正常固结土的固结不排水剪

固结不排水剪试验适用于一般正常固结土在工程竣工或在使用阶段受到大量、快速的动荷载或新增荷载的作用所对应的受力情况，如地震情况、路基正常使用情况等。

3. 固结排水剪(CD 试验)

固结排水剪(CD 试验)，简称排水剪。在试验过程中，始终打开排水阀门，让土样充分排水固结，使土样中孔隙水压力始终接近于零，施加的应力即为有效应力，所得强度指标用 φ_d、c_d表示，如图 5-14 所示。该方法适用于地基排水条件好、加荷速度慢的情况。

(三)三轴试验的优缺点

三轴试验突出的优点是能控制排水条件，并可以量测孔隙水压力的变化。此外三轴试验中试件的应力状态比较明确，剪切破坏就发生在土样的最薄弱处，消除了直剪试验人为限定剪切面的缺点，试验结果可靠，是目前推广使用的试验方法。主要缺点是土样所受的力是轴对称的，即在三个主应力中有两个是相等的，并非工程的实际情况。另外，三轴试验的试件制备比较麻烦，土样易受扰动。

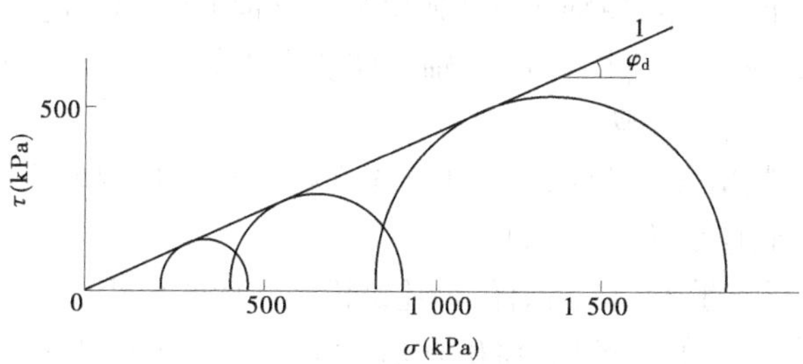

图 5-14　固结排水剪(CD)抗剪强度包线

三、无侧限抗压强度试验

(一)三轴仪及试验原理

无侧限抗压强度试验适用于饱和黏性土。无侧限抗压强度试验是三轴剪切试验的一种特例,即对正圆柱形试样不施加侧向压力($\sigma_3=0$),而只对它施加垂直的轴向压力 σ_1。由于试样的侧向压力为零,只有轴向受压,仪器构造简单,操作方便,故称无侧限抗压强度试验,无侧限压力仪如图 5-15(a)所示。

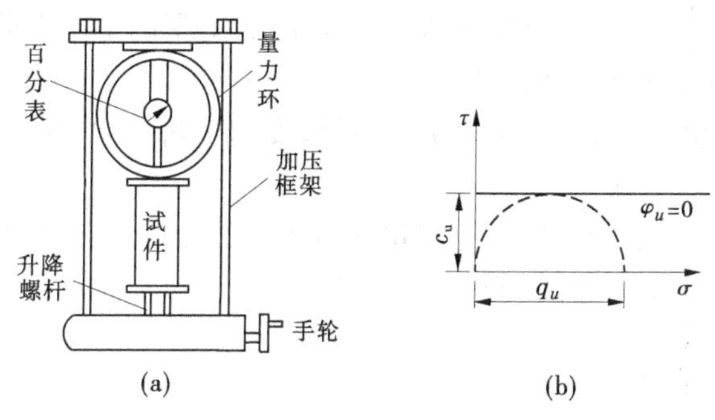

图 5-15　无侧限抗压强度试验

因为试验时 $\sigma_3=0$,所以试验成果只能作出一个极限应力圆,对于一般非饱和黏性土,难以作出强度包线。对于饱和软黏土,根据三轴不排水剪切试验成果,其强度包线近似于一条水平线,即 $\varphi_u=0$,故无侧限抗压强度试验适用于测定饱和软黏土的不排水强度,如图 5-15(b)所示。

在 $\sigma\sim\tau$ 坐标上,以无侧限抗庄强度 q_u 为直径,通过 $\sigma_3=0$、$\sigma_1=q_u$ 作极限应力圆,其水平切线就是强度包线,该线在 τ 轴上的截距 c_u 即为抗剪强度 τ_f,即

$$\tau_f=c_u=\frac{q_u}{2} \tag{5-10}$$

式中:c_u——饱和软黏土的不排水强度,kPa。

(二)试验方法与步骤

(1)将试样上、下两端抹一薄层凡士林。在气候干燥时,试样周围也需抹一薄层凡士林,防止水分蒸发。

(2)将试样放置在下加压板正中,转动手柄,使试样上升与上加压板接触。调整测力计中的百分表读数为零。

(3)转动手轮,开动秒表,使轴向应变速率为每分钟1% ~3%进行试验。当轴向应变小于3%时,每隔0.5%应变读数一次;当轴向应变大于等于3%时,每隔1%应变读数一次,使试样在8 ~10 min内剪破。

(4)当测力计读数出现峰值时,继续进行至3% ~5%的应变值后停止试验;当读数无峰值时,试验应进行到应变达20%为止。

(5)试验结束,反转手轮,取下试样,描述试样破坏后的形状。

(6)如需测定黏性土的灵敏度,将破坏后的试样除去涂有凡士林的表面,加少许余土,包于塑料布内用手搓捏,破坏其天然结构,并重塑成圆柱体。将试样放入重塑筒内,用金属垫板将试样挤成与原状试样相同的尺寸、密度和含水率。按步骤(1) ~(5)测定重塑土的无侧限抗压强度。

饱和黏性土的强度与土的结构有关,当土的结构受到破坏时,其强度会迅速降低,工程上常用灵敏度 S_t 来反映土的结构性强弱:

$$S_t = \frac{q_u}{q_0} \tag{5-11}$$

式中:q_u——原状土的无侧限抗压强度,kPa;

q_0——重塑土(指在含水率不变的条件下使土的天然结构彻底破坏,再重新制备的土)的无侧限抗压强度,kPa。

根据灵敏度可将饱和黏性土分为三类:低灵敏度($1 < S_t \leqslant 2$)、中灵敏度($2 < S_t \leqslant 4$)、高灵敏度($S_t > 4$)。

土的灵敏度越高,其结构性越强,受到扰动后土的强度降低得就越多。所以,在高灵敏度土上修建建筑物时,应尽量减少对土的扰动。

四、十字板剪切试验

前述三种方法均是室内测定土体抗剪强度的方法,都需要采取原状土样,而在土样采取、运送、保管和制备过程中都不可避免地受到扰动,土的含水率也难以保持天然状态,特别是高灵敏度的黏性土,均会影响到室内试验的结果。十字板剪切试验是一种原位测定土的抗剪强度的试验方法,该方法适用于测定饱和软黏土的原位不排水抗剪强度,特别是均匀饱和软黏土。

十字板剪切仪的构造如图5-16所示,试验时在钻孔中放入十字板,并压入土中75 cm,通过地面上的装置施加扭矩,使埋在土中的十字板扭转,直至土体剪切破坏,记录土体破坏时的扭矩 M。土体破坏面为圆柱面,作用在破坏土体圆柱面上的剪应力所产生的抵抗矩应该等于所施加的扭矩 M,即:

$$M = \frac{1}{2}\pi D^2 H\tau_v + \frac{1}{6}\pi D^3 H\tau_H \tag{5-12}$$

式中:M——剪切破坏时的扭矩,kN·m;

τ_v、τ_H——剪切破坏时圆柱体侧面和上下底面土的抗剪强度,kPa;

H——十字板的高度,m;

D——十字板的直径,m。

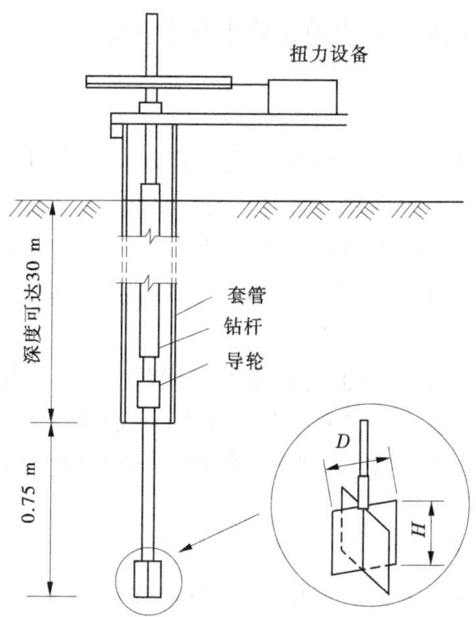

图 5-16　十字板剪力仪构造图

天然状态的土体并非各向同性的，但实用上为了简化计算，假定土体为各向同性体，则 $\tau_v = \tau_H$，可以计作 τ_f，因此式（5-12）可改写成：

$$\tau_f = \frac{2M}{\pi D^2 (H + \frac{D}{3})} \tag{5-13}$$

十字板剪切试验是在原位直接进行的试验，避免了取土样时对土体的扰动，因此试验结果比较能反映土体的原位强度。但若软土中夹有薄层粉砂，则十字板剪切试验的结果就可能会偏大。

五、总应力强度指标和有效应力强度指标

前面已经指出，饱和土的固结是孔隙水压力 u 消散和有效应力 σ 增长的过程。而饱和土的剪切过程也伴随着孔隙水逐渐排出、有效应力逐渐增长、土体逐渐固结的过程，从而必然使得土的抗剪强度随着土体固结压密程度的增大而不断增长。这也说明，孔隙水压力消散的过程，就是土的抗剪强度增大的过程。土中孔隙水压力的消散程度不同，则土的抗剪强度大小也不同。因此，在剪切试验中，为了考虑孔隙水压力对抗剪强度的影响，将抗剪强度的分析表达方法分为总应力法和有效应力法。

（一）总应力法

总应力法是指用剪切面上的总应力来表示土的抗剪强度的方法，其表达式为

$$\tau_f = \sigma \tan\varphi + c \tag{5-14}$$

式中：c、φ——以总应力法表示的黏聚力和内摩擦角，统称为总应力抗剪强度指标。

在总应力法中，孔隙水压力对抗剪强度的影响，是通过在试验中控制土样的排水条件来体现的。根据排水条件的不同，在三轴剪切试验中分为排水剪（CD）、不排水剪（UU）和

固结不排水剪(CU)三种;相应的在直剪试验中分为慢剪(S)、快剪(Q)和固结快剪(CQ)三种。

1. 排水剪和慢剪

排水剪和慢剪是指在整个试验过程中,使土样保持充分排水固结(孔隙水压力始终为零)的条件下进行剪切试验的方法。如用三轴试验时,在围压 σ_3 作用下,打开排水阀,使土样充分排水固结,当孔隙水压力降为零时才增大竖向压力 σ_1,在保持孔隙水压力为零(充分排水)的条件下,使土样慢慢剪切破坏。由排水剪测得的抗剪强度指标用 c_d 和 φ_d 表示。

若用直剪试验,在土样的上、下面与透水石之间放上滤纸,便于排水,等土样在垂直压力作用下充分排水固结稳定后,再缓慢施加水平剪力,且在土样充分排水固结条件下,直至剪坏。由于需时很长,故称慢剪。由慢剪测得的抗剪强度指标用 c_s 和 φ_s 表示。

2. 不排水剪和快剪

不排水剪和快剪是指在整个试验过程中,均不让土样排水固结(不使孔隙水压力消散)的条件下进行剪切试验的方法。如用三轴试验,无论是施加围压 σ_3,还是施加竖向压力 σ_1,始终关闭排水阀,使土样在不排水的条件下剪坏。由不排水剪测得的抗剪强度指标用 c_u 和 φ_u 表示。

若用直剪试验,在土样的上、下面与透水石之间用不透水薄膜隔开,在施加垂直压力后随即施加水平剪力,使试样在 3 ~ 5 min 内剪坏,故称为快剪。由快剪测得的抗剪强度指标用 c_q 和 φ_q 表示。

3. 固结不排水剪和固结快剪

固结不排水剪和固结快剪是指土样在围压或竖向压力作用下,充分排水固结,但在剪切过程中不让土样排水固结的条件下进行剪切试验的方法。如采用三轴试验,在施加围压 σ_3 时,打开排水阀,让土样充分排水固结后,再关闭排水阀,使土样在不排水的条件下施加竖向压力 σ_1 直至剪坏。由固结不排水剪测定的强度指标用 c_{cu} 和 φ_{cu} 表示。

若用直接试验,在土样的上、下面与透水石之间放上滤纸,先施加竖向压力,待土样排水固结稳定后,再施加水平剪力,将土样在 3 ~ 5 min 内剪坏,故称固结快剪。由固结快剪测得的抗剪强度指标用 c_{cq} 和 φ_{cq} 表示。

上述三种剪切试验方法,对于同一种土,施加相同的总应力时,由于试验时土样的排水条件和固结程度不同,故测得的抗剪强度指标也不相同,一般情况下,三种试验方法测得的内摩擦角有如下关系:$\varphi_s > \varphi_{cq} > \varphi_q$($\varphi_{cd} > \varphi_{cu} > \varphi_{uu}$),测得的黏聚力 c 值也有差别,如图 5-17 所示。

(二)有效应力法

如前所述,土的抗剪强度与总应力之间并没有唯一对应的关系。实质上土的抗剪强度是由受剪面上的有效法向应力所决定。所以库仑定律应该用有效应力来表达才接近于实际,有效应力库仑定律表达式为

$$\tau_f = \sigma' \tan\varphi' + c' = (\sigma - u)\tan\varphi' + c' \tag{5-15}$$

式中:σ'——剪切破坏面上的法向有效应力,kPa;

φ'、c'——有效内摩擦角和有效黏聚力,二者统称为有效应力强度指标。

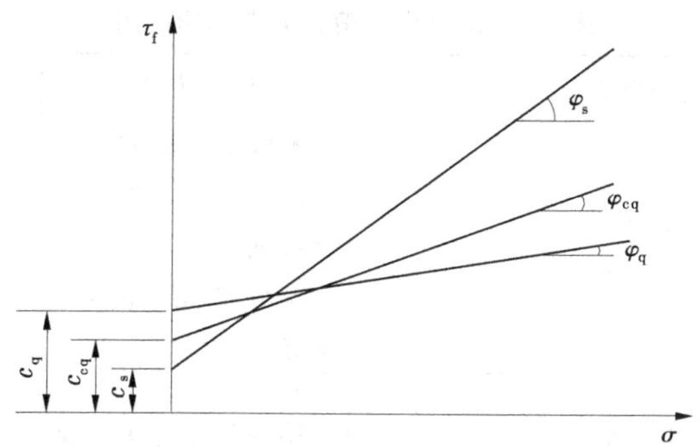

图 5-17　总应力法测得的抗剪强度指标

有效应力强度指标通常用三轴剪切仪测定。取同一种土的 3 ~4 个试样,分别在不同周围压力 σ_3下进行试验,测出剪切破坏时的最大主应力 σ_1和孔隙水压力 u,则有效大主应力 $\sigma'_1=\sigma_1-u$,有效小主应力 $\sigma'_3=\sigma_3-u$。以有效主应力为横坐标,抗剪强度 τ_f为纵坐标,根据试验结果可绘出 3 ~4 个极限应力圆,并作公切线(强度包线),即可确定 φ'和 c',如图 5-18 中虚线圆所示。在实际应用中,有效应力强度指标用有效应力强度公式来分析土体的稳定性。分析时需要知道土体中孔隙水压力实际分布情况。

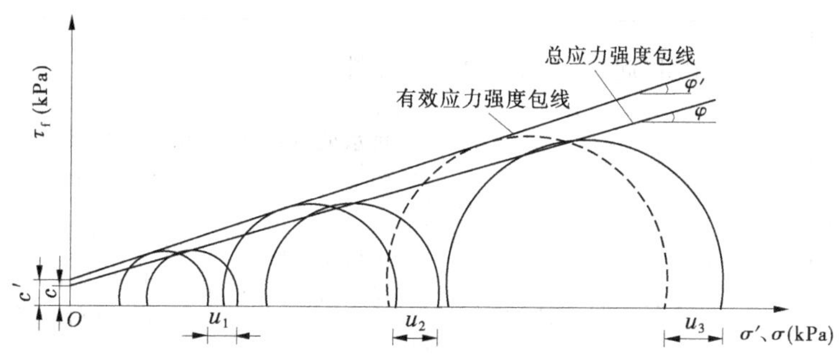

图 5-18　有效应力强度指标的确定

试验结果表明,用直接剪切仪作慢剪试验测得的慢剪强度指标 φ_s、c_s与有效应力强度指标 φ'、c'很一致。这是因慢剪时的孔隙水压力为零,此时总应力就等于有效应力。所以,在没有三轴剪切仪时,可以 φ_s、c_s代替 φ'、c'。

(三)抗剪强度指标的选定

如前所述,土的抗剪强度指标随试验方法、排水条件的不同而异,因而在实际工程中应该尽可能根据现场条件决定室内试验方法,以获得合适的抗剪强度指标。

一般认为,由三轴固结不排水试验确定的有效应力强度参数 c'和 φ'宜用于分析地基的长期稳定性,例如土坡的长期稳定分析,估计挡土结构物的长期土压力,位于软土地基上结构物的地基长期稳定分析等。而对于饱和软黏土的短期稳定问题,则宜采用不排水剪的强度指标。但在进行不排水剪试验时,宜在土的有效自重压力下预固结,以避免试验得出的指标过低,使之更符合实际情况。

一般工程问题多采用总应力分析法,其测试方法和指标的选用见表 5-1。

表 5-1 地基土抗剪强度指标的选用

工程类别	需要解决问题	强度指标	试验方法	说明
位于饱和黏土上结构或填方的基础	1. 短期稳定性 2. 长期稳定性	$c_u,\varphi_u=0$ c',φ'	不排水三轴或无侧限抗压试验；现场十字板试验 排水或固结不排水试验	长期安全系数高于短期
位于部分饱和砂和粉质砂土上的基础	短期和长期稳定性	c',φ'	用饱和试样进行排水或固结不排水试验	可假定 $c'=0$，最不利的条件室内在无荷载下将试样饱和
无支撑开挖地下水位以下的紧密黏土	1. 快速开挖时的稳定性 2. 长期稳定性	$c_u,\varphi_u=0$ c',φ'	不排水试验 排水或固结不排水试验	除非专用的排水设备降低地下水位，否则长期安全系数是最小的
开挖坚硬的裂隙土和风化黏土	1. 短期稳定性 2. 长期稳定性	$c_u,\varphi_u=0$ c',φ'	不排水试验 排水或固结不排水试验	现场的 c' 比室内测得的值要低，假定 $c'=0$ 较安全
有支撑开挖黏土	开挖底面的隆起	$c_u,\varphi_u=0$	不排水试验	
天然边坡	长期稳定性	c',φ'	排水或固结不排水试验	对坚硬的裂隙黏土，假定 $c'=0$
黏土地基上的填方，其施工速率允许土体部分固结	短期稳定性	$c_u,\varphi_u=0$ 或 c',φ'	不排水试验 排水或固结不排水试验	不能肯定孔隙水的压力消散速率，对所有重要工程都应该进行孔隙水压力观测

第三节 地基承载力

为确保建筑物的安全和正常使用，除控制地基变形外，还要确保地基具有足够的承载力承受上部结构的荷载。地基承载力是指地基单位面积上承受荷载的能力。地基承载力一般可分为地基极限承载力和地基承载力特征值两种。地基极限承载力是指地基发生剪切破坏丧失整体稳定时的地基承载力，是地基所能承受的基底压力极限值（极限荷载），以 p_u 表示；地基承载力特征值（地基容许承载力）则是满足土的强度稳定和变形要求时的地基承载能力，以 f_a 表示。将地基极限承载力除以安全系数 K，即为地基承载力特征值。

要研究地基承载力，首先要研究地基在荷载作用下的破坏类型和破坏过程。

一、地基的破坏模式

实践表明，建筑地基在荷载作用下往往由于承载力不足而产生剪切破坏，其破坏形式可以分为整体剪切破坏、局部剪切破坏和冲切剪切破坏三种。

(一)整体剪切破坏

对于比较密实的砂土或较坚硬的黏性土,常发生这种破坏类型。其特点是地基中产生连续的滑动面一直延续到地表,基础两侧土体有隆起现象,破坏时基础急剧下沉或向一侧突然倾斜,$p \sim s$ 曲线有明显拐点,如图 5-19(a)所示。

(二)局部剪切破坏

在中等密实砂土或中等强度的黏土地基中都可能发生这种破坏类型。局部剪切破坏的特点是基底边缘的一定区域内有滑动面,类似于整体剪切破坏,但滑动面没有发展到地表,基础两侧土体微有隆起现象,基础下沉比较缓慢,一般无明显倾斜,$p \sim s$ 曲线拐点不易确定,如图 5-19(b)所示。

(三)冲切剪切破坏

若地基为压缩性较高的松砂或软黏土,基础在荷载作用下,会连续下沉,破坏时地基无明显滑动面,基础侧面土体无隆起现象,也无明显倾斜,基础只是下陷,就像"切入"土中一样,故称冲切剪切破坏,或称刺入剪切破坏。该破坏形式的 $p \sim s$ 曲线也无明显的拐点,如图 5-19(c)所示。

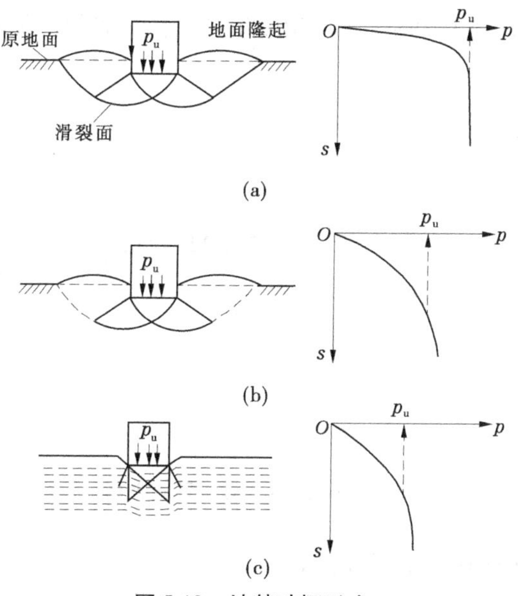

图 5-19 地基破坏形式

此外,破坏形式还与基础埋深、加荷速率等因素有关。目前尚无合理的理论作为统一的判别标准。当基础埋深较浅、荷载快速施加时,将趋向于发生整体剪切破坏;若基础埋深较大,无论是砂性土地基或是黏性土地基,往往发生局部剪切破坏。

二、地基的变形阶段

试验结果表明,地基从开始承受荷载到破坏,经过了三个变形阶段。如图 5-20 所示为载荷试验得到的荷载 p 和沉降 s 的关系曲线。

（一）线性变形阶段

线性变形阶段又称压密阶段，对应 $p \sim s$ 曲线的 oa 段。这个阶段的外加荷载较小，地基土以压缩变形为主，压力与变形之间基本呈线性变化，地基中的应力尚处在弹性平衡状态，地基中任一点的剪应力均小于该点的抗剪强度。该阶段的应力一般可近似采用弹性理论进行分析。

（二）塑性变形阶段

在图 5-20（a）曲线中，拐点 a 所对应的荷载称临塑荷载，以 p_{cr} 表示。当作用荷载超过临塑荷载 p_{cr} 时，首先在基础两侧边缘地基中开始出现剪切破坏，剪切破坏随着荷载的增大而逐渐形成一定的区域，称为塑性区。随着荷载的增大，基础下土的塑性变形区扩大，荷载—变形曲线的斜率增大，$p \sim s$ 呈曲线关系，如图 5-20（a）曲线的 ab 段。在这一阶段，虽然地基土的部分区域发生了塑性变形，但塑性变形区并未在地基中连成一片，地基基础仍有一定的稳定性，地基的安全度则随着塑性变形区的扩大而降低。

（三）破坏阶段

在图 5-20（a）曲线中，拐点 b 所对应的荷载称极限荷载，以 p_u 表示。当作用荷载达到极限荷载 p_u 时，地基土体中的塑性区发展到形成一连续的滑动面，若荷载略有增加，基础变形就会突然增大，同时土从基础两侧挤出，并向比较薄弱的一侧倾倒，地基发生整体剪切破坏而丧失稳定。

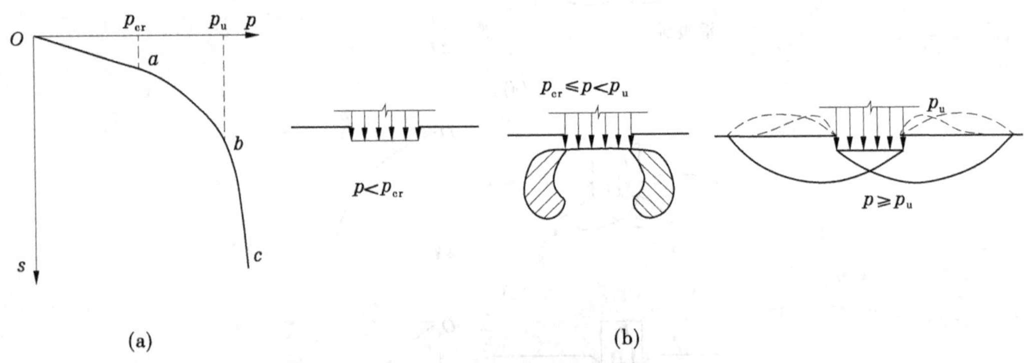

图 5-20 地基荷载试验的曲线

三、地基的临塑荷载与临界荷载

（一）地基的临塑荷载

地基的临塑荷载是指在外荷载作用下，地基中将要出现但尚未出现塑性区时，基础底面单位面积上所承受的荷载。

如图 5-21 所示为一条形基础承受轴心荷载作用，基底附加压力为 p_0，条形基础两侧荷载 $q=\gamma_0 d$。按弹性理论可以导出地基内任一点 M 处的大、小主应力的计算公式为

$$\left.\begin{matrix}\sigma_1\\ \sigma_3\end{matrix}\right\} = \frac{p_0}{\pi}(\beta_0 \pm \sin\beta_0) \tag{5-16}$$

$$p_0 = p - \gamma_0 d$$

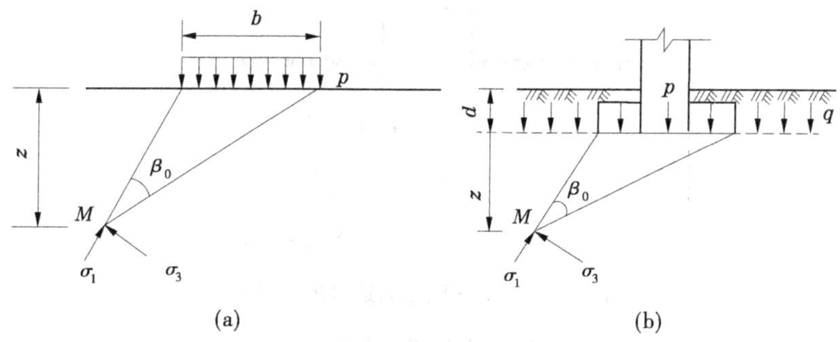

图 5-21　均布条形荷载作用下地基中的应力

式中:γ_0——基底以上土的加权平均重度。

M 点处除上述由荷载 p_0 产生的地基附加应力外,还受到土的自重应力 $\sigma_{cz}=\gamma_0 d+\gamma z$ 作用。为了将自重应力叠加到附加应力之上而又不改变附加应力场中大、小主应力的作用方向,假设原有自重应力场中 $\sigma_{cz}=\sigma_{cx}$。土的自重应力产生的大、小主应力为

$$\sigma_1=\sigma_3=\gamma_0 d+\gamma z \tag{5-17}$$

地基中任意一点 M 处的最大和最小主应力,可由式(5-16)和式(5-17)叠加得到

$$\left.\begin{matrix}\sigma_1\\ \sigma_3\end{matrix}\right\}=\frac{p-\gamma_0 d}{\pi}(\beta_0\pm\sin\beta_0)+\gamma_0 d+\gamma z \tag{5-18}$$

当 M 点处于极限平衡状态时,该点的大、小主应力应满足极限平衡条件式

$$\sin\varphi=\frac{\sigma_1-\sigma_3}{\sigma_1+\sigma_3+2c\cot\varphi} \tag{5-19}$$

将式(5-18)代入式(5-19),整理后得

$$z=\frac{p-\gamma_0 d}{\pi\gamma}\left(\frac{\sin\beta_0}{\sin\varphi}-\beta_0\right)-\frac{c}{\gamma\tan\varphi}-\frac{\gamma_0}{\gamma}d \tag{5-20}$$

式(5-18)即为塑性区边界方程,它描述了极限平衡区边界线上的任一点的坐标 z 与 β_0 的关系,如图 5-22 所示。

塑性区的最大深度 z_{max} 可由极值条件求得,即

$$\frac{dz}{d\beta_0}=\frac{p-\gamma_0 d}{\pi\gamma}\left(\frac{\cos\beta_0}{\sin\varphi}-1\right)=0$$

则有

$$\cos\beta_0=\sin\varphi$$

所以

$$\beta_0=\frac{\pi}{2}-\varphi \tag{5-21}$$

将上述 β_0 代入式(5-20),得 z_{max} 的表达式为

$$z_{max}=\frac{p-\gamma_0 d}{\pi\gamma}\left(\cot\varphi-\frac{\pi}{2}+\varphi\right)-\frac{c}{\gamma\tan\varphi}-\frac{\gamma_0}{\gamma}d \tag{5-22}$$

或基底压力为

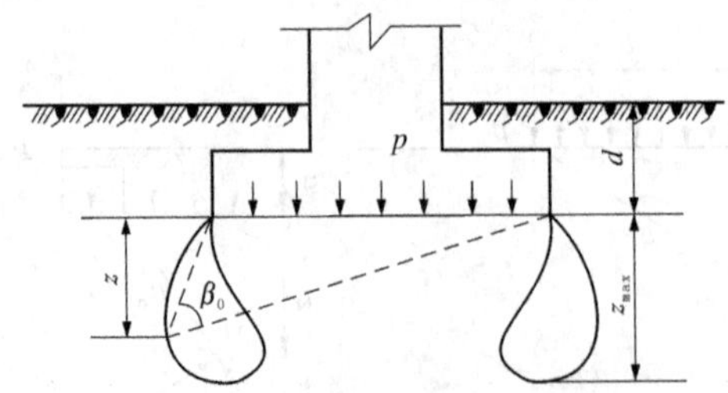

图 5-22　条形基础底面边缘的塑性区

$$p = \frac{\pi(\gamma z_{max} + c\cot\varphi + \gamma_0 d)}{\cot\varphi - \frac{\pi}{2} + \varphi} + \gamma_0 d \tag{5-23}$$

式(5-23)表明,在其他条件不变的情况下,塑性区最大深度 z_{max} 随着 p 的增大而发展。当 $z_{max}=0$ 时,表示地基中即将出现塑性区,相应的荷载即为临塑荷载 p_{cr}。由式(5-23)得

$$p_{cr} = \frac{\pi(c\cot\varphi + \gamma_0 d)}{\cot\varphi - \frac{\pi}{2} + \varphi} + \gamma_0 d = \left(1 + \frac{\pi}{\cot\varphi - \frac{\pi}{2} + \varphi}\right)\gamma_0 d + \frac{\pi\cot\varphi}{\cot\varphi - \frac{\pi}{2} + \varphi}c = N_d\gamma_0 d + N_c c \tag{5-24}$$

$$N_d = 1 + \frac{\pi}{\cot\varphi - \frac{\pi}{2} + \varphi}, N_c = \frac{\pi\cot\varphi}{\cot\varphi - \frac{\pi}{2} + \varphi}$$

式中:N_d,N_c——承载力系数,N_d、N_c 的值可根据 φ 值按上式计算,也可以查表 5-2 确定。

表 5-2　承载力系数 N_d,N_c,$N_{1/4}$,$N_{1/3}$ 的数值

φ (°)	N_d	N_c	$N_{1/4}$	$N_{1/3}$	φ (°)	N_d	N_c	$N_{1/4}$	$N_{1/3}$
0	1.00	3.14	0	0	22	3.44	6.04	0.61	0.81
2	1.12	3.32	0.03	0.04	24	3.87	6.45	0.80	1.07
4	1.25	3.51	0.06	0.08	26	4.37	6.90	1.10	1.47
6	1.39	3.71	0.10	0.13	28	4.93	7.40	1.40	1.87
8	1.55	3.93	0.14	0.18	30	5.59	7.95	1.90	2.53
10	1.73	4.17	0.18	0.25	32	6.35	8.55	2.60	3.47
12	1.94	4.42	0.23	0.31	34	7.21	9.22	3.40	4.53
14	2.17	4.69	0.29	0.39	36	8.25	9.97	4.20	5.60
16	2.43	5.00	0.36	0.48	38	9.44	10.80	5.00	6.67
18	2.72	5.31	0.43	0.57	40	10.84	11.73	5.80	7.73
20	3.06	5.66	0.51	0.69					

注:根据试验和经验,当 $\varphi \geqslant 22°$ 时,要对 $N_{1/4}$、$N_{1/3}$ 进行修正,本表为修正后的数值。

临塑荷载可作为地基承载力特征值,即

$$f = p_{cr} \tag{5-25}$$

（二）地基的临界荷载

一般情况下将临塑荷载 p_{cr} 作为地基承载力特征值是偏于保守和不经济的。经验表明，在大多数情况下，即使地基中发生局部剪切破坏，存在塑性变形区，但只要塑性区的范围不超过某一容许限度，就不至于影响建筑物的安全和正常使用。地基的塑性区的容许界限深度与建筑类型、荷载性质及土的特性等因素有关。一般认为，在中心荷载作用下，塑性区的最大深度 z_{max} 可控制在基础宽度的 1/4，即 $z_{max} = b/4$，相应的基底压力用 $p_{1/4}$ 表示。在偏心荷载作用下，令 $z_{max} = b/3$，相应的基底压力用 $p_{1/3}$ 表示。$p_{1/4}$ 和 $p_{1/3}$ 统称临界荷载，临界荷载可作地基承载力特征值。

将 $z_{max} = \frac{1}{4}b$ 和 $z_{max} = \frac{1}{3}b$ 分别代入式(5-23)，得到

$$p_{1/4} = \frac{\pi\left(\gamma_0 d + c\cot\varphi + \frac{1}{4}\gamma b\right)}{\cot\varphi + \varphi - \frac{\pi}{2}} + \gamma_0 d = p_{cr} + N_{1/4}\gamma b \tag{5-26}$$

$$p_{1/3} = \frac{\pi\left(\gamma_0 d + c\cot\varphi + \frac{1}{3}\gamma b\right)}{\cot\varphi + \varphi - \frac{\pi}{2}} + \gamma_0 d = p_{cr} + N_{1/3}\gamma b \tag{5-27}$$

其中承载力系数

$$N_{1/4} = \frac{\pi}{4\left(\cot\varphi - \frac{\pi}{2} + \varphi\right)},\ N_{1/3} = \frac{\pi}{3\left(\cot\varphi - \frac{\pi}{2} + \varphi\right)}$$

$N_{1/4}$、$N_{1/3}$ 的值可由 φ 值查表 5-2 确定。

临塑荷载 p_{cr}、临界荷载 $p_{1/3}$ 和 $p_{1/4}$ 的计算式是在条形均布荷载作用下导出的，对于矩形和圆形基础，其结果偏于安全。

四、地基的极限荷载

当地基土体中的剪切破坏的塑性变形区充分发展并形成连续贯通的滑移面时，地基所能承受的最大荷载，称为极限荷载 p_u，也称为地基极限承载力。

求解整体剪切破坏形式的地基极限荷载的途径有两种。一是用严密的数学方法求解土中某点达到极限平衡时的静力平衡方程组，以得出地基极限承载力。此方法运算过程甚繁，未被广泛采用。二是根据模型试验的滑动面形状，通过简化得到假定的滑动面，然后借助该滑动面上的极限平衡条件，求出地基极限承载力。此类方法是半经验性质的，称为假定滑动面法。由于不同研究者所进行的假设不同，所得到的结果也不同，下面介绍工程界常用的太沙基公式计算极限荷载。

太沙基（K. Terzaghi）在进行极限荷载计算公式推导时，考虑假定条件为：①基础为条形浅基础；②基础两侧埋置深度 d 范围内的土重被视为边荷载 $q = \gamma_0 d$，而不考虑这部分土的抗剪强度；③基础底面是粗糙的；④在极限荷载 p_u 作用下，地基发生整体剪切破坏，其滑动面如图 5-23 所示，滑动土体共分为五个区（左右对称）：

Ⅰ区为基底下的弹性区，又称为弹性压密区。由于土与粗糙基底的摩阻力作用，该区

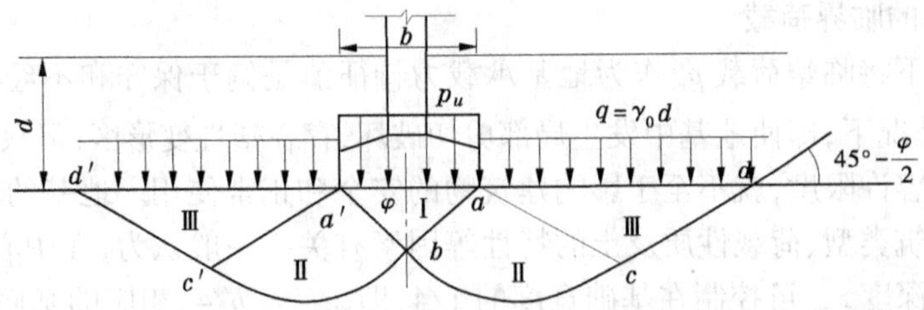

图 5-23　太沙基公式假设的滑动面

的土不进入剪切状态而处于压密状态,形成“弹性核”,弹性核边界与基底所成角度为 φ。

Ⅱ区为过渡区。滑动面按对数螺旋线变化,b 点处螺旋线的切线垂直于地面,c 点处螺旋线的切线与水平线成$(45°-\varphi/2)$角。

Ⅲ区为朗肯被动区。即土体处于被动极限平衡状态,滑动面是平面,与水平面的夹角为$(45°-\varphi/2)$。

太沙基公式不考虑基底以上基础两侧土体抗剪强度的影响,以均布超载 $q=\gamma_0 d$ 来代替埋深范围内的土体自重。根据弹性土楔 aa'/b 的静力平衡条件,可求得太沙基极限承载力 p_u 计算公式为

$$p_u = cN_c + qN_q + \frac{1}{2}\gamma bN_r \tag{5-28}$$

式中:q——基础底面以上基础两侧超载,kPa,$q=\gamma_0 d$;

b,d——基底宽度和埋置深度,m;

N_c,N_q,N_γ——承载力系数,与土的内摩擦角 φ 有关,可由图 5-24 中的实线查取。

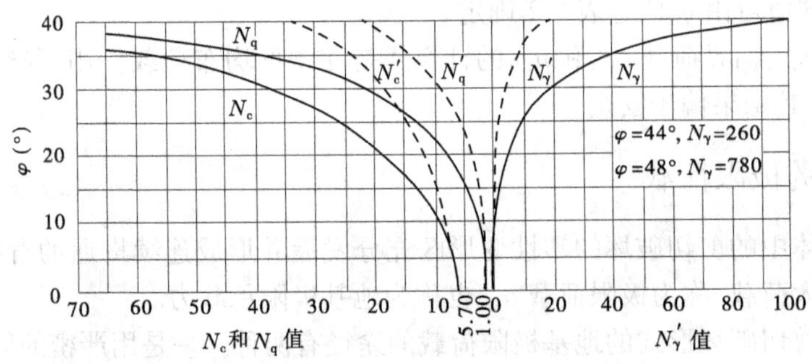

图 5-24　太沙基公式的承载力系数值

式(5-28)适用于条形基础整体剪切破坏的情况,对于局部剪切破坏,太沙基建议将 c 和 $\tan\varphi$ 值均降低 1/3,即

$$c' = \frac{2}{3}c \tag{5-29}$$

$$\tan\varphi' = \frac{2}{3}\tan\varphi \tag{5-30}$$

则局部破坏时的地基极限承载力 p_u 为

$$p_u = \frac{2}{3}cN_c' + qN_q' + \frac{1}{2}\gamma bN_r' \tag{5-31}$$

式中：N'_c, N'_q, N'_r——局部剪切破坏时的承载力系数，由图5-24中虚线查取。

对于方形和圆形均布荷载整体剪切破坏情况，太沙基建议采用经验系数进行修正，修正后的公式为

方形基础
$$p_u = 1.2cN_c + qN_q + 0.4\gamma bN_r \tag{5-32}$$
$$p_u = 0.4\gamma bN'_\gamma + qN'_q + 1.2c'N_c \quad (局部破坏)$$

圆形基础
$$p_u = 1.2cN_c + qN_q + 0.6\gamma bN_r \tag{5-33}$$
$$p_u = 0.6\gamma RN'_\gamma + qN'_q + 1.2c'N'_c \quad (局部破坏)$$

式中：b——方形基础宽度或圆形基础直径，m。

上述各理论公式算出的极限荷载是指地基处于极限平衡状态时的承载力，为了保证建筑物的安全和正常使用，地基承载力的特征值应按极限承载力除以安全系数 F_s，对太沙基公式，安全系数一般取2～3。

【例5-1】 某条形基础宽度 $b=2.4$ m，埋深 $d=1.6$ m，地基破坏形式为整体剪切破坏。地基土的重度 $\gamma=18.5\ \mathrm{kN/m^3}$，黏聚力 $c=18$ kPa，内摩擦角 $\varphi=20°$，试按太沙基公式确定地基的极限承载力。如果安全系数 $K=2.5$，则地基承载力特征值是多少？

解：(1)极限承载力，由式(5-28)得

$$p_u = cN_c + qN_q + \frac{1}{2}\gamma bN_r$$

由 $\varphi=20°$，查图5-24得 $N_c=15$，$N_q=6.5$，$N_r=3.5$，所以

$$p_u = 18\times15 + 18.5\times1.6\times6.5 + \frac{1}{2}\times18.5\times2.4\times3.5 = 540.1(\mathrm{kPa})$$

(2)地基承载力特征值

$$f_a = \frac{p_u}{K} = \frac{540.1}{2.5} = 216(\mathrm{kPa})$$

【例5-2】 条形基础宽度为1.5 m，基础埋深为3 m，地基土的物理力学特性指标为 $\gamma=17.6\ \mathrm{kN/m^3}$，$c=8$ kPa，$\varphi=24°$，若发生的是局部剪切破坏，按太沙基极限承载力公式，求地基的极限承载力。

解：用太沙基公式计算地基极限承载力

$$p_u = \frac{\gamma b}{2}N'_r + \frac{2}{3}cN'_c + qN'_q$$

按 $\varphi=24°$，查图5-24虚线得 $N'_r=1.5$，$N'_q=5.2$，$N'_c=14$

代入太沙基地基极限承载力计算公式

$$p_u = \frac{17.6}{2}\times1.5\times1.5 + \frac{2}{3}\times8\times14 + 17.6\times3\times5.2$$
$$= 19.8 + 74.2 + 316.8 = 367(\mathrm{kPa})$$

五、根据《建筑地基基础设计规范》(GB 50007—2011)确定地基承载力特征值

地基承载力特征值是指由载荷试验测定的地基土压力变形曲线线性变形段内规定的变形所对应的压力值，其最大值为比例界限值。

《建筑地基基础设计规范》(GB 50007—2011)规定:地基承载力特征值可由载荷试验或其他原位测试、理论公式计算,并结合工程实践经验等方法综合确定。

(一)根据现场载荷试验确定地基承载力特征值

对于设计等级为甲级的建筑物或地质条件复杂,土质不均,难以取得原状土样的杂填土、松砂、风化岩石等,采用现场荷载试验法,可以取得较精确可靠的地基承载力数值。

现场载荷试验是用一块承压板代替基础,承压板的面积不应小于 0.25 m^2,对于软土不应小于 0.5 m^2。在承压板上施加荷载,观测荷载与承压板的沉降量,根据测试结果绘出荷载与沉降关系曲线,即 $p\sim s$ 曲线,如图 5-25 所示,并依据下列规定确定地基承载力特征值:

(1)当 $p\sim s$ 曲线上有比例界限时,如图 5-25(a)所示,取该比例界限所对应的荷载值;

(2)当极限荷载小于对应比例界限的荷载值的 2 倍时,取极限荷载值的一半;

(3)当不能按上述两条要求确定时,如图 5-25(b)所示,当压板面积为 0.25 ~ 0.50 m^2,可取 s/b = 0.01 ~ 0.015 所对应的荷载,但其值不应大于最大加载量的一半。

(4)同一土层参加统计的试验点不应少于三点,当试验实测值的极差不超过其平均值的 30% 时,取此平均值作为该土层的地基承载力特征值 f_{ak}。

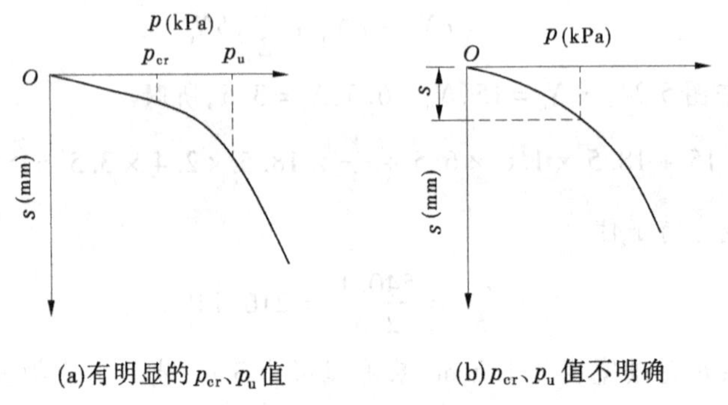

(a)有明显的 p_{cr}、p_u 值　　(b) p_{cr}、p_u 值不明确

图 5-25　按载荷试验 $p\sim s$ 曲线确定地基承载力特征值

(二)按其他原位试验确定地基承载力特征值

1. 静力触探试验

静力触探试验是利用机械或油压装置将一个内部装有传感器的探头以一定的匀速压入土中,由于地层中各土层的强度不同,探头在贯入过程中所受到的阻力也不同,用电子量测仪器测出土的比贯入阻力。土愈软,探头的比贯入阻力愈小,土的强度愈低;土愈硬,探头的比贯入阻力愈大,土的强度愈高。根据比贯入阻力与地基承载力之间的关系确定地基承载力特征值。这种方法一般适用于软黏土、一般黏性土、砂土和黄土等,但不适用于含碎石、砾石较多的土层和致密的砂土层。最大贯入深度为 30 m。

静力触探试验目前在国内应用较广,我国不少单位通过对比试验,已建立了不少经验公式。不过这类经验公式具有很大的地区性,因此在使用时要注意所在地区的适用性与土层的相似性。

2. 标准贯入试验

标准贯入试验是先用钻机钻孔,再把上端接有钻杆标准贯入器放置孔底,然后用质量为63.5 kg的穿心锤,以76 cm的自由落距,将标准贯入器在孔底先预打入土中15 cm,再测记打入土中30 cm的锤击数,称为标准贯入锤击数N。标准贯入锤击数N越大,说明土越密实,强度越大,承载力越高。利用标准贯入锤击数与地基承载力之间的关系,可以得出相应的地基承载力特征值。标准贯入试验适用于砂土、粉土和一般黏性土。

3. 动力触探试验

动力触探试验与标准贯入试验基本相同,都是利用一定的落锤能量,将一定规格的探头连同探杆打入土中,根据探头在土中贯入一定深度的锤击数,来确定各类土的地基承载力特征值。它与标准贯入试验不同的是采用的锤击能量、探头的规格及贯入深度不同。动力触探试验根据锤击能量及探头的规格分为轻型、重型和超重型三种。轻型动力触探适用于浅部的填土、砂土、粉土和黏性土;重型动力触探适用于砂土、中密以下的碎石土、极软岩;超重型适用于密实和很密的碎石土、软岩和极软岩。

除载荷试验外,静力触探、标准贯入试验和动力触探试验等原位试验,在我国已积累了丰富的经验,《建筑地基基础设计规范》(GB 50007—2011)允许将其应用于确定地基承载力特征值,但是强调必须有地区经验,即当地的对比资料。同时还应注意,当地基基础设计等级为甲级和乙级时,应结合室内试验成果综合分析,不宜独立应用。

(三)按公式计算确定地基承载力特征值

《建筑地基基础设计规范》(GB 50007—2011)建议:当偏心距e小于等于0.033倍的基底宽度时,可根据土的抗剪强度指标按下式确定地基承载力特征值f_a,但尚应满足变形要求。

$$f_a = M_b\gamma b + M_d\gamma_m d + M_c c_k \tag{5-34}$$

式中:f_a——由土的抗剪强度指标确定的地基承载力特征值;

M_b、M_d、M_c——承载力系数,为土体内摩擦角φ_k的函数,可查表5-3确定;

γ_m——基础底面以上土的加权平均重度,地下水位以下土体取浮重度;

γ——基础底面以下土的重度,地下水位以下取浮重度;

b——基础底面宽度,m,当大于6 m时按6 m取值,对于砂土,小于3 m时按3 m取值;

c_k——基础底面以下1倍短边宽深度范围内土的黏聚力标准值。

土的内摩擦角标准值φ_k和黏聚力标准值c_k,可按下列规定计算:

(1)根据室内n组三轴压缩试验的结果,按下列公式计算某一土性指标的变异系数、试验平均值和标准差:

$$\delta = \frac{\sigma}{\mu} \tag{5-35}$$

$$\mu = \frac{\sum_{i-1}^{n}\mu_i}{n} \tag{5-36}$$

$$\sigma = \sqrt{\frac{\sum_{i=1}^{n}\mu_i^2 - n\mu^2}{n-1}} \tag{5-37}$$

式中：δ——变异系数；

μ——试验平均值；

σ——标准差。

表 5-3　承载力系数 M_b、M_d、M_c

土的内摩擦角标准值 φ_k	M_b	M_d	M_c
0	0	1.00	3.14
2	0.03	1.12	3.32
4	0.06	1.25	3.51
6	0.10	1.39	3.71
8	0.14	1.55	3.93
10	0.18	1.73	4.17
12	0.23	1.94	4.42
14	0.29	2.17	4.69
16	0.36	2.43	5.00
18	0.43	2.72	5.31
20	0.51	3.06	5.66
22	0.61	3.44	6.04
24	0.80	3.87	6.45
26	1.10	4.37	6.90
28	1.40	4.93	7.40
30	1.90	5.59	7.95
32	2.60	6.35	8.55
34	3.40	7.21	9.22
36	4.20	8.25	9.97
38	5.00	9.44	10.80
40	5.80	10.84	11.73

注：φ_k 为基础底面以下一倍短边宽深度范围内土的内摩擦角标准值。

(2)按下列公式计算内摩擦角和黏聚力的统计修正系数 ψ_φ、ψ_c：

$$\psi_\varphi = 1 - \left(\frac{1.704}{\sqrt{n}} + \frac{4.678}{n^2}\right)\delta_\varphi \tag{5-38}$$

$$\psi_c = 1 - \left(\frac{1.704}{\sqrt{n}} + \frac{4.678}{n^2}\right)\delta_c \tag{5-39}$$

式中：ψ_φ——内摩擦角的统计修正系数；

ψ_c——黏聚力的统计修正系数；

δ_{φ}——内摩擦角的变异系数；

δ_{c}——黏聚力的变异系数。

(3)内摩擦角标准值和黏聚力标准值：

$$\varphi_{k} = \psi_{\varphi}\varphi_{m} \tag{5-40}$$

$$c_{k} = \psi_{c}c_{m} \tag{5-41}$$

式中：φ_{k}——内摩擦角标准值；

c_{k}——黏聚力标准值；

φ_{m}——内摩擦角的试验平均值；

c_{m}——黏聚力的试验平均值。

(四)按经验方法确定地基承载力

对于简单场地上的荷载不大的中小工程，可根据邻近条件相似的建筑物的设计和使用情况，进行综合分析确定其地基承载力特征值。

(五)地基承载力特征值的修正

地基承载力除与土的性质有关外，还与基础底面尺寸及埋深等因素有关。《建筑地基基础设计规范》(GB 50007—2011)规定，当基础宽度大于 3 m 或埋置深度大于 0.5 m 时，从载荷试验或其他原位测试、经验值等方法确定的地基承载力特征值，尚应按下式修正：

$$f_{a} = f_{ak} + \eta_{b}r(b-3) + \eta_{d}\gamma_{0}(d-0.5) \tag{5-42}$$

式中：f_{a}——修正后的地基承载力特征值，kPa；

f_{ak}——地基承载力特征值，kPa；

η_{b}、η_{d}——基础宽度和埋深的地基承载力修正系数，按基底下土的类别查表 5-4 取值；

γ——基础底面以下土的重度，kN/m^3，地下水位以下取浮重度(有效重度)；

b——基础底面宽度，m，当 $b<3$ m 时，按 $b=3$m 取值，$b>6$ m 时按 6 m 取值；

γ_{0}——基础底面以上土的加权平均重度，kN/m^3，地下水位以下取浮重度；

d——基础埋置深度，m，一般自室外地面标高算起。

在填方整平地区，基础埋深可自填土地面标高算起，但填土在上部结构施工后完成时，应从天然地面标高算起。对于地下室，当采用箱形基础或筏基时，基础埋置深度自室外地面标高算起；当采用独立基础或条形基础时，应从室内地面标高算起。

采用式(5-34)计算地基承载力特征值时，需做以下说明：

(1)该公式仅适用于 $e\leqslant 0.033b$ 的情况，这是因为用该公式确定承载力相应的理论模式是基底压力呈均匀分布。当受到较大水平荷载而使合力的偏心距过大时，地基反力就会很不均匀，为了使计算的地基承载力符合其假设的理论模式，故而对该公式增加了以上的限制条件。

(2)该公式中的承载力系数 M_{b}、M_{d}、M_{c} 是以临界荷载 $p_{1/4}$ 理论公式中的相应系数为基础确定的。考虑到内摩擦角大时理论值 M_{b} 偏小的实际情况，所以对一部分系数按试验结果做了调整。

表 5-4　承载力修正系数

土的类别		η_b	η_d
淤泥和淤泥质土		0	1.0
人工填土 e 或 I_l 大于或等于 0.85 的黏性土		0	1.0
红黏土	含水比 $\alpha_w > 0.8$	0	1.2
	含水比 $\alpha_w \leqslant 0.8$	0.15	1.4
大面积压实填土	压实系数大于 0.95、黏粒含量 $\rho_c \geqslant 10\%$ 的粉土	0	1.5
	最大干密度大于 2.1 t/m^3 的级配砂石	0	2.0
粉土	黏粒含量 $\rho_c \geqslant 10\%$ 的粉土	0.3	1.5
	黏粒含量 $\rho_c < 10\%$ 的粉土	0.5	2.0
e 及 I_l 均小于 0.85 的黏性土		0.3	1.6
粉砂、细砂(不包括很湿与饱和时的稍密状态)		2.0	3.0
中砂、粗砂、砾砂和碎石土		3.0	4.4

注:1. 强风化和全风化的岩石,可参照所风化成的相应土类取值,其他状态下的岩石不修正。

2. 地基承载力特征值按《建筑地基基础设计规范》(GB 50007—2011)附录 D 深层平板载荷试验时 η_d 取 0。

3. 含水比是指天然含水率与液限的比值。

4. 大面积压实填土是指填土范围大于 2 倍基础宽度的填土。

(3)按该公式确定地基承载力时,只保证地基强度有足够的安全度,未能保证满足变形要求,故还应进行地基变形验算。

【例 5-3】 某条形基础的宽度 $b = 3.5$ m,埋置深度 $d = 1.8$ m,基础埋置深度范围内的重度 $\gamma_0 = 17$ kN/m^3,基础底面下为较厚的黏土层,其重度 $\gamma = 18.2$ kN/m^3,根据剪切试验测得土的抗剪强度指标 $c_k = 25$ kN/m^3,$\varphi_k = 22°$。试采用地基规范提供的地基强度理论公式确定地基承载力特征值。

解:根据题意知:$\gamma_0 = 17$ kN/m^3,$\gamma = 18.2$ kN/m^3,$b = 3.5$ m,$d = 1.8$ m;又根据 $\varphi_k = 22°$,查表得承载力系数 $M_b = 0.61$、$M_d = 3.44$、$M_c = 6.04$,按式(5-34)可求得该土层的地基承载力特征值为

$$f_a = M_b \gamma b + M_d \gamma_0 d + M_c c_k$$
$$= 0.61 \times 18.2 \times 3.5 + 3.44 \times 17 \times 1.8 + 6.04 \times 25 = 295.121(\text{kPa})$$

(六)建筑物地基的强度验算

各级建筑物地基的强度验算均应满足下列规定,即

轴心荷载作用时　$$P \leqslant f_a \tag{5-43}$$

偏心荷载作用时　$$P_{max} \leqslant 1.2 f_a \tag{5-44}$$

式中:P——基础底面处的平均基底压力;

P_{max}——基础底面的最大压力值;

f_a——修正后的地基承载力特征值。

思考题与习题

1. 莫尔－库仑强度理论的内容是什么?

2. 土的抗剪强度指标是什么? 请分析影响土的抗剪强度的因素。

3. 三轴剪切试验的优点是什么? 该法如何求得抗剪强度指标?

4. 简述直接剪切试验的工作原理,并分析其优缺点。

5. 请简要分析在常见工程中如何确定土的抗剪强度指标。

6. 地基在竖直荷载作用下,地基变形一般经过哪三个阶段? 各阶段有何特点?

7. 地基破坏模式有哪几种? 各有何特点?

8. 什么是地基承载力? 临塑荷载、临界荷载和极限荷载分别是什么?

9. 确定地基承载力的方法有哪些?

10. 按规范确定地基容许承载力时,在什么情况下需要进行修正?

11. 已知土中某点最大主应力和最小主应力分别为 300 kPa 和 100 kPa,内摩擦角 φ 为 30°,黏聚力 c 为 10 kPa,要求:(1)最大剪应力值;(2)作用在与最大主应力面成 30°的面上正应力、剪应力、抗剪强度,并判断该处是否发生剪切破坏。

12. 已知某砂做直剪试验,当法向压力为 200 kPa,测得破坏的抗剪强度为 150 kPa,问该砂的内摩擦角是多少?

13. 已知某黏土做直剪试验,法向压力与测得破坏的抗剪强度如表 5-5 所示,问该土的内摩擦角与黏聚力分别是多少?

表 5-5

序号	法向压力(kPa)	抗剪强度(kPa)
1	200	150
2	150	115

14. 已知某条形基础宽度 4 m,基础埋深 1.5 m,地基土容重 17.8 kN/m^3,浮容重 10.2 kN/m^3,内摩擦角 18°,黏聚力 15 kPa。要求无地下水情况和地下水上升至基础底面处情况的临界荷载。

15. 同上题已知条件,地基土内摩擦角改为 20°。要求无地下水情况,用极限荷载确定其地基承载力。

16. 某条形基础 $B=1.5$ m,基底埋深 $D=2$ m,地基土的容重 $\gamma=19.0$ kN/m^3,饱和容重 $\gamma_{sat}=21.0$ kN/m^3,$\varphi=20°$,$c=20$ kPa,地下水埋深为 1.5 m。求地基承受中心荷载时的临塑荷载 p_{cr}和临界荷载 $p_{\frac{1}{4}}$。

17. 地基为均匀中砂,容重 $\gamma=16.7$ kN/m^3,条形基础宽度 $B=2.0$ m,埋深 $D=1.2$ m,基底下滑裂面范围内土的平均标准贯入击数 $N_{63.5}=20$,静力触探试验的贯入阻力 $P_s=$ 3 500 kPa,试估算地基土的容许承载力。

第六章 土压力和土坡稳定

第一节 挡土墙的土压力

在土建工程中，为防止土体滑坡和坍塌，常用挡土结构加以支挡。挡土墙是一种常用的构筑物，它在房屋建筑、水利、港口、交通等工程中广泛采用，如图 6-1 所示，这些结构物都会受到土压力的作用，土体作用在挡土墙上的压力称为土压力。作用于挡土墙背上的土压力是设计挡土墙时要考虑的主要荷载。

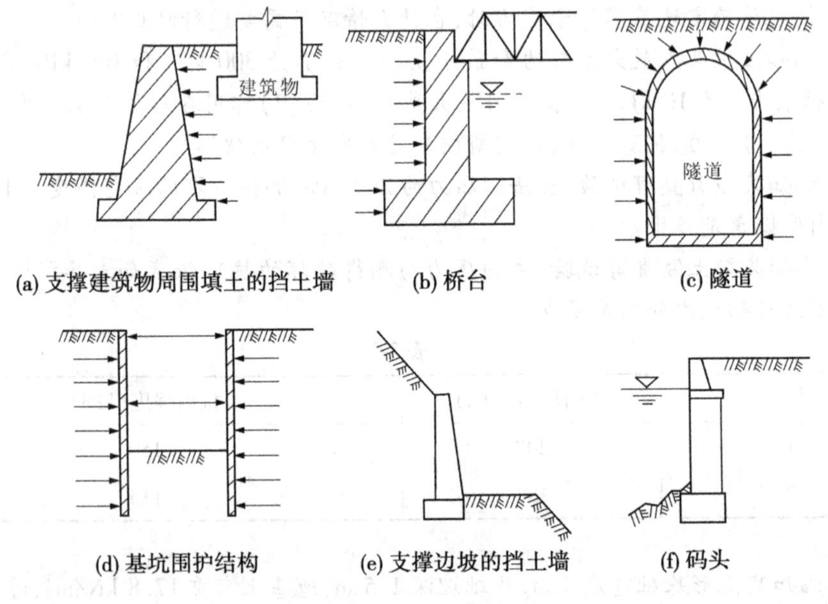

(a) 支撑建筑物周围填土的挡土墙　(b) 桥台　(c) 隧道

(d) 基坑围护结构　(e) 支撑边坡的挡土墙　(f) 码头

图 6-1 常见挡土结构

一、土压力的分类

实践证明，挡土墙的使用条件不同，其土压力的性质及大小都不同。土压力的大小主要与挡土墙的位移、墙后填土的性质及挡土墙的刚度等因素有关，根据挡土墙位移方向的不同，土体有三种不同状态，即静止状态、主动状态和被动状态。根据挡土墙位移方向和大小可将土压力分为静止土压力、主动土压力、被动土压力三种类型，如图 6-2 所示。其中主动土压力和被动土压力都是极限平衡状态时的土压力，分别是土体处于主动极限平衡状态和被动极限平衡状态下的土压力。

（一）静止土压力

当挡土墙与填土保持相对静止状态时，则墙后填土处于相对静止状态，此状态下的土

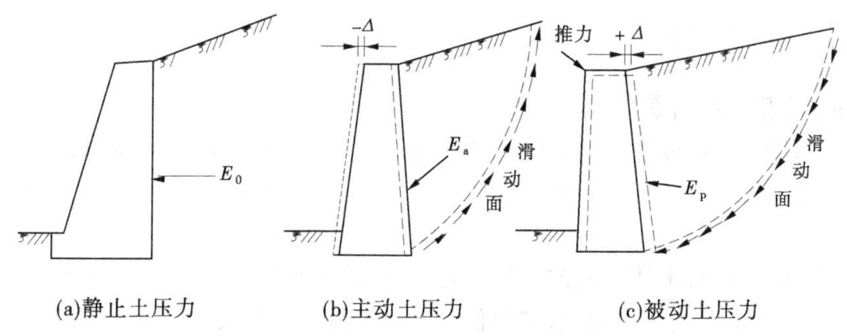

图 6-2　作用在挡土墙上的三种土压力

压力称静止土压力。静止土压力强度用 p_0 表示,作用在每延长米挡土墙上的静止土压力合力用 E_0 表示,如图 6-2(a)所示。

(二)主动土压力

若挡土墙由于某种原因引起背离填土方向的位移,填土处于主动推墙的状态,称为主动状态。随着挡土墙位移的增大,作用在挡土墙上的土压力逐渐减小,即挡土墙对土体的反作用力减小。挡土墙对土的支持力小到一定值后,挡土墙后填土就失去稳定而发生滑动。挡土墙后填土在即将滑动的临界状态称为填土的主动极限平衡状态,此时作用在挡土墙上的土压力最小,称为主动土压力。土压力强度(简称主动土压力)用 p_a 表示,主动土压力的合力用 E_a 表示,如图 6-2(b)所示。

(三)被动土压力

若挡土墙在外荷载作用下产生向填土方向位移,挡土墙后的填土就处于被动状态。随着墙向填土方向位移的增大,填土所受墙的推力就越大,此时土对墙的反作用力也就越大。当挡土墙对土的作用力增大到一定值后,墙后填土就失去稳定而滑动,墙后填土在即将滑动的临界状态称为填土的被动极限平衡状态,此时作用在挡土墙上的土压力称为被动土压力,被动土压力强度(简称被动土压力)用 p_P 表示,被动土压力的合力用 E_P 表示,如图 6-2(c)所示。

试验结果表明,在当相同条件下,被动土压力 E_P 最大,主动土压力 E_a 最小,静止土压力 E_0 介于两者之间,即 $E_a < E_0 < E_P$。而产生被动土压力所需要位移大大超过产生主动土压力的位移,如图 6-3 所示。

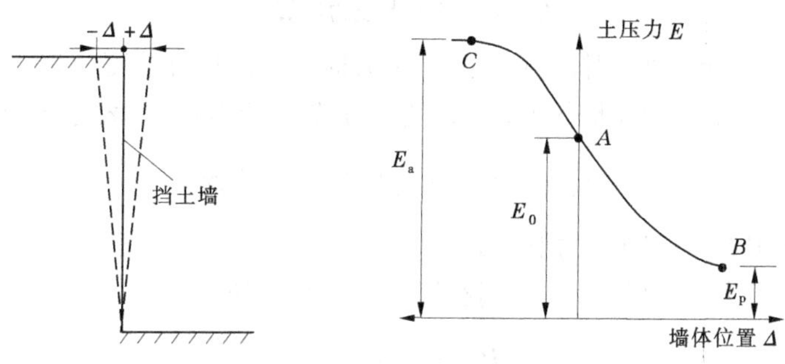

图 6-3　挡土墙位移与土压力关系

二、静止土压力计算

(一)静止土压力的计算

断面很大的挡土墙,如果修筑在坚硬的地基上,墙体不产生转动和位移,地基也不产生沉降,挡土墙背面的土体处于弹性平衡状态,此时作用在墙背上的土压力为静止土压力 E_0。

由于墙体静止不动,土体无侧向位移,因此可以按照水平向自重应力的计算公式来确定土压力大小。若墙后填土为均质,则单位面积上的静止土压力为

$$e_0 = K_0\gamma z \tag{6-1}$$

式中:e_0 ——静止土压力,kPa;

K_0——静止土压力系数;

γ——填土的重度,kN/m^3;

z——土压力计算点的深度,m。

由式(6-1)可知,静止土压力的大小沿深度呈线性变化趋势,其分布规律如图 6-4(a)所示,作用在单位长度挡土墙上的土压力合力大小为

$$E_0 = \frac{1}{2}K_0\gamma H^2 \tag{6-2}$$

式中:H——挡土墙的高度,m;

其余符号意义同前。

合力的作用点位于离墙角 $H/3$ 处,如图 6-4(b)所示。

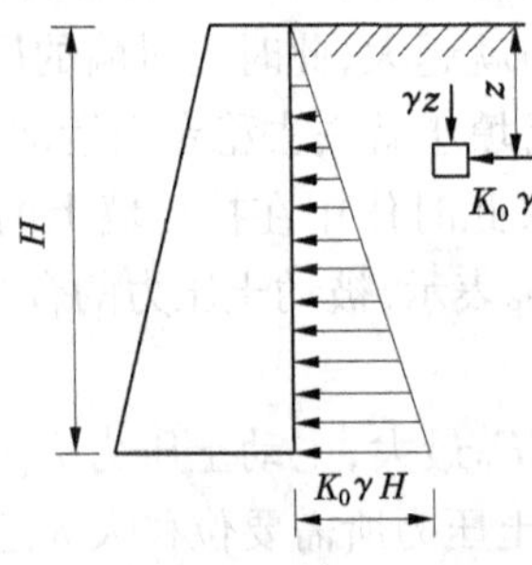

(a)静止土压力计算图

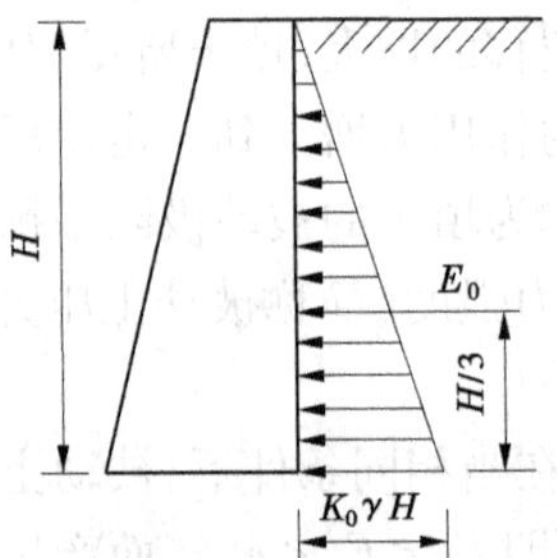

(b)总静止土压力作用点位置

图 6-4　静止土压力计算

若墙后填土中有地下水,则计算静止土压力时,水下土的重度应取浮重度(有效重度)。相应静止土压力合力的大小即等于压力分布图形的面积,其表达式为

$$E_0 = \frac{1}{2}K_0\gamma H_1^2 + K_0\gamma H_1 H_2 + \frac{1}{2}K_0\gamma' H_2^2 \tag{6-3}$$

其中,合力作用点位于图形的形心处。

此外,还应考虑水压力的作用,作用在墙背上的总水压力为

$$P_w = \frac{1}{2}\gamma_w H_2^2 \tag{6-4}$$

其中,水压力作用点距离墙底 $H/3$ 处。

(二)静止土压力系数的确定

静止侧压力系数 K_0 可以通过室内的或原位的静止侧压力试验测定。其物理意义:在不允许有侧向变形的情况下,土样受到轴向压力增量 $\Delta\sigma_1$ 将会引起侧向压力的相应增量 $\Delta\sigma_3$,则比值 $\Delta\sigma_3/\Delta\sigma_1$ 称为土的侧压力系数或静止土压力系数 K_0,其确定方法如下。

(1)按照经典弹性力学理论计算。

计算公式如下:

$$K_0 = \frac{\Delta\sigma_3}{\Delta\sigma_1} = \frac{\mu}{1-\mu} \tag{6-5}$$

式中:μ——墙后填土的泊松比。

(2)半经验公式。

对于无黏性土及正常固结黏土,可近似按下列公式计算:

$$K_0 = 1 - \sin\varphi' \tag{6-6}$$

式中:φ'——填土的有效摩擦角。

(3)经验取值。

砂土:$K_0 = 0.34 \sim 0.45$;黏性土:$K_0 = 0.5 \sim 0.7$。

【例 6-1】 某边坡嵌于岩基上的挡土墙,墙高 $H = 4$ m,墙后填土重度 $\gamma = 18.5$ kN/m^3,静止土压力系数 $K_0 = 0.35$,求作用在挡土墙上的土压力。

解:因为挡土墙嵌于岩基上,可以认为挡土墙基本不发生移动,应按静止土压力计算。

(1)计算墙顶和墙踵两点处的静止土压力强度:

墙顶处:$p_0 = 0$

墙踵处:$p_0 = K_0\gamma H = 0.35 \times 18.5 \times 4 = 25.9$(kPa)

(2)绘出静止土压力分布图,如图 6-5 所示。

(3)计算总静止土压力,大小即土压力分布图面积:方向水平指向墙背,作用点距墙底 $H/3 = 1.33$ m。

$$E_0 = \frac{1}{2} \times 25.9 \times 4 = 51.8(\text{kN/m})$$

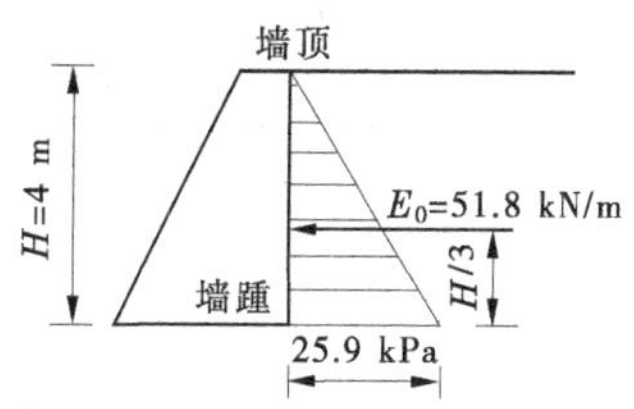

图 6-5　静止土压力计算

三、影响土压力的因素

试验表明,影响土压力大小的因素主要有以下几个方面。

(一)挡土墙的位移

挡土墙的位移(或转动)方向和位移量的大小,是影响土压力性质和土压力大小的最主要因素。当其他条件完全相同,仅仅挡土墙的移动方向相反时,土压力的数值相差可达 20 倍左右。

(二)挡土墙的形状

挡土墙的剖面形状,墙背的坡度及墙背的光滑程度等,都关系到采用何种土压力计算公式及土压力计算的结果。

(三)填土性质

填土的松密程度(重度)、干湿程度(含水率)、土的强度指标(内摩擦角和黏聚力),

以及填土的表面形状(坡度)等,都影响到土压力的大小。

(四)挡土墙的材料

若挡土墙的材料采用素混凝土或钢筋混凝土,可以认为墙体表面光滑,不计摩擦力。若采用砌石挡土墙,就必须计算摩擦力,因而土压力的大小和方向都不相同。

第二节　朗肯土压力理论

一、基本原理

1857 年英国学者朗肯(W. J. M. Rankine)研究了半无限土体处于极限平衡时的应力状态,提出了著名的朗肯土压力理论。在半无限土体中取一竖直平面 AB,如图 6-6(a)所示,在 AB 平面上深度 z 处的 M 点取一单元体,其上作用有法向应力 σ_x、σ_z。因为 AB 面为半无限体的对称面,所以该面无剪力作用,σ_x、σ_z 均为主应力。此时由于 AB 面两侧的土体无相对位移,土体处于弹性平衡状态,$\sigma_z=\gamma z$,$\sigma_x=K_0\gamma z$,应力圆如图 6-6(b)中圆 O_1 所示,应力圆与强度包线(库仑直线)相离,该点处于弹性平衡状态。

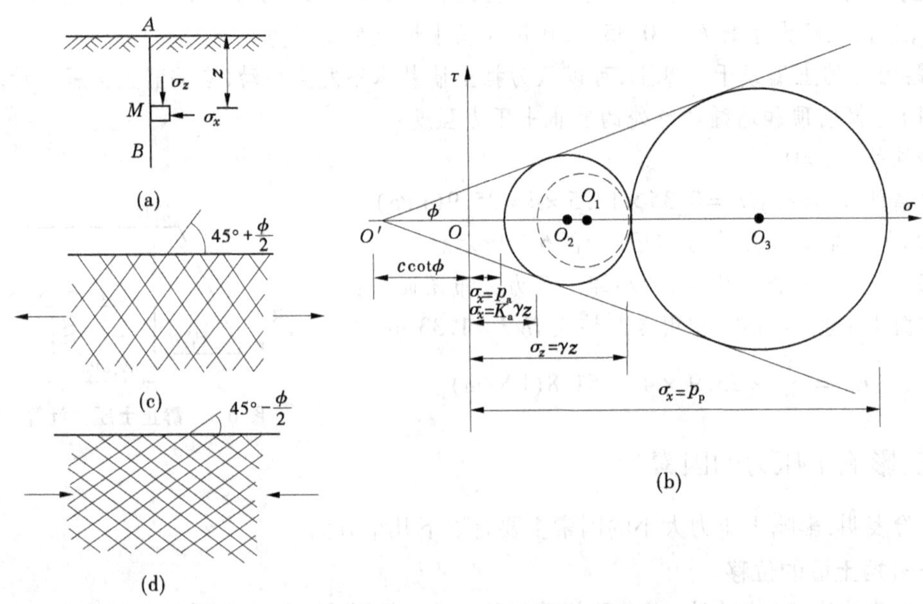

图 6-6　朗肯主动及被动状态

将半无限土体 AB 面一侧用挡土墙代替,并假定挡土墙是刚体、墙背铅直、光滑,填土表面水平延伸。此时墙后填土的应力状态仍符合半无限弹性体的应力状态。墙与填土间无相对位移时,土对墙的作用力即是作用在挡土墙上的静止土压力。M 点的应力状态仍是图 6-6(b)中的应力圆 O_1。若挡土墙发生离开土体方向的位移,如图 6-6(c)所示,M 点的单元体上 σ_x 随位移的增大而逐渐减小,应力圆圆心逐渐左移,当 σ_x 小到一定值时,应力圆与库仑直线相切,M 点处于主动极限平衡状态,如图 6-6(b)中圆 O_2。此时墙后填土出现两组滑裂面，并与水平面成 45° + $\varphi/2$ 的夹角，最小主应力 $\sigma_3 = \sigma_x$，即是作用在挡土墙背上的主动土压力 p_a。若挡土墙由静止状态发生移向土体方向的位移，如图 6-6(d)所示，则 σ_x 随位移增大而增大，应力圆圆心逐渐右移，由于竖向应力 σ_z 不变，当 $\sigma_x > \sigma_z$ 后而成为第一主应力，即 $\sigma_1 = \sigma_x$，$\sigma_3 = \sigma_z$。随着 σ_x 的增大，当达到一定值时，应力圆与库仑直线相切，如图 6-6(b)中圆 O_3，墙后填土达到被动极限平衡状态，同时产生两组滑裂面，均与水平面成 45° − $\varphi/2$ 的夹角，而此时作用在挡土墙背上的土压力即为被动土压力 $p_P = \sigma_x = \sigma_1$。

二、朗肯主动土压力计算

(一)主动土压力计算

由主动土压力的概念可知，主动土压力作用于挡土墙背时，墙后填土处于主动极限平衡状态，$\sigma_1 = \sigma_z$，$p_a = \sigma_x = \sigma_3$，墙背处任一点的应力状态符合极限平衡条件，即

$$\sigma_3 = \sigma_1 \tan^2(45° - \varphi/2) - 2c \cdot \tan(45° - \varphi/2)$$

故此得：

$$p_a = \sigma_z K_a - 2c\sqrt{K_a} \tag{6-7}$$

对于无黏性土 $c = 0$，主动土压力计算公式可写成：

$$p_a = \sigma_z K_a \tag{6-8}$$

式中：p_a——墙背任一点处的主动土压力强度，kPa；

σ_z——深度为 z 处的竖向有效应力，kPa；

K_a——朗肯主动土压力系数，$K_a = \tan^2(45° - \varphi/2)$。

(二)均质填土的主动土压力

如图 6-6 所示，墙后为均质填土情况，此时墙背处任一点的竖向应力为 $\sigma_z = \gamma z$，代入式(6-7)得：

$$p_a = \gamma z K_a - 2c\sqrt{K_a} \tag{6-9}$$

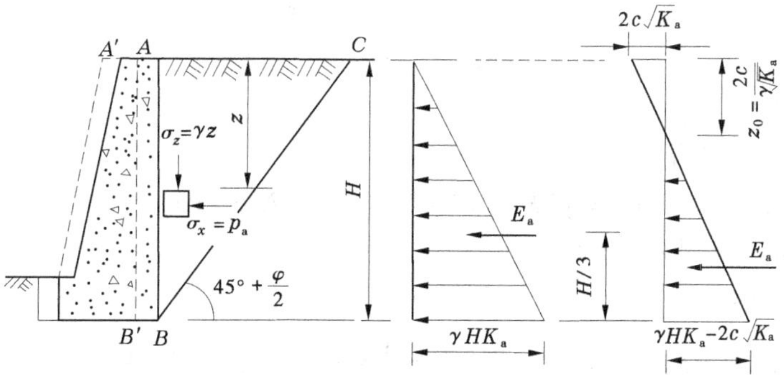

(a朗肯主动土压力　(b)无黏性土　(c)黏性土

图 6-7　均质填土的朗肯主动土压力

由式(6-9)可以看出，同一种填土中，p_a 随深度 z 增大而呈线性增加情况，即主动土压力为直线分布。

(1)当填土为无黏性土时,主动土压力分布为三角形,如图 6-7(b)所示,合力大小为土压力分布图形面积,方向水平指向墙背,作用线通过土压力分布图形形心,即作用于1/3挡土墙高处的墙背上,即

$$E_a = \frac{1}{2}\gamma H^2 K_a \tag{6-10}$$

(2)若填土为黏性土,当 $z=0$ 时 $p=-2c\sqrt{K_a}<0$,即出现拉应力区。$Z=H$ 时,$p_a = \gamma z K_a - 2c\sqrt{K_a}$。

令 $p_a = \gamma z K_a - 2c\sqrt{K_a} = 0$ 可得拉应力区高度为

$$z_0 = \frac{2c}{\gamma\sqrt{K_a}} \tag{6-11}$$

由于墙与土体为接触关系,不能承受拉应力作用,所以求合力时不考虑拉应力的作用。朗肯主动土应力在墙背上的分布为三角形分布,分布高度为$(H-z_0)$。土压力合力大小仍是其分布图形面积,作用线通过分布图形形心,作用在$(H-z_0)/3$墙高处,方向水平指向墙背,即

$$E_a = \frac{1}{2}(\gamma H K_a - 2c\sqrt{K_a})(H - h_0) \tag{6-12}$$

【例 6-2】 某挡土墙高 4 m,墙背竖直光滑,如图 6-8 所示。填土表面水平,填土重度 $\gamma = 17\ \text{kN/m}^3$,静止土压力系数 $K_0 = 0.4$,(1)绘出静止土压力分布图;(2)求静止土压力的合力。

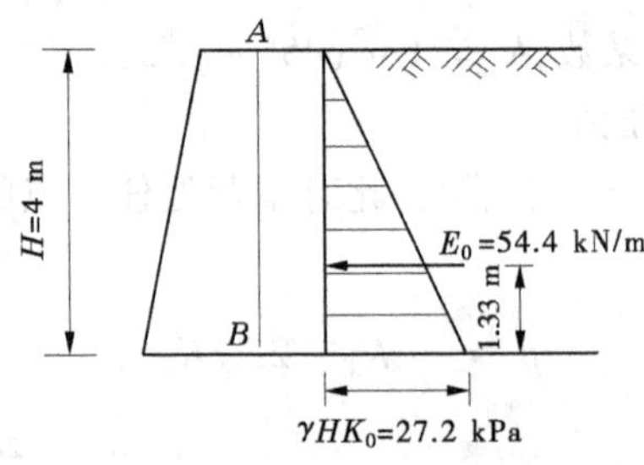

图 6-8　例 6-2 图

解:(1)绘土压力分布图

墙顶 A 点($z=0$ 处):$p_{0A}=0$

墙底 B 点($z=H$ 处):$p_{0B}=\gamma H K_0 = 17\times4\times0.4 = 27.2(\text{kPa})$

绘出土压力分布图如图 6-8 所示。

(2)求土压力合力

合力大小为压力分布图形面积,即:$E_0 = \frac{1}{2}\gamma H^2 K_0 = \frac{1}{2}\times17\times4^2\times0.4 = 54.4(\text{kN/m})$。方向水平指向墙背,作用点距墙底 $H/3 = 1.33$ m。

对于主动土压力和被动土压力的计算,目前多以朗肯和库仑两个古典土压力理论为依据,以下分别介绍其基本原理和计算方法。

（三）成层填土的主动土压力

当墙后填土为成层土时，式(6-7)中的 $\sigma_z = \sum\gamma_i h_i$，可得：

$$p_a = \Sigma\gamma_i h_i K_a - 2c\sqrt{K_a} \tag{6-13}$$

由式(6-13)计算出各土层上、下层面处的土压力强度，绘出土压力分布图，如图6-9所示，每层土中的土压力分布图形为三角形或梯形。

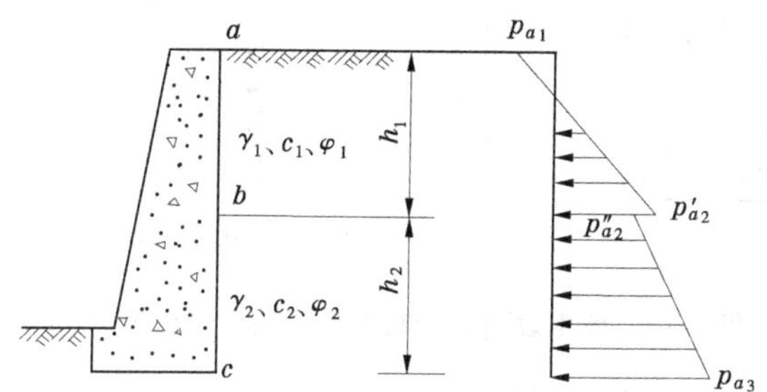

图6-9　成层土的朗肯主动土压力

土压力合力大小仍是压力分布图形面积，计算时一般将土压力分布图形分成若干个三角形和矩形，分别求合力 E_{a1}、E_{a2}、…，最后求总合力；土压力水平指向墙背，作用线位置仍然通过图形形心，形心坐标 y_c 可按下式计算：

$$y_c = \frac{E_{a1}y_1 + E_{a2}y_2 + \cdots + E_{an}y_n}{\sum E_{ai}} \tag{6-14}$$

式中：E_{ai}——压力分布图形中各三角形或矩形的面积（合力）；

y_i——E_{ai} 对应图形的形心坐标。

（四）填土表面有均布荷载作用时的情况

当填土表面有连续分布荷载 q 作用时，任一深度 z 处竖直方向的应力 $\sigma_z = \gamma z + q$，代入式(6-7)，可得任一点的土压力强度：

$$p_a = (\gamma z + q)K_a - 2c\sqrt{K_a} \tag{6-15}$$

按式(6-15)计算出上、下层面处的土压力强度，绘出土压力分布图，如图6-10所示。合力计算仍是求压力分布图形面积，合力作用点高度与土压力强度分布图形形心位置高度相同，方向水平指向墙背。

【例6-3】　某挡土墙后填土为两层砂土，填土表面作用连续均布荷载 $q = 20$ kPa，如图6-11所示，计算挡土墙上的主动土压力分布，绘出土压力分布图，求合力。

解：已知 $\varphi_1 = 30°$，$\varphi_2 = 35°$，求出 $K_{a1} = 1/3$，$K_{a2} = 0.271$，按式(6-7)或式(6-15)分别计算 a、b、c 三点的土压力强度为

a 点：$\sigma_z = q = 20$ kPa，$p_a = qK_{a1} = 20 \times \frac{1}{3} = 6.67$(kPa)

b 点上：$\sigma_z = q + \gamma_1 z_1 = 20 + 18 \times 6 = 128$(kPa)

$$p_a = (q + \gamma_1 z_1)K_{a1} = 128 \times \frac{1}{3} = 42.67\text{(kPa)}$$

b 点下：$\sigma_z = q + \gamma_1 z_1 = 20 + 18 \times 6 = 128$(kPa)

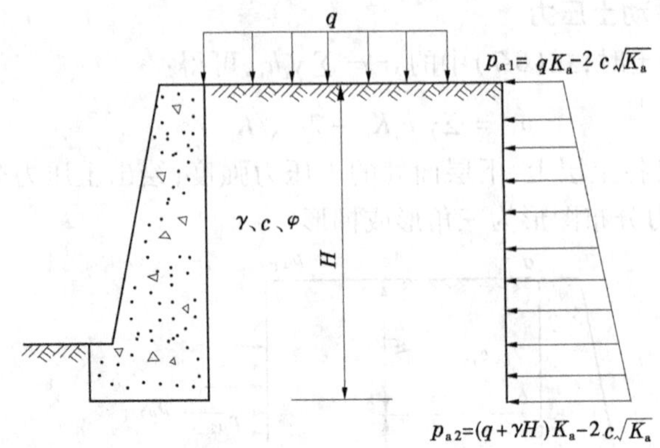

图 6-10　填土表面有均布荷载时的主动土压力

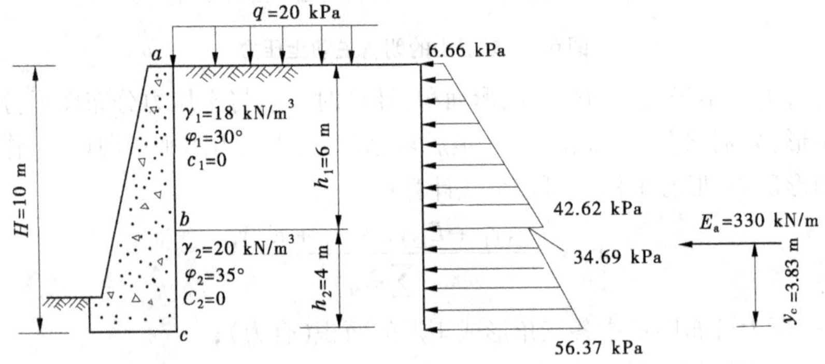

图 6-11　例 6-3 图

$$p_a=(q+\gamma_1 z_1)K_{a2}=128\times 0.271=34.69(\text{kPa})$$

c 点：$\sigma_z=q+\gamma_1 z_1+\gamma_2 z_2=128+20\times 4=208(\text{kPa})$

$$p_a=(q+\gamma_1 z_1+\gamma_2 z_2)K_{a2}=208\times 0.271=56.37(\text{kPa})$$

将以上计算结果绘于图中得土压力分布图，如图 6-11 所示。由土压力分布图求面积得主动土压力合力 E_a，对 c 点取矩可求出合力作用点位置 y_c。

$$\begin{aligned}E_a &= 6.67\times 6+(42.67-6.67)\times 6/2+34.69\times 4+\\&\quad (56.37-34.69)\times 4/2\\&= 40.02+107.85+138.76+43.36=330.14(\text{kN/m})\end{aligned}$$

$$\begin{aligned}y_c &= [40.02\times(4+3)+108.00\times(4+2)+138.76\times 2+\\&\quad 43.36\times 4/3]/330.14=3.83(\text{m})\end{aligned}$$

（五）墙后填土中有地下水的情况

当墙后填土中有地下水存在时，土压力计算时需将水上和水下作为两层分别计算压力强度，其中水位以上部分的土压力计算同前，水位以下的土压力计算可用“水土分算”和“水土合算”两种方法。一般砂土和粉土可按水土分算，然后叠加；黏性土可根据情况按水土分算或水土合算。

（1）水土分算是在计算土压力 σ_z 时取有效应力，所以水下土体的自重应力按浮重度

计算,同时抗剪强度指标取有效应力强度指标 φ 和 c',即

$$p_a = \gamma' z K_a' - 2c' \sqrt{K_a'} \tag{6-16}$$

式中:K_a'——按有效应力强度指标计算的主动土压力系数,$K_a' = \tan^2(45° - \varphi'/2)$。

按上述方法绘出土压力强度分布图,计算土压力合力。此外,单独另计静水压力。静水压力计算同水力学方法,其墙底处的静水压力强度为

$$p_w = \gamma_w h_w \tag{6-17}$$

水压力合力:

$$E_w = \frac{1}{2}\gamma_w h_w^2 \tag{6-18}$$

(2)水土合算法是对地下水位以下的土体取饱和重度 γ_{sat} 计算 σ_z,但土的抗剪强度指标取总应力强度指标 φ 和 c,即

$$p_a = \gamma_{sat} z K_a - 2c \sqrt{K_a} \tag{6-19}$$

三、朗肯被动土压力计算

(一)被动土压力计算

被动土压力是填土处于被动极限平衡时作用在挡土墙上的土压力,由朗肯土压力原理可知,被动极限平衡时 $\sigma_3 = \sigma_z$,$p_P = \sigma_x = \sigma_1$,代入极限平衡条件整理后可得:

$$p_p = \sigma_z \tan^2(45° + \varphi/2) + 2c \cdot \tan(45° + \varphi/2)$$

即

$$p_p = \sigma_z K_p + 2c \sqrt{K_p} \tag{6-20}$$

式中:K_p——朗肯被动土压力系数,$K_p = \tan^2(45° + \varphi/2)$;

σ_z——计算点处的竖向应力,各种情况的 σ_z 与主动土压力相同。

(二)朗肯被动土压力计算

计算朗肯被动土压力,无论任何情况,首先按式(6-20)计算出各土层上、下层面处的土压力强度 p_p,绘出被动土压力强度分布图,根据图形求合力三要素。均质填土情况下被动土压力分布图形如图 6-12 所示,填土为砂土时呈三角形分布,黏性填土时呈梯形分布。

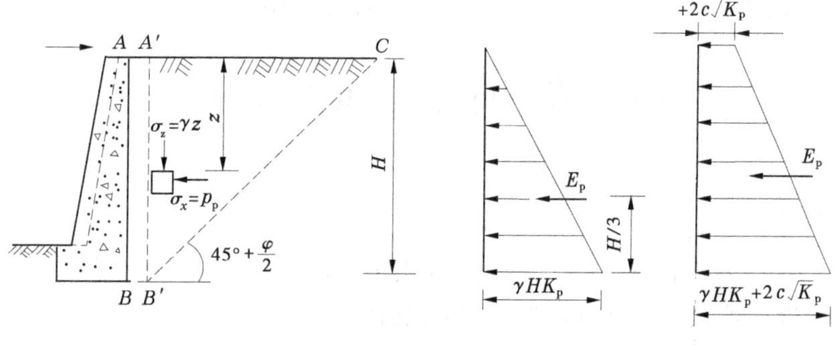

图 6-12　朗肯被动土压力

【例 6-4】　计算例 6-3 中作用在挡土墙上的被动土压力。

解:求出 $K_{p1} = \tan^2(45° + 30°/2) = 3$,$K_{p2} = \tan^2(45° + 35°/2) = 3.69$,按式(6-20)分别

计算 a、b、c 三点的土压力强度 p_p 如下：

$$\text{a 点}: \sigma_{za} = q = 20\ \text{kPa}, p_{pa} = qK_{p1} = 20 \times 3 = 60.00(\text{kPa})$$

$$\text{b 点上}: \sigma_{zb} = q + \gamma_1 h_1 = 20 + 18 \times 6 = 128.00(\text{kPa})$$

$$p_{pb} = \sigma_{zb} K_{p1} = 128.00 \times 3 = 384.00(\text{kPa})$$

$$\text{b 点下}: \sigma_{zb} = q + \gamma_1 h_1 = 20 + 18 \times 6 = 128.00(\text{kPa})$$

$$p'_{pb} = \sigma_{zb} K_{p2} = 128.00 \times 3.69 = 472.32(\text{kPa})$$

$$\text{c 点}: \sigma_{zc} = q + \gamma_1 h_1 + \gamma_2 h_2 = 128.00 + 20 \times 4 = 208(\text{kPa})$$

$$p_{pc} = \sigma_{zc} K_{p2} = 208 \times 3.69 = 767.52(\text{kPa})$$

绘出土压力分布图如图 6-13 所示，计算被动土压力合力为

$$E_p = 60 \times 6 + \frac{1}{2} \times (384.00 - 60) \times 6 + 472.32 \times 4 + \frac{1}{2} \times (767.52 - 472.32) \times 4$$

$$= 360 + 972 + 1\,889.28 + 590.40 = 3\,811.68(\text{kN/m})$$

$$y_c = \frac{360 \times 7 + 972 \times 6 + 1\,889.28 \times 2 + 590.4 \times \frac{4}{3}}{3\,811.68} = 3.39(\text{m})$$

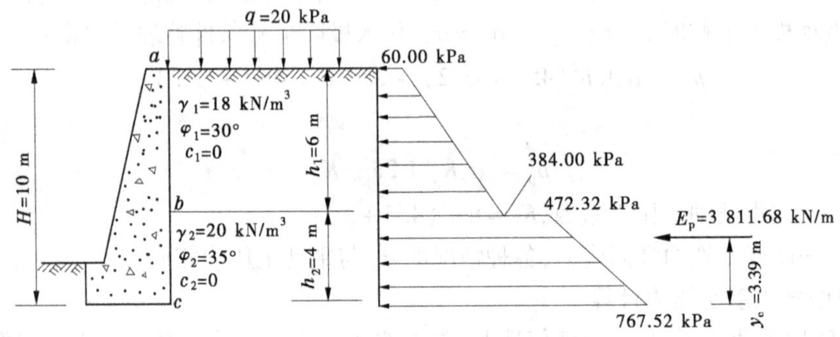

图 6-13　例 6-4 图

由例 6-3 和例 6-4 可知：被动土压力 E_p 远远大于主动土压力 E_a，由于产生被动土压力需要很大的位移，而实际工程中挡土墙不允许产生过大的变形。所以实用中被动土压力不足以全部发挥，当发生被动情况时，一般采用被动土压力的 1/3 作为挡土墙的外荷载。

第三节　库仑土压力计算

一、基本原理

1776 年法国学者库仑（C. A. CouLumb）提出了适用性较广的库仑土压力理论。库仑理论假定挡土墙后填土是均质的砂性土，当挡土墙发生位移时，墙后有滑动土楔体随挡土墙的位移而达到主动或被动极限平衡状态，同时有滑裂面产生，如图 6-14 中 BC 面，根据滑动土楔体 ABC 的外力平衡条件的极限状态，可分别求出主动土压力或被动土压力的合力。

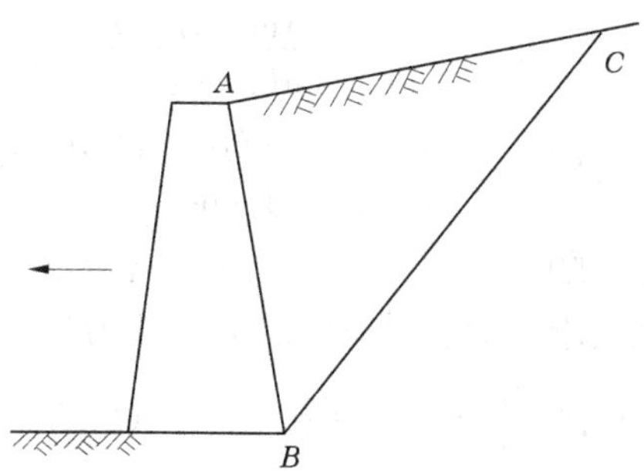

图 6-14　库仑土压力理论

二、库仑主动土压力计算

如图 6-15 所示挡土墙，墙背倾角为 ε，填土表面 AC 是与水平面夹角为 β 的平面，挡土墙与土体间的摩擦角为 δ。当挡土墙有移离土体方向的位移而使墙后土体处于极限平衡状态时，土体中即将产生滑动面 BC。假定该滑动面与水平面夹角为 α，取单位墙长进行受力分析，作用在滑动土楔体 ABC 上的作用力有：

（1）土楔体 ABC 的自重 W，大小等于体积与重度 γ 的乘积。

（2）滑动面 BC 下部土体的反力 R，其方向与 BC 面法线成 φ 角，如图 6-15 所示，R 是法向力 N_1 和摩擦力 T_1 的合力，由于土楔体在主动极限平衡状态时，相对于 BC 面而下滑，所以摩擦力 T_1 沿斜面向上。

（3）挡土墙对土楔体的支持力 P，它与墙背法线成 δ 角，由于 ABC 相对于墙背下滑，所以 P 在法线的下方。

考虑土楔体 ABC 的静力平衡条件，可绘出 W、R 和 P 的力三角形，如图 6-15 所示，由正弦定理可得：

$$\frac{W}{\sin(180° - \psi - \alpha - \varphi)} = \frac{P}{\sin(\alpha - \varphi)}$$

式中：$\psi = 90 - \varepsilon - \delta$；其余符号意义同前。

整理可得：

$$P = \frac{W\sin(\alpha - \varphi)}{\sin(90° + \varepsilon + \delta - \alpha + \varphi)} \tag{6-21}$$

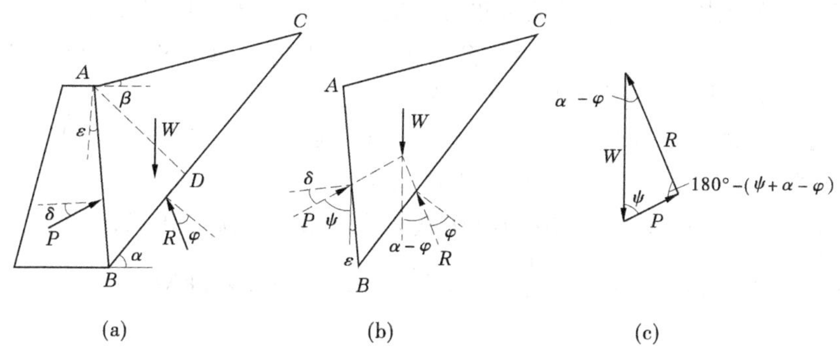

图 6-15　库仑主动土压力计算图

由几何关系可知：$W = \frac{1}{2}\gamma H^2 \frac{\cos(\varepsilon - \alpha)\cos(\beta - \varepsilon)}{\cos^2\varepsilon\sin(\alpha - \beta)}$，代入式(6-21)得：

$$P = \frac{1}{2}\gamma H^2 \frac{\cos(\varepsilon - \alpha)\cos(\beta - \varepsilon)\sin(\alpha - \varphi)}{\cos^2\varepsilon\sin(\alpha - \beta)\cos(\alpha - \varepsilon - \delta - \varphi)} \tag{6-22}$$

从式(6-22)可知 P 是 α 的函数，即取不同的 α 就有不同的 P 值，需要支持力最大的滑动面是最危险滑动面，因此求出 P_{max} 对应的滑动面即为最危险滑动面，P_{max} 对应的土压力即是主动土压力 E_a。因此，令 $\frac{dP}{d\alpha}=0$ 解得 α，代入式(6-22)即得：

$$E_a = P_{max} = \frac{1}{2}\gamma H^2 K_a \tag{6-23}$$

其中：

$$K_a = \frac{\text{con}^2(\varphi - \varepsilon)}{\text{con}^2\varepsilon\,\text{con}(\delta + \varepsilon)\left[1 + \sqrt{\frac{\sin(\delta + \varphi)\sin(\varphi - \beta)}{\text{con}(\delta + \varepsilon)\,\text{con}(\varepsilon - \beta)}}\right]^2} \tag{6-24}$$

式中：K_a——库仑主动土压力系数，是 φ、ε、δ、β 角的函数，可由式(6-24)计算，也可以参见其他参考书查表；

δ——外摩擦角，可按以下规定取值：俯斜的混凝土或砌体墙，取 $\frac{\varphi}{2} \sim \frac{2}{3}\varphi$；台阶形墙背，取 $\frac{2}{3}\varphi$；垂直混凝土或砌体墙，取 $\frac{\varphi}{3} \sim \frac{\varphi}{2}$。

计算台后或墙后的主动土压力时，β 按图 6-16(a)取正值；计算台前或墙前的主动土压力时，β 按图 6-16(b)取正值。

由式(6-23)可知，主动土压力合力与挡土墙高的平方成正比，填土表面下任意深度 z 处的土压力强度 p_a 为 E_a 对 z 的一阶导数，即

$$p_a = \frac{dE_a}{dz} = \gamma z K_a \tag{6-25}$$

由上式可见，主动土压力强度沿挡土墙高成三角形分布，如图 6-16(c)所示，主动土压力的合力作用点距离墙底 $C=H/3$，土压力作用线在墙背法线上方，与法线成 δ 角，与水平面的夹角为 $\delta+\varepsilon$。必须注意，式(6-25)是由 E_a 对 z 微分得到的，因而在图 6-16(c)中压力分布图形只反映土压力强度沿铅直高度分布的大小，而不表示作用方向。

当符合朗肯土压力条件($\varepsilon=0$、$\delta=0$、$\beta=0$)时，可得 $K_a=\tan^2(45°-\varphi/2)$。由此可以看出，朗肯土压力公式是库仑公式的一种特例。

【例 6-5】 某挡土墙高 5 m，墙背倾角 $\varepsilon=10°$，回填砂土表面水平，其重度 $\gamma=18$ kN/m^3，$\varphi=35°$，$\delta=20°$，试计算作用于挡土墙上的主动土压力。

解：已知：$\varphi=35°$，$\delta=20°$，$\varepsilon=10°$，$\beta=0$，代入式(6-24)得：$k_a=0.322$

总主动土压力：$E_a=\frac{1}{2}\gamma H^2 K_a=\frac{1}{2}\times 18\times 5^2\times 0.322=72.45$(kN/m)

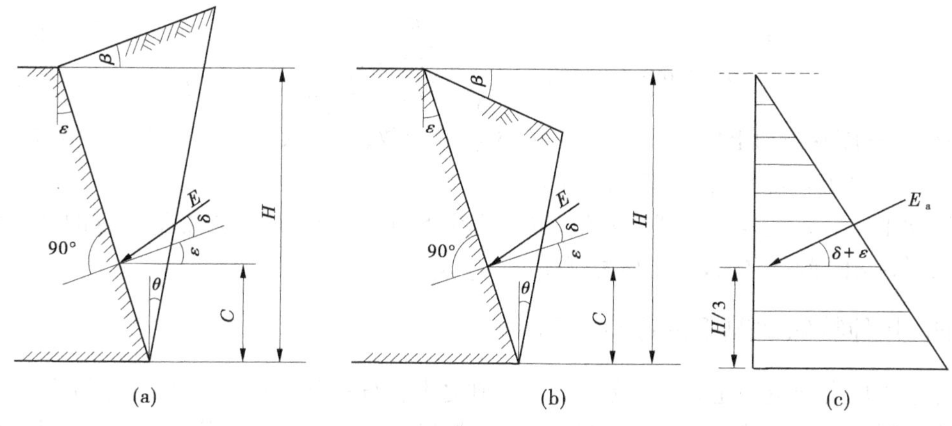

图 6-16　库仑主动土压力图

土压力为三角形分布，墙底处土压力强度 $p_a=\gamma Hk_a=18\times5\times0.322=28.98(\mathrm{kPa})$，如图 6-17 所示，土压力合力作用在 $H/3=1.67$ m 处，合力位于法线上方，方向与水平面成 $\varepsilon+\delta=30°$。

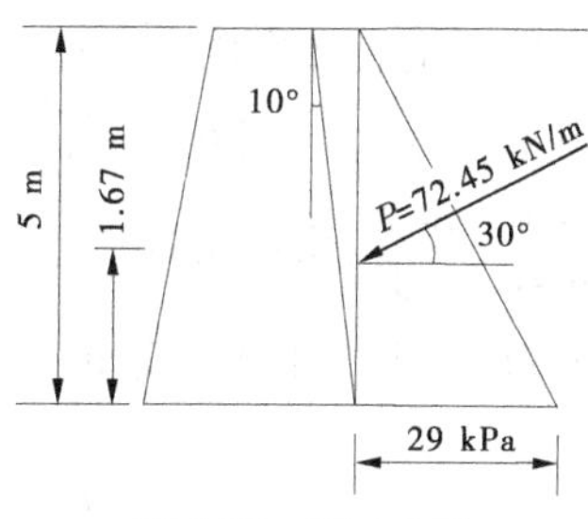

图 6-17　例 6-5 图

三、库仑被动土压力计算

当挡土墙向填土方向位移时，如图 6-18 所示，根据滑动土楔体的外力平衡条件可得：

$$P=\frac{W\sin(\alpha+\varphi)}{\sin(90°+\varepsilon-\delta-\alpha-\varphi)} \tag{6-26}$$

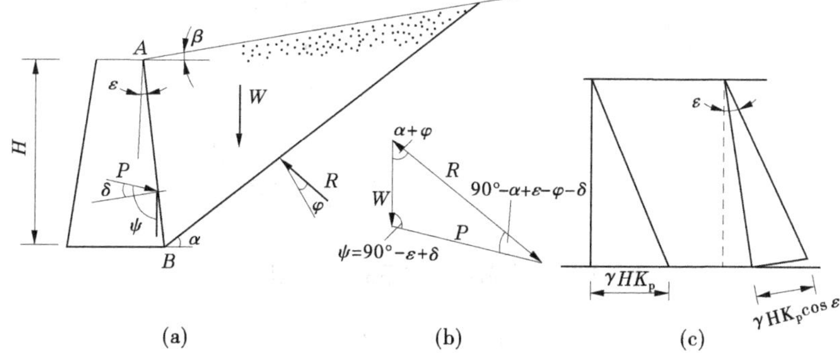

图 6-18　库仑被动土压力

求出 P 的最小值即为被动土压力 E_p，由 $\frac{dP}{d\alpha}=0$ 解得 α 代入式(6-26)得：

$$E_p=P_{\min}=\frac{1}{2}\gamma H^2K_P \tag{6-27}$$

$$K_{\mathrm{p}}=\frac{\operatorname{con}^{2}(\varepsilon+\varphi)}{\operatorname{con}^{2}\varepsilon\operatorname{con}(\varepsilon-\delta)\left[1-\sqrt{\frac{\sin(\delta+\varphi)\sin(\varphi+\beta)}{\operatorname{con}(\varepsilon-\delta)\operatorname{con}(\varepsilon-\beta)}}\right]^{2}}\tag{6-28}$$

式中：K_p——库仑被动土压力系数，是 ε、β、δ、φ 的函数，可由式(6-28)计算，当 $\varepsilon=0,\delta=0,\beta=0$ 时，$K_p=\tan^2(45°+\varphi/2)$。

被动土压力 E_p 与墙背法线成 δ 角，位于法线下方，被动土压力强度沿墙背的分布仍呈三角形，挡土墙底部的被动土压力强度 $p_p=\gamma z K_p$。

四、几种特殊情况下的库仑土压力

库仑土压力理论是建立在无黏性土的基础之上，仅适用于填土为无黏性土的情况，但后来人们对库仑理论进行了改良，用于解决其他情况的主动土压力问题，以下介绍几种常见情况，这些情况的解决方法不是唯一的，此处仅介绍其中一种方法。

(一)均布地面荷载作用

当填土表面作用均布荷载时，可以将均布荷载 q 换算为土体的当量厚度 $h_0=q/\gamma$（γ 为填土重度），如图 6-19 所示。计算时先求出土层当量厚度 h_0，转化为当量墙高 $h'=h_0\dfrac{\cos\varepsilon\cos\beta}{\cos(\varepsilon-\beta)}$，由此可计算土压力强度沿深度的分布。然后绘出作用在挡土墙上的土压力分布图，根据土压力分布图求出土压力合力。

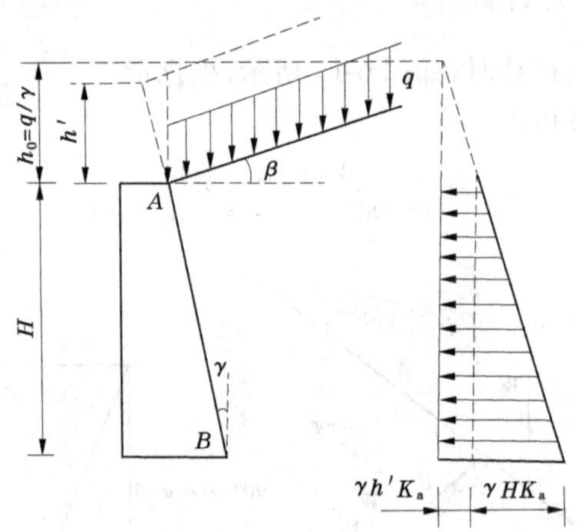

图 6-19　均布荷载作用下的库仑土压力

墙顶　　A 点：$p_{aA}=\gamma h'K_a$　　(6-29)

墙底　　B 点：$p_{aB}=\gamma K_a(h'+H)$　　(6-30)

墙背的总土压力为

$$E_a=\gamma K_a h\left(h'+\frac{1}{2}H\right)\tag{6-31}$$

土压力作用线与墙背法线成 δ 角，位于法线上方。

（二）成层填土情况

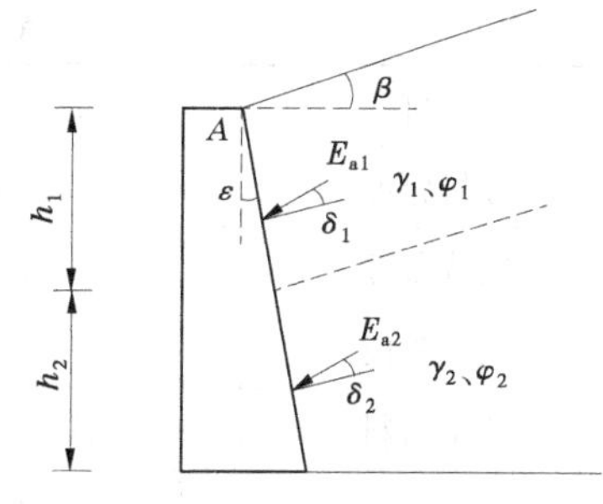

图 6-20　成层土中的库仑土压力

图 6-20 为成层填土情况，成层土计算库仑土压力，仍然用分层绘制压力分布图的方法，首先计算出每层填土上、下层面处的土压力强度，绘出土压力分布图，然后根据图形面积求合力。对于第一层土压力计算与前述相同 $p'_{a1}=0$，$p''_{a1}=\gamma_1 h_1 K_{a1}$，而对于以下的土层，计算时将上部土体厚度仍换算为与计算层重度相同的当量厚度 h'，然后按一层土分别计算深度为 h'（计算层顶面）和 $h'+h$（计算层底面）的土压力强度 p'_{ai} 和 p''_{ai}。

$$h' = \frac{\sum \gamma_j h_j}{\gamma_i} \tag{6-32}$$

$$p'_{ai} = \gamma_i h' K_{ai} \tag{6-33}$$

$$p''_{ai} = \gamma_i K_{ai}(h' + h_i) \tag{6-34}$$

式中：γ_j、h_j——计算土层以上各土层的重度和厚度；

γ_i、h_i——计算土层 i 的重度和厚度；

K_{ai}——计算土层的库仑主动土压力系数。

五、库仑土压力与朗肯土压力的对比

朗肯土压力理论与库仑土压力理论均为经典理论。它们分别根据不同的假设，以不同的分析方法计算土压力，只有在最简单的情况下（$\alpha=0$，$\beta=0$，$\delta=0$），用这两种理论计算结果才相同，否则将得出不同的结果。

朗肯土压力理论基于半空间应力状态和极限平衡理论，概念比较明确，公式简单，便于记忆。对于黏性土、粉土和无黏性土，都可以用该公式直接计算，故在工程中得到广泛应用。但为了使墙后的应力状态符合半空间的应力状态，必须假设墙背是直立的、光滑的，墙后填土是水平的，因而出现其他条件时计算繁杂。同时，由于该理论忽略了墙背与填土之间摩擦的影响，计算得出的主动土压力偏大，而得出的被动土压力偏小。

库仑土压力理论是根据墙后滑动土楔的静力平衡条件推导出土压力计算公式，考虑了墙背与土之间的摩擦力，并可用于墙背倾斜、填土面倾斜的情况。但由于该理论假设填土是无黏性土，因此不能用库仑理论的原始公式直接计算黏性土或粉土的土压力。库仑理论假设墙后填土破坏时，破坏面是一平面，而实际上却是一曲面。试验证明，在计算主动土压力时，只有当墙背的斜度不大、墙背与填土间的摩擦角较小时，破坏面才接近于一平面，因此计算结果与按曲线滑动面计算的有出入。通常情况下，这种偏差在计算主动土压力时为 2% ~10%，可以认为已满足实际工程所要求的精度；但在计算被动土压力时，由于破坏面接近于对数螺线，因此计算结果误差较大，有时可达 2 ~3 倍，甚至更大。

两种土压力理论的比较见表 6-1。

表 6-1　两种土压力理论的比较

项目	朗肯土压力理论	库仑土压力理论
分析原理	土体的极限平衡条件	墙后滑动土楔的静力平衡条件
墙背条件	光滑、直立	粗糙、倾斜
填土表面	水平	水平或倾斜
填土材料	黏性土或无黏性土	无黏性土，对黏性土只能用图表法
计算误差	主动土压力偏大 被动土压力偏小	主动土压力接近实际值 被动土压力误差较大

第四节　挡土墙的设计

挡土墙出现不同程度的沉降、滑坡、断裂、倾斜现象的主要原因是地质条件差、设计断面不合理、施工质量及关键环节规范不足。因此，选择合理的设计方案和严格的稳定计算是保证挡土墙安全运用的关键。挡土墙设计包括墙型选择、稳定性验算、地基承载力验算、墙身材料强度验算以及一些设计中的构造要求和措施。

一、挡土墙的类型

一般依据挡土墙的用途、高度与重要性，建筑场地的地形与地质条件，尽量就地取材，安全而经济的选择挡土墙类型。挡土墙的结构形式有多种，较常用的结构形式有重力式、悬臂式、扶臂式、板桩式等。

（一）重力式挡土墙

重力式挡土墙一般由砖、石或混凝土材料建造，墙身截面较大，墙体的抗拉强度较小，主要依靠墙身的自重来保持稳定。依据挡土墙墙背的倾斜方向可分为仰斜式、直立式、俯斜和衡重式等形式，如图 6-21 所示。由于重力式挡土墙多就地取材，结构简单，施工方便，是工程中广泛应用的一种类型，但工程量大，沉降大。

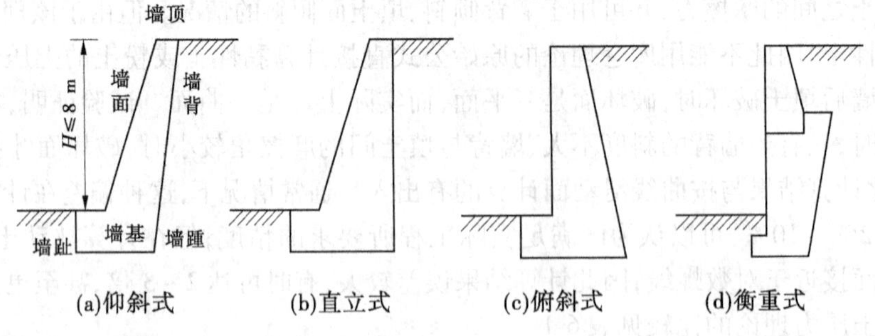

图 6-21　重力式挡土墙

（二）悬臂式挡土墙

悬臂式挡土墙，由立臂、墙趾悬臂和墙踵悬臂三部分构成，常用钢筋混凝土材料浇筑而成，如图 6-22 所示。悬臂式挡土墙的截面尺寸较小，重量比较轻，主要依靠墙踵悬臂上的土重来维持。墙身内需配钢筋来承担墙身所受的拉力。这类挡土墙的优点是能充分利用钢筋混凝土的受力特性，承受较大的拉应力，但费钢材，技术复杂。

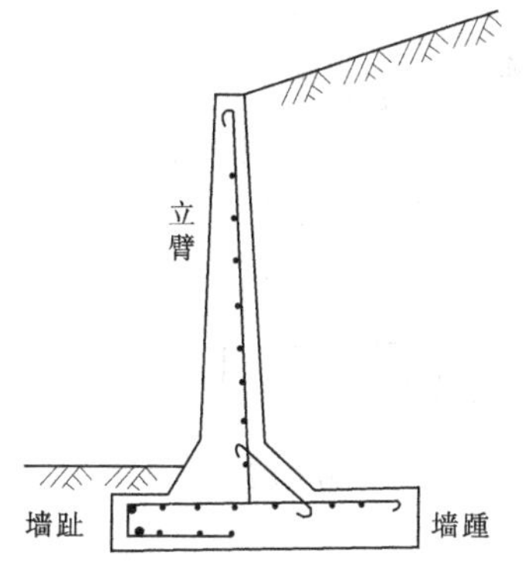

图 6-22　悬臂式挡土墙

（三）扶臂式挡土墙

扶壁式挡土墙由底板及固定在底板上的直墙和扶壁构成，如图 6-23 所示。当挡土墙较高（$H > 10$ m）时，挡土墙的立臂受到的弯矩和产生的挠度都较大，为增加悬臂的抗弯能力，沿墙长纵向，每隔一定的距离设置一道扶壁。墙的稳定主要依靠扶壁和扶壁间的土重来维持。这种挡土墙因造价高，施工困难，故一般只在重要的或大型土建工程中采用。

（四）板桩式挡土墙

板桩式挡土墙分无锚板桩和锚定式板桩两种，如图 6-24 所示。无锚板桩由埋入土中的部分和悬臂两部分组成；锚杆板桩由板桩、锚杆组成；锚定式板桩由板桩、锚杆和锚定板组成。板桩一般采用木板、钢板或钢筋混凝土板。在建筑工程深基坑支护和码头工程中采用较多。在大型水利工程施工围堰中也有采用。

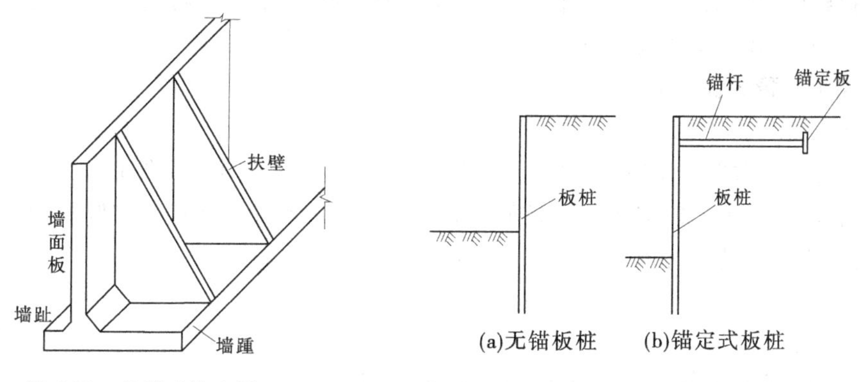

图 6-23　扶臂式挡土墙　　图 6-24　板桩式挡土墙

此外还有空箱式[图 6-25(a)]、锚杆式[图 6-25(b)]、加筋式[图 6-25(c)]等其他形式的挡土结构。

二、挡土墙的计算

本节主要介绍重力式挡土墙的计算，对悬臂式和扶壁式挡土墙，其计算内容、计算原则和安全系数可以借用，但荷载计算有所不同，此处从略。

挡土墙截面尺寸一般按照试算法确定，即先根据挡土墙的工程地质、填土性质、荷载情况以及墙体材料和施工条件凭经验初步拟定截面尺寸，然后进行验算，如不满足要求，则修改截面尺寸或采取其他措施。

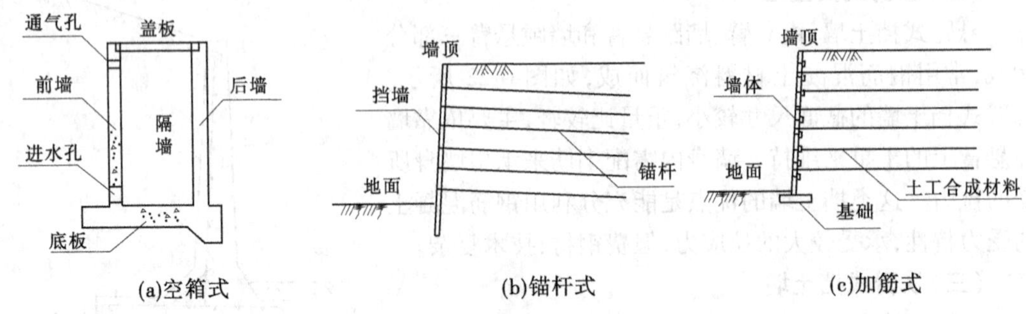

图 6-25　其他形式的挡土结构

(一)挡土墙计算的内容

挡土墙计算的内容包括:

(1)稳定性验算,包括抗倾覆稳定性验算和抗滑移稳定性验算。

(2)地基承载力验算。

(3)墙身材料强度验算。符合现行《混凝土结构设计规范》(GB 50010—2010)和《砌体结构设计规范》(GB 50003—2011)等的要求。

(二)作用在挡土墙上的荷载

作用在挡土墙上的荷载有墙身自重 G、土压力和基底反力。土压力是作用在挡土墙上的主要荷载,此外,若挡土墙排水不良,填土积水须计入水压力,对地震区还应考虑地震效应等。验算稳定性时,土压力及自重的荷载分项系数可取 1.0;当土压力作为外荷载时,应取 1.2 的荷载分项系数。

(三)挡土墙稳定性验算

1. 抗倾覆稳定性验算

挡土墙的破坏大部分是倾覆破坏。如图 6-26 所示,要保证挡土墙在土压力的作用下不发生绕墙趾 O 点的倾覆,必须要求抗倾覆稳定性安全系数 K_t(O 点的抗倾覆力矩与倾覆力矩之比)大于规范允许值,一般取 1.6,即

$$K_t = \frac{Gx_0 + E_{az}x_f}{E_{ax}z_f} \geqslant 1.6 \tag{6-35}$$

式中:E_{ax}——E_a 的水平分力,kN/m,$E_{ax} = E_a\cos(\alpha - \delta)$;

E_{az}——E_a 的竖直分力,kN/m,$E_{az} = E_a\sin(\alpha - \delta)$;

G——挡土墙每延米自重,kN/m;

x_f——土压力作用点离 O 点的水平距离,m,$x_f = b - z\tan\varepsilon$;

z_f——土压力作用点离 O 点的竖直距离,m,$z_f = z - b\tan\alpha_0$;

x_0——挡土墙重心离墙趾的水平距离,m;

b——基底的水平投影宽度,m;

z——土压力作用点离墙踵的高度,m。

若抗倾覆验算不满足要求,可采取以下措施进行处理:

(1)增大挡土墙断面尺寸,使 G 增大,但工程量相应增大。

(2)伸长墙趾,加大 x_0,但墙趾过长,若厚度不够,则需配置钢筋。

(3)墙背做成仰斜,减小土压力。

2. 抗滑移稳定性验算

在土压力作用下,挡土墙也可能沿基础底面发生滑动,如图 6-27 所示。因此,要求基底的抗滑安全系数 K_s(抗滑力与滑动力之比)大于规范允许值 1.3,即

$$K_s = \frac{(G_n + E_{an})\mu}{E_{a\tau} - G_\tau} \geqslant 1.3 \tag{6-36}$$

式中:G_n——挡土墙自重垂直于基底平面方向的分力,kN/m,$G_n = G\cos\alpha_0$;

G_τ——挡土墙自重平行于基底平面方向的分力,kN/m,$G_\tau = G\sin\alpha_0$;

E_{an}——E_a 垂直于基底平面方向分力,kN/m,$E_{an} = E_a\sin(\varepsilon + \alpha_0 + \delta)$;

$E_{a\tau}$——E_a 平行于基底平面方向分力,kN/m,$E_{a\tau} = E_a\cos(\varepsilon + \alpha_0 + \delta)$;

μ——挡土墙基底的摩擦系数,宜按试验确定,也可按表 6-2 选用。

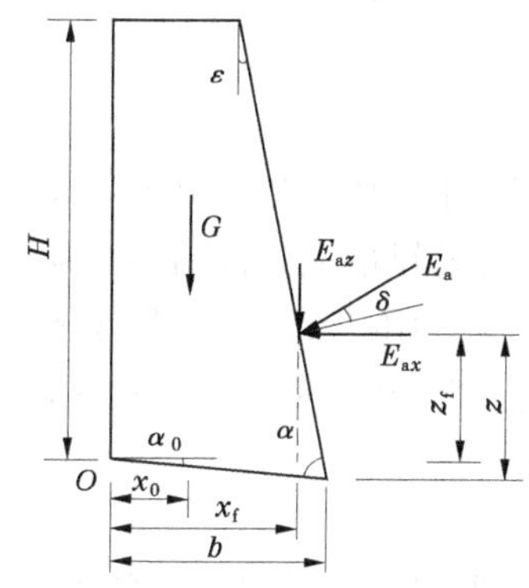

图 6-26　抗倾覆稳定性验算

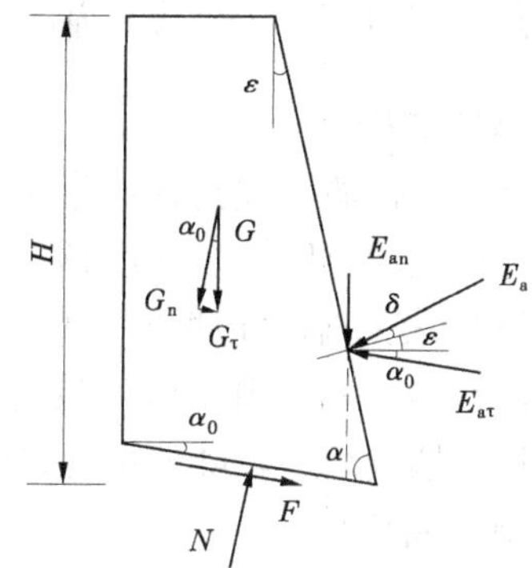

图 6-27　抗滑稳定性验算

表 6-2　挡土墙基底摩擦系数 μ

土的类别		摩擦系数 μ
黏性土	可塑	0.25 ~ 0.30
	硬塑	0.30 ~ 0.35
	坚塑	0.35 ~ 0.40
粉土	$S_t \leqslant 0.5$	0.30 ~ 0.40
中砂、粗砂、砾石		0.40 ~ 0.50
碎石土		0.40 ~ 0.60
软质岩石		0.40 ~ 0.60
表面粗糙的硬质岩石		0.65 ~ 0.75

注:1. 对易风化的软质岩石和 $I_p > 22$ 的黏性土,μ 应通过试验测定。

2. 对碎石土,可根据其密实度、填充物状况、风化程度等确定。

如果抗滑移验算不满足要求,可以采取以下措施进行处理:

(1)增大挡土墙断面尺寸,使 G 增大,增大抗滑力。

(2)墙基底面做成砂、石垫层,以提高μ,增大抗滑力。

(3)墙底做成逆坡,利用滑动面上部分反力来抗滑,如图6-28(a)所示。

(4)在软土地基上,其他方法无效或不经济时,可在墙踵后加拖板,利用拖板上的土重来抗滑,拖板与挡土墙之间应该用钢筋连接,如图6-28(b)所示。

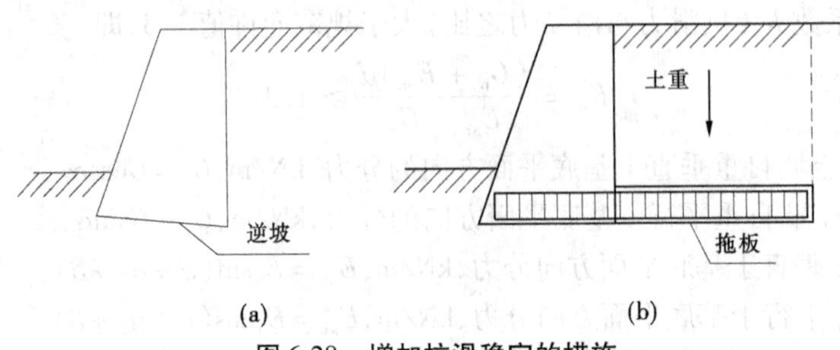

图6-28　增加抗滑稳定的措施

三、重力式挡土墙的构造措施

(一)墙型的选择

重力式挡土墙按墙背倾斜方式分为仰斜、直立和俯斜三种形式,如用相同的计算方法和计算指标计算主动土压力,一般仰斜最小,直立居中,俯斜最大。仰斜墙背墙身截面经济,墙背可以和开挖的临时边坡紧密贴合,但墙后填土较为困难,因此多用于支挡挖方工程的边坡。俯斜墙背墙后填土施工较为方便,易于保证回填土质量而多用于填土工程。直立墙背多用于墙前地形较陡的情况,如山坡上建墙。

(二)基础埋置深度

重力式挡土墙的基础埋置深度(如基底倾斜,基础埋置深度从最浅处的墙趾处计算)应该根据持力层土的承载力、水流冲刷、岩石裂隙发育及风化程度等因素确定。在特强冻胀、强冻胀地区应考虑冻胀的影响。在土质地基中,基础埋置深度不宜小于0.5 m;在软质岩石中,基础埋置深度不宜小于0.3 m。

(三)断面尺寸拟定

当墙前地面较陡时,墙面坡可按1:0.05~1:0.2,当墙高较小时,亦可采用直立的截面。在墙前地面较为平坦时,对于中、高挡土墙,墙面坡度可较缓,但不宜缓于1:0.4,以免增高墙身或增加开挖深度。仰斜墙背坡度愈缓,主动土压力愈小,但为了避免施工困难,仰斜墙背一般不宜缓于1:0.25,墙面坡应尽量与墙背坡平行。俯斜墙背的坡度不大于1:0.36。为了增加挡土墙的抗滑稳定性,可将基底做成逆坡。但是,基底逆坡过大,可能使墙身连同基底下的一块三角形土体一起滑动。因此,土质地基的基底逆坡坡度不宜大于0.1:1,岩石地基基底逆坡不宜大于0.2:1。

当墙高较大时,为了使基底压力不超过地基承载力特征值,可加墙趾台阶,如图6-29所示,以便扩大基底宽度,这对墙的抗倾覆稳定也是有利的。墙趾台阶的高宽比可取$h:a=2:1$,a不得小于20 cm。此外,基底法向反力的偏心矩应满足$e\leqslant b_1/4$条件(b_1为无台阶时的基底宽度)。

挡土墙的顶部,对于块石挡土墙的墙顶宽度不宜小于400 mm;混凝土挡土墙的墙顶宽度不宜小于 200 mm。重力式挡土墙基础底面宽为墙高的 1/2 ~ 1/3。重力式挡土墙应该每隔 10 ~ 20 m 设置一道伸缩缝。当地基有变化时宜加设沉降缝。在挡土结构的拐角处，应采取加强的构造措施。

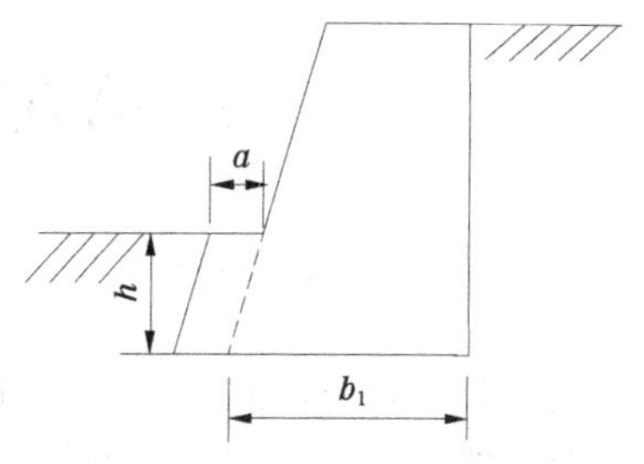

图 6-29　墙趾台阶尺寸示意图

（四）墙后排水措施

在挡土墙建成使用期间，如遇雨水渗入墙后填土中，会使填土的重度增加，内摩擦角减小，土的强度降低，从而使填土对墙的土压力增大；同时墙后积水增加水压力，对墙的稳定性不利。积水自墙面渗出，还要产生渗流压力。水位较高时，静水压力、动水压力对挡土墙的稳定威胁更大。因此，挡土墙设计中必须设置排水。对于可以向坡内排水的支挡结构，应在支挡结构上设置排水孔，如图 6-30 所示。

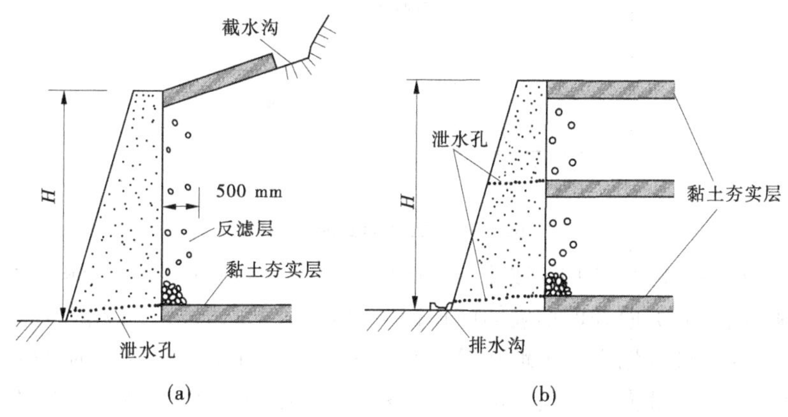

图 6-30　挡土墙排水措施

排水孔应沿着横竖两个方向设置，其间距宜按 2 ~ 3 m，排水孔外斜坡度宜为 5%，孔眼尺寸不宜小于 100 mm。为了防止泄水孔堵塞，应在其入口处以粗颗粒材料做反滤层和必要的排水暗沟。为防止地面水渗入填土和一旦渗入填土中的水渗到墙下地基，应在地面和排水孔下部铺设黏土层并夯实，以利于隔水。当墙后有山坡时，应在坡脚处设置截水沟。对于不能向坡外排水的边坡，应在墙背填土中设置足够的排水暗沟。

（五）填土质量要求

为保证挡土墙的安全正常工作及经济合理，填料的恰当选取极为重要，由土压力理论可知，填土重度越大，则主动土压力越大，而填土的内摩擦角越大，则主动土压力越小。所以，在选择填料时，应从填料的重度和内摩擦角哪一个因素对减小土压力更为有效这一点出发来考虑。一般说来，选用内摩擦角较大、透水性较强的粗粒填料如粗砂、砾石、碎石、块石等，能显著减小主动土压力，而且它们的内摩擦角受浸水的影响也很小；当采用黏性土作填料时，宜掺入适量的碎石。在季节性冻土地区，墙后填土应选用非冻胀性填料，如炉渣、碎石、粗砂等。墙后填土必须分层夯实，保证质量。

第五节　土坡稳定分析

一、土坡稳定的作用

土坡就是具有倾斜表面的土体。由于地质作用自然形成的土坡，如山坡、江河的岸坡等称为天然土坡。经过人工开挖，填土工程建造物如基坑、渠道、土坡、路堤等的边坡，通常称为人工土坡。土坡的外形和各部分名称，如图 6-31 所示。

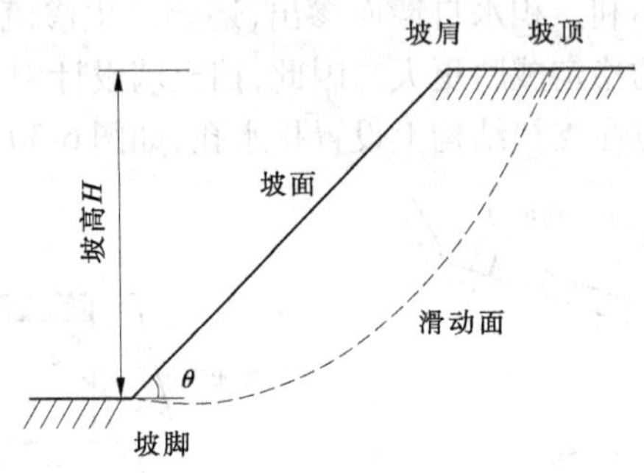

图 6-31　土坡的各部分名称

在土体自重和外力作用下，坡体内将产生切应力，当切应力大于土的抗剪强度时，即产生剪切破坏，如靠坡面处剪切破坏面积很大，则将产生一部分土体相对另一部分土体滑动的现象，称为滑坡或塌方。土坡在发生滑动之前，一般在坡顶首先开始明显的下沉并出现裂缝，坡脚附近的地面则有较大的侧向位移并微微隆起。随着坡顶裂缝的开展和坡脚侧向位移的增加，部分土体突然沿着某一个滑动面急剧下滑，造成滑坡。

土木建筑工程中经常遇到各类土坡，包括天然土坡和人工土坡。如果处理不当，一旦土坡失稳产生滑坡，不仅会影响工程进度，而且会危及生命安全和工程存亡，应该引起重视。

（一）基坑开挖

一般黏性土浅基础施工，基础埋深 1 ~ 2 m，可垂直开挖节省土方量，也可用速度快的机械化施工。但当深度大于 5 m 时，两层以上的箱基或深基，垂直开挖会产生滑坡。如边坡缓，则工程量太大，在密集建筑区进行基坑开挖，可能影响邻近建筑物的安全。

（二）坡顶荷载过大

土坡坡顶修建建筑物或堆放材料，可能使原来稳定的土坡产生滑动。如建筑物离边坡远，则对土坡无影响，应确定安全距离。

（三）确定合适的坡度

人工填筑的土堤、土坝、路基，应采用合适边坡坡度。由于这些工程长度很大，边坡稍微改陡一点，节省的工程量往往很可观。

由此可见，土坡稳定在工程上具有很重要的意义，特别要注意外界不利因素对土坡稳定的影响。

二、影响土坡稳定的因素

影响土坡稳定有多种因素，包括土坡的边界条件、土质条件和外界条件。具体因素分述如下。

（一）土坡坡度

土坡坡度有两种表示方法：一种以高度和水平尺度之比来表示，例如1∶2 表示高度1 m，水平长度为2 m 的缓坡；另一种以坡角 θ 的大小来表示。坡角 θ 越小，则土坡越稳定，但不经济；坡角 θ 越大，则土坡越经济，但不安全。

（二）土坡高度

土坡高度 H 是指坡脚到坡顶之间的铅直距离。试验研究表明，对于黏性土坡，其他条件相同时，坡高越小，土坡越稳定。

（三）土的性质

土的性质越好，土坡越稳定。例如，土的抗剪强度指标 c 、φ 值大的土坡比 c、φ 值小的土坡稳定。有时由于地震等原因，使 φ 降低或产生孔隙水压力，可能使原来稳定的边坡失稳滑动，地下水位上升，对土坡不利。

（四）气象条件

若天气晴朗，土坡处于干燥状态，土的强度高，土坡的稳定性就好。若在雨季，尤其是连续大暴雨，大量的雨水入渗，使土的强度降低，可能导致土坡滑动。

（五）地下水的渗透

当土坡中存在与滑动方向一致的渗透力时，对土坡稳定不利。例如，水库土坝下游土坡可能发生这种情况。

（六）震动荷载

震动荷载，如地震、工程爆破、车辆振动等，会产生附加的震动荷载，降低土坡的稳定性。震动荷载还可能使土体中的孔隙水压力升高，降低土体的抗剪强度。震动能量愈大则愈危险。

（七）人类活动和生态环境

人类活动和生态环境，将对土坡的稳定性产生影响。例如，经过漫长时间形成的天然土坡原本是稳定的，如在土坡上建造房屋，增加了坡上荷载，有可能引起土坡的滑动；如在坡脚建房，为增加平地面积，往往将坡脚的缓坡削平，则土坡更容易失稳发生滑动。

三、土坡稳定性分析

（一）无黏性土坡的稳定性分析

均质的无黏性土颗粒间无黏聚力存在，因此只要坡面上的土颗粒能够保持稳定，则整个土坡便是稳定的。如图6-32 所示的均质无黏性土坡，坡角为 β。现从坡面上任取一小块土体来分析其稳定条件。设土块的重量为 W，产生的下滑力即接触面上的剪切力，该力就是 W 在顺坡方向的分力 $T = W\sin\beta$；阻止该土块下滑的力是小块土体与坡面间的抗剪力 T'。

$$T' = N\tan\varphi \tag{6-37}$$

式中：N——土块重量在坡面法线方向的分力，$N = W\cos\beta$；

φ——土的内摩擦角。

抗剪力与剪切力之比即为土坡稳定安全系数 K，即

$$K = \frac{\text{抗剪力 } T'}{\text{剪切力 } T} = \frac{W\cos\beta \cdot \tan\varphi}{W\sin\beta} = \frac{\tan\varphi}{\tan\beta} \tag{6-38}$$

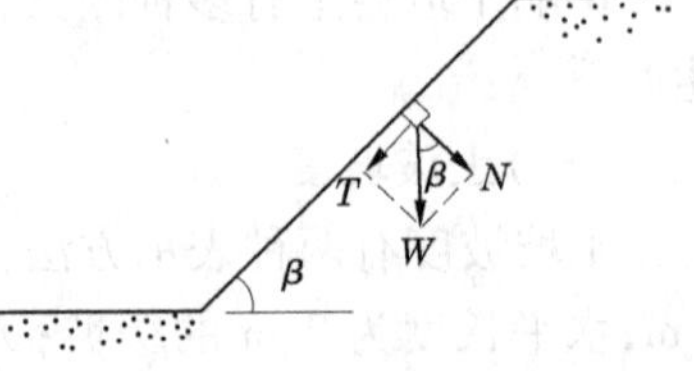

图 6-32　无黏性土坡的稳定分析

由式(6-38)可见，对于均质无黏性土坡，只要坡角 β 小于土的内摩擦角 φ，则无论土坡的高度为多少，土坡总是稳定的。$K = 1$ 时，土坡处于极限平衡状态，此时的坡角 β 就等于无黏性土的内摩擦角 φ，称为自然休止角。为了保证土坡的稳定，必须使稳定安全系数大于 1，一般可取 $K = 1.1 \sim 1.5$。

（二）黏性边坡的稳定性分析

黏性土的抗剪强度是由内摩擦力和内黏聚力组成。由于内黏聚力的存在，黏性土土坡失去稳定时，不会像无黏性土那样沿坡面表面滑动，而是沿着一个曲面滑动，通常将这个滑动曲面近似为圆弧面。分析黏性土坡稳定性的方法有多种，这里主要介绍瑞典圆弧法和条分法。

1. 瑞典圆弧法

图 6-33 为简单黏性土坡，ABC 为假定的一个滑弧，圆心在 O 点，半径为 R。假定土体 $ABCD$ 为刚体，在重力 W 的作用下，将绕圆心 O 旋转。

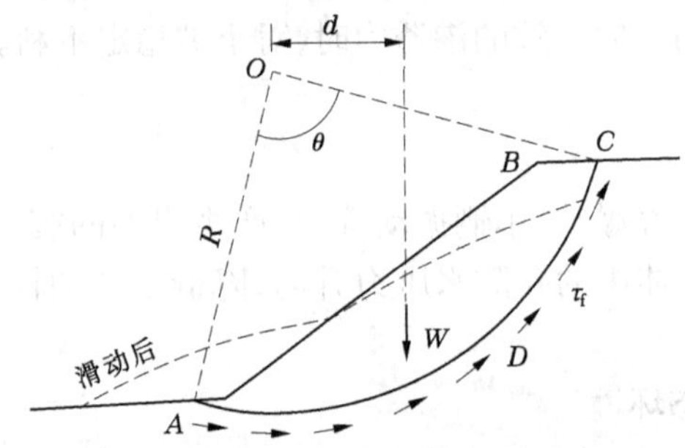

图 6-33　圆弧法的计算图式

使土体绕圆心 O 下滑的滑动力矩：

$$M_s = Wd \tag{6-39}$$

阻止土体滑动的力是滑弧上的抗滑力，其值等于抗剪强度 τ_f 与滑弧 ADC 长度 L 的乘积，故阻止土体 $ABCD$ 向下滑动的抗滑力矩（对 O 点）为

$$M_R = \tau_f \widehat{L} R \tag{6-40}$$

所以土坡的稳定安全系数

$$K = \frac{M_R}{M_s} = \frac{\tau_f \widehat{L} R}{Wd} \tag{6-41}$$

为了保证土坡的稳定，K 必须大于 1.0。验算一个土坡的稳定性时，先假定多个不同的

滑动面，通过试算找出多个相应的 K 值，相应于最小稳定安全系数 K_{min} 的滑弧即为最危险滑动面。评价一个土坡的稳定性时，要求最小的安全系数应不小于有关规范要求的数值。

2. 条分法

对于外形比较复杂的土坡，特别是土坡由多种土构成时，要确定滑动土体的重量和重心位置就比较复杂。为此，可将滑动土体分成若干条，求出各土条底面的剪切力和抗剪力，再根据力矩平衡条件，将各土条的抗滑力矩和滑动力矩分别总和起来，求得安全系数的表达式，如图 6-34 所示，这种方法称条分法。具体分析步骤如下：

（1）按比例绘制土坡剖面图，如图 6-34（a）所示。

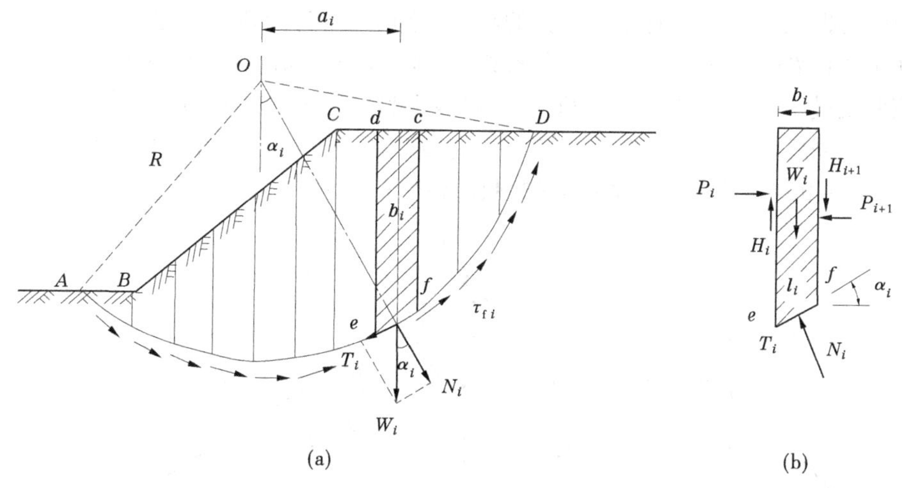

图 6-34　条分法计算图式

（2）选任一点 O 为圆心，以 OA 为半径 R，作圆弧 AD，AD 为假定的滑弧面。

（3）将滑弧面以上土体竖直分成宽度相等的若干土条并依次编号。编号时可以将通过圆心 O 的竖直线定为 0 号土条的中线，土条编号向右为正，向左为负。为使计算方便，可取各土条宽度 $b=0.1R$，则 $\sin\alpha_i=0.1i$，可减少大量三角函数计算。

（4）计算土条自重 W_i 在滑动面 ef 上的法向分力 N_i 和切向分力 T_i

$$N_i = W_i\cos\alpha_i \tag{6-42}$$

$$T_i = W_i\sin\alpha_i \tag{6-43}$$

抗剪力

$$\begin{aligned}\tau_i &= c_i l_i + N_i\tan\varphi_i \\ &= c_i l_i + W_i\cos\alpha_i\tan\varphi_i\end{aligned} \tag{6-44}$$

当不计土条两侧面 cf 和 de 上的法向力 P_i 和剪切力 H_i 的影响时，如图 6-34（b）所示，使静不定问题转化为静定问题，其误差为 10%～15%，这样简化后的结果偏于安全。

（5）计算土坡稳定安全系数 K。

$$\begin{aligned}K &= \frac{\text{阻止各土条滑动的抗滑力矩总和 } M_R}{\text{各土条的滑动力矩总和 } M_s} \\ &= \sum \tau_i R / \sum T_i R\end{aligned}$$

$$= \sum (c_i l_i + W_i \cos\alpha_i \tan\varphi_i) / \sum W_i \sin\alpha_i \tag{6-45}$$

稳定分析时可假定多个滑弧面,分别计算相应的 K 值,其中 $K_{\min}$ 所对应的滑弧面就是最危险滑动面,当 $K_{\min}>1$ 时,土坡是稳定的。根据工程性质,一般可取 $K=1.1\sim1.5$。

为了减轻试算工作量,费伦纽斯(Fellenius. W,1972)指出,$\varphi=0$ 的简单土坡最危险滑弧为通过坡脚的圆弧,其圆心 O 点的位置可根据土坡坡度 β 查表 6-3,得 β_1 和 β_2 角,AO 与 BO 两线交点为圆心 O 点,如图 6-35(a)所示。当 $\varphi\neq0$ 时,费伦纽斯认为,最危险的滑弧圆心将沿图 6-35(b)中的 EO 线向左上方移动,圆心点的位置仍按 $\varphi=0$ 的情况确定,E 点则位于坡顶之下 $2H$ 深,距坡脚的水平距离为 $4.5H$ 处。计算时沿 EO 延长线上取 O_1、O_2、O_3…作为圆心,绘出相应的通过坡脚的滑弧,分别求出各滑弧的稳定安全系数,在垂直 EO 的方向上按比例画出代表各安全系数 K_1、K_2、K_3…数值的线段,然后连成 K 值曲线。在该曲线最小的 K 值处作垂线 FG,在 FG 线上另取几个圆心 O_a、O_b…计算相应的稳定安全系数。同样可作出 K'值曲线,并以 K'值曲线上的最小值为该土坡的最小稳定安全系数值 $K'_{\min}$,而相应 O'为最危险滑动面的圆心,如图 6-35(b)所示。

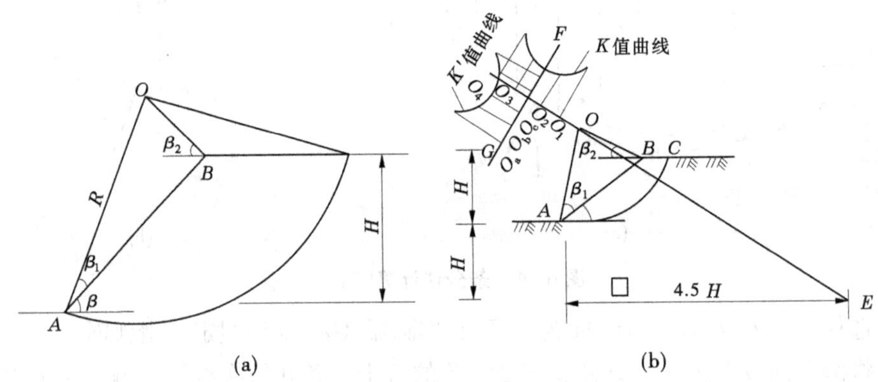

图 6-35　最危险滑动圆心位置的确定

表 6-3　β_1 和 β_2 的数值

坡角 β	坡度 1∶m(垂直∶水平)	β_1(°)	β_2(°)
60°	1∶0.58	29	40
45°	1∶1.0	28	37
33°47′	1∶1.5	26	35
26°34′	1∶2.0	25	35
18°26′	1∶3.0	25	35
14°02′	1∶4.0	25	37
11°19′	1∶5.0	25	37

【例 6-6】　如图 6-36 所示,均质黏性土坡,高 20 m,边坡为 1∶3,土的内摩擦角 $\varphi=20°$,黏聚力 $c=9.81$ kPa,重度 $\gamma=17.66$ kN/m³,试用条分法计算土坡的稳定安全系数。

解:(1)按比例绘出土坡的剖面图,假定滑弧圆心及相应的滑弧位置。因为是均质土坡,其边坡为 1∶3,由表 6-3 查得 $\beta_1=25°$,$\beta_2=35°$,作 MO 的延长线,在 MO 延长线上任取

一点 O_1，作为第一次试算的滑弧圆心，通过坡趾作相应的滑弧 AC，其半径 $R=52$ m。

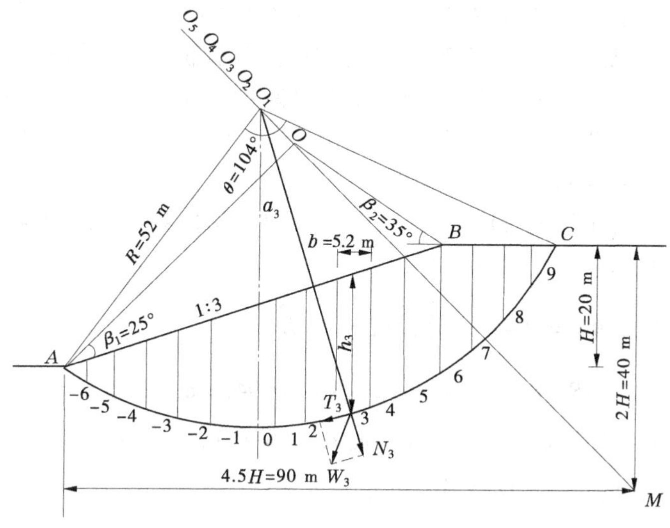

图 6-36　例 6-6 图

(2)将滑动土体 ABC 分成若干土条，并对土条进行编号。土条宽度可取 $b=0.1R=5.2$ m。土条编号从滑弧圆心的铅垂线下开始作为 0，逆滑动方向依次为 1、2、3…等，顺滑动方向依次为 -1、-2、-3…等。

(3)量出各土条中心高 h_i 并列表计算 $\sin\alpha_i$、$\cos\alpha_i$ 及 $\sum h_i\sin\alpha_i$、$\sum h_i\cos\alpha_i$ 等值(见表 6-4)。

表 6-4　例 6-6 计算表

土条编号	h_i(mm)	$\sin\alpha_i$	$\cos\alpha_i$	$h_i\sin\alpha_i$	$h_i\cos\alpha_i$
-6	2.7	-0.6	0.800	-1.62	2.16
-5	6.4	-0.5	0.866	-3.20	5.54
-4	10.0	-0.4	0.916	-4.00	9.16
-3	14.0	-0.3	0.954	-4.20	13.36
-2	17.4	-0.2	0.980	-3.48	17.10
-1	20.0	-0.1	0.995	-2.00	19.00
0	22.0	0	1.000	0	22.00
1	23.6	0.1	0.995	2.36	23.48
2	24.4	0.2	0.980	4.88	23.91
3	25.0	0.3	0.954	7.50	23.85
4	25.0	0.4	0.916	10.00	22.90
5	24.0	0.5	0.866	12.00	20.78
6	20.8	0.6	0.800	12.48	16.64
7	16.0	0.7	0.715	11.20	11.44
8	10.8	0.8	0.600	8.64	6.48
9	2.8	0.9	0.436	2.52	1.22
Σ				53.08	239.02

应该注意,当取 $b=0.1R$ 时,滑动土体两侧土条(如图 6-36 中第 −6 条及第 9 条)的宽度往往不会恰好等于 b,应用式(6-42)时,可以将该土条的实际高度 h_i 折算成假定宽度为 b 时的高度 h_i',而使折算后的土条面积 bh_i 与实际土条面积 b_ih_i 相等(b_i 为两侧土条实际宽度),则得 $h_i'=b_ih_i/b$。与此同时,对 $\sin\alpha_i$ 也必须做相应的计算。现以 −6 土条为例,量出该土条实际高度 $h_i=3$ m,实际宽度 $b_i=4.68$ m,但 $b=5.2$ m,则折算后的土条高度 $h_i'=3\times4.68/5.2=2.7(\mathrm{m})$,故:

$$\sin\alpha_{-6}=-(5.5b+0.5b_{-6})/R=-(5.5\times5.2+0.5\times4.68)/52=-0.595$$

取 $\sin\alpha_{-6}=-0.6$,同理可得第 9 条的 $\sin\alpha_9=0.9$。

(4)量出滑弧中心角 $\theta=104°$,计算滑弧长度 $\widehat{L}$。

$$\widehat{L}=\pi\theta R/180=104\times52\pi/180=94.3\ \mathrm{m}\qquad(\sum l_i)$$

(5)计算安全系数 K。将以上计算结果代入式(6-45),得到第一次试算的安全系数为

$$K=\sum(c_il_i+W_i\cos\alpha_i\tan\varphi_i)/\sum W_i\sin\alpha_i$$
$$=[\sum c_il_i+\sum\gamma_ib_ih_i\cos\alpha_i\tan\varphi_i]/\sum\gamma_ib_ih_i\sin\alpha_i$$
$$=(cL+\gamma b\tan\varphi\sum h_i\cos\alpha_i)/\gamma b\sum h_i\sin\alpha_i$$
$$=(9.81\times94.3+17.66\times5.2\times0.364\times239.02)/17.66\times5.2\times53.08=1.83$$

(6)在 MO 延长线上重新假定滑弧中心 O_2、O_3…等,重复以上计算,求出相应的安全系数 K_2,K_3…,然后绘图找出最小安全系数 $K'_{\min}$。然后,过 $K'_{\min}$ 点作 OM_1 的垂直线 EF,在 EF 线上 $K'_{\min}$ 的两侧再取几个圆心 O_6、O_7、O_8…,分别求出相应的安全系数,从而按上述方法确定 EF 方向最小的稳定安全系数 $K_{\min}$,此即该土坡的稳定安全系数值,比较是否满足工程要求的允许稳定安全系数 K,不满足时采取措施。

四、土坡稳定分析的几个问题

(一)关于挖方边坡和天然边坡

人工挖出和天然存在的土坡是在天然地层中形成的,但与人工填筑土坡相比有独特之处。对均质挖方土坡和天然土坡稳定性分析,与人工填筑土坡相比,求得的安全系数比较符合实测结果,但对于超固结裂隙黏土,算得的安全系数虽远大于 1,表面上看来已稳定,实际上都已破坏,这是由超固结黏土的特性决定的。随着剪切变形的增加,抗剪强度增大到峰值强度,随后降至残余值,特别是黏聚力下降较大,甚至接近于零,这些特性对土坡稳定性有很大影响。

(二)关于圆弧滑动法

该法把滑动面简单地当作圆弧,并认为滑动土体是刚性的,没有考虑分条之间的推力,或只考虑分条间水平推力(毕肖普公式),故计算结果不能完全符合实际,但由于计算概念明确,且能分析复杂条件下土坡稳定性,所以在各国实践中普遍使用。由均质黏土组成的土坡,该方法可使用,但由非均质黏土组成的土坡,如坝基下存在软弱夹层或土石坝等,其滑动面形状发生很大变化,应根据具体情况,采用非圆弧法进行计算比较。不论用哪一种方法,都必须考虑渗流的作用。

（三）土的抗剪强度指标选用问题

选用的土抗剪强度指标是否合理，对土坡稳定性分析结果有密切关系。应结合边坡实际加荷情况、填料性质和排水条件等，合理选用土的抗剪强度指标。

（四）安全系数选用问题

从理论上讲，处于极限平衡状态的土坡，其安全系数 $K=1$，所以：若设计土坡时的 $K>1$，就应满足稳定要求。但实际工程中，有些土坡安全系数 $K>1$，还是发生了滑动；而有些土坡安全系数 $K<1$，却是稳定的。这是因为影响安全系数的因素很多，如抗剪强度指标的选用、计算方法的选择、计算条件的选择等。目前对土坡稳定容许安全系数的数值，各部门尚无统一标准，选用时要注意计算方法、强度指标和容许安全系数必须相互配合，并要根据工程不同情况，结合当地已有经验加以确定。

（五）成层土土坡或地表面有堆载等复杂情况下土坡稳定性分析

当土坡滑动体由两层或更多土层组成时，滑动面往往贯穿多个土层。土坡稳定性分析时，土体自重的应该根据滑动体的具体组成，采用相应的重度计算；抗剪强度也应该依据实际情况分段采用相应的抗剪强度指标计算。当地表面有堆载时，按划分后的土条，将堆载分摊到相应的土条顶面。土坡稳定性分析时，将堆载作为竖直向的力，计入相应的平衡方程。

（六）土坡稳定的允许高度

《建筑地基基础设计规范》（GB 50007—2002）规定：边坡的坡度允许值，应根据当地经验，参照同类土层稳定坡度确定，当土质良好且均允匀，可按表 6-5 确定。

表 6-5　土质边坡的坡度允许值

土的类别	密实度或状态	坡度允许值（高宽比）	
		坡高在 5 m 以内	坡高为 5 ~ 10 m
碎石土	密实	1∶0.35 ~ 1∶0.50	1∶0.50 ~ 1∶0.75
	中密	1∶0.50 ~ 1∶0.75	1∶0.75 ~ 1∶1.00
	稍密	1∶0.75 ~ 1∶1.00	1∶1.00 ~ 1∶1.25
黏性土	坚硬	1∶0.75 ~ 1∶1.00	1∶1.00 ~ 1∶1.25
	硬塑	1∶1.00 ~ 1∶1.25	1∶1.25 ~ 1∶1.50

注：1. 表中碎石土的充填物为坚硬塑状态的黏性土。

2. 对于砂土或充填物为砂土的碎石土，其边坡坡度允许值按自然休止确定。

（七）不稳定边坡应采取的措施

对不稳定的边坡经常采用减小滑动或者增大抗滑力的措施来进行防治。

从减小滑动上考虑，首先可用卸载减压法，也就是在坡顶或坡面进行卸载，如开挖、降低坡高等，但必须保证卸载区上方及两侧岩土体的稳定条件。其次可以采用排水减压法，根据滑坡体地质条件，可以在滑坡体内设置排水设施，如排水沟、排水孔等，减小地下水渗透压力作用。

从增大抗滑力上考虑，可以采用边坡加固法，主要有修建支挡建筑物、护面、锚固及灌浆处理等，常见的支挡建筑物有重力式抗滑挡土墙、阻滑桩及其他抗滑结构，常用的护面有喷素混凝土或喷锚支护，灌浆处理则通过固结或化学灌浆，改变土的性质，使其强度增加。也可以采用拦截地表水的方法，采取填塞裂缝，消除地表积水洼地，或在滑坡体上设置排水沟，种植蒸腾量大的树木等措施，防止地面水浸入滑坡体而导致强度降低。

思考题与习题

1. 根据挡土墙位移方向和大小可将土压力分为哪几种状态？

2. 土压力分为哪几种类型？影响土压力大小的因素有哪些？

3. 什么是主动土压力，产生主动土压力的条件是什么？适用于什么范围？

4. 什么是被动土压力？

5. 相同条件下，静止土压力、主动土压力和被动土压力的大小关系是什么？

6. 库仑土压力的基本假设是什么？适用于什么范围？如何计算主动土压力系数？

7. 挡土墙有哪些类型？分别有什么特点？适用于什么情况？

8. 影响土坡稳定的因素有哪些？无黏性土坡的稳定性与哪些因素有关？

9. 瑞典圆弧法的原理是什么？如何确定最危险圆弧滑动面？

10. 某挡土墙高 9 m，墙背铅直光滑，墙后填土表面水平，有均布荷载 $q=20$ kPa，土的重度 $\gamma=19$ kN/m^3，$\varphi=30°$，$c=0$。试绘出墙背的主动土压力分布图，确定总主动土压力三要素。

11. 某挡土墙高 7 m，墙背铅直光滑，填土地面水平，并作用有均布荷载 $q=20$ kPa，墙后填土分两层，上层厚 3 m，$\gamma_1=18$ kN/m^3，$\varphi_1=20°$，$c_1=12.0$ kPa，地下水埋深 3 m，水位以下土的重度为 $\gamma_{sat}=19.2$ kN/m^3，$\varphi_2=26°$，$c_2=6.0$ kPa。试绘出墙背的主动土压力分布图，确定总侧压力三要素。

12. 某挡土墙墙高 5 m，墙背倾角为 10°，填土表面倾角 15°，填土为无黏性土，重度 $\gamma=15.68$ kN/m^3，内摩擦角 $\varphi=30°$。墙背与土的摩擦角 $\delta=\frac{2}{3}\varphi$。试求作用在墙上的总主动土压力三要素。

13. 某挡土墙高 4 m，水平填土表面上作用大面积均布荷载 20 kPa，墙后为黏性填土 $\gamma=20$ kN/m^3，$c=5$ kPa，$\varphi=30°$，已知实测挡土墙所受土压力为 64 kN/m，静止土压力系数为 0.5。试用朗肯土压力理论说明此时墙后填土是否达到极限平衡状态，为什么？

第七章　岩土工程勘察

第一节　岩土工程勘察等级的划分

岩土工程勘察进行等级划分的目的在于突出重点、区别对待、利于管理、有的放矢，合理布置勘探工作和确定勘探工作量。《岩土工程勘察规范》(GB 50021—2001)(2009年版)规定，岩土工程勘察分级是根据工程重要性等级、场地复杂程度和地基复杂程度等因素综合确定。

一、工程重要性等级划分

根据工程的规模和特征，以及岩土工程问题造成工程破坏或影响正常使用的后果，可分为三个工程重要性等级，见表7-1。

表7-1　工程重要性等级

工程重要性等级	破坏后果	工程类型
一级	很严重	重要工程
二级	严重	一般工程
三级	不严重	次要工程

以住宅和一般公用建筑为例，30层以上的可定为一级，7～30层的可定为二级，6层及6层以下的可定为三级。

二、场地复杂程度

场地复杂程度按照对建筑场地抗震稳定性、不良地质作用发育情况、地质环境破坏程度、地形地貌条件和地下水复杂程度等五个方面综合分析，可划分为三个场地等级，即一级场地(复杂场地)、二级场地(中等复杂场地)、三级场地(简单场地)，见表7-2。

三、地基复杂程度

地基复杂程度按表7-3规定划分为一级地基(复杂地基)、二级地基(中等复杂地基)和三级地基(简单地基)三个等级。

表 7-2 场地复杂程度等级

场地等级	建筑抗震	不良地质作用	地质环境	地形地貌	地下水
一级场地(符合条件之一)	危险地段	强烈发育	已经或可能受到强烈破坏	复杂	有影响工程的多层地下水、岩溶裂隙水或其他水文地质条件复杂,需要专门研究
二级场地(符合条件之一)	不利地段	一般发育	已经或可能受到一般破坏	较复杂	基础位于地下水位以下的场地
三级场地(符合所有条件)	有利地段(或抗震设防烈度≤6 度)	不发育	基本未受破坏	简单	对工程无影响

注:1. 从一级开始,向二级、三级推定,以最先满足的为准。

2. 对建筑抗震有利、不利和危险地段的划分,应按现行国家标准《建筑抗震设计规范》(GB 50011—2010)的规定确定。

表 7-3 地基复杂程度等级

场地等级	岩体条件	特殊性岩土
一级场地(符合条件之一)	岩土种类多,很不均匀,性质变化大,需特殊处理	严重湿陷、膨胀、盐渍、污染的特殊性岩土,以及其他情况复杂,需做专门处理的岩土
二级场地(符合条件之一)	岩土种类较多,不均匀,性质变化较大	除复杂地基规定外的特殊性岩土
三级场地(符合所有条件)	岩土种类单一,均匀,性质变化不大	无特殊性岩土

注:从一级开始,向二级、三级推定,以最先满足的为准。

多年冻土情况特殊,勘察经验不多,应列为一级地基。“严重湿陷、膨胀、盐渍,污染的特殊性岩土”是指自重湿陷性土、三级非自重湿陷性土、三级膨胀性土等,其他需做专门处理的,以及变化复杂,同一场地上存在多种强烈程度不同的特殊性岩土时,也应列为一级地基。

四、岩土工程勘察等级

划分岩土工程勘察等级,目的是突出重点,区别对待,以利管理。岩土工程勘察等级应在工程重要性等级、场地等级和地基等级的基础上划分。一般情况下,勘察等级可在勘察工作开始前,通过收集已有资料确定。但随着勘察工作的开展,对自然认识的深入,勘察等级也可能发生改变。对于岩质地基,场地地质条件的复杂程度是控制因素。建造在岩质地基上的工程,如果场地和地基条件比较简单,勘察工作的难度是不大的。根据工程重要性、场地复杂程度和地基复杂程度等级三项因素及其分级情况，将岩土工程勘察划分为三个等级，如表7-4所示。

表7-4　岩土工程勘察等级的划分

岩土工程勘察等级	评定标准
甲级	在工程重要性、场地复杂程度和地基复杂程度等级中，有一项或多项为一级
乙级	除勘察等级为甲级和丙级外的勘察项目
丙级	工程重要性、场地复杂程度和地基复杂程度等级均为三级

注：建筑在岩质地基上的一级工程，当场地复杂程度等级和地基复杂程度等级均为三级时，岩土工程勘察等级可定为乙级。

第二节　岩土工程勘察阶段划分及其工作内容

岩土工程勘察服务于工程建设的全过程，岩土工程勘察的目的在于运用各种勘察技术手段，有效查明建筑物场地的工程地质条件，并结合工程项目特点及要求，分析场地内存在的工程地质问题，论证场地地基的稳定性和适宜性，提出正确的岩土工程评价和相应对策，为工程建设的规划、设计、施工和正常使用提供依据。

为保证工程建筑物自规划设计到施工和使用全过程达到安全、经济、耐用的标准，使建筑物场地、结构、规模、类型与地质环境、场地工程地质条件相互适应。任何工程的规划设计过程必须遵照循序渐进的原则，即科学地划分为若干阶段进行。工程地质勘察过程是对客观工程地质条件和地质环境的认识过程，其认识过程由区域到场地，由地表到地下，由一般调查到专门性问题的研究，由定性到定量评价的原则进行。因此，岩土工程勘察阶段的划分应与工程设计阶段的划分相一致。

岩土工程勘察阶段的划分与工程建设各个阶段相适应，可行性研究勘察应符合选择场址方案的要求，一般进行工程地质测绘和调查；初步勘察应符合初步设计的要求；详细勘察应符合施工图设计的要求；场地条件复杂或有特殊要求的工程，宜进行施工勘察。

场地较小且无特殊要求的工程可合并勘察阶段。当建筑物平面布置已经确定，且场地或其附近已有岩土工程资料时，可根据实际情况，直接进行详细勘察。

一、可行性研究勘察（选址勘察）阶段

可行性研究勘察目的是得到若干个拟选场址方案的主要工程地质资料，其主要任务是对拟建场址稳定性和适宜性做出岩土工程评价，明确拟选定的场地范围和应避开的地区和地段，对拟选方案进行技术经济论证和方案比较，从经济和技术两个方面进行论证以选取最优的工程建设场地。

（一）建筑物选址时应避开的地区和地段

一般情况下，工程建筑物地址力争避开如下工程地质条件恶劣的地区和地段：

（1）不良地质作用发育（崩塌、滑坡、泥石流、岸边冲刷、地下潜蚀等地段），对建筑物场地稳定构成直接危害或潜在威胁的地段；

(2)地基土性质严重不良；

(3)建筑抗震危险地段；

(4)受洪水威胁或地下水不利影响地段；

(5)地下有未开采的有价值的矿藏或未稳定的地下采空区。

(二)可行性研究勘察阶段的主要工作内容

(1)收集区域地质、地形地貌、地震、矿产、当地的工程地质、岩土工程和建筑经验等资料；

(2)在充分收集和分析已有资料的基础上，通过踏勘了解场地的地层、构造、岩性、不良地质作用和地下水等工程地质条件；

(3)当拟建场地工程地质条件复杂，已有资料不能满足要求时，应根据具体情况进行工程地质测绘和必要的勘探工作；

(4)当有两个或两个以上拟选场地时，应进行比选分析。

二、初步勘察阶段

初步勘察是与工程初步设计相适应的。其主要任务是在选址勘察的基础上对工程建筑场地做出进一步的勘察，为确定建筑物总平面布置、选择主要建筑物地基基础设计方案和对不良地质现象的防治提供资料、进行论证。

(一)初步勘察阶段主要工作内容

(1)收集拟建工程的有关文件、工程地质和岩土工程资料以及工程场地范围的地形图；

(2)初步查明地质构造、地层结构、岩土工程特性、地下水埋藏条件；

(3)查明场地不良地质作用的成因、分布、规模、发展趋势，并对场地的稳定性做出评价；

(4)对抗震设防烈度等于或大于6度的场地，应对场地和地基的地震效应做出初步评价；

(5)季节性冻土地区，应调查场地土的标准冻结深度；

(6)初步判定水和土对建筑材料的腐蚀性；

(7)高层建筑初步勘察时，应对可能采取的地基基础类型、基坑开挖与支护、工程降水方案进行初步分析评价。

(二)初步勘察的勘探工作技术要求

初步勘察的范围是建设场地内的建筑地段。主要的勘察方法是工程地质测绘、工程物探、钻探、土工试验。

1. 勘探工作布置

(1)勘探线应垂直地貌单元、地质构造和地层界线布置；

(2)每个地貌单元均应布置勘探点，在地貌单元交接部位和地层变化较大的地段，勘探点应予加密；

(3)在地形平坦地区，可按网格布置勘探点；

(4)对岩质地基，勘探线和勘探点的布置，勘探孔的深度，应根据地质构造、岩体特性、风化情况等，按地方标准或当地经验确定。

对土质地基，初步勘察阶段勘探线、勘探点的间距根据岩土工程勘察等级应符合表7-5的规定。

表7-5　初步勘察勘探线、勘探点间距

地基复杂程度等级	勘探线间距(m)	勘探点间距(m)
一级(复杂)	50～100	30～50
二级(中等复杂)	75～150	40～100
三级(简单)	150～300	75～200

注：1. 表中间距不适用于地球物理勘探。

2. 控制性勘探点宜占勘探点总数的1/5～1/3，且每个地貌单元均应有控制勘探点。

3. 局部异常地段应予加密。

勘探孔的深度应根据拟建建筑物的荷载大小、分布、地基土的特性确定，分一般性勘探孔和控制勘性探孔两类，其深度根据工程重要性等级符合表7-6规定。

表7-6　初步勘察勘探孔深度

工程重要性等级	一般性勘探孔(m)	控制性勘探孔(m)
一级(重要工程)	≥15	≥30
二级(一般工程)	10－15	15～30
三级(次要工程)	6～10	10～20

注：勘探孔包括钻孔、探井和原位测试孔等；特殊用途的钻孔除外。

当遇到下列情形之一时，应适当增减勘探孔深度：

(1)当勘探孔的地面标高与预计整平地面标高相差较大时，应按其差值调整勘探孔深度；

(2)在预定深度内遇基岩时，除控制性勘探孔仍应钻入基岩适当深度外，其他勘探孔达到确认的基岩后即可终止钻进；

(3)在预定深度内有厚度较大，且分布均匀的坚实土层(如碎石土、密实砂、老沉积土等)时，除控制性勘探孔应达到规定深度外，一般性勘探孔的深度可适当减小；

(4)当预定深度内有软弱土层时，勘探孔深度应适当增加，部分控制性勘探孔应穿透软弱土层或达到预计控制深度；

(5)对重型工业建筑应根据结构特点和荷载条件适当增加勘探孔深度。

初步勘察应进行下列水文地质工作：

(1)调查含水层的埋藏条件，地下水类型、补给排泄条件，各层地下水位，调查其变化幅度，必要时应设置长期观测孔，监测水位变化；

(2)当需绘制地下水等水位线图时，应根据地下水的埋藏条件和层位，统一量测地下水位；

(3)当地下水可能浸湿基础时,应采取水试样进行腐蚀性评价。

2. 采取土试样和原位测试数量

(1)初步勘察阶段采取土试样和进行原位测试的勘探点应结合地貌单元、地层结构和土的工程性质布置,其数量可占勘探点总数的1/4~1/2;

(2)采取土试样的数量和孔内原位测试的竖向间距,应按地层特点和土的均匀程度确定,每层土均应采取土试样或进行原位测试,其数量不宜少于6个。

三、详细勘察阶段

经过选址和初步勘察后,场地的稳定性问题已解决,为满足初步设计所需要的工程地质资料也已基本查明。详细勘察阶段的任务是对针对具体建筑地段的地质、地基问题进行勘察,以满足工程施工图设计的要求。此阶段要求的成果资料更详细可靠,而且要求提供更多更具体的计算参数。

(一)详细勘察阶段的主要工作内容

(1)收集附有坐标和地形的建筑总平面图,场区的地面整平标高,建筑物的性质、规模、荷载、结构特点、基础形式、埋置深度、地基允许变形等资料;

(2)查明不良地质作用的类型、成因、分布范围、发展趋势和危害程度,提出整治方案的建议;

(3)查明建筑范围内岩土层的类型、深度、分布、工程特性、分析和评价地基的稳定性、均匀性和承载力;

(4)对需进行沉降计算的建筑物,提供地基变形计算参数,预测建筑物的变形特征;

(5)查明埋藏的河道、沟浜、墓穴、防空洞、孤石等对工程不利的埋藏物;

(6)查明地下水的埋藏条件,提供地下水位及其变化幅度;

(7)在季节性冻土地区,提供场地土的标准冻结深度;

(8)判定水和土对建筑材料的腐蚀性。

(二)详细勘察的勘探工作技术要求

详细勘察勘探点布置和勘探孔深度,应根据建筑物特性和岩土工程条件确定。

1. 勘探点布置

对岩质地基,应根据地质构造、岩体特性、风化情况等,结合建筑物对地基的要求,按地方标准或当地经验确定。对土质地基,根据地基复杂程度应符合表7-7的规定。

表7-7 详细勘察勘探点的间距

地基复杂程度等级	勘探点间距(m)
一级(复杂)	10~15
二级(中等复杂)	15~30
三级(简单)	30~50

详细勘察的勘探点布置:

(1)勘探点宜按建筑物周边线和角点布置,对无特殊要求的其他建筑物可按建筑物或建筑群的范围布置。

(2)同一建筑范围内的主要受力层或有影响的下卧层起伏较大时,应加密勘探点,查明其变化。

(3)重大设备基础应单独布置勘探点,重大的动力机械基础和高耸构筑物,勘探点不宜少于3个。

(4)勘探手段宜采用钻探与触探相配合,在复杂地质条件、湿陷性土、膨胀岩土、风化岩和残积土地区,宜布置适量探井。

详细勘察的单栋高层建筑勘探点的布置,应满足对地基均匀性评价的要求,且不应少于4个;对密集的高层建筑群,勘探点可适当减少,但每栋建筑物至少应有1个控制性勘探点。

2. 勘探孔的深度

详细勘察的勘探深度自基础底面算起。

(1)勘探孔深度应能控制地基主要受力层,当基础底面宽度不大于5 m时,勘探孔的深度对条形基础不应小于基础底面宽度的3倍,对单独柱基不应小于1.5倍,且不应小于5 m。

(2)对高层建筑和需做变形计算的地基,控制性勘探孔的深度应超过地基变形计算深度;高层建筑的一般性勘探孔应达到基底下0.5~1.0倍的基础宽度,并深入稳定分布的地层;地基变形计算深度,对中、低压缩性土可取附加压力等于上覆土层有效自重压力20%的深度;对于高压缩性土层可取附加压力等于上覆土层有效自重压力10%的深度。

(3)建筑总平面内的裙房或仅有地下室部分(或当基底附加压力$p_0 \leqslant 0$时)的控制性勘探孔的深度可适当减小,但应深入稳定分布地层,且根据荷载和土质条件不宜少于基底下0.5~1.0倍基础宽度;对仅有地下室的建筑或高层建筑的裙房,当不能满足抗浮设计要求,需设置抗浮桩或锚杆时,勘探孔深度应满足抗拔承载力评价的要求。

(4)当有大面积地面堆载或软弱下卧层时,应适当加深控制性勘探孔的深度;当在预定深度内当遇基岩或厚层碎石土等稳定地层时,勘探孔深度应根据情况进行调整。

(5)大型设备基础勘探孔深度不宜小于基础底面宽度的2倍。

(6)当需进行地基整体稳定性验算时,控制性勘探孔深度应根据具体条件满足验算要求;当需进行地基处理时,勘探孔的深度应满足地基处理设计与施工要求;当采用桩基时,勘探孔的深度应满足桩基勘察的要求。

3. 详细勘察采取土试样和进行原位测试数量要求

(1)采取土试样和进行原位测试的勘探点数量,应根据地层结构、地基土的均匀性和设计要求确定,对地基基础设计等级为甲级的建筑物每栋不应少于3个。

(2)每个场地每一主要土层的原状土试样或原位测试数据不应少于6件(组)。

(3)在地基主要受力层内,对厚度大于0.5 m的夹层或透镜体,应采取土试样或进行原位测试。

(4)当土层性质不均匀时,应增加取土数量或原位测试工作量。

四、施工勘察

施工勘察不作为一个固定阶段，视工程的实际需要而定，对条件复杂或有特殊施工要求的重大工程地基，需进行施工勘察。它是为配合设计、施工或解决施工有关的岩土工程问题而提供相应的岩土工程特性参数的勘察阶段。施工勘察包括：施工阶段的勘察和施工后一些必要的勘察工作，检验地基加固效果。

当遇到下列情况之一时应进行施工勘察：

(1)对安全等级为甲级、乙级建筑物应进行验槽时；

(2)基坑或基槽开挖后，岩土条件与勘察资料不符或发现必须查明的异常情况时；

(3)在地基处理或深基坑开挖施工中进行检验和检测时；

(4)地基中有溶洞、土洞时需要查明并提出处理意见时；

(5)施工中出现边坡失稳危险时，要查明原因，进行监测并提出处理意见时；

(6)在工程施工或使用期间，当地基土、边坡体、地下水等发生未曾估计到的变化时，应进行监测，并对工程和环境的影响进行分析评价时。

第三节　岩土工程勘察方法

为实现岩土工程勘察目的、达到勘察要求、丰富勘察内容、提高勘察质量，就需要一套合适的勘察方法。岩土工程勘察的基本方法有工程地质测绘与调查、勘探与取样、室内试验、原位测试、现场监测和资料整理。

一、工程地质测绘与调查

工程地质测绘与调查是岩土工程勘察中一项最重要、最基础的勘察方法。岩石出露或地貌、地质条件较复杂的场地应进行工程地质测绘。对地质条件简单的场地，可用调查代替工程地质测绘。工程地质测绘应在可行性研究或初步勘察阶段进行，详细勘察时，可在初步勘察测绘和调查的基础上，对某些专门地质问题(如滑坡、断裂构造)做必要的补充调查。

(一)测绘范围的确定

工程地质测绘和调查的范围，应包括场地及其附近地段，以解决实际问题为前提，具体应根据以下原则确定测绘范围。

(1)根据拟建建筑物的类型和规模、设计阶段确定。

建筑物的类型、规模不同，与自然地质环境相互作用的广度和强度也不同，确定测绘范围时首先应考虑这一点。例如，房屋建筑和构筑物一般仅在小范围内与自然地质环境发生作用，通常不需要进行大面积工程地质测绘。而道路工程、水利工程涉及的地质单元相对较多，必须在建筑物涉及范围内进行工程地质测绘。工程初期设计阶段，为选择适宜的建筑场地，一般都有若干比较方案，为了进行技术经济论证和方案比较，应把这些方案场地包括在同一测绘范围内，测绘范围比较大。当建筑场地选定之后，特别在设计的后期阶段，各建筑物的具体位置和尺寸均已确定，就只需在建筑地段的较小范围内进行大比例尺的工程地质测绘。可见，工程地质测绘范围是随着建筑物设计阶段（岩土工程勘察阶段）的提高而缩小的。

（2）根据工程地质条件的复杂程度和研究程度确定。

一般情况下工程地质条件愈复杂，研究程度愈差，工程地质测绘范围相对愈大。工程地质条件复杂程度包含两种情况：①场地内工程地质条件非常复杂，如构造变动强烈、有活动断裂分布、不良地质现象强烈发育、地质环境遭到严重破坏、地形地貌条件十分复杂；②虽然场地内工程地质条件较简单，但场地附近有危及建筑物安全的不良地质现象存在。如山区的城镇和厂矿企业往往兴建于地形比较平坦开阔的洪积扇上，对场地本身来说工程地质条件并不复杂，但一旦泥石流暴发则有可能摧毁建筑物。此时工程地质测绘范围应将泥石流形成区包括在内。又如位于河流、湖泊、水库岸边的房屋建筑，场地附近若有大型滑坡存在，若其突然失稳滑落所激起的涌浪可能会导致灭顶之灾，此时工程地质测绘范围不能仅在建筑物附近，还应包括滑坡区。

（二）测绘比例尺的选择

工程地质测绘的比例尺和精度应根据《岩土工程勘察规范》（GB 50021—2001）（2009年版）的要求，符合下列条件：

（1）测绘的比例尺，可行性研究勘察阶段可选用1∶5 000～1∶50 000，属小、中比例尺测绘；初步勘察阶段可选用1∶2 000～1∶10 000，属中、大比例尺测绘；详细勘察阶段可选用1∶500～1∶2 000，属大比例尺测绘；条件复杂时，比例尺可适当放大。

（2）对工程有重要影响的地质单元体（滑坡、断层、软弱夹层、洞穴等），可采用扩大比例尺表示。

（3）地质界线和地质观测点的测绘精度，在图上不应低于3 mm。

同时选择测绘的比例尺应和使用部门的要求及其提供的图件的比例尺一致或相当；在同一设计阶段内，比例尺的选择取决于工程地质条件的复杂程度、建筑物类型、规模及重要性。在满足工程建设要求的前提下，尽量节省测绘工作量。

（三）地质观测点的布置、密度和定位

地质观测点的布置是否合理，是否具有代表性，对于成图的质量至关重要，应满足下列要求：

（1）在地质构造线、地层接触线、岩性分界线、标准层位和每个地质单元体应有地质观测点。

（2）地质观测点的密度应根据场地的地貌、地质条件，成图比例尺和工程要求等确定，并具代表性。

（3）地质观测点应充分利用天然和已有的人工露头，当露头少时，应根据具体情况布置一定数量的探坑或探槽。

（4）地质观测点的定位应根据精度要求选用适当方法；地质构造线、地层接触线、岩性分界线、软弱夹层、地下水露头和不良地质作用等特殊地质观测点，宜用仪器定位。

1. 地质观测点的布置和密度

观察点的分布一般不应是均匀的，而在工程地质条件复杂的地段多一些，简单的地段少一些，都应布置在工程地质条件的关键位置上。为了保证工程地质图的详细程度，还要求工程地质条件各因素的单元划分与图的比例尺相适应。一般规定岩层厚度在图上的最小投影宽度大于2 mm者均应按比例尺反映在图上。厚度或宽度小于2 mm的重要工程地质单元,如软弱夹层、能反映构造特征的标志层、重要的物理地质现象等,则应采用超比例尺或符号的办法在图上表示出来。地质观测点应布置在地质构造线、地层接触线、岩性分界线、不整合面和不同地貌单元、微地貌单元的分界线和不良地质作用分布的地段,标准层位和每个地质单元体应有地质观测点;地质观测点应充分利用天然和已有的人工露头,例如采石场、路堑、井、泉等。当露头不足时,可采用人工露头补充,根据具体情况布置一定数量的探坑、探槽、剥土等轻型坑探工程;条件适宜时,还可配合进行物探工作,探测地层、岩性、构造、不良地质作用等问题。

地质观测点的密度应根据场地的地貌、地质条件,成图比例尺和工程要求等确定,并具代表性。

2. 地质观测点的定位

地质观测点的定位标测对成图的质量影响很大,地质观测点的定位应根据精度要求和地质条件的复杂程度选用目测法、半仪器法、仪器法、卫星定位系统。

目测法:适用于小比例尺的工程地质测绘,该法根据地形、地物和其他测点以目估或步测距离标测。

半仪器法:适用于中等比例尺的工程地质测绘,该法是借助罗盘仪、气压计等简单的仪器测定方位和高度,使用步测或测绳测距离。

仪器法:适用于大比例尺的工程地质测绘,该法是借助经纬仪、水准仪等较精确的仪器测定地质观测点的位置和高程,对于有特殊意义的地质观测点和对工程有重要影响的地质观测点,如地质构造线、地层接触线、岩性分界线、软弱夹层、地下水露头以及不良地质作用等特殊地质观测点,均应采用仪器法。

卫星定位系统(GPS):满足精度条件下均可采用。

测绘常用的路线一般有三种:

(1)路线法:沿一定的路线穿越测绘场地,详细观察沿途地质情况并把观测路线和沿线查明的地质现象、地质界线、地貌界线、构造线、岩性、各种不良地质现象等填绘在地形图上。路线形式有直线形或"S"形等,用于各类比例尺的测绘。

(2)布点法:根据地质条件复杂程度和不同比例尺的要求,预先在地形图上布置一定数量的观测点及观测路线。观测路线的长度应满足各类勘察的要求,路线避免重复,尽可能以最优观察路线达到最广泛的观察地质现象的目的。布点法适用于大、中比例尺测绘,是工程地质测绘的基本方法。

(3)追索法:是一种辅助测绘方法,是沿地层、地质构造的延伸方向和其他地质单元界线布点追索,以便追索某些重要地质现象(例如标志层、矿层、地质界线、断层等)的延展变化情况和地质体的轮廓,查明某些局部的复杂构造。

(四)工程地质测绘与调查的内容

工程地质测绘与调查的内容除包括本章第二节所述的内容外,尚应调查人类活动对场地稳定性的影响,如人工洞穴、地下采空、大挖大填、抽(排)水和水库蓄水引起的地面沉降、地表塌陷、诱发地震,渠道渗漏引起的斜坡失稳等,都会对场地稳定性带来不利影响，对它们的调查应予以重视。此外，场地内如有古文化遗迹和古文物，应妥为保护发掘，并向有关部门报告。

工程地质测绘完成后应编制实际材料图表、各类工程地质图和文字说明等成果资料，但多数情况下不单独提出成果报告，而是把测绘资料提供给某一勘察阶段，使该阶段得以深入进行工作。

二、勘探与取样

工程地质测绘只能查明地上表露的现象，对于地下深处的地质情况需靠勘探来解决，但是勘探点的布置又需要在测绘的基础上予以确定。岩土工程勘探是在工程地质测绘的基础上，利用各种设备、工具，直接或间接深入地下岩土层，查明地下岩土性质、结构构造、空间分布、地下水条件等内容的勘察工作，是探明深部地质情况的一种可靠的方法。

（一）勘探

岩土工程勘探常用的手段有坑探（或井探、洞探）、钻探及地球物理勘探三类方法。

1. 坑探

坑探是在建筑场地或地基内用人工或机械的方法开挖探槽、探井等进行勘察的方法。在坝址、地下工程、大型的边坡工程勘察中，当需要详细查明深部岩层的性质及其构造特征时，可采用竖井或平洞。这种方法可以直接观察岩土层的天然状态及各地层之间的接触关系，并能取出接近实际的原状土样或进行现场原位测试。

探槽是在地表挖掘成长条形且两壁常为倾斜的上宽下窄的槽子，其断面有梯形和阶梯形两种。探槽的深度较浅，一般在覆盖层厚度小于 3 m 时使用。

探井是挖掘深度在 3 ~ 15 m，断面形状一般采用 1.5 m × 1.0 m 的矩形或直径为 0.8 ~ 1.0 m 的圆形的竖直孔洞。探井的具体深度应根据地层的土质和地下水的埋藏深度等条件确定，当挖掘较深时必须进行支护以防垮塌。探井一般在地质条件复杂的地区采用。

在掘进过程中应详细记录，如编号、位置、标高、尺寸、深度等，描述岩土性状及地质界线，取样深度等。整理资料时，要绘出柱状图或展视图。资料取得后，如无别的用途探坑应及时很好地回填。

2. 钻探

钻探是岩土工程勘察中应用最为广泛的一种可靠的勘探方法，它是用钻探机具向地下钻孔，以鉴别和划分地层，测定地下水，采取原状土样和水样供室内试验，确定土的物理、力学性质指标。需要时还可以在孔中进行原位测试。

我国岩土工程勘探常用的钻探或钻进方法有冲击钻进、回转钻进、振动钻进和冲洗钻进四种。其中，机械回转钻探的钻进效率高，孔深大，又能采取岩芯，因此在岩土工程钻探中使用最广。

1）冲击钻进

冲击钻进是利用钻具重力和下落过程中产生的冲击力使钻头冲击孔底岩土并使其产生破坏，从而达到在岩土层中钻进的目的。根据使用工具不同，还可以分为钻杆冲击钻进和钢绳冲击钻进，其中钢绳冲击钻进应用较为普遍。对于土层一般采用圆筒形钻头，用钻头的刃口借助于钻具冲击力切削土层钻进，但它只能取扰动土样。

2）回转钻进

回转钻进是采用底部焊有硬质合金的圆环状钻头进行钻进，钻进时一般要施加一定的压力，使钻头在旋转中切入岩土层以达到钻进的目的。回转钻进根据钻头的类型和功能不同，分为环形钻进（岩芯钻进）、无岩芯钻进和螺旋钻进。

3）振动钻进

振动钻进是采用机械动力产生的振动力，通过连接杆和钻具传到钻头周围的土中，由于振动器高速振动的结果，钻头依靠钻具和振动器的重量使得土层更容易被切削而钻进，因而钻进速度较快。该方法适合用在土层中，特别适合在颗粒组成相对细小的土层中采用。

4）冲洗钻进

冲洗钻进利用高压射水冲击孔底土层，使之结构破坏，土颗粒悬浮并最终随水流循环流出孔外的钻进方法。由于靠水流直接冲洗，因此无法对土体结构及其他相关特性进行观察鉴别。

上述四种方法各有特点，分别适用于不同的勘察要求和岩土层性质，《岩土工程勘察规范》（GB 50021—2001）（2009 年版）对常用几种钻探方法的适用范围做出了明确的规定，详细情况见表 7-8。

表 7-8　钻探方法的适用范围

钻探方法		钻进地层					勘察要求	
		黏性土	粉土	砂土	碎石土	岩石	直观鉴别、采取不扰动试样	直观鉴别、采取扰动试样
回转	螺旋钻探	+ +	+	+	—	—	+ +	+ +
	无岩芯钻探	+ +	+ +	+ +	+	+ +	—	—
	岩芯钻探	+ +	+ +	+ +	+	+ +	+ +	+ +
冲击	冲击钻探	—	+	+ +	+ +	—	—	—
	锤击钻探	+ +	+ +	+ +	+	—	+ +	+ +
振动钻探		+ +	+ +	+ +	+	—	+	+ +
冲洗钻探		+	+ +	+ +	—	—	—	—

注：“＋＋”表示适用；“＋”表示部分适用；“—”表示不适用。

3. 地球物理勘探

地球物理勘探是以地下岩土层（或地质体）的物性差异为基础，利用专门的仪器观测自然或人工物理场的变化，确定各种地质体物理场的分布情况（规模、形状、埋深等），通过对其数据及绘制的曲线进行分析解释，从而划分地层、判定地质构造、水文地质条件及各种不良地质现象的勘探方法。在岩土工程勘察中可在下列方面采用地球物理勘探：

（1）作为钻探的先行手段，了解隐蔽的地质界限、界面或异常点（如基岩面、风化带、断层破碎带、岩溶洞穴等）。

（2）作为钻探的辅助手段，在钻孔之间增加地球物理勘探点，为钻探成果的内插、外推提供依据。

(3)作为原位测试手段,测定岩土体的波速、动弹性模量、土对金属的腐蚀性等参数。

(二)取样

工程地质勘探的主要任务之一是在土层中采取原状土样。《岩土工程勘察规范》(DGJ 32/TJ 208—2016)根据不同的试验要求把土试样分为四个质量等级,见表7-9。表中对四级土样扰动程度的区分只是定性的和相对的,没有严格的定量标准。

表7-9　土试样质量等级

等级	扰动程度	试验内容
Ⅰ	不扰动	土类定名、含水率、密度、强度试验、固结试验
Ⅱ	轻微扰动	土类定名、含水率、密度
Ⅲ	显著扰动	土类定名、含水率
Ⅳ	完全扰动	土类定名

注:1. 不扰动是指原位应力状态虽已改变,但土的结构、密度和含水率变化很小,能满足室内试验各项要求。

2. 除地基基础设计等级为甲级的工程外,在工程技术要求允许的情况下可用Ⅱ级土试样进行强度和固结试验,但宜先对土试样受扰动程度作抽样鉴定,判别用于试验的适宜性,并结合地区经验使用试验成果。

1. 钻孔中采取原状试样的方法

(1)击入法。击入法是用人力或机械力操纵落锤,将取土器击入土中的取土方法。按锤击次数分为轻锤多击法和重锤少击法;按锤击位置又分为上击法和下击法。经过取样试验比较认为:就取样质量而言,重锤少击法优于轻锤多击法,下击法优于上击法。

(2)压入法。压入法可分为慢速压入和快速压入两种。慢速压入法是用钻机自身重量或油压千斤顶缓慢地不连续地加压,将取土器压入土中进行取样,在取样过程中对土试样有一定程度的扰动。快速压入法是将取土器快速、均匀地压入土中,这种方法对土试样的扰动最小。目前普遍使用活塞油压筒法——采用比取土器稍长的活塞压筒通以高压,强迫取土器快速等速压入土中。

(3)回转法。使用回转式取土器取样时,内管压入取样,外管回转削切周围废土,并用机械钻机靠冲洗液带出孔口。这种方法可减少取样时对土试样的扰动,从而提高取样质量。

(4)振动法。在高速振动作用下,将取土器压入土中。取样时对土试样有一定程度的扰动。如水位以下软塑状态的黏性土,振动后易产生变形。对含水率过低的黏性土,也不适宜采用此法。

2. 探井、探槽中采取原状试样方法

探井、探槽中采取原状试样可采用两种方式,一种是锤击敞口取土器取样,另一种是人工刻切块状土样。后一种方法使用较多,因为块状土试样的质量高,可以切成圆柱状或方块状土样。也可以在探井、探槽中采取"盒状土样",这种方法是将装配式的方形土样容器放在预计取样位置,边修切、边压入,而取得高质量的土试样。

人工采用块状土试样一般应注意:避免对取样土层的人为扰动破坏,开挖至接近预计取样深度时,应留下20～30 cm厚的保护层,待取样时再细心铲除;防止地面水渗入,井底水应及时抽走,以免浸泡;防止暴晒导致水分蒸发,坑底暴露时间不能太长,否则会风干;尽量缩短切削土样的时间,及早封装。

三、原位测试

原位测试是指在岩土工程勘察现场,在不扰动或基本不扰动岩土层的情况下对岩土层进行测试,以获得所测的岩土层的物理力学性质指标及划分土层的一种现场勘测技术。原位测试与室内试验比较起来具有下列明显优点:

(1)可在拟建工程场地进行测试,无需取样,避免了因取样带来的一系列问题,如原状样扰动问题。

(2)原位测试所涉及的岩土尺寸较室内试验样品要大得多,因而更能反映岩土的宏观结构(如裂隙等)对岩土性质的影响。

以上优点决定了岩土体原位测试所提供的岩土的物理力学性质指标更具有代表性和可靠性。此外,大部分岩土体原位测试技术具有快速、经济、可连续性等优点,因而岩土原位测试技术应用越来越广。

岩土工程原位测试的主要手段包括载荷试验、静力触探试验、动力触探试验、标准贯入试验、十字板剪切试验、旁压试验、现场波速测试、岩石原位应力试验等。有时,还需要进行地下水位变化和抽水试验等测试工作。

第四节　岩土工程勘察报告

岩土工程勘察报告是工程地质勘察工作结束后提交的最终成果,所依据的原始资料,应进行整理、检查、分析,确认无误后方可使用。

岩土工程勘察报告应确保资料完整、真实准确、数据无误、图表清晰、结论有据、建议合理、便于使用和适宜长期保存,并应因地制宜,重点突出,有明确的工程针对性。

岩土工程勘察报告书既是工程地质勘察资料的综合、总结,也是工程设计的地质依据。应明确回答工程设计所提出的问题,并应便于工程设计部门的应用。报告书正文应简明扼要,但足以说明工作地区工程地质条件的特点,并对工程场地做出明确的工程地质评价(定性、定量)。报告由正文、附图、附件三部分组成。

一、报告的内容

岩土工程勘察报告的内容,应根据任务要求、勘察阶段、地质条件、工程特点等情况确定。鉴于岩土工程勘察的类型、规模各不相同,目的要求、工程特点和自然地质条件等差别很大,一般的岩土工程勘察报告应包括以下基本内容:

(1)委托单位、场地位置、工作简况,勘察的目的、要求和任务,依据的技术标准;

(2)勘察方法及勘察工作量布置,包括各项勘察工作的数量布置及依据,工程地质测绘、勘探、取样、室内试验、原位测试等方法的必要说明;

(3)场地工程地质条件分析,包括地形地貌、地层岩性、地质构造、水文地质和不良地质现象等内容,对场地稳定性和适宜性做出评价;

(4)岩土参数的分析与选用,包括各项岩土性质指标的测试成果及其可靠性和适宜性,评价其变异性,提出其标准值;

(5)工程施工和运营期间可能发生的岩土工程问题的预测及监控、预防措施的建议;

(6)根据地质和岩土条件、工程结构特点及场地环境情况,提出地基基础方案、不良地质现象整治方案、开挖和边坡加固方案等岩土利用、整治和改造方案的建议,并进行技术经济论证;

(7)对建筑结构设计和监测工作的建议,工程施工和使用期间应注意的问题,下一步岩土工程勘察工作的建议等。

岩土工程勘察报告应对岩土利用、整治和改造的方案进行分析论证,提出建议;进行不同方案的技术经济论证,并提出对设计、施工和现场监测要求的建议。对工程施工和使用期间可能发生的岩土工程问题进行预测,提出监控和预防措施的建议。

任务需要时,可提交下列专题报告:

(1)岩土工程测试报告,如某工程旁压试验报告(单项测试报告);

(2)岩土工程检验或监测报告,如某工程验槽报告(单项检验报告)、某工程沉降观测报告(单项监测报告);

(3)岩土工程事故调查与分析报告,如某工程倾斜原因及纠倾措施报告(单项事故调查分析报告);

(4)岩土利用、整治或改造方案报告,如某工程深基开挖的降水与支挡设计(单项岩土工程设计);

(5)专门岩土工程问题的技术咨询报告,如某工程场地地震反应分析(单项岩土工程问题咨询)、某工程场地土液化势分析评价(单项岩土工程问题咨询)。

勘察报告的文字、术语、代号、符号、数字、计量单位、标点,均应符合国家有关标准的规定。

丙级岩土工程勘察的成果报告内容可适当简化,采用以图表为主,辅以必要的文字说明;甲级岩土工程勘察的成果报告除应符合一般规定外,还需对专门性的岩土工程问题提交专门的试验报告、研究报告或监测报告。

二、岩土工程勘察报告附图和附表

(一)勘探点平面布置图

勘探点平面布置图是在建筑场地地形图上,把建筑物的位置,各类勘探、测试点的编号、位置用不同的图例标示出来,并注明各勘探、测试点的标高和深度、剖面线及其编号等。

(二)钻孔柱状图

钻孔柱状图是表示该钻孔所穿过的地层面的综合图表,它是根据钻孔的现场记录整理出来的。图表中表示的有地层的地质年代、埋藏深度、厚度,地层顶、底标高,地层特征描述,取样和测试的位置、地下水位等资料。

(三)工程地质剖面图

工程地质剖面图是反映某一勘探线上地层沿竖向和水平向的分布情况。在图中绘出的有该剖面地层分布线、地下水位线、地质构造、原状土样的取样位置、原位测试位置、标准贯入试验锤击数、静力触探曲线等。由于勘探线的布置常与建筑物的轴线一致，故工程地质剖面图是勘察报告中最基本的图件。

（四）原位测试成果图表

载荷试验、静力触探试验、动力触探试验、标准贯入试验、十字板剪切试验、旁压试验、现场波速测试、岩石原位应力试验等原位测试成果表。

（五）土工试验成果总表

土工试验成果总表是将土工试验和原位测试所得的成果汇总的表格。

当需要时，还可附综合工程地质图、综合地质柱状图、地下水等水位线图、素描、照片、综合分析图表以及岩土工程计算简图及计算成果图表等。

思考题与习题

1. 简述岩土工程测绘的内容、方法。
2. 简述岩土工程勘察分为那几个阶段？各有何特征？
3. 简述岩土工程勘探方法及适用条件。
4. 简述岩土工程勘察报告内容。
5. 简述岩土工程勘察中各种勘察成果图件的类型。

第八章　天然地基上浅基础设计

第一节　概　述

基础是一个呈上启下的结构物，通常把地表以上的建筑物称为上部结构，地表以下支撑基础的土层称为地基，上部结构的荷载通过基础传递给地基。基础除受到来自上部结构的荷载作用外，同时还受到地基反力的作用。

地基分为天然地基和人工地基两类，对于建筑物荷载不大或地基土强度较高，不需要经过特殊处理就可承受建筑物荷载的地基，称为天然地基，如图 8-1(a)所示；如果天然地基土质软弱，承载力不够，需要进行人工加固和改良，这种经过人工改造的地基称为人工地基，如图 8-1(b)所示。

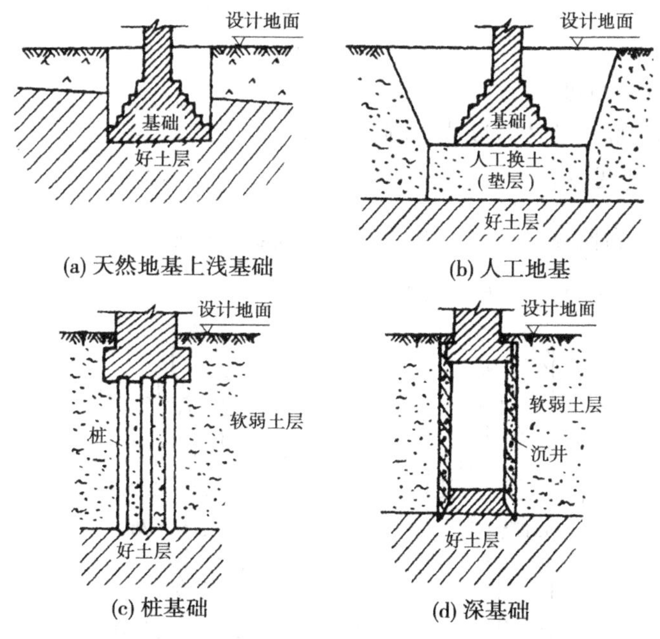

图 8-1　地基基础的类型

基础按照埋置深度和施工方法的不同可分为浅基础和深基础两类。一般埋深小于 5 m且能用一般方法施工的基础属于浅基础；当埋深大于 5 m，并且采用特殊方法施工的基础则属于深基础，如桩基础、沉井和地下连续墙等，如图 8-1(c)、(d)所示。

地基基础设计是建筑结构设计的重要组成部分，必须根据上部结构（建筑物的用途和安全等级、建筑布置、上部结构类型等）和工程地质条件（建筑场地、地基岩土和气候条件等），结合考虑其他方面的要求（工期、施工条件、造价和环境保护等），合理选择地基基础方案，因地制宜，精心设计，以确保建筑物的安全和正常使用。天然地基上的浅基础具有结构简单、施工方便、造价低等优点，因此在保证建筑物安全和正常使用的前提下，一般应优先考虑，若满足设计要求的方案有多个，则需进行经济技术比较，选择其中的最优方案。

第二节　浅基础的类型

《建筑地基基础设计规范》(GB 50007—2011)将浅基础分为无筋扩展基础(又称刚性基础)、扩展基础、柱下条形基础、筏形基础和箱形基础等类型。

一、无筋扩展基础

无筋扩展基础(又称刚性基础)是指砖、灰土、三合土、毛石、混凝土和毛石等材料组成的墙下条形或柱下独立基础，如图 8-2 所示。由于这类基础材料抗拉强度低，不能受较大的弯矩作用，稍有弯曲变形，即产生裂缝，而且发展很快，以致基础不能正常工作，因此通常采取构造措施。无筋扩展基础的高度应满足下式的要求：

$$H_0 \geqslant \frac{b - b_0}{2\tan\alpha} \tag{8-1}$$

式中：b——基础底面宽度，m；

b_0——基础顶面的墙体宽度或柱脚宽度，m；

H_0——基础高度，m；

$\tan\alpha$——基础台阶宽高比 $\frac{b_2}{H_0}$，其允许值可按表 8-1 选用；

b_2——基础台阶宽度，m，如图 8-3 所示。

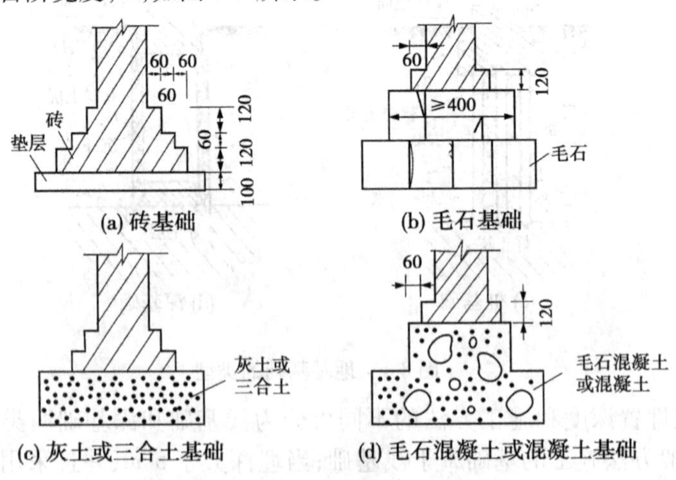

图 8-2　无筋扩展基础的类型　(单位：cm)

表 8-1　无筋扩展基础台阶宽高比的允许值 $\left[\frac{b_2}{H_0}\right]$

基础材料	质量要求	台阶宽高比的允许值		
		$P_k \leqslant 100$	$100 < p_k \leqslant 200$	$200 < p_k \leqslant 300$
混凝土基础	C15 混凝土	1:1.00	1:1.00	1:1.25
毛石混凝土基础	C15 混凝土	1:1.00	1:1.25	1:1.50
砖基础	砖不低于 MU10、砂浆不低于 M5	1:1.50	1:1.50	1:1.50
毛石基础	砂浆不低于 M5	1:1.25	1:1.50	—
灰土基础	体积比为 3:7或 2:8的灰土，其最小干密度：粉土 1 550 kg/m^3；粉质黏土 1 500 kg/m^3；黏土 1 450 kg/m^3	1:1.25	1:1.50	—
三合土基础	体积比为 1:2:4 ~ 1:3:6（石灰:砂:骨料），每层约虚铺 220 mm，夯至 150 mm	1:1.50	1:2.00	—

注：1. p_k 为作用的标准组合时基础底面处的平均压力值（kPa）。

2. 阶梯形毛石基础的每阶伸出宽度，不宜大于 200 mm。

3. 当基础由不同材料叠合组成时，应对接触部分做抗压验算。

4. 混凝土基础单侧扩展范围内基础底面处的平均压力超值过 300 kPa 的混凝土基础，尚应进行抗剪验算；对基底反力集中于立柱附近的岩石地基，应进行局部受压承载力验算。

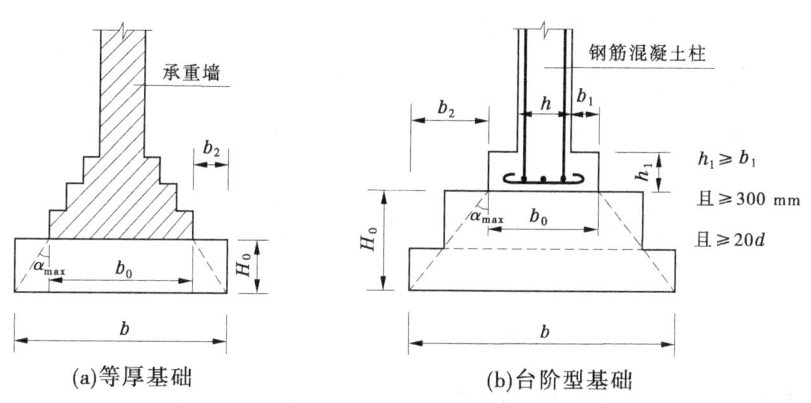

图 8-3　刚性基础刚性角示意图

采用无筋扩展基础的钢筋混凝土柱，其柱脚高度 h_1 不得小于 b_1，如图 8-3（b）所示，并不应小于 300 mm 且不小于 $20d$（d 为柱中的纵向受力钢筋的最大直径）。当柱纵向钢筋在柱脚内的竖向锚固长度不满足锚固要求时，可沿水平方向弯折，弯折后的水平锚固长度不应小于 $10d$ 也不应大于 $20d$。

二、扩展基础

（一）扩展基础类型

扩展基础包括柱下钢筋混凝土独立基础和墙下钢筋混凝土条形基础。

柱下钢混凝土独立基础有现浇混凝土柱基础和预制混凝土柱基础两种。现浇混凝土柱下常采用钢筋混凝土独立基础，基础截面可做成阶梯形或锥形，如图 8-4(a)、(b)所示；预制混凝土柱下采用杯形基础，如图 8-4(c)所示，将柱子插入杯口后，再用细石混凝土将柱子周围的缝隙填充。

墙下基础，当上层土质松软而其下不深处有较好土层时，为了节约基础材料和减少开挖土方量也可采用墙下独立基础形式。如图 8-5 所示，基础上设置钢筋混凝土过梁或砖拱圈来承受墙荷载，下部为钢筋混凝土独立基础。

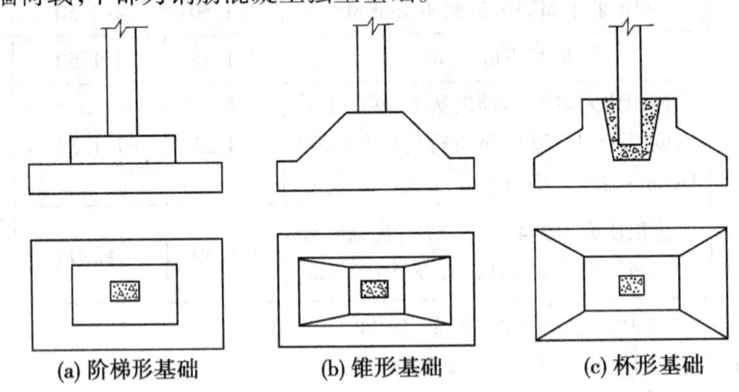
(a) 阶梯形基础　(b) 锥形基础　(c) 杯形基础

图 8-4　柱下钢筋混凝土独立基础

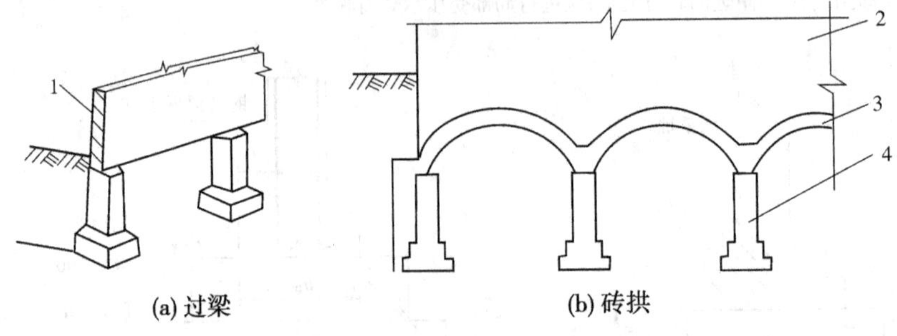

(a) 过梁　(b) 砖拱

1—过梁　2—砖墙　3—砖拱　4—独立基础

图 8-5　墙下独立基础

条形基础是墙基础最主要的形式，墙下钢筋混凝土条形基础适用于建筑物荷载较大而土质较差，需要“宽基浅埋”的场合，如图 8-6(a)所示；但当基础上部纵向荷载或地基土的压缩性不均匀时，为了增强基础的整体性和纵向抗弯能力，减小不均匀沉降，也可做成带肋的钢筋混凝土条形基础，如图 8-6(b)所示。

(二) 扩展基础的一般构造要求

(1) 锥形基础的边缘高度不宜小于 200 mm，且两个方向的坡度不宜大于 1∶3；阶梯形基础的每阶高度宜为 300 ~ 500 mm。

(2) 垫层的厚度不宜小于 70 mm，垫层混凝土强度等级不宜低于 C10。

(3) 扩展基础受力钢筋最小配筋率不应小于 0.15%，底板受力钢筋的最小直径不宜小于 10 mm，间距不宜大于 200 mm，也不宜小于 100 mm。墙下钢筋混凝土条形基础纵向

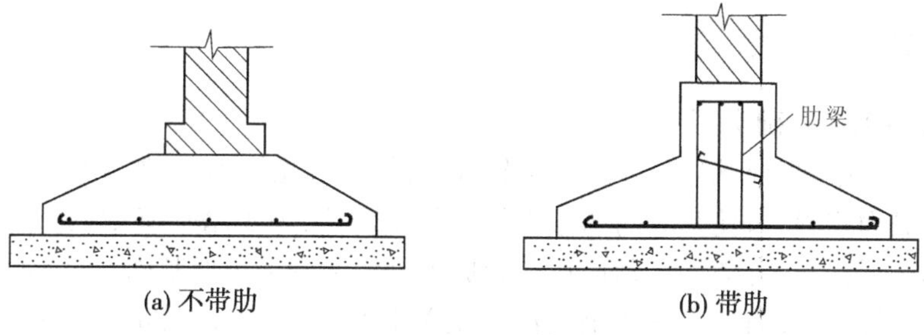

图 8-6　墙下钢筋混凝土条形基础

分布钢筋的直径不宜小于 8 mm；间距不宜大于 300 mm；每延米分布钢筋的面积应不小于受力钢筋面积的 15%。当有垫层时钢筋保护层的厚度不应小于 40 mm；无垫层时不应小于 70 mm。

(4)混凝土强度等级不应低于 C20。

(5)当柱下钢筋混凝土独立基础的边长和墙下钢筋混凝土条形基础的宽度大于或等于 2.5 m 时，底板受力钢筋的长度可取边长或宽度的 90%，并宜交错布置(见图 8-7)。

(6)钢筋混凝土条形基础底板在 T 形及十字形交接处，底板横向受力钢筋仅沿一个主要受力方向通长布置，另一方向的横向受力钢筋可布置到主要受力方向底板宽度 1/4 处，在拐角处底板横向受力钢筋应沿两个方向布置(见图 8-8)。

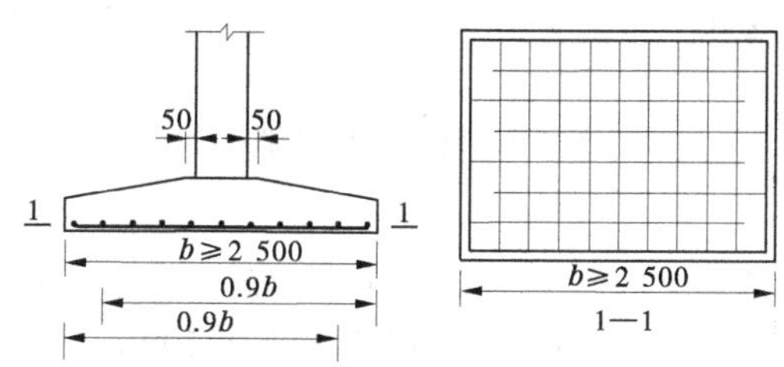

图 8-7　柱下独立基础底板受力钢筋布置

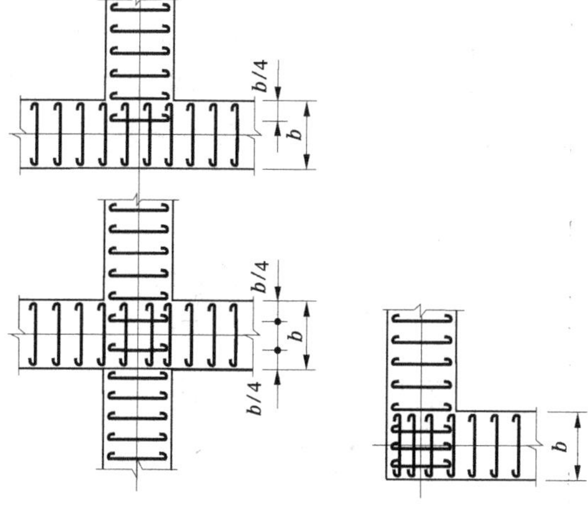

图 8-8　墙下钢筋混凝土条形基础的构造

三、柱下条形基础

(一)柱下条形基础类型

在框架结构中,当地基软弱而柱荷载较大,且柱距又比较小时,如采用柱下独立基础,可能因基础底面积很大,使基础间的净距很小甚至重叠,为了增加基础的整体刚度,减小不均匀沉降,可将同一排的柱基础连在一起成为钢筋混凝土条形基础[见图 8-9(a)]。

若将纵、横两个方向均设置成钢筋混凝土条形基础,形成如图 8-9(b)所示的十字交叉条形基础。这种基础的整体刚度更大,是多层厂房和高层建筑物中常用的形式。

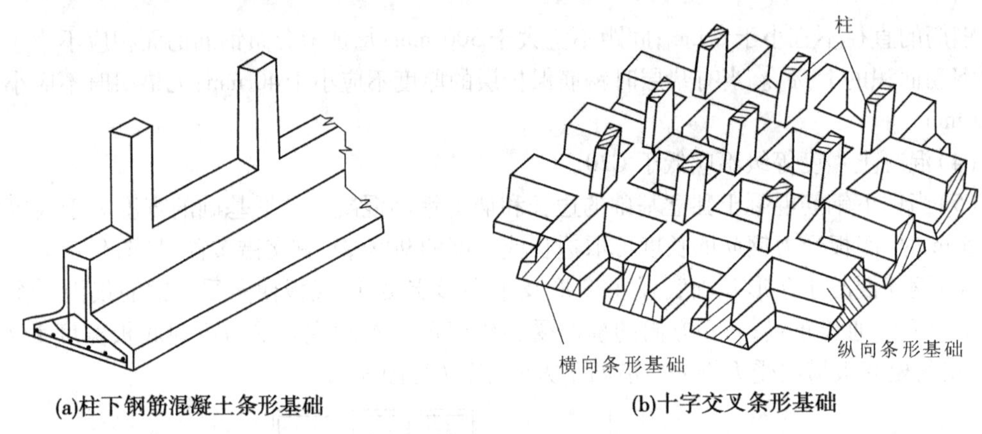

(a)柱下钢筋混凝土条形基础　　(b)十字交叉条形基础

图 8-9　柱下条形基础类型

(二)构造要求

柱下条形基础除应该满足扩展基础的构造要求外,还应该符合下列要求:①柱下条形基础梁的高度宜为柱距的 1/4 ~1/8。翼板厚不应小于 200 mm。当翼板厚度大于 250 mm 时,宜采用变厚度翼板,其坡度宜小于等于 1∶3;②条形基础的端部宜向外伸出,其长度宜为第一跨距的 25%;③现浇柱与条形基础梁的交接处,基础梁的平面尺寸应大于柱的平面尺寸,且柱的边缘至基础梁边缘的距离不得小于 50 mm,如图 8-10 所示;④条形基础梁顶部和底部的纵向受力筋除满足计算要求外,顶部钢筋按计算配筋全部贯通,底部通长配筋不应少于底部受力钢筋截面总面积的 1/3;⑤柱下条形基础的混凝土等级不应低于 C20。

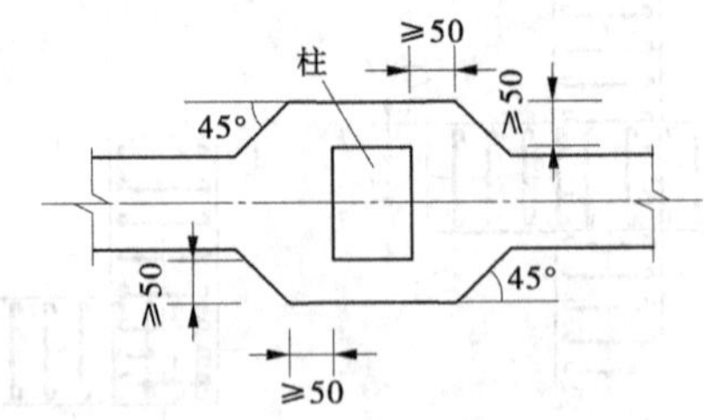

图 8-10　现浇柱与条形基础梁交接处平面尺寸　(单位:mm)

四、筏形基础

如地基软弱而荷载较大,以致采用十字交叉条形基础还不能满足要求时,可用钢筋混凝土做成连续整片基础,即筏形基础(或筏板基础)。它在结构上同倒置的楼盖结构,比十字交叉条形基础有更大的整体刚度,能很好地调整地基的不均匀沉降,特别是对有地下防渗要求的建筑物,筏形基础是较为理想的底板结构。

筏形基础分为梁板式和平板式两种类型,平板式是一块等厚的钢筋混凝土底板,柱子直接支立在底板上,如图 8-11(a)所示;梁板式筏形基础是在板钢筋混凝土底板上(或下)沿柱轴的纵横向设置基础梁,如图 8-11(b)、(c)所示,以增加基础刚度,使其能承受更大的弯矩。筏形基础选型应根据地基土质、上部结构体系、柱距、荷载大小、使用要求以及施工条件等因素确定。如柱网间距较小,可采用平板式;如柱网间距较大,柱荷载相差也较大时,宜采用梁板式。框架 - 核心筒结构和筒中筒结构的高层建筑宜采用平板式筏形基础。

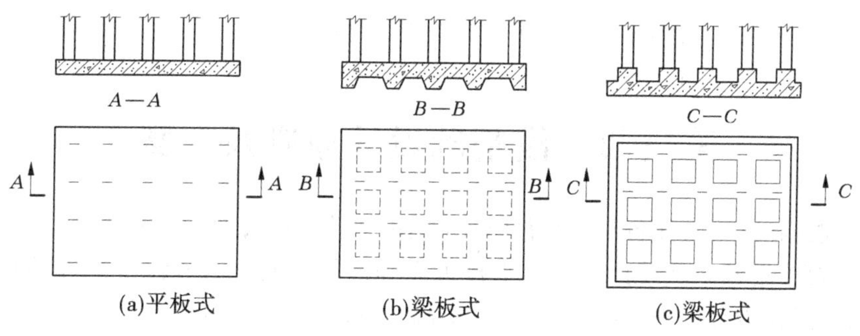

图 8-11 筏形基础

筏形基础的混凝土强度等级不应低于 C30,当有地下室时应采用防水混凝土。防水混凝土的抗渗等级应按规范要求选用。对重要建筑,宜采用自防水并设置架空排水层。采用筏形基础的地下室,钢筋混凝土外墙厚度不应小于 250 mm,内墙厚度不宜小于 200 mm。墙的截面设计除满足承载力要求外,尚应考虑变形、抗裂及外墙防渗等要求。墙体内应设置双面钢筋,钢筋不宜采用光面圆钢筋,水平钢筋的直径不应小于 12 mm,竖向钢筋的直径不应小于 10 mm,间距不应大于 200 mm。

五、箱形基础

箱形基础是由现浇的钢筋混凝土底板、顶板和纵横内外隔墙组成的空间整体结构,如图 8-12 所示。这种基础具有相当大的整体抗弯刚度,使上部结构不易开裂,并可利用箱形基础的中空部分作为地下室。由于基础深置埋、空腹,可大大减小作用于基础底面的附加压力,减少建筑物的沉降。因此,适用于软弱地基、高层、重型建筑物及某些对不均匀沉降有严格要求的设备和构筑物基础。

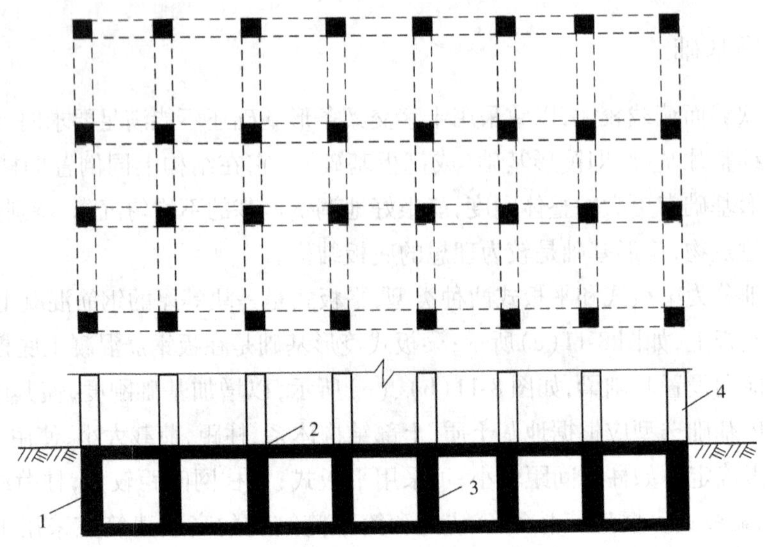

1—外墙；2—顶板；3—内墙；4—上部结构

图 8-12　箱形基础

第三节　浅基础设计原则及步骤

任何建筑物的重量和各种荷载都将通过基础传给地基，地基与基础是整个建筑物的支撑体。因此，地基基础设计是一项直接关系到建筑物安全、经济、合理性的重要工作。设计时必须遵循设计原则，合理选择地基基础方案，因地制宜地精心设计与施工。

根据建筑物地基基础设计等级及长期荷载作用下地基变形对上部结构的影响程度，地基基础应符合有关强度、变形及稳定性的规定。

一、地基基础设计等级划分

地基基础设计应根据地基复杂程度、建筑物规模和功能特征，以及由于地基问题可能造成建筑物破坏或影响正常使用的程度分为三个设计等级，设计时应根据具体情况，按表 8-2选用。

二、地基基础设计的基本要求

根据建筑物地基基础设计等级及长期荷载作用下地基变形对上部结构的影响程度，地基基础设计应符合有关强度、变形和稳定性的规定。

（一）地基强度要求

所有建筑物的地基计算均应满足承载力计算的有关规定，即

当轴心荷载作用时　　$p_k \leqslant f_a$　　(8-2)

式中：p_k——相应于作用的标准组合时，基础底面处的平均压力值，kPa；

f_a——修正后的地基承载力特征值，kPa。

表 8-2　地基、基础设计等级

设计等级	建筑类型
甲级	重要的工业与民用建筑物 30 层以上的高层建筑 体型复杂,层数相差超过 10 层的高低层连成一体建筑物 大面积的多层地下建筑物(如地下车库、商场、运动场等) 对地基变形有特殊要求的建筑物 复杂地质条件下的坡上建筑物(包括高边坡) 对原有工程影响较大的新建建筑物 场地和地基条件复杂的一般建筑物 位于复杂地质条件及软土地区的二层及二层以上地下室的基坑工程 开挖深度大于 15 m 的基坑工程 周边环境条件复杂、环境保护要求高的基坑工程
乙级	除甲级、丙级外的工业与民用建筑物 除甲级、丙级外的基坑工程
丙级	场地和地基条件简单、荷载分布均匀的七层及七层以下民用建筑及一般工业建筑;次要的轻型建筑物 非软土地区且场地地质条件简单、基坑周边环境条件简单、环境保护要求不高且开挖深度小于 5.0 m 的基坑工程

当偏心荷载作用时,除符合式(8-2)要求外,尚应符合式(8-3)规定:

$$p_{\mathrm{kmax}} \leqslant 1.2 f_{\mathrm{a}} \tag{8-3}$$

式中:p_{kmax}——相应于作用的标准组合时,基础底面边缘的最大压力值,kPa。

水闸闸室基底应力的最大值与最小值之比不应大于表 8-3 规定的允许值。

表 8-3　土基上闸室基地应力最大值与最小值之比的允许值

地基土质	荷载组合	
	基本组合	特殊组合
松软	1.50	2.00
中等坚硬	2.00	2.50
坚硬	2.50	3.00

注:1. 对于特别重要的大型水闸,其闸室基底应力最大值与最小值之比的允许值可按表列数值适当减小。

2. 对于地震区的水闸,闸室基底应力最大值与最小值之比的允许值可按表列数值适当增大。

3. 对于地基特别坚实或可压缩土层甚薄的水闸,可不受本表的规定限制,但要求闸室基底不出现拉应力。

(二)地基变形要求

设计等级为甲级、乙级的建筑物,均应按地基变形设计。设计等级为丙级的建筑物有下列情况之一时应做变形验算:①地基承载力特征值小于 130 kPa,且体型复杂的建筑;②在基础上及其附近有地面堆载或相邻基础荷载差异较大,可能引起地基产生过大的不均匀沉降时；③软弱地基上的建筑物存在偏心荷载时；④相邻建筑距离近，可能发生倾斜时；⑤地基内有厚度较大或厚薄不均的填土，其自重固结未完成时。表 8-4 所列范围内设计等级为丙级的建筑物可不做变形验算。

表 8-4　可不做地基变形验算的设计等级为丙级的建筑物范围

<table>
<tr><td rowspan="2">地基主要受力层情况</td><td colspan="3">地基承载力特征值 f_{ak}(kPa)</td><td>$80 \leqslant f_{ak} < 100$</td><td>$100 \leqslant f_{ak} < 130$</td><td>$130 \leqslant f_{ak} < 160$</td><td>$160 \leqslant f_{ak} < 200$</td><td>$200 \leqslant f_{ak} < 300$</td></tr>
<tr><td colspan="3">各土层坡度(%)</td><td>≤5</td><td>≤10</td><td>≤10</td><td>≤10</td><td>≤10</td></tr>
<tr><td rowspan="8">建筑类型</td><td colspan="3">砌体承重结构、框架结构(层数)</td><td>≤5</td><td>≤5</td><td>≤6</td><td>≤6</td><td>≤7</td></tr>
<tr><td rowspan="4">单层排架结构(6 m 柱距)</td><td rowspan="2">单跨</td><td>吊车额定起重量(t)</td><td>10 ~ 15</td><td>15 ~ 20</td><td>20 ~ 30</td><td>30 ~ 50</td><td>50 ~ 100</td></tr>
<tr><td>厂房跨度(m)</td><td>≤18</td><td>≤24</td><td>≤30</td><td>≤30</td><td>≤30</td></tr>
<tr><td rowspan="2">多跨</td><td>吊车额定起重量(t)</td><td>5 ~ 10</td><td>10 ~ 15</td><td>15 ~ 20</td><td>20 ~ 30</td><td>30 ~ 75</td></tr>
<tr><td>厂房跨度(m)</td><td>≤18</td><td>≤24</td><td>≤30</td><td>≤30</td><td>≤30</td></tr>
<tr><td colspan="2">烟囱</td><td>高度(m)</td><td>≤40</td><td>≤50</td><td colspan="2">≤75</td><td>≤100</td></tr>
<tr><td colspan="2" rowspan="2">水塔</td><td>高度(m)</td><td>≤20</td><td>≤30</td><td colspan="2">≤30</td><td>≤30</td></tr>
<tr><td>容积(m^3)</td><td>50 ~ 100</td><td>100 ~ 200</td><td>200 ~ 300</td><td>300 ~ 500</td><td>500 ~ 1000</td></tr>
</table>

注：1. 地基主要受力层是指条形基础底面下深度为 $3b$(b 为基础底面宽度)，独立基础下为 $1.5b$，且厚度均不小于 5 m的范围(二层以下一般的民用建筑除外)。

2. 地基主要受力层中如有承载力特征值小于 130 kPa 的土层，表中砌体承重结构的设计应符合《建筑地基基础设计规范》(GB 50007—2011)第 7 章的有关要求。

3. 表中砌体承重结构和框架结构均指民用建筑，对于工业建筑可按厂房高度、荷载情况折合成与其相当的民用建筑层数。

4. 表中吊车额定起重量、烟囱高度和水塔容积的数值是指最大值。

有地基变形设计要求的地基，其建筑物的地基变形计算值 s，不应大于地基变形允许值 $[s]$，即

$$s \leqslant [s] \tag{8-4}$$

建筑物的地基变形允许值 $[s]$ 应按表 8-5 规定采用。对表中未包括的建筑物，其地基变形允许值应根据上部结构对地基变形的适应能力和使用上的要求确定。

(三)地基稳定性要求

对经常受水平荷载作用的高层建筑、高耸结构和挡土墙等，以及建造在斜坡上或边坡附近的建筑物和构筑物，尚应验算其稳定性；基坑工程应进行稳定性验算；建筑地下室或地下构筑物存在上浮问题时，尚应进行抗浮验算。

表 8-5　建筑物的地基变形允许值

<table>
<tr><th colspan="3" rowspan="2">变形特征</th><th colspan="2">地基土类别</th></tr>
<tr><th>中、低压缩性土</th><th>高压缩性土</th></tr>
<tr><td colspan="3">砌体承重结构基础的局部倾斜</td><td>0.002</td><td>0.003</td></tr>
<tr><td rowspan="3">工业与民用建筑相邻柱基的沉降差</td><td colspan="2">框架结构</td><td>0.002l</td><td>0.003l</td></tr>
<tr><td colspan="2">砌体墙填充的边排柱</td><td>0.000 7l</td><td>0.001l</td></tr>
<tr><td colspan="2">当基础不均匀沉降时不产生附加应力的结构</td><td>0.005l</td><td>0.005l</td></tr>
<tr><td colspan="3">单层排架结构(柱距为 6 m)柱基的沉降量(mm)</td><td>(120)</td><td>200</td></tr>
<tr><td colspan="2" rowspan="2">桥式吊车轨面的倾斜
(按不调整轨道考虑)</td><td>纵向</td><td colspan="2">0.004</td></tr>
<tr><td>横向</td><td colspan="2">0.003</td></tr>
<tr><td colspan="2" rowspan="4">多层和高层建筑的整体倾斜</td><td>$H_g \leq 24$</td><td colspan="2">0.004</td></tr>
<tr><td>$24 < H_g \leq 60$</td><td colspan="2">0.003</td></tr>
<tr><td>$60 < H_g \leq 100$</td><td colspan="2">0.002 5</td></tr>
<tr><td>$H_g > 100$</td><td colspan="2">0.002</td></tr>
<tr><td colspan="3">体型简单的高层建筑基础的平均沉降量(mm)</td><td colspan="2">200</td></tr>
<tr><td colspan="2" rowspan="6">高耸结构基础的倾斜</td><td>$H_g \leq 20$</td><td colspan="2">0.008</td></tr>
<tr><td>$20 < H_g \leq 50$</td><td colspan="2">0.006</td></tr>
<tr><td>$50 < H_g \leq 100$</td><td colspan="2">0.005</td></tr>
<tr><td>$100 < H_g \leq 150$</td><td colspan="2">0.004</td></tr>
<tr><td>$150 < H_g \leq 200$</td><td colspan="2">0.003</td></tr>
<tr><td>$200 < H_g \leq 250$</td><td colspan="2">0.002</td></tr>
<tr><td colspan="2" rowspan="3">高耸结构基础的沉降量
(mm)</td><td>$H_g \leq 100$</td><td colspan="2">400</td></tr>
<tr><td>$100 < H_g \leq 200$</td><td colspan="2">300</td></tr>
<tr><td>$200 < H_g \leq 250$</td><td colspan="2">200</td></tr>
</table>

注:1. 本表数值为建筑物地基实际最终变形允许值。

2. 有括号者仅适用于中压缩性土。

3. l 为相邻柱基的中心距(mm);H_g 为自室外地面起算的建筑物高度(m)。

4. 倾斜指基础倾斜方向两端点的沉降差与其距离的比值。

5. 局部倾斜指砌体承重结构沿纵向 6 ~ 10 m 内基础两点的沉降差与其距离的比值。

地基基础的设计使用年限不应小于建筑结构的设计使用年限。

三、岩土工程勘察资料

地基基础设计前应进行岩土工程勘察,并应符合下列规定。

(1)岩土工程勘察报告应提供下列资料:

①有无影响建筑场地稳定性的不良地质作用，评价其危害程度。

②建筑物范围内的地层结构及其均匀性，各岩土层的物理力学性质指标，以及对建筑材料的腐蚀性。

③地下水埋藏情况、类型和水位变化幅度及规律，以及对建筑材料的腐蚀性。

④在抗震设防区应划分场地类别，并对饱和砂土及粉土进行液化判别。

⑤对可供采用的地基基础设计方案进行论证分析，提出经济合理、技术先进的设计方案建议；提供与设计要求相对应的地基承载力及变形计算参数，并对设计与施工应注意的问题提出建议。

⑥当工程需要时，还应提供：深基坑开挖的边坡稳定计算和支护设计所需的岩土技术参数，论证其对周边环境的影响；基坑施工降水的有关技术参数及地下水控制方法的建议；用于计算地下水浮力的设防水位。

(2)地基评价宜采用钻探取样、室内土工试验、触探，并结合其他原位测试方法进行。设计等级为甲级的建筑物应提供载荷试验指标、抗剪强度指标、变形参数指标和触探资料；设计等级为乙级的建筑物应提供抗剪强度指标、变形参数指标和触探资料；设计等级为丙级的建筑物应提供触探及必要的钻探和土工试验资料。

(3)建筑物地基均应进行施工验槽。当地基条件与原勘察报告不符时，应进行施工勘察。

四、作用效应与相应的抗力限值

地基基础设计时，所采用的作用效应与相应的抗力限值应符合下列规定：

(1)按地基承载力确定基础底面积及埋深或按单桩承载力确定桩数时，传至基础或承台底面上的作用效应应按正常使用极限状态下作用的标准组合。相应的抗力应采用地基承载力特征值或单桩承载力特征值。

(2)计算地基变形时，传至基础底面上的作用效应应按正常使用极限状态下作用的准永久组合，不应计入风荷载和地震作用。相应的限值应为地基变形允许值。

(3)计算挡土墙、地基或滑坡稳定以及基础抗浮稳定时，作用效应应按承载能力极限状态下作用的基本组合，但其分项系数均为1.0。

(4)在确定基础或桩基承台高度、支挡结构截面、计算基础或支挡结构内力、确定配筋和验算材料强度时，上部结构传来的作用效应和相应的基底反力、挡土墙土压力以及滑坡推力，应按承载能力极限状态下作用的基本组合，采用相应的分项系数。当需要验算基础裂缝宽度时，应按正常使用极限状态作用的标准组合。

(5)基础设计安全等级、结构设计使用年限、结构重要性系数应按有关规范的规定采用，但结构重要性系数(γ_0)不应小于1.0。

五、作用组合的效应设计值

地基基础设计时，作用组合的效应设计值应符合下列规定。

(1)正常使用极限状态下，标准组合的效应设计值(S_k)应按式(8-5)确定：

$$S_k = S_{Gk} + \psi_{c1} S_{Q1k} + \psi_{c2} S_{Q2k} + \cdots + \psi_{cn} S_{Qnk} \tag{8-5}$$

式中：S_{Gk}——永久作用标准值（G_k）的效应；

S_{Qik}——第 i 个可变作用标准值（Q_{ik}）的效应；

ψ_{ci}——第 i 个可变作用（Q_i）的组合值系数，按现行国家标准《建筑结构荷载规范》（GB 50009—2012）的规定取值。

（2）准永久组合的效应设计值（S_k）应按式（8-6）确定：

$$S_k = S_{Gk} + \psi_{q1}S_{Q1k} + \psi_{q2}S_{Q2k} + \cdots + \psi_{qn}S_{Qnk} \tag{8-6}$$

式中：ψ_{qi}——第 i 个可变作用的准永久值系数，按现行国家标准《建筑结构荷载规范》（GB 50009—2012）的规定取值。

（3）承载能力极限状态下，由可变作用控制的基本组合的效应设计值（S_d），应按式（8-7）确定：

$$S_d = \gamma_G S_{Gk} + \gamma_{Q1}\psi_{c1}S_{Q1k} + \gamma_{Q2}\psi_{c2}S_{Q2k} + \cdots + \gamma_{Qn}\psi_{cn}S_{Qnk} \tag{8-7}$$

式中：γ_G——永久作用的分项系数，按现行国家标准《建筑结构荷载规范》（GB 50009—2012）的规定取值；

γ_{Qi}——第 i 个可变作用的分项系数，按现行国家标准《建筑结构荷载规范》（GB 50009—2012）的规定取值。

（4）对由永久作用控制的基本组合，也可采用简化规则，基本组合的效应设计值（S_d）可按式（8-8）确定：

$$S_d = 1.35S_k \tag{8-8}$$

式中：S_k——标准组合的作用效应设计值。

六、浅基础设计步骤

（1）分析研究设计所必须的建筑场地的工程地质条件和地质勘察资料，建筑材料及施工技术条件资料，建筑物的结构形式，使用要求及上部结构荷载资料等。综合考虑选择基础类型、材料、平面布置。

（2）选定基础埋置深度，确定地基承载力。

（3）拟定基础底面尺寸验算地基承载力，必要时做地基下卧层强度验算、地基变形验算和地基稳定性验算。

（4）确定基础剖面尺寸，进行基础结构计算（包括基础内力计算、强度配筋计算）。

（5）绘制基础施工详图，提出必要的施工技术说明。

第四节　基础埋置深度

基础埋深指基础埋入土体中的深度，房屋建筑基础埋深是指从室外设计地面到基础底面的距离。基础埋深对基础尺寸、施工技术、工期以及工程造价都有较大影响。一般要求在保证地基稳定和变形的前提下，基础尽量浅埋，当上层地基的承载力大于下层土时，宜利用上层土做持力层。除岩石地基外，基础埋深不宜小于 0.5 m。由于影响基础埋深的因素很多，设计时应当从实际出发，综合分析，合理选择。本节分述选择基础埋深时要考虑的几个因素。

一、建筑物用途和结构类型

某些建筑物的特殊用途和结构类型是选择基础埋深的先决条件。如设有地下室、半地下室建筑物、带有地下设施的建筑物和具有地下部分的设备基础等，其基础埋深就要结合地下部分的设计标高来选定。根据具体的使用要求，基础可选整个或局部深埋，对局部深埋的基础，应作成台阶逐渐过渡，台阶高宽比一般为 1∶2，如图 8-13 所示。如有管道必须通过基础时，基础埋深应低于管道，在基础上预留的孔洞应有足够的间隙，以备基础沉降时不影响管道的使用。

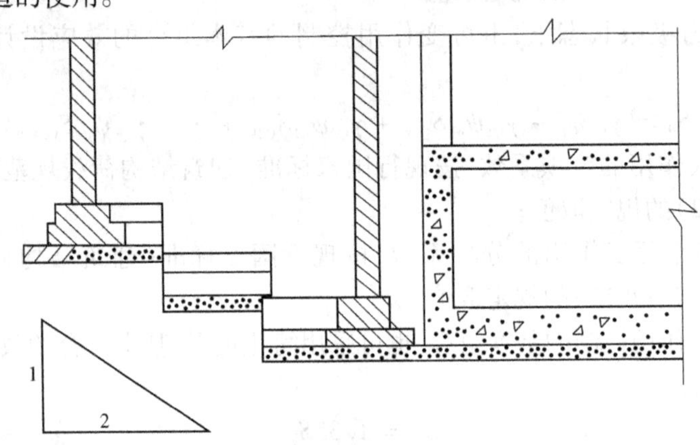

图 8-13　墙基埋深变化的台阶形布置

对高层建筑筏形基础和箱形基础的埋深应满足地基承载力、变形和稳定性要求。在抗震设防区，除岩石地基外，天然地基上的箱形基础和筏形基础的埋深不宜小于建筑物高度的1/15；桩箱基础或桩筏基础埋深（不计桩长）不宜小于建筑物高度的 1/18 ~ 1/20。位于岩石地基上的高层建筑，其基础埋深应满足抗滑要求。

对不均匀沉降敏感的建筑物或多层框架结构，则基础须坐落在坚实土层上，埋深也要大一些。又如砌体结构下的无筋扩展基础，由于要满足允许宽高比的构造要求，基础埋深应由其构造要求确定。

二、作用在基础上的荷载

作用在基础上的荷载大小和性质对基础埋深的选择有很大的影响。就浅土层而言，当基础荷载小时，它是很好的持力层；当基础荷载大时，则可能因地基承载力不足而不宜作为持力层，需增大埋深或对地基进行加固处理。对承受较大水平荷载的基础（如挡土结构、烟囱、水塔等），为保证基础的稳定性，常将基础埋深加大，以减小建筑物的整体倾斜。对承受上拔力的基础（如输电塔基础），也要求有一定的埋深以提供足够的抗拔阻力；对承受振动荷载的基础，不宜选择易产生振动液化的土层作为持力层，以防基础失稳。

三、工程地质和水文地质条件

场地的工程地质条件和水文地质条件，是分析确定基础埋深的主要依据。要根据各土层的厚度、分布情况、地基承载力大小和压缩性高低，结合上部结构情况进行技术经济比较,综合分析确定。

(一)工程地质条件影响

(1)当地基土层均匀时,在满足地基承载力和变形要求前提下,基础应尽量浅埋,以便节省投资,方便施工。为了保护基础,要求基础埋深不得小于0.5 m(岩石地基除外),基础地面应埋入持力层150 mm,基础顶面在室外地面以下至少100 mm,如图8-14所示。如地基土层软弱,不宜作为天然地基的浅基础,可考虑进行地基加固处理。

(2)当地基上层土差而下层土质好时,视上层土的厚度来确定基础埋深。如上层软弱土厚度小于2 m时,应将软弱土层挖除,将基础置于下层坚实土层上。如上层软土较厚(达2~4 m)时,为减少开挖,在可能的条件下对低层房屋可考虑扩大基底面积,加强上部结构刚度,减少沉降影响;但对重要建筑物仍应置于坚实土层上。如上层软土很厚(大于5 m)时,通常采用人工加固地基或用桩基础。

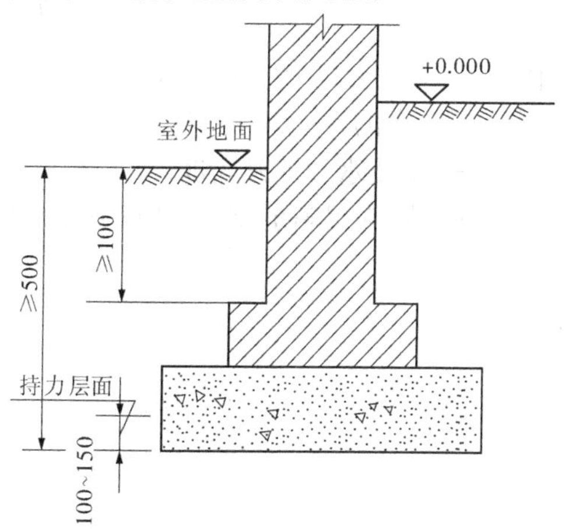

图8-14　基础的最小埋置深度　(单位:mm)

(3)当地基上层土质好于下层土质时,基础应尽量浅埋,甚至大面积填土夯实,再开挖作为基础,以充分利用上部好土作为地基持力层。

(4)当地基上、下坚实,中间夹有软弱土层时,应根据上部荷载的大小和软弱夹层的厚薄,以上述原则来确定埋深。

(5)对位于稳定边坡坡顶的建筑物,当坡高$h \leqslant 8$ m,坡角$\beta \leqslant 45°$,如图8-15所示,且$b \leqslant 3$ m时,如果其基础埋深d符合下式要求,则可认为该地基以满足稳定要求。

条形基础
$$d \geqslant (3.5b - a)\tan\beta \tag{8-9}$$

矩形基础
$$d \geqslant (2.5b - a)\tan\beta \tag{8-10}$$

式中:a——基础外边缘线至坡顶的水平距离,不得小于2.5 m;

b——垂直于坡顶边缘线的基础底面边长。

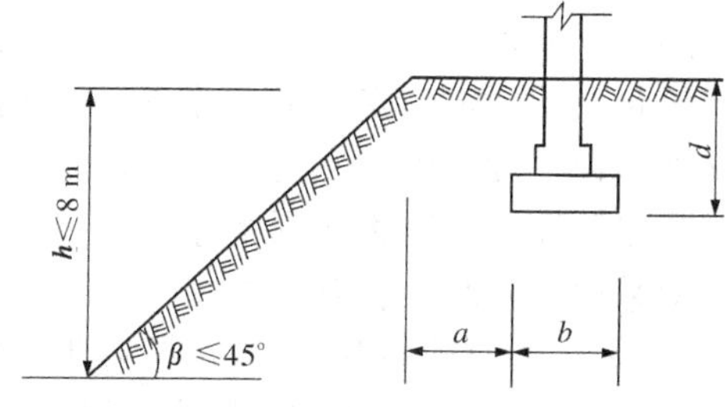

图8-15　土坡坡顶处基础的最小埋深

(6)当基础埋置在易风化的岩层上,施工时应在基坑开挖后立即铺筑垫层。

(二)水文地质条件影响

如地基有地下水,基础宜埋在地下水位以上,便于施工。如按设计基础必须置于地下水位以下,应采取地基土在施工时不受扰动的措施,如基坑排水、坑壁支护等。同时要考虑地下水对基础是否有腐蚀性等。

当持力层为黏性土等隔水层,而下层土中含有承压水时,如图 8-16 所示,在基槽开挖中应在槽底留有一定的安全厚度 h_0,以防承压水冲破槽底土层,破坏地基,淹没基坑。安全厚度可按下式估算:

$$h_0 > \frac{\gamma_\omega}{\gamma}h \tag{8-11}$$

式中:γ——隔水层土的重度,kN/m^3;

γ_w——水的重度,kN/m^3;

h——承压水的上升高度(从隔水层底面算起),m;

h_0——隔水层剩余厚度(槽底安全厚度)。

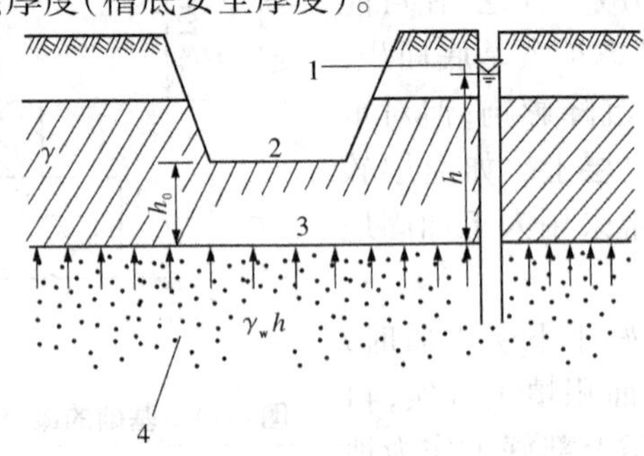

1—承压水位;2—基槽;3—黏土层(隔水层);4—卵石层(透水层)

图 8-16　有承压水时的基坑开挖深度

四、相邻基础埋深影响

当存在相邻建筑物时,新建建筑物的基础埋深不宜大于原有建筑基础。当埋深大于原有建筑基础时,两基础间应保持一定净距,其数值应根据建筑荷载大小、基础形式和土质情况确定。

在城市居住密集的地方往往新旧建筑物距离较近,当新建建筑物与原有建筑物距离较近,尤其是新建建筑物基础埋深大于原有建筑物时,新建建筑物会对原有建筑物产生影响,甚至会危及原有建筑物的安全或正常使用。为了避免新建建筑物对原有建筑物的影响,设计时应考虑与原有建筑物保持一定的安全距离,该安全距离应通过分析新旧建筑物的地基承载力、地基变形和地基稳定性来确定。通常决定建筑物相邻影响距离大小的因素,主要有新建建筑物的沉降量和原有建筑物的刚度等。

当相邻建筑物较近时,应采取措施减小相互影响:①尽量减小新建建筑物的沉降量;②新建建筑物的基础埋深不宜大于原有建筑基础;③选择对地基变形不敏感的结构形式;④采取有效的施工措施,如分段施工、采取有效的支护措施以及对原有建筑物地基进行加固等措施。

五、地基土冻胀和融陷影响

在寒冷地区,当地层温度降至零摄氏度以下时,土中部分孔隙水冻结而形成冻土。冻土分季节性冻土和常年性冻土，季节性冻土是指一年内冻结和解冻交替出现的土层。土体冻结时体积膨胀称为冻胀，如果冻胀产生的上抬力大于外荷载引起的基底压力，就会引起建筑物基础上抬。冻土融化时，含水率增加，土体软化，地基承载力减小，使地基产生附加沉降，称为融陷。若基础埋置于冻结深度内，由于地基土的反复冻融，会使建筑物发生开裂破坏或产生不均匀沉降。

季节性冻土的冻胀性与融陷性是相互关联的，常以冻胀性加以概括。《建筑地基基础设计规范》(GB 50007—2011)根据地基土的类别、天然含水率和地下水位等因素，将地基土划分为不冻胀、弱冻胀、冻胀、强冻胀和特强冻胀五类，见表 8-6。

表 8-6　地基土的冻胀性分类

<table>
<tr><th>土的名称</th><th>天然含水率 ω(%)</th><th>冻结期间地下水位距冻结面的最小距离 h_w(m)</th><th>平均冻胀率 η (%)</th><th>冻胀等级</th><th>冻胀类别</th></tr>
<tr><td rowspan="6">碎(卵)石，砾、粗、中砂(粒径小于 0.075 mm 颗粒含量大于 15%)，细砂(粒径小于 0.075 mm 颗粒含量大于 10%)</td><td rowspan="2">$\omega \leqslant 12$</td><td>>1.0</td><td>$\eta \leqslant 1$</td><td>Ⅰ</td><td>不冻胀</td></tr>
<tr><td>≤1.0</td><td rowspan="2">$1 < \eta \leqslant 3.5$</td><td rowspan="2">Ⅱ</td><td rowspan="2">弱冻胀</td></tr>
<tr><td rowspan="2">$12 < \omega \leqslant 18$</td><td>>1.0</td></tr>
<tr><td>≤1.0</td><td rowspan="2">$3.5 < \eta \leqslant 6$</td><td rowspan="2">Ⅲ</td><td rowspan="2">冻胀</td></tr>
<tr><td rowspan="2">$\omega > 18$</td><td>>0.5</td></tr>
<tr><td>≤0.5</td><td>$6 < \eta \leqslant 12$</td><td>Ⅳ</td><td>强冻胀</td></tr>
<tr><td rowspan="7">粉砂</td><td rowspan="2">$\omega \leqslant 14$</td><td>>1.0</td><td>$\eta \leqslant 1$</td><td>Ⅰ</td><td>不冻胀</td></tr>
<tr><td>≤1.0</td><td rowspan="2">$1 < \eta \leqslant 3.5$</td><td rowspan="2">Ⅱ</td><td rowspan="2">弱冻胀</td></tr>
<tr><td rowspan="2">$14 < \omega \leqslant 19$</td><td>>1.0</td></tr>
<tr><td>≤1.0</td><td rowspan="2">$3.5 < \eta \leqslant 6$</td><td rowspan="2">Ⅲ</td><td rowspan="2">冻胀</td></tr>
<tr><td rowspan="2">$19 < \omega \leqslant 23$</td><td>>1.0</td></tr>
<tr><td>≤1.0</td><td>$6 < \eta \leqslant 12$</td><td>Ⅳ</td><td>强冻胀</td></tr>
<tr><td>$\omega > 23$</td><td>不考虑</td><td>$\eta > 12$</td><td>Ⅴ</td><td>特强冻胀</td></tr>
<tr><td rowspan="9">粉土</td><td rowspan="2">$\omega \leqslant 19$</td><td>>1.5</td><td>$\eta \leqslant 1$</td><td>Ⅰ</td><td>不冻胀</td></tr>
<tr><td>≤1.5</td><td rowspan="2">$1 < \eta \leqslant 3.5$</td><td rowspan="2">Ⅱ</td><td rowspan="2">弱冻胀</td></tr>
<tr><td rowspan="2">$19 < \omega \leqslant 22$</td><td>>1.5</td></tr>
<tr><td>≤1.5</td><td rowspan="2">$3.5 < \eta \leqslant 6$</td><td rowspan="2">Ⅲ</td><td rowspan="2">冻胀</td></tr>
<tr><td rowspan="2">$22 < \omega \leqslant 26$</td><td>>1.5</td></tr>
<tr><td>≤1.5</td><td rowspan="2">$6 < \eta \leqslant 12$</td><td rowspan="2">Ⅳ</td><td rowspan="2">强冻胀</td></tr>
<tr><td rowspan="2">$26 < \omega \leqslant 30$</td><td>>1.5</td></tr>
<tr><td>≤1.5</td><td rowspan="2">$\eta > 12$</td><td rowspan="2">Ⅴ</td><td rowspan="2">特强冻胀</td></tr>
<tr><td>$\omega > 30$</td><td>不考虑</td></tr>
</table>

续表 8-6

<table>
<tr><th>土的名称</th><th>天然含水率
ω(%)</th><th>冻结期间地下水位距
冻结面的最小距离 h_w(m)</th><th>平均冻胀率 η
(%)</th><th>冻胀等级</th><th>冻胀类别</th></tr>
<tr><td rowspan="9">黏性土</td><td rowspan="2">$\omega \leqslant \omega_p + 2$</td><td>>2.0</td><td>$\eta \leqslant 1$</td><td>Ⅰ</td><td>不冻胀</td></tr>
<tr><td>≤2.0</td><td rowspan="2">$1 < \eta \leqslant 3.5$</td><td rowspan="2">Ⅱ</td><td rowspan="2">弱冻胀</td></tr>
<tr><td rowspan="2">$\omega_p + 2 < \omega \leqslant \omega_p + 5$</td><td>>2.0</td></tr>
<tr><td>≤2.0</td><td rowspan="2">$3.5 < \eta \leqslant 6$</td><td rowspan="2">Ⅲ</td><td rowspan="2">冻胀</td></tr>
<tr><td rowspan="2">$\omega_p + 5 < \omega \leqslant \omega_p + 9$</td><td>>2.0</td></tr>
<tr><td>≤2.0</td><td rowspan="2">$6 < \eta \leqslant 12$</td><td rowspan="2">Ⅳ</td><td rowspan="2">强冻胀</td></tr>
<tr><td rowspan="2">$\omega_p + 9 < \omega \leqslant \omega_p + 15$</td><td>>2.0</td></tr>
<tr><td>≤2.0</td><td rowspan="2">$\eta > 12$</td><td rowspan="2">Ⅴ</td><td rowspan="2">特强冻胀</td></tr>
<tr><td>$\omega > \omega_p + 15$</td><td>不考虑</td></tr>
</table>

注:1. ω_p为土的塑限,ω 为在冻土层内冻前天然含水率的平均值。

2. 盐渍化冻土不在表列。

3. 塑性指数大于 22 时,冻胀性降一级。

4. 粒径小于 0.005 mm 的颗粒含量大于 60% 时,为不冻胀土。

5. 碎石土当充填物大于全部质量的 40% 时,其冻胀性应按充填物土的类别判断。

6. 碎石土、砾砂、粗砂、中砂(粒径小于 0.075 mm 颗粒含量不大于 15%)、细砂(粒径小于 0.075 mm 颗粒含量不大于 10%)均按不冻胀土考虑。

对于不冻胀土的基础埋深,可不考虑冻深的影响;季节性冻土地基的设计冻深 z_d应按下式计算:

$$z_d = z_o \psi_{zs} \psi_{zw} \psi_{ze} \tag{8-12}$$

式中:z_d——设计冻深,若当地有多年实测资料时,也可用 $z_d = h' - \Delta z$,h'和 Δz 分别为实测冻土层厚度和地表冻胀量;

z_o——标准冻深,m,是采用在地表面平坦、裸露、城市之外的空旷场地中不少于 10 年实测最大冻深平均值,当无实测资料时,可从《建筑地基基础设计规范》(GB 50007—2011)中所附的季节性冻土标准冻深图中查得;

ψ_{zs}——土的类别对冻深的影响系数,按表 8-7 确定;

ψ_{zw}——土的冻胀性对冻深的影响系数,按表 8-8 确定;

ψ_{ze}——环境对冻深的影响系数,按表 8-9 确定。

表 8-7 土的类别对冻深的影响系数

土的类别	黏性土	细砂、粉砂、粉土	中砂、粗砂、砾砂	碎石土
影响系数 ψ_{zs}	1.00	1.20	1.30	1.40

表 8-8　土的冻胀性对冻深的影响系数

冻胀性	不冻胀	弱冻胀	冻胀	强冻胀	特强冻胀
影响系数 ψ_{zw}	1.00	0.95	0.90	0.85	0.80

表 8-9　环境对冻深的影响系数

周围环境	村、镇、旷野	城市近郊	城市市区
影响系数 ψ_{ze}	1.00	0.95	0.90

注：环境影响系数一项，当城市市区人口为 20 万～50 万时，按城市近郊取值；当城市市区人口大于 50 万且小于或等于 100 万时，只计入市区影响；当城市市区人口超过 100 万时，除计入市区影响外，尚应考虑 5 km 以内的郊区近郊影响系数。

当建筑基础底面之下允许有一定厚度的冻土层，可用下式计算基础的最小埋深：

$$d_{min} = z_d - h_{max} \tag{8-13}$$

式中：d_{min}——基础最小埋，m；

h_{max}——基础底面下允许残留冻土层的最大厚度，按表 8-10 查取，有充分依据时，基底下允许残留冻土层厚度也可以根据工地经验确定。

表 8-10　建筑基底允许冻土层最大厚度 h_{max}　（单位：m）

冻胀性	基础形式	采暖情况	基础平均压力(kPa)						
			90	110	130	150	170	190	210
弱冻胀土	方形基础	采暖	—	0.94	0.99	1.04	1.11	1.15	1.20
		不采暖	—	0.78	0.84	0.91	0.97	1.04	1.10
	条形基础	采暖	—	>2.50	>2.50	>2.50	>2.50	2.50	>2.50
		不采暖	—	2.20	2.50	>2.50	>2.50	>2.50	>2.50
冻胀土	方形基础	采暖	—	0.64	0.70	0.75	0.81	0.86	—
		不采暖	—	0.55	0.60	0.65	0.69	0.74	—
	条形基础	采暖	—	1.55	1.79	2.03	2.26	2.50	—
		不采暖	—	1.15	1.35	1.55	1.75	1.95	—
强冻胀土	方形基础	采暖	—	0.42	0.47	0.51	0.56	—	—
		不采暖	—	0.36	0.40	0.43	0.47	—	—
	条形基础	采暖	—	0.74	0.88	1.00	1.13	—	—
		不采暖	—	0.56	0.66	0.75	0.84	—	—

续表 8-10

冻胀性	基础形式	采暖情况	基础平均压力(kPa)						
			90	110	130	150	170	190	210
特强冻胀土	方形基础	采暖	0.30	0.34	0.38	0.41	—	—	—
		不采暖	0.24	0.27	0.31	0.34	—	—	—
	条形基础	采暖	0.43	0.52	0.61	0.70	—	—	—
		不采暖	0.33	0.40	0.47	0.53	—	—	—

注:1. 本表只计算法向冻胀力,如果基侧存在切向冻胀力,应采取防切向力措施。

2. 基础宽度小于 0.6 m 时不适用,矩形基础取短边尺寸按方形基础计算。

3. 表中数据不适用于淤泥、淤泥质土和欠固结土。

4. 表中基底平均压力数值为永久荷载标准值乘以 0.9,可以内插。

除按以上要求选择埋深外,还应采取必要的防冻害措施,具体规定参见《建筑地基规范》(GB 50007—2011)第 5.1.9 条。

六、冲刷深度的影响

对于一些埋在水下有水流冲刷的建筑物基础(如水闸、桥涵、岸边、取水构筑物等),为了防止基础因冲刷而引起倒塌或不均匀沉降和倾斜,要求基础必须埋置在设计洪水的最大冲刷线以下一定的深度。涵洞基础在无冲刷处(基岩地基除外),应在地面或河床底以下埋深不少于 1 m 处;如有冲刷,基底埋深应在局部冲刷线以下不少于 1 m;当河床上有附砌层时,基础底面宜设在附砌层顶面以下 1 m。非岩石河床桥梁墩台基底埋深安全值可按表 8-11 确定。

表 8-11　基底埋深安全值　(单位:m)

总冲刷深度		0	5	10	15	20
安全值	大桥、中桥、小桥(不铺砌)	1.5	2.0	2.5	3.0	3.5
	特大桥	2.0	2.5	3.0	3.5	4.0

注:1. 总冲刷深度为自河床面算起的河床自然演变冲刷、一般冲刷与局部冲刷深度之和。

2. 表列数值为墩台基底埋入总冲刷深度以下的最小值;如对设计资料、水位和原始断面资料无把握或不能获得河床演变准确资料,其值宜适当加大。

3. 若桥位上下游有已建桥梁,应调查已建桥梁的特大洪水冲刷情况,新建桥梁墩台基础埋置深度不宜小于已建桥梁的冲刷深度且酌加必要的安全值。

4. 如河床上有铺砌层,基础底面宜设置在铺砌层顶面以下不小于 1.0 m。

岩石河床墩台基底最小埋置深度可参考《公路工程水文勘测设计规范》(JTGC 30—2002)附录 C 确定。

位于河槽的墩台,当其最大冲刷深度小于桥墩总冲刷深度时,桥台底面的埋深应与桥墩基底相同。当桥墩位于河滩时,对河槽摆动不稳定的河流,桥台基底高程应与桥墩基底高程相同;在稳定河流上,桥台基底高程可按照桥台冲刷结果确定。墩台基础顶面高程宜根据桥位情况、施工难易程度、美观与整体协调综合确定。

第五节　基础底面尺寸的确定

在选定了基础类型和埋置深度后,就可根据持力层的修正后承载力特征值计算基础底面尺寸。若地基压缩层范围内有软弱下卧层,还必须对软弱下卧层进行强度验算。

一、按地基持力层的承载力确定基础底面尺寸

(一)中心荷载作用下的基础

当基础底面只作用中心垂直荷载 F_k、G_k 时,如图8-17所示。基底压力按简化方法计算为

$$p_k = \frac{F_k + G_k}{A} = \frac{F_k + A\bar{d}\gamma_G}{A} \tag{8-14}$$

$$G_k = A\bar{d}\gamma_G \tag{8-15}$$

式中:p_k——相应于荷载效应标准组合时,基底平均压力,kPa;

F_k——相应于荷载效应标准组合时,上部结构传至基础顶面的竖向荷载值,kPa;

G_k——基础自重和基础上方回填土重,kN;

γ_G——基础和基础上方填土的平均重度,取 $\gamma_G = 20\ \text{kN/m}^3$;

$\bar{d}$——基础平均高度,即室内、外设计埋深的平均值,m;

A——基础底面积。

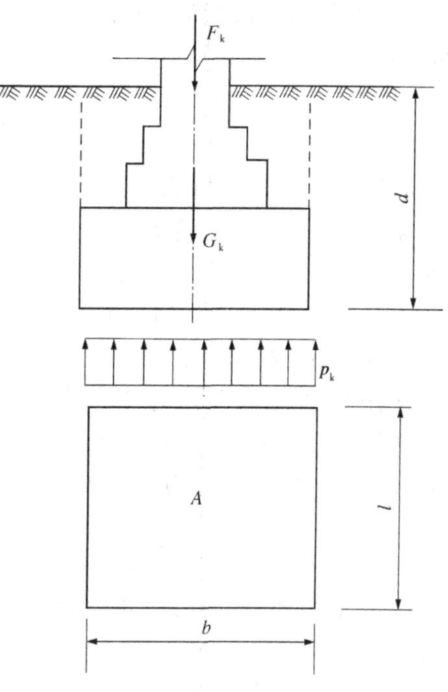

图8-17　中心荷载作用下的基础

由强度条件式(8-2)知:

$$P_k \leqslant f_a$$

即

$$\frac{F_k + G_k}{A} = \frac{F_k + A\bar{d}\gamma_G}{A} \leqslant f_a \tag{8-16}$$

整理后得基底面积为

$$A \geqslant \frac{F_k}{f_a - \gamma_G\bar{d}} \tag{8-17}$$

式中:f_a——修正后的地基承载力特征值。

(1)对矩形基础,$A=bl$,l 与 b 为基础的长度和宽度,一般 $\frac{l}{b}=n$,n 取 1.2 ~2,并以与柱截面的长宽比接近为宜。

$$b \geqslant \sqrt{\frac{F_{\mathrm{k}}}{n(f_{\mathrm{a}}-\gamma_{\mathrm{G}}\overline{d})}} \tag{8-18}$$

(2)对方形基础,边长为

$$b \geqslant \sqrt{\frac{F_{\mathrm{k}}}{f-\gamma_{\mathrm{G}}\overline{d}}} \tag{8-19}$$

(3)对条形基础,沿基础长度方向,取 1 m 作为计算单元,作用其上的荷载为 $\overline{F}_k$,故基底宽度 b 为

$$b \geqslant \frac{\overline{F_{\mathrm{k}}}}{f_{\mathrm{a}}-\gamma_{\mathrm{G}}\overline{d}} \tag{8-20}$$

应当指出,式中 f_{a} 与基础宽度 b 有关。由于基础尺寸还没有确定,因此为试算过程。可根据原定埋深,先对地基承载力特征值进行修正,然后计算基础底面尺寸,再考虑是否需要进行宽度修正,使得 b、f_{a} 之间相互协调一致。另一种方法是假设基础底面尺寸,并经反复验算,以满足公式(8-2)为准。

(二)偏心荷载作用下的基础

当基础受偏心荷载作用时,将各种荷载对基础中心简化为 N_{gd}、M_{gd},如图 8-18 所示。所产生的基底最大、最小压力为

$$p_{\mathrm{kmax \atop kmin}}=\frac{N_{\mathrm{gd}}}{A} \pm \frac{M_{\mathrm{gd}}}{W} \tag{8-21}$$

设计时,应满足式(8-2)、式(8-3)持力层承载力的要求。即

$$p_{\mathrm{kmax}}=\frac{N_{\mathrm{gd}}}{A}+\frac{M_{\mathrm{gd}}}{W} \leqslant 1.2 f_{\mathrm{a}}$$

$$p_{\mathrm{k}}=\frac{N_{\mathrm{gd}}}{A} \leqslant f_{\mathrm{a}}$$

对单向偏心受压的矩形基础,基底压力为

$$p_{\mathrm{kmax \atop kmin}}=\frac{N_{\mathrm{gd}}}{A}\left(1 \pm \frac{6e}{l}\right) \tag{8-22}$$

式中:l ——基础底面偏心方向边长;

e——偏心距,$e=\frac{M_{\mathrm{gd}}}{N_{\mathrm{gd}}}$。

对偏心受压的条形基础,基底压力为

$$p_{\mathrm{kmax \atop kmin}}=\frac{N_{\mathrm{gd}}}{b}\left(1 \pm \frac{6e}{b}\right) \tag{8-23}$$

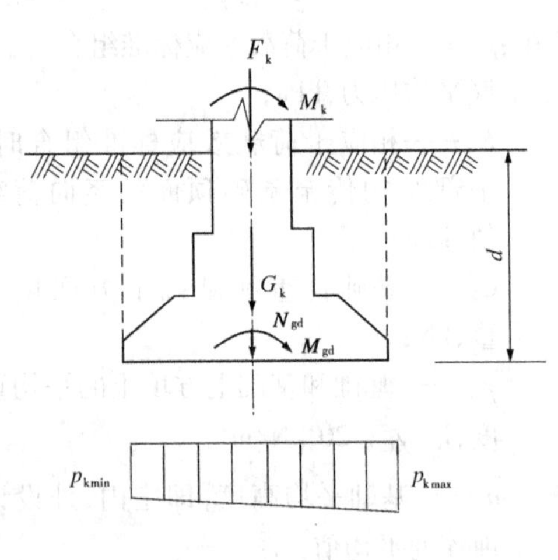

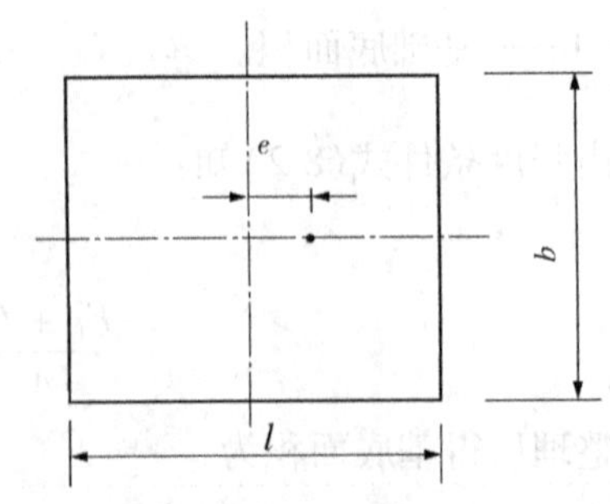

图 8-18　单向偏心荷载作用下的基础

式中：b——基础底面宽度。

偏心荷载作用下基础的底面尺寸常用试算法确定，其计算步骤为：

(1)先按中心荷载作用的公式初步估算基础底面积 A_0。

(2)根据偏心距的大小，将基础底面积 A_0 增大 10% ~40%，即 $A=(1.1\sim1.4)A_0$，并以适当的长宽比拟定基础底面的长度 l 和宽度 b。

(3)然后按式(8-22)或式(8-23)计算基底压力，并验算是否满足地基承载力的要求，如不合适(太大或太小)，可调整基底尺寸后再验算，到满意为止。

应该指出，基底压力 p_{max} 和 p_{min} 不能相差过大，以免基础发生过分倾斜，影响正常使用。一般在中、高压缩性土上的基础或有吊车的工业厂房柱基础，偏心距 e 不宜大于 $l/6$，此时 $p_{kmin}\geq0$；对于低压缩性土或某些特殊的不利荷载组合，允许出现 $p_{kmin}<0$，但应控制偏心距 $e\leq l/4$，此时 p_{kmax} 应按式(8-22)计算。

【例 8-1】 已知某带有吊车的厂房独立柱基础。相应于荷载效应标准组合时作用在基础上的荷载设计值如图 8-19 所示。地基土为黏土，$\gamma=19\ \text{kN/m}^3$，$e=0.73$，$I_L=0.75$，地基承载力特征值 $f_{ak}=230$ kPa，设基础长宽比 $n=l/b=2$，试确定基础底面尺寸 l 和 b。

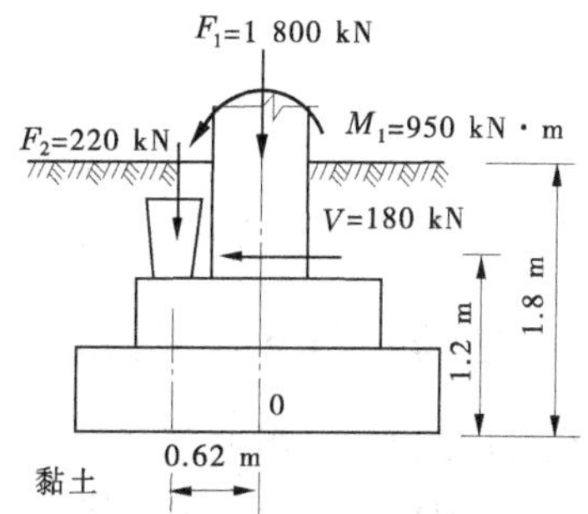

图 8-19　例 8-1 图

解：(1)确定地基承载力特征值。

根据黏土的孔隙比 $e=0.73$ 和液性指数 $I_L=0.75$ 查得 $\eta_b=0.3$，$\eta_d=1.6$。

修正后的持力层承载力特征值 f_a(先不考虑基础宽度修正)为

$$f_a=f_{ak}+\eta_d\gamma_m(d-0.5)=230+1.6\times19\times(1.8-0.5)=269.52(\text{kPa})$$

(2)初估基础底面尺寸。

先按中心荷载计算基底面积 A_0

$$A_0\geq\frac{\sum F}{f_a-\gamma_G\bar{d}}=\frac{1\ 800+220}{269.52-20\times1.8}=8.65(\text{m}^2)$$

经初步估算荷载偏心距较大，将基底面积增大 30%，取 $A=1.3A_0=1.3\times8.65=11.25(\text{m}^2)$，得：

$$b=\sqrt{\frac{A}{n}}=\sqrt{\frac{11.25}{2}}=2.37(\text{m})$$

取 $b=2.4$ m，$l=nb=2\times2.4=4.8$ m，即 $A=2.4\times4.8=11.52(\text{m}^2)$。

(3)验算持力层的承载力。

基础及回填土重　$G_k=\gamma_GAd=20\times11.52\times1.8=414.7\ (\text{kN})$

基底处垂直合力　$N_{gd}=F_1+F_2+G=1\ 800+220+414.7=2\ 434.7(\text{kN})$

基底处总力矩　$M_{gd}=M+Vh+F_2a=950+180\times1.2+220\times0.62=1\ 302.4(\text{kN}\cdot\text{m})$

偏心距　$e=\dfrac{M_{gd}}{N_{gd}}=\dfrac{1\ 302.4}{2\ 434.7}=0.535(\text{cm})$

$$p_{\substack{kmax\\kmin}} = \frac{N_{gd}}{l \times b}(1 \pm \frac{6e}{l}) = \frac{2\ 434.7}{2.4 \times 4.8} \times (1 \pm \frac{6 \times 0.535}{4.8}) = \frac{352.7}{70.0}(\text{kPa})$$

因 $p_{kmax}=352.7\ \text{kPa}>1.2f_a=1.2\times269.52=323.4(\text{kPa})$，须进行底面尺寸调整。

(4)调整基底面积，重新估算。基底面积增大40%即

取 $b=2.5\ \text{m}, l=2b=2\times2.5=5.0(\text{m})$

$$G_k = \gamma_G Ad = 20 \times 2.5 \times 5.0 \times 1.8 = 450(\text{kN})$$

$$N_{gd} = F_1 + F_2 + G = 1\ 800 + 220 + 450 = 2\ 470(\text{kN})$$

$$e = \frac{M_{gd}}{N_{gd}} = \frac{1\ 302.4}{2\ 470} = 0.527(\text{m})$$

$$p_{\substack{kmax\\kmin}} = \frac{N_{gd}}{l \times b}(1 \pm \frac{6e}{l}) = \frac{2\ 470}{5 \times 2.5} \times (1 \pm \frac{6 \times 0.527}{5}) = \frac{322.6}{71.9}(\text{kPa})$$

由于

$$p_{kmax} = 322.6 < 1.2f_a = 323.4\ \text{kPa}$$

$$p_{平均} = 197.6 < f_a = 269.52\ \text{kPa}$$

故持力层承载力满足要求，所以该柱下独立基础底面尺寸可取为 $l=5\ \text{m}, b=2.5\ \text{m}$。

二、地基软弱下卧层验算

在成层地基中，当地基受力层范围内有软弱下卧层时，除按持力层承载力计算基底尺寸外，还必须按下式对软弱下卧层进行验算，即要求作用在软弱下卧层顶面处的附加应力与自重应力之和不超过软弱层修正后的承载力特征值。

$$\sigma_z + \sigma_{cz} \leqslant f_{az} \tag{8-24}$$

式中：σ_z——软弱下卧层顶面处附加应力，kPa；

σ_{cz}——软弱下卧层顶面处土的自重应力，kPa；

f_{az}——软弱下卧层顶面处经深度修正后的地基承载力特征值，kPa。

软弱下卧层顶面处的附加应力 σ_z 可按第三章中讲解的方法计算，但实际工程中常采用应力扩散角法进行计算。当上层土与软弱下卧层的压缩模量比 $E_{s1}/E_{s2}\geqslant3$ 时，假设基底面处附加压力($p_0=p-\gamma_m$d)，按某一扩散角 θ 向下扩散，至深度 z 处的附加应力为 σ_z，如图 8-20 所示，根据基底与下卧层顶面处附加应力总和相等的条件可得附加应力计算公式。

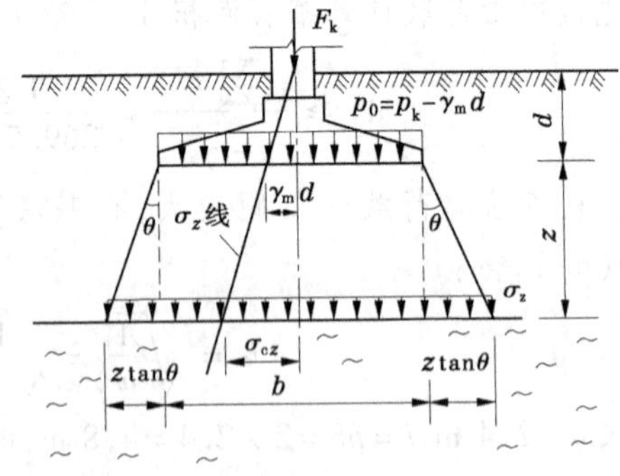

图 8-20　软弱下卧层的附加应力图

矩形基础(附加应力沿两个方向扩散)

$$\sigma_z = \frac{lb(p_k - \gamma_m d)}{(l + 2z\tan\theta)(b + 2z\tan\theta)} \tag{8-25}$$

条形基础(附加应力沿一个方向扩散)

$$\sigma_z = \frac{b(p_k - \gamma_m d)}{b + 2z\tan\theta} \tag{8-26}$$

式中：b——矩形基础和条形基础底变宽度，m；

l——矩形基础底边长度，m；

γ_m——基础埋深范围内土的加权平均重度（地下水位以下取浮重度 γ'），kN/m^3；

d——基础埋深，m；

z——基础底面至软弱下卧层顶面的距离，m；

θ——地基压力扩散角，可按表 8-12 查取；

p——平均基底压力值，kPa。

表 8-12　地基压力扩散角 θ

E_{s1}/E_{s2}	Z/b	Z/b
	0.25	0.50
3	6°	23°
5	10°	25°
10	20°	30°

若软弱下卧层强度验算不满足式（8-24）的要求，则表明该软弱土层承受不了上部荷载的作用，应考虑增大基础底面积、减小基础埋深或对地基进行加固处理，甚至改用深基础设计方案。

第六节　控制地基不均匀沉降的措施

在建筑物自身重量和外荷载作用下，地基发生变形即建筑物出现沉降是难以避免的。均匀沉降对建筑物不会引起附加内应力，不致带来大的危害；但是，不均匀沉降将使建筑物损坏或影响其安全和正常使用，特别是软弱地基及软硬不均匀等不良地基上的建筑物，如果考虑不周，过量的不均匀沉降会使之开裂损坏。因此，如何防止或减轻不均匀沉降造成的损害，是建筑物设计中必须认真考感的问题之一。

不均匀沉降对工程的危害主要表现在：①不均匀沉降会引起上部结构产生附加应力，使上部结构开裂甚至破坏，裂缝的位置和方向与不均匀沉降的状况有关，如图 8-21 所示；②沉降使得建筑底层层高减小，建筑总高度减小。

单纯从地基基础的角度出发，通常的解决办法有以下三种：①采用柱下条形基础、筏形基础和箱形基础等；②采用桩基或其他深基础；③采用各种地基处理方法。但是，以上三种方法往往造价偏高，桩基及其他深基础和许多地基处理方法还需要具备一定的施工条件，特定情况下可能难以实施，甚至单纯从地基基础方案的角度出发难以解决问题。因此，可以考虑从地基、基础、上部结构相互作用的观点出发，综合选择合理的建筑、结构、施工方案和措施，降低对地基基础处理的要求和难度，同样达到减轻建筑物不均匀沉降损害的目的。

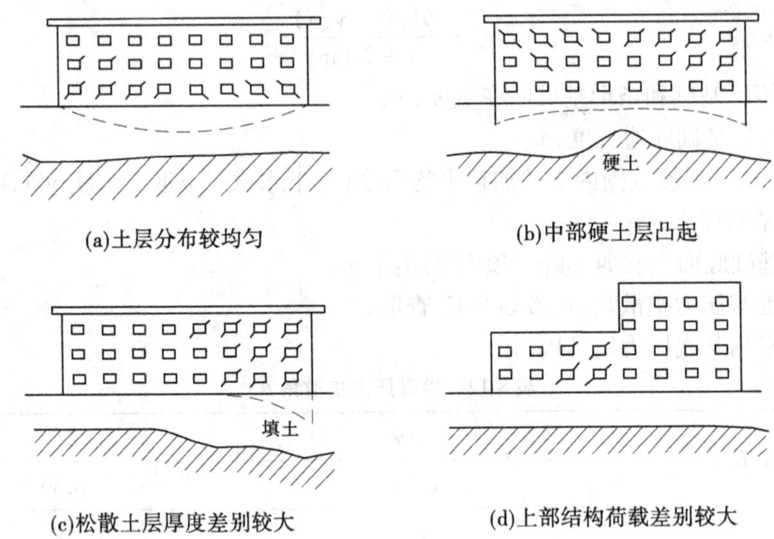

(a)土层分布较均匀　　(b)中部硬土层凸起

(c)松散土层厚度差别较大　　(d)上部结构荷载差别较大

图 8-21　不均匀沉降引起墙体开裂

一、建筑措施

(一)建筑物体型力求简单

建筑物体型包括其平面形状与立面形状及尺度。平面形状复杂的建筑物(如“L”“T”“E”“Z”“Π”形以及有凹凸部位的建筑物),在纵横单元交叉处基础密集,地基中各单元荷载产生的附加应力互相叠加,导致该处的局部沉降量增加;同时,此类建筑物整体刚度差,刚度不对称,从而更容易引起不均匀沉降;建筑物立面高低或轻重变化太大,地基各部分所受的荷载轻重差异较大,也会引起过量的不均匀沉降。此时,容易在上部结构中产生扭曲应力,使建筑物开裂(见图 8-22、图 8-23)。

因此,当地基具备发生较大不均匀沉降条件时,要力求:

(1)平面形状简单,如用“一”字形建筑物。

(2)立面体型变化不宜过大,砌体承重结构房屋高差不宜超过 1 ~ 2 层。

(二)控制建筑物长高比和合理布置纵横墙

建筑物在平面上的长度 L 和从基础底面算起的总高度 H_f 之比,称为建筑物的长高比。它是决定砌体结构刚度的一个主要因素。L/H_f 越小的建筑物的整体刚度越好,调整不均匀沉降的能力就越大;相反,L/H_f 越大的建筑物整体刚度越小,纵墙很容易因挠曲变形过大而开裂(见图 8-24)。

根据调查认为,二层以上的砌体承重房屋,当预估的最大沉降量超过 120 mm 时,长高比不宜大于 2.5;对于平面简单,内外墙贯通,横墙间隔较小的房屋,长高比的限制可放宽至不大于 3.0。不符合上述条件时,可考虑设置沉降缝。纵横墙的连接和房屋的楼面共同形成了砌体承重结构的空间刚度。合理布置纵横墙,是增强砌体承重结构房屋整体刚度的重要措施之一。一般地说,房屋的纵向刚度较弱,故地基不均匀沉降的损害主要表现为纵墙的挠曲破坏。内外纵墙的中断、转折,都会削弱建筑物的纵向刚度(见图 8-25)。

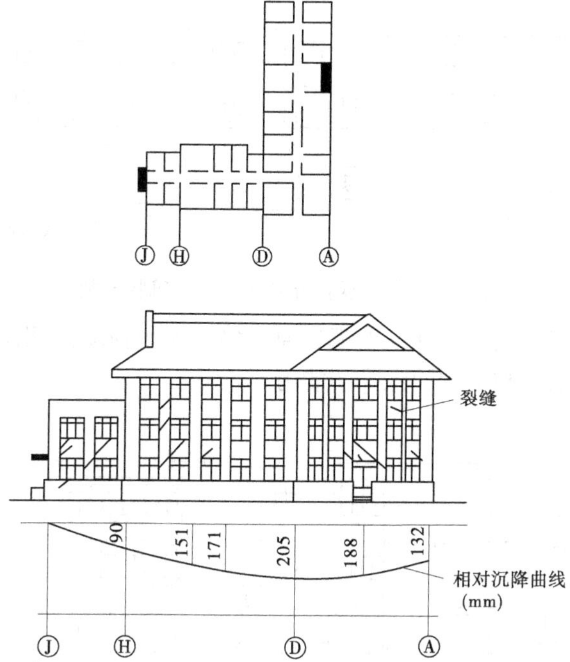

图 8-22　某"L"形建筑物一翼墙身开裂

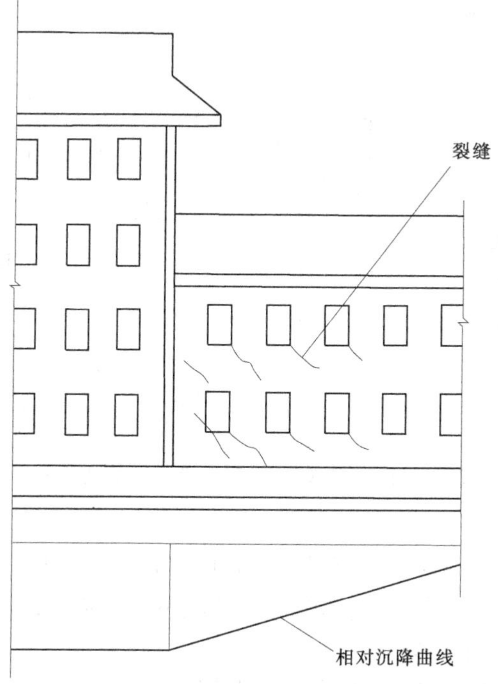

图 8-23　建筑物高差太大而开裂

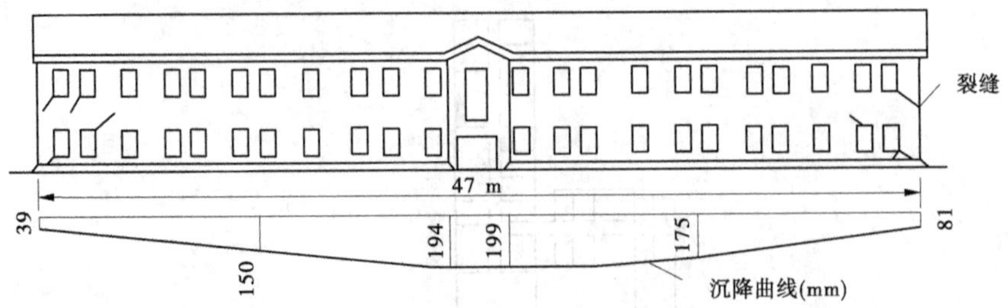

图 8-24　纵墙长高比达 7.6 的建筑物开裂

当遇到不良地基时，应尽量使内外纵墙都贯通；另外，缩小横墙的间距也可有效地改善房屋的整体性，从而增强调整不均匀沉降的能力。

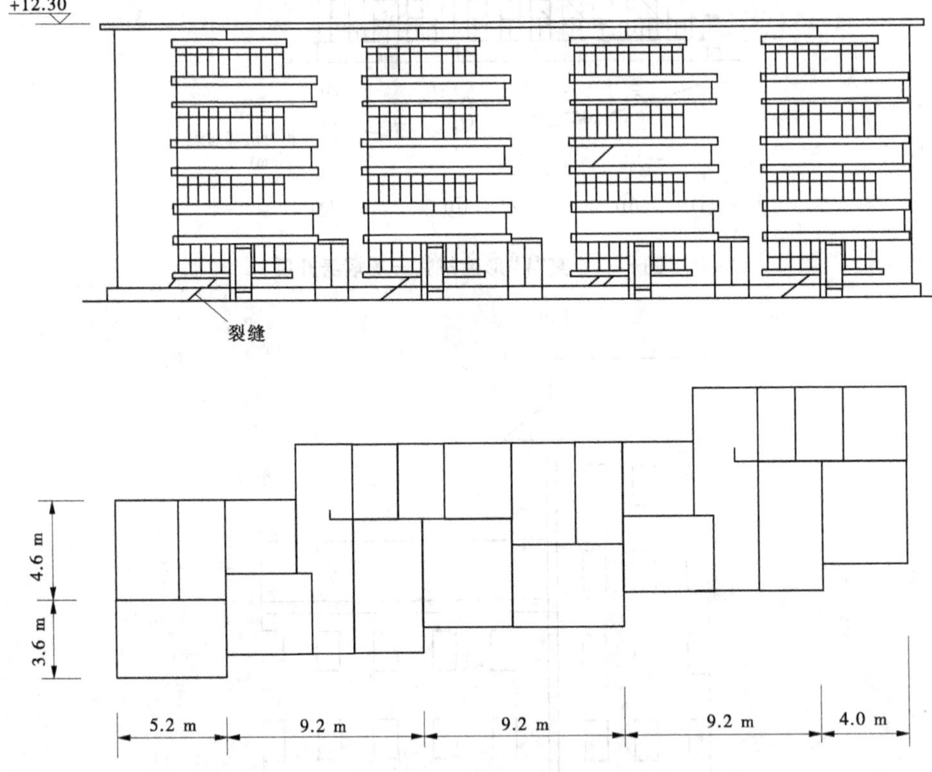

图 8-25　外纵墙多次转折、内纵墙间断的建筑物开裂

（三）设置沉降缝

沉降缝把建筑物从基础底面直至屋面分开成各自独立的单元。当地基极不均匀，且建筑物平面形状复杂或长度太长、高差悬殊等情况不可避免时，可在建筑物的特定部位设置沉降缝，以有效地减小不均匀沉降的危害。

根据经验，沉降缝的位置通常选择在下列部位：

（1）平面形状复杂的建筑物的转折部位；

（2）建筑物的高度或荷载突变处；

(3)长高比较大的建筑物适当部位；

(4)地基土压缩性显著变化处；

(5)建筑结构(包括基础)类型不同处；

(6)分期建造房屋的交界处。

沉降缝内一般不能填塞。沉降缝的构造参见图 8-26。

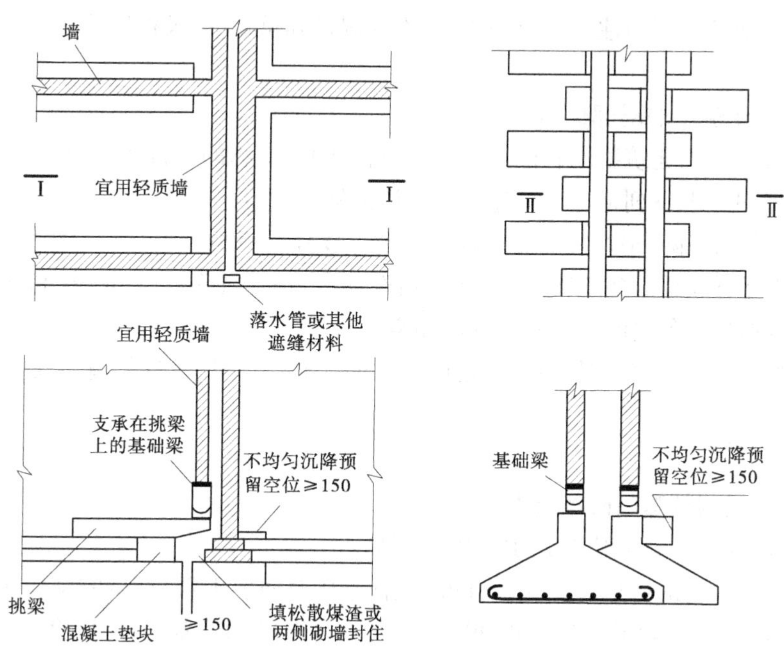

图 8-26　沉降缝构造示意图　(单位:mm)

为防止沉降缝两侧单元发生互倾沉降时造成单元结构间的挤压破坏,还要求沉降缝有一定的宽度,可按表 8-13 选用。

表 8-13　沉降缝的宽度要求

房屋层数	沉降缝的宽度(mm)
2～3	2～3
4～5	80～120
5 层以上	不小于 120

注:当沉降缝两侧单元层数不同时,沉降缝的宽度按底层取值,并应满足抗震缝宽度要求。

沉降缝的造价颇高,且会增加建筑及结构处理上的困难,所以不宜轻率使用。沉降缝可结合伸缩缝设置,在抗震区,最好与抗震缝共用。

(四)控制相邻建筑物基础的间距

由于地基附加应力的扩散作用,使相邻建筑物产生附加不均匀沉降,可能导致建筑物的开裂或互倾。这种相邻房屋的影响主要发生在:

(1)同期建造的两相邻建筑物之间的影响,特别是当两建筑物轻重(或高低)差别太大时,轻者受重者的影响更甚。

(2)原有建筑物受邻近新建重型或高层建筑物的影响。

除上述在使用阶段的地基附加应力扩散的影响外,高层建筑在施工阶段深基坑开挖对邻近原有建筑物的影响更应受到高度重视。

为了避免相邻建筑物影响的危害,建造在软弱地基上的建筑物基础之间要有一定的净距。其值视地基的压缩性、产生影响建筑物的规模和重量,以及被影响建筑物的刚度等因素而定。

(五)调整建筑物的局部标高

由于沉降会改变建筑物原有标高,严重时将影响建筑物的正常使用,甚至导致管道等设备的破坏。可采取下列措施调整建筑物的局部标高:

(1)根据预估沉降,适当提高室内地面和地下设施的标高。

(2)将相互有联系的建筑物各部分(包括设备)中预估沉降较大者的标高适当提高。

(3)建筑物与设备之间应留有足够的净空。

(4)有管道穿过建筑物时,应留有足够尺寸的孔洞,或采用柔性管道接头。

二、结构措施

(一)减小或调整基底附加压力

减小基底压力及基底附加压力的措施包括:

(1)减轻建筑物的自重。建筑物自重(包括基础及回填土重)产生的基底压力所占的比例很大,据统计,一般工业建筑占40% ~50%,一般民用建筑可高达50% ~80%。因而,减小沉降量常可以首先从减轻建筑物自重着手,措施如下:①采用轻型高强墙体材料减轻墙体重量;②选用轻型结构,如采用预应力钢筋混凝土结构、轻钢结构及各种轻型空间结构;③减少基础和回填土重量,如尽可能浅埋基础。

(2)设置地下室、半地下室或架空层。以挖除的土重去补偿(抵消)一部分甚至全部的建筑物重量来减小基底压力,达到减小沉降的目的。

(3)改变基底尺寸。按照沉降控制的要求,选择和调整基础底面尺寸以减小基底压力。针对具体工程的不同情况考虑,尽量做到既有效又经济合理。

(二)增强上部结构整体刚度

根据地基、基础与上部结构共同作用的概念,上部结构的整体刚度很大时,能调整和改善地基的不均匀沉降;反过来,地基的不均匀沉降能引起上部结构(敏感性结构)产生附加应力,但只要在设计中合理地增加上部结构的刚度和强度,地基不均匀沉降(相当于支座位移)所产生的附加应力是完全可以承受的。

设置圈梁是增强上部结构整体刚度和强度的有效方法之一。圈梁的作用犹如钢筋混凝土梁内的受拉钢筋,它主要承受拉应力,弥补砌体材料抗拉强度不足的弱点,因此在建筑物结构上、下方都设置圈梁,可有效地防止不均匀沉降的危害。实践中常在基础顶面附近(俗称“地圈梁”)、门窗顶部楼(屋)面处设置圈梁,每道圈梁应尽量贯通外墙、承重内纵墙及主要内横墙,并在平面内形成闭合的网状系统。

（三）采用非敏感性结构

与刚性较好的敏感性结构相反，排架、三铰拱（架）等铰接结构支座发生相对位移时不会引起上部结构过大的附加应力，故可以避免不均匀沉降对上部主体结构的损害。但是，这类非敏感性结构型式通常只适用于单层工业厂房、仓库和某些公共建筑。

上部结构的选型和处理对地基不均匀沉降的影响很大，结构选型一定要明确，各部分要相互统一，刚则刚，柔则柔，切忌“藕断丝连”。

三、施工措施

施工过程中，合理安排施工程序，注意某些施工方法，也能收到减小或调整不均匀沉降的效果。

（一）合理安排施工顺序

当拟建的相邻建筑物之间轻重（或高低）悬殊时，一般应按先重后轻、先高后低、先主体后附属的顺序施工，有时还需要在重建筑物竣工后歇一段时间后再建造轻的邻近建筑物（或建筑物单元）。如果在高低塔楼之间有连接体，则应最后建连接体，以避免连接体破坏。

（二）选择合理的施工方法

在软弱土地基上，在已建房屋和在建房屋周围，都应避免长时间堆放大量集中的地面荷载，以免引起新、旧房屋的附加沉降。在现场开展打桩、强夯、井点降水、深基坑开挖、爆破等施工时，要切实加强必要的措施，防止和避免对邻近建筑物造成危害。在开挖基坑采用井点降水措施时，可采用坑内降水、坑外加回灌或采用能隔水的围护结构等措施，来减少深基坑开挖对邻近建筑物的不良影响；活荷载较大的建筑物，如料仓、油罐等，条件许可时，在施工前采取控制加载速度的堆载预压措施，使地基预先沉降，以减小建筑物工后不均匀沉降；在拟建的密集建筑群内若有采川桩基的建筑物，桩的设置应是首选。

（三）减少对基底土的扰动

基坑开挖时，对基底软弱土层（细粒土尤其是淤泥及淤泥质土）应注意保护，施工时应尽量避免或减少扰动基底土，保持地基土的原状结构。在开挖基槽时，可暂不挖到基底标高，保留约 200 mm，等基坑砌筑或浇筑时再挖。如槽底已扰动，可先挖去扰动部分，再用砂、碎石等回填处理；对于易风化的岩石地些，不应暴露过久，应及时覆盖，以避免进一步风化；基坑开挖后，应防止雨水或地面水流入浸泡基坑。

以上措施，能合理解决大多数建筑物的不均匀沉降问题，但对于有些特殊的、不同的实际情况，还应根据具体情形，结合当地实际经验，具体制订合适的方案。

思考题与习题

1. 常见浅基础形式有哪些？
2. 天然地基上浅基础设计包含哪些内容？设计步骤如何？
3. 选择基础埋深应考虑哪些因素？
4. 为什么要验算软弱下卧层的强度？

5. 地基承载力确定方法有哪些?

6. 为保证建筑物的安全与正常使用,如何采取合理的措施,来减少基础的不均匀沉降及其危害?

7. 某六层建筑物柱截面尺寸 400 mm×400 mm,已知上部结构传至柱顶的荷载效应标准组合值为 $F_k=640$ kN,$M_k=80$kN·m,基础埋深 1.2 m,持力层为粉质黏土,重度 $\gamma=18$ kN/m^3,孔隙比 $e=0.85$,承载力特征值 $f_{ak}=160$ kN/m^2,试确定基础底面尺寸。(本题取基础扩大面积 10%,长短边之比为 1.5∶1)

8. 某渡槽基础,如图 8-27 所示,作用在基础顶面处的荷载 $N=3\ 997$ kN,由风荷载引起的力矩 $M=274.5$ kN·m,基础埋深 $D=1.5$ m,地基设计承载力 $f=176$ kPa,试设计基础底面尺寸(取基础长 L 与宽 B 之比值为 3)。

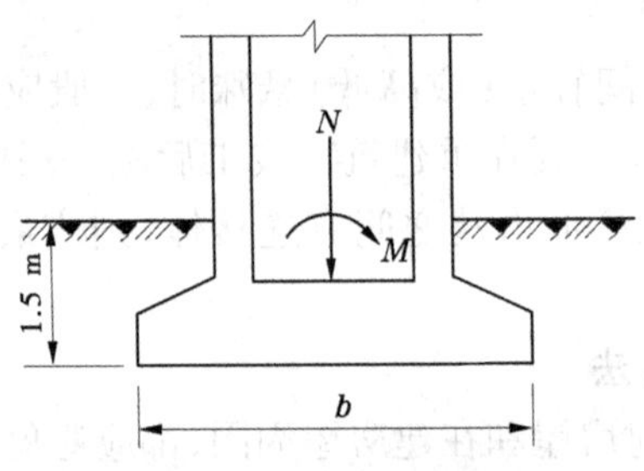

图 8-27 某渡槽基础断面图

第九章　桩基础及其他深基础

第一节　概　述

天然地基上的浅基础一般造价较低,施工简单,但当地基浅层的土质不良,采用浅基础无法满足建筑物对地基承载力和变形的要求,又不适宜采取地基处理措施时,就需要考虑采用深基础方案。深基础是指埋深较大、以地基深处的坚硬土层或岩层作为持力层的基础。深基础主要包括桩基础、沉井基础、地下连续墙等类型,其中桩基础是最常见、适用范围最广的一种深基础。

一、桩基础的组成

由设置于岩土中的桩和与桩顶联结的承台共同组成的基础或由柱与桩直接联结的单桩基础均称为桩基础;桩基础中的单桩称基桩。桩基础是由承台和若干根基桩连成整体,以共同承受建筑物荷载的一种深基础型式,如图 9-1 所示。

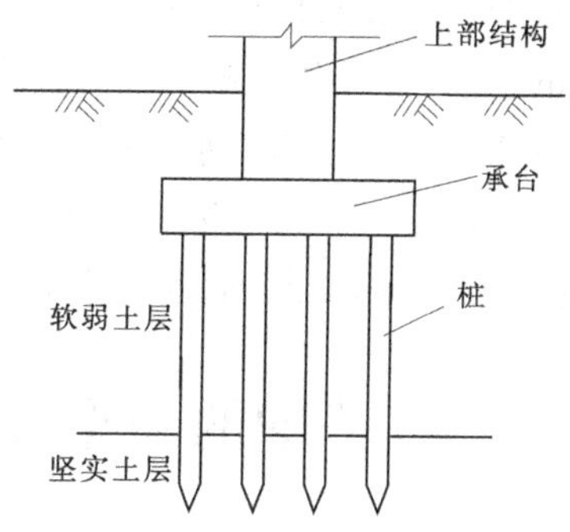

图 9-1　桩基础示意图

二、桩基础的特点和适用条件

桩基础通常作为荷载较大的建筑物基础,具有承载力高、稳定性好、沉降量小且均匀、便于机械化施工、适应性强等突出特点。

通常在以下条件下,可选择采用桩基础:

(1)荷载较大,地基上部土层软弱,地基持力层位置较深,采用浅基础或人工地基的承载力与变形不能满足要求时。

(2)河床冲刷较大,河道不稳定或冲刷深度不易正确估算,采用浅基础施工困难或不能保证基础安全时。

(3)当地基计算沉降量过大或结构物对不均匀沉降敏感时,例如高层建筑、超静定结构桥梁等,采用桩基础能减少结构物沉降并使沉降较为均匀。

(4)当施工水位或地下水位较高或基础位于水中时,采用桩基础可减少施工困难或应避免水下施工。

(5)建筑物受到相邻建筑物或地面堆载影响,采用浅基础将会产生过量沉降或倾斜。

(6)可液化地震区的地基中,采用桩基础可穿越液化土层,增加结构物的抗震能力,消除或减轻地震对结构物的危害。

(7)采用地基加固措施不合适的软弱地基或特殊土地基。

(8)高耸建筑物等。

当地基上部软弱而下部不太深处藏有坚实地层时,最适宜采用桩基础。但是当软弱土层很厚,桩端达不到良好地层时,桩基础设计应考虑沉降等问题。如果桩穿过较好土层而桩端位于软弱下卧层中,则不宜采用桩基础。因此,在工程实践中,必须认真做好地基勘察,详细分析地质资料,综合考虑、精心设计施工,才能使所选基础类型发挥出最佳效益。

三、桩基础设计的基本要求和内容

桩基础设计的基本要求:桩基荷载不超过地基土的承载能力;桩基础的沉降量小于允许变形值;承台和桩身等桩基结构应有足够的强度、刚度和耐久性。

桩基础的设计内容:选择桩的类型和几何尺寸;计算单桩承载力;确定桩数、桩的布置及承台的底面尺寸;验算桩基的承载力和沉降;桩身结构设计;承台设计。

桩基的设计与施工,应综合考虑工程地质与水文地质条件、上部结构类型、使用功能、荷载特征、施工技术条件与环境;应重视地方经验,因地制宜,注重概念设计,合理选择桩型、成桩工艺和承台形式,优化布桩,节约资源;应强化施工质量控制与管理。

第二节　桩基础的类型及构造

了解桩和桩基础的分类有利于合理选择桩基类型,充分发挥其作用。桩和桩基础可按照下面几种不同的方法进行分类。

一、按桩身材料分类

桩基础按桩身材料可分为钢筋混凝土桩、钢桩、组合桩和木桩等。

(一)钢筋混凝土桩

钢筋混凝土桩分为预制钢筋混凝土桩和就地灌注钢筋混凝土桩(简称灌注桩)两类,也可采用预制和现浇相组合的方式,适用于各种地层,成桩直径和长度可变范围大。钢筋混凝土的配筋率较低,一般为 0.3% ~1.0%,且混凝土取材方便,价格便宜,耐久性好。因此,钢筋混凝土桩是目前桩基工程中最广泛使用的桩,也是桩基工程的主要研究对象和发展方向。

(二)钢桩

钢桩可根据荷载特征制作成各种有利于提高承载力的断面,常见的有型钢和钢管桩两类,管形和箱形断面桩的桩端常灌注混凝土。

型钢桩即各种形式的板桩,其抗弯性能较好,常用于临时支撑结构和永久性的码头工程。H 型钢桩与钢管桩常用于承受垂直荷载,尤其是 H 型钢桩,其沉桩过程的排土量较小,贯入性能好,比表面积大,用于承受竖向荷载时,能提供较大的摩阻力。为增大桩的摩阻力,还可在 H 型钢桩的翼缘或腹板上加焊钢板或型钢。对于承受侧向荷载的钢桩,可根据桩身弯矩的变化情况局部加强断面刚度和强度。

钢桩除具有上述断面加工容易的优点外,还具有抗冲击性能好、接头易于处理、运输方便、施工质量稳定等优点。钢桩的最大缺点是造价高和存在锈蚀问题,在我国采用远较国外少。

(三)组合桩

组合桩即根据不同入土深度分段采用不同材料的桩。这类桩只在很特殊条件下因地制宜地采用。由于缺少试验研究和实践经验,采用时宜持慎重态度。

(四)木桩

木桩用木质材料制成,目前已经很少使用,只在某些加固工程或能就地取材的临时工程中使用。在地下水位以下时,木材有很好的耐久性,而在干湿交替的环境下,木材很容易腐蚀。

二、按桩施工方法分类

(一)沉桩(预制桩)

沉桩是将各种预先制备好的桩以不同的沉桩方式沉入地基内,达到所需要的深度。预制桩是按设计要求,在地面良好条件下制作的,桩体质量高,可大量工厂化生产,加速施工进度。预制桩适用于一般土地基,较难沉入坚实地层。沉桩伴有明显的挤土作用,需要考虑对邻近结构的影响。按沉桩方式的不同,预制桩又可分以下几种类型:

(1)打入桩(锤击桩):是通过锤击(或以高压射水辅助)将预制桩沉入地基。这种施工方法适用于桩径较小(一般直径在 0.6 m 以下,但国内最大管桩直径已达 1.0 m),地基土质为可塑状黏性土、砂性土、粉土、细砂,以及松散的不含大卵石或漂石的碎卵石类土的情况。打入桩伴有较大的振动和噪声,在城市人口密集地区施工时,应考虑对环境的影响。

(2)振动下沉桩:将大功率的振动打桩机安装在桩顶,一方面利用振动以减小土对桩的阻力,另一方面用向下的振动力使桩沉入土中。振动下沉桩适用于可塑状的黏性土和砂土,效果明显,沉桩困难时可采用射水辅助振动沉桩。

(3)静力压桩:是通过反力系统提供的净反力将预制桩压入土中,适用于较均质的可塑状黏性土地基,对于砂土及其他较坚硬土层,由于压桩阻力大而不宜采用。静力压桩在施工过程中无振动、无噪声,并能避免锤击时桩顶及桩身的损伤,但长桩因分节压入时受桩架高度的限制,而使接头变多,影响压桩效率。

(二)灌注桩

1. 钻孔、挖孔灌注桩

钻孔灌注桩是指用钻(冲)孔机具在土中钻进,一边破碎土体一边出土渣而成孔,然后在孔内放入钢筋骨架,灌注混凝土而形成的桩。依靠人工或机械在地基中挖出桩孔,然后浇筑钢筋混凝土或混凝土所形成的桩称为挖孔灌注桩。钻孔灌注桩的施工设备简单,操作较方便,适用于各种黏性土、砂土,也适用于碎石、卵石类土和岩层,并可做成较大的直径,可避免预制桩打桩时对周围土体的挤压、振动及噪声对周围环境的影响。挖孔灌注桩的特点是不受设备限制,施工简单,桩孔可以较大,能直接检验孔壁和孔底土质以保证桩的质量,同时为增大桩底支承力,可方便地扩大桩底面积。

2. 沉管灌注桩

沉管灌注桩指采用锤击或振动的方法把带有钢筋混凝土桩尖或带有活瓣式桩尖的钢套管沉入土中成孔,然后在套管内放置钢筋骨架,并边灌注混凝土边拔出套管成桩,也可将钢套管打入土中成孔后向套管中灌注混凝土并拔出套管成桩。其适用于黏性土、砂性土、砂土地基。由于采用了套管,可以避免钻孔灌注桩施工中可能产生的流砂、坍塌的危害和由泥浆护壁所带来的排渣等弊病。但沉管灌注桩的直径较小。

3. 爆扩灌注桩

爆扩灌注桩指就地成孔后,用炸药爆炸扩大孔底,浇筑混凝土而形成的桩。扩大桩底增大了桩底与地基土的接触面积,提高了桩的承载能力。爆扩桩适宜用于较浅持力层,其最理想的使用条件是在黏土中形成并支承在坚硬密实的土层上。

(三)管桩

管桩是将预制的大直径钢筋混凝土或预应力混凝土或钢管桩,用大型的振动桩锤沿导向结构振动下沉到基岩,然后在管内钻岩成孔,下放钢筋骨架,灌注混凝土。管桩基础可以在深水及各种覆盖层条件下进行施工,没有水下作业且不受季节限制。但施工需要振动沉桩锤、凿岩机、起重设备等大型机具,动力要求较高,所以一般在大跨径桥梁的深水基础中采用。

三、按置桩方式分类

(一)非挤土桩

非挤土桩也称非排土桩,在置桩过程中,将相应桩身体积的土挖出,不会产生挤土作用,但桩周及桩底的土会出现应力松弛现象,致使桩周土可能向桩孔内移动,从而使得非挤土桩的承载力有所减小。非挤土桩主要包括干作业法钻(挖)孔灌注桩、泥浆护壁法钻(挖)孔灌注桩,套管护壁法钻(挖)孔灌注桩。

(二)部分挤土桩

部分挤土桩也称少量排土桩,在置桩过程中,由于挤土作用轻微,桩周土的工程性质变化不大。这类桩主要有冲孔灌注桩、钻孔挤扩灌注桩、搅拌劲芯桩、预钻孔打入(静压)预制桩、打入(静压)式敞口钢管桩、敞口预应力混凝土空心桩和 H 型钢桩。

(三)挤土桩

挤土桩也称排土桩,在置桩过程中,桩周土被挤开,使土的工程性质与天然状态比较,发生较大变化。土的结构被严重扰动破坏(即重塑),黏性土由于重塑作用使抗剪强度降低,而原处于松动和稍密状态的无黏性土的抗剪强度则可以提高。挤土桩包括沉管灌注桩、沉管夯(挤)扩灌注桩、打入(静压)预制桩、闭口预应力混凝土空心桩和闭口钢管桩。

四、按荷载传递方式分类

桩按荷载传递方式可分为摩擦型桩和端承型桩,如图 9-2 所示。

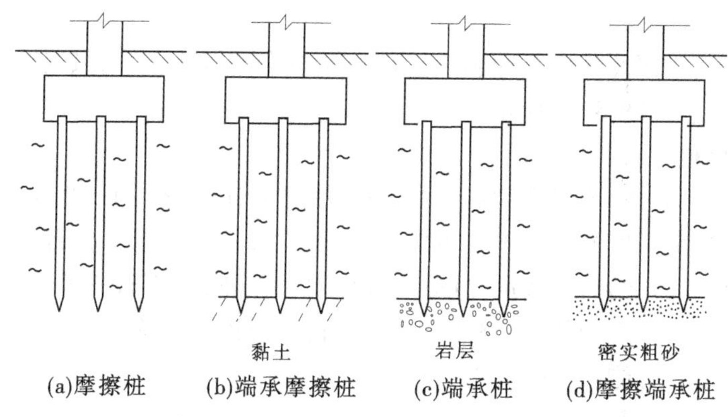

图 9-2　桩按荷载传递方式分类

(一)摩擦型桩

在承载力极限状态下,桩顶荷载全部或主要由桩侧阻力承受的桩称摩擦型桩。根据桩侧阻力分担荷载的比例,摩擦型桩又分为摩擦桩和端承摩擦桩两类。

(1)摩擦桩。在承载能力极限状态下,桩顶竖向荷载由桩侧阻力承受,桩端阻力小到可忽略不计。例如:①桩的长径比很大,桩顶荷载只通过桩身压缩产生的桩侧阻力传递给桩周土,桩端土层分担荷载很小;②桩端无较坚实的持力层;③桩底残留虚土或沉渣的灌注桩;④桩端出现脱空的打入桩等。

(2)端承摩擦桩。在承载能力极限状态下,桩顶竖向荷载主要由桩侧阻力承受。当桩的长径比不很大,桩端持力层为较坚实的黏性土、粉土和砂土时,除桩侧阻力外,还有一定的桩端阻力。这类桩在桩基中占比例很大。

(二)端承型桩

端承型桩是指在承载能力极限状态下,桩顶荷载全部或主要由桩端阻力承受,桩侧阻力相对于桩端阻力可忽略不计。根据桩端阻力分担荷载的比例,又可分为端承桩和摩擦端承桩两类。

(1)端承桩。在承载能力极限状态下,桩顶竖向荷载由桩端阻力承受,桩侧阻力小到可忽略不计。桩的长径比较小(一般小于 10),桩端设置在密实砂类、碎石类土层中或位于中、微风化及新鲜基岩中。

(2)摩擦端承桩。在承载能力极限状态下,桩顶竖向荷载主要由桩端阻力承受。通常桩端进入中密以上的砂类、碎石类土层中或位于中、微风化及新鲜基岩顶面。这类桩的侧阻力虽属次要,但不可忽略。

此外,当桩端嵌入岩层一定深度(要求桩的周边嵌入微风化或中等风化岩体的最小深度不小于0.5 m)时,称为嵌岩桩。对于嵌岩桩,桩侧与桩端荷载分担比例与孔底沉渣及进入基岩深度有关,桩的长径比不是制约荷载分担的唯一因素。

五、按承台位置分类

根据桩基承台底面位置的不同,可将桩分为低承台桩和高承台桩。

(一)低承台桩

承台底面位于地面(或局部冲刷线)以下,基桩全部沉入土中,其受力性能好,能承受较大的水平外力,如图9-3(a)所示。

(二)高承台桩

承台底面位于地面(或局部冲刷线)以上,基桩部分桩身入土,部分桩身外露在地面以上(称为桩的自由长度),如图9-3(b)所示。高承台桩由于承台位置较高,或设在水位以上作业,可减少墩台的圬工数量,避免或减少水下作业,施工较方便。在水平力的作用下,由于高承台桩的承台和部分基桩露出地面,自由长度上没有土体共同承受水平力,基桩的受力情况不利,可能产生较大内力和位移。

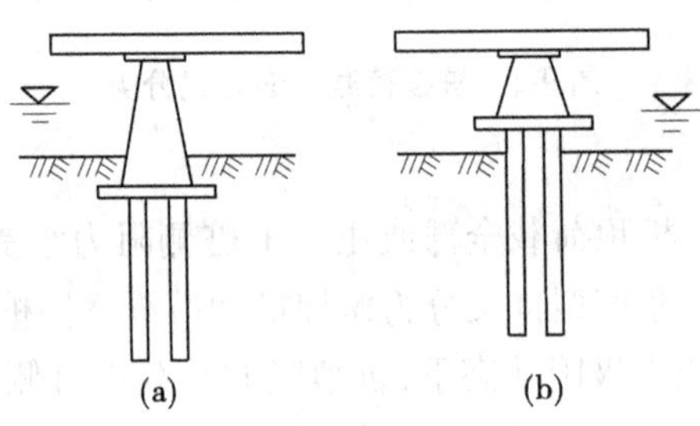

图9-3　低承台桩和高承台桩

对旱桥和季节性河流或冲刷深度较小的河床大多采用低桩承台;常年有水且水位较高,施工时不易排水或河床冲刷较深时,则多采用高桩承台。近年来,由于大直径钻孔灌注桩的采用,桩的刚度、强度都较大,因而高桩承台在桥梁基础工程中已得到广泛采用。

六、按桩径(设计直径 d)大小分类

(1) 小直径桩:$d \leqslant 250$ mm。

(2) 中等直径桩:$250\text{ mm} < d < 800$ mm。

(3) 大直径桩:$d \geqslant 800$ mm。

第三节　桩的承载力计算

桩的承载力可根据《建筑地基基础设计规范》(GB 50007—2011)和《建筑桩基技术规范》(JGJ 94—2008)进行计算,是桩基础设计的关键。

一、单桩竖向承载力的确定

单桩竖向承载力特征值是指竖直单桩在轴向外荷载作用下，不丧失稳定、不产生过大变形时的最大荷载值。桩顶荷载一般受到轴向力、水平力和弯矩的作用，本节主要研究竖向荷载作用下桩的受力性能。

设计采用的单桩竖向极限承载力标准值应符合下列规定：

(1)设计等级为一级的建筑桩基，应通过现场静载荷试验确定。

(2)设计等级为二级的建筑桩基，当地质条件简单时，可参照地质条件相同的试验资料，结合静力触探等原位测试综合确定；缺乏参照时，应通过现场静载荷试验确定。

(3)设计等级为三级的建筑桩基，无原位测试资料时，可根据承载力经验参数确定。

(一)按静载荷试验确定单桩竖向承载力特征值

单桩竖向承载力特征值可通过竖向静载荷试验确定。它是目前检验桩基(含复合地基、天然地基)承载力的各种方法中应用最广的一种，且被公认为试验结果最准确、最可靠，被列入各国桩基工程规范或规定中。该试验手段利用各种方法人工加荷，模拟地基或基础的实际工作状态，测试其加载后承载性能及变形特征。其显著的优点是受力条件比较接近实际，简单易用，试验结果直观而易于为人们理解和接受；但是试验规模及费用相对较大。

1. 试验原理

静载荷试验是指按桩的使用功能，分别在桩顶逐级施加轴向压力、轴向上拔力或在桩基承台底面标高一致处施加水平力，观测桩的相应检测点随时间产生的沉降、上拔位移或水平位移，根据荷载与位移的关系判定相应的单桩竖向抗压承载力、单桩竖向抗拔承载力或单桩水平承载力的试验方法，见图9-4。

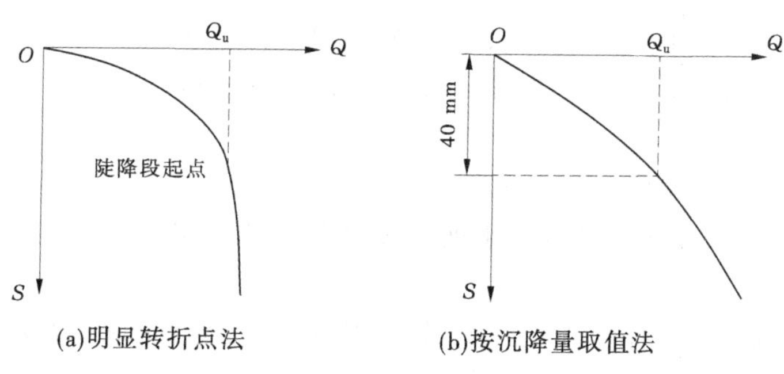

图9-4　由 $Q\sim S$ 曲线确定极限荷载 Q_u

2. 静载荷试验的装置

试验装置包括加荷稳压部分、提供反力部分和沉降观测部分，如图9-5所示。千斤顶的反力可以靠锚桩承担或由压重平台上的重物来平衡，试验可布置4~6根锚桩，锚桩深度不小于试桩深度，锚桩与试桩的间距应大于 $3d$，且不大于1 m。试桩与锚桩(或压重平台的支墩)之间、试桩与支撑基准梁的基准桩之间，以及锚桩与基准桩之间的中心距离应符合表9-1的规定，以减小彼此间的相互影响，保证量测精度。

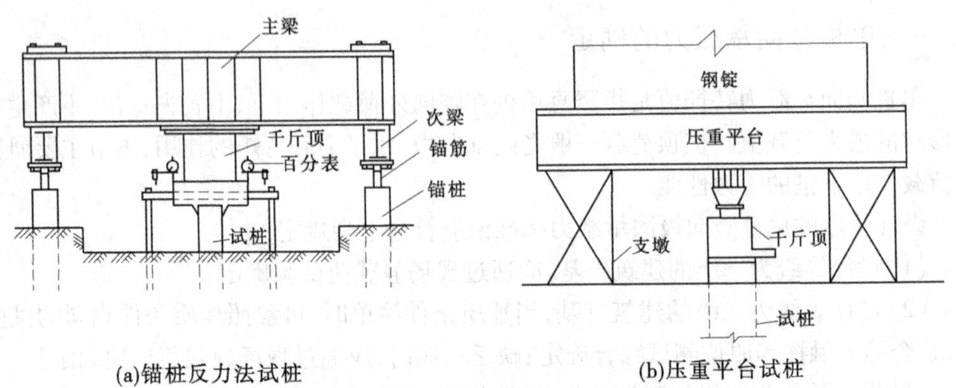

图 9-5　桩承载力静载荷试验装置示意图

表 9-1　试桩、锚桩和基准桩之间的中心距离

反力系统	试桩与锚桩（或压重平台支墩边）	试桩与基准桩	基准桩与锚桩（或压重平台支墩边）
锚桩横梁反力装置 压重平台反力装置	≥ $4d$，且≥2.0 m	≥ $4d$，且≥2.0 m	≥ $4d$，且≥2.0 m

3. 试验方法

试验的加荷方式应尽可能模拟桩的实际受力情况。采用慢速分级连续加荷，加荷分级不应小于 8 级，每级荷载应为静力计算得出的极限荷载的 1/8 ~ 1/10，每级加载后，每 5 min、10 min、15 min、15 min、15 min 读一次，以后每隔 30 min 读一次。在每级荷载作用下，桩顶沉降连续两次每小时不超过 0.1mm，即认为已达到相对稳定，可加下一级荷载。对一般持力层上的桩，当出现下列情况之一者，即可终止加载。

(1)荷载—沉降曲线上，有可判定极限承载力的陡降段，且桩顶总沉降量大于 40 mm。

(2)某级荷载下，桩的沉降量为前一级荷载作用下沉降量的 5 倍。

(3)某级荷载下，桩的沉降量大于前一级沉降量的 2 倍，且在 24 h 不能达到相对稳定。

(4)桩顶总沉降量达到 40 mm 后，继续增加二级或二级以上荷载仍无陡降段。

(5)桩底端支承在坚硬岩土层上，桩的沉降量很小时，最大沉降量已达到设计荷载的 2 倍。

(6)在满足终止加载条件后开始卸载。每级卸载值为加载的 2 倍。每级卸载后，间隔 15 min、15 min、30 min 各测读一次，即总共测读 60 min 即可卸下一级荷载。全部卸载完毕，隔 3 ~ 4 h 再测读一次。

4. 单桩极限承载力确定

根据《建筑地基基础设计规范》（GB 50007—2011），单桩极限承载力由荷载—沉降（$P \sim s$）曲线按下列条件确定：

（1）当曲线存在明显陡降段时，取相应于陡降段起点的荷载值为单桩极限承载力。

（2）对于直径或桩宽在550 mm以下的预制桩，在某级荷载 P_i+1 作用下；其沉降增量与相应荷载增量的比值（$\Delta S_i+1/\Delta P_i+1$）≥0.1 mm/kN时，取前一级荷载值 P_i 作为极限承载力。

（3）当符合终止加载条件第2点时，在 $P\sim s$ 曲线上取桩顶总沉降量 s 为40 mm时的相应荷载值作为极限承载力。

对静载试验所得的极限荷载必须进行数理统计，求出每根试桩的极限承载力后，按参加统计的试桩数去计算试桩极限荷载的平均值。要求级差不得超过平均值的30%。当级差超过时，查明原因，必要时增加试桩数；当级差符合规定时，取其平均值作为单桩竖向极限承载力特征值，但对桩数为3根以下的柱下承台，去试桩的最小值为单桩竖向极限承载力。之后，将单桩竖向极限承载力除以2，即得单桩竖向承载力特征值 R_a。

【例9-1】 已知某工程为混凝土灌注桩。在建筑场地现场已进行的3根桩的静载荷试验（ϕ377的振动沉管灌注桩），其报告提供根据有关曲线确定桩的极限承载力标准值分别为590 kN、605 kN、620 kN。试确定单桩竖向极限承载力特征值 R_a。

解： 由静载荷试验得出单桩的竖向极限承载力，三次试验的平均值为

$$Q_{um}=(590+605+620)/3=605(\text{kN})$$

$$\text{级差}=620-590=30\text{kN}<605\times30\%=181.5(\text{kN})$$

故取 $Q_{uk}=Q_{um}=605$ kN，$R_a=Q_{uk}/2=302.5$ kN。

（二）根据桩身的材料强度确定

根据桩身结构强度确定单桩竖向承载力，将桩视为一轴向受压构件，按《混凝土结构设计规范》（GB 50010—2010）或《钢结构设计标准》（GB 50017—2017）进行计算。如钢筋混凝土桩的竖向抗压承载力设计值可按下式计算：

$$Q=\varphi(f_cA+f_yA_s) \tag{9-1}$$

式中：Q——相应于荷载效应基本组合时的单桩竖向承载力设计值，N；

f_c——桩身混凝土轴心抗压设计强度，考虑预制桩运输及沉桩施工影响，灌注桩成孔及水下浇筑混凝土质量情况，设计应按规范规定的强度值适当折减，N/mm^2；

f_y——钢筋抗压强度设计值，N/mm^2；

A——桩身断面积，mm^2；

A_s——桩身纵筋断面积，mm^2；

φ——纵向弯曲系数，考虑土的侧向作用，一般取 $\varphi=1$。

由于灌注桩成孔和混凝土浇筑的质量难以保证，而预制桩在运输及沉桩过程中受振动和锤击的影响，根据《建筑桩基技术规范》（JGJ 94—2008）规定，应将混凝土的轴心抗压强度设计值乘以桩基施工工艺系数 φ_c。对混凝土预制桩取 $\varphi_c=1$；干作业非挤土灌注桩，取 $\varphi_c=0.9$；泥浆护壁和套管非挤土灌注桩、部分挤土灌注桩、挤土灌注桩，取 $\varphi_c=0.8$。

（三）单桩竖向承载力计算

《建筑地基基础设计规范》（GB 50007—2011）中规定单桩竖向承载力验算的表达

式为

(1)轴心受压满足

$$Q_k \leqslant R_a \tag{9-2}$$

(2)偏心受压除满足上式外,还应满足

$$Q_{ik,max} \leqslant 1.2R_a \tag{9-3}$$

式中:Q_k ——相应于荷载效应标准组合轴心竖向力作用下任一单桩的竖向力,kN;

$Q_{ik,max}$ ——相应于荷载效应标准组合偏心竖向力作用下受荷最大的桩的竖向力,kN;

R_a ——单桩竖向承载力特征值,kN。

(四)按公式估算

《建筑地基基础设计规范》(GB 50007—2011)公式,单桩的承载力特征值是由桩侧总极限摩擦力 Q_{su} 和总极限桩端阻力 Q_{pu} 组成的,即

$$R_a = Q_{su} + Q_{pu} \tag{9-4}$$

当同一土层中的摩擦力方向沿深度方向是均匀分布时,以经验公式进行单桩竖向承载力特征值估算。

摩擦桩:

$$R_a = q_{pa}A_p + \mu_p \sum q_{sia} l_i \tag{9-5}$$

端承桩:

$$R_a = q_{pa}A_p \tag{9-6}$$

式中:R_a ——单桩竖向承载力特征值,kN;

q_{pa} ——桩端端阻力特征值,kPa,对预制桩可按表 9-2 选用;

A_p ——桩底端横截面面积,m^2;

μ_p ——桩身周边长度,m;

q_{sia} ——桩周围土的摩阻力特征值,kPa,对预制桩可按表 9-3 选用;

l_i ——按土层划分的各段桩长,m。

表 9-2 预制桩桩端土(岩)的承载力特征值 q_{pa} (单位:kPa)

土的名称	土的状态	桩的入土深度		
		5 m	10 m	15 m
黏性土	$0.5 > I_L \leqslant 0.75$	400 ~ 600	700 ~ 900	900 ~ 1 100
	$0.25 > I_L \leqslant 0.5$	800 ~ 1 000	1 400 ~ 1 600	1 600 ~ 1 800
	$0 > I_L \leqslant 0.25$	1 500 ~ 1 700	2 100 ~ 2 300	2 500 ~ 2 700
粉土	$e < 0.7$	1 100 ~ 1 600	1 300 ~ 1 800	1 500 ~ 2 000
粉砂	中密、密实	800 ~ 1 000	1 400 ~ 1 600	1 600 ~ 1 800
细砂		1 100 ~ 1 300	1 800 ~ 2 000	2 100 ~ 2 300
中砂		1 700 ~ 1 900	2 600 ~ 2 800	3 100 ~ 3 300
粗砂		2 700 ~ 3 000	4 000 ~ 4 300	4 600 ~ 4 900

续表 9-2

土的名称	土的状态	桩的入土深度		
		5 m	10 m	15 m
砾砂	中密、密实	3 000 ~ 5 000		
角砾、圆砾		3 500 ~ 5 500		
碎石、卵石		4 000 ~ 6 000		
软质岩石	微风化	5 000 ~ 7 500		
硬质岩石		7 500 ~ 10 000		

注:1. 表中数值仅用作初步设计的估算。

2. 入土深度超过 15 m 时按 15 m 考虑。

表 9-3　预制桩周围土的摩擦阻力特征值 q_{sia}　(单位:kPa)

土的名称	土的状态	q_{sia}	土的名称	土的状态	q_{sia}
填土		9 ~ 13	粉土		10 ~ 20
淤泥		5 ~ 8			20 ~ 30
淤泥质土		9 ~ 13			30 ~ 40
黏性土	$I_L > 1$	10 ~ 17	粉、细砂	稍密	10 ~ 20
	$0.75 < I_L \leqslant 1$	17 ~ 24		中密	20 ~ 30
	$0.5 < I_L \leqslant 0.75$	24 ~ 31		密实	30 ~ 40
	$0.25 < I_L \leqslant 0.5$	31 ~ 38	中砂	中密	25 ~ 35
	$0.5 < I_L \leqslant 0.75$	38 ~ 43		密实	35 ~ 45
	$I_L \leqslant 0$	43 ~ 48	粗砂	中密	35 ~ 45
				密实	45 ~ 55
红黏土	$0.75 < I_L \leqslant 1$	6 ~ 15	砾砂	中密、密实	55 ~ 65
	$0.25 < I_L \leqslant 0.75$	15 ~ 35			

注:1. 表中数值仅用作初步设计的估算。

2. 尚未完成固结的填土和以生活垃圾为主的杂填土可不计其摩擦力。

【例 9-2】　某建筑场地,根据工程地质勘查,有关土的物理力学性质指标见表 9-4,拟建建筑物为 8 层住宅楼,确定基础形式为混凝土灌注桩,桩管采用Φ377。选择黏土层作为持力层,桩尖进入持力层深度不小于 1 m,桩顶的承台厚度 1.0 m,承台顶面距地表 1.0 m,桩长 11 m,桩的入土深度 13 m。

表 9-4　土的物理力学性质指标

土层名称	厚度(m)	γ(kN/m^3)	ω(%)	e	I_p	I_l	E_s(MPa)
回填土	0.5	18					
粉质黏土	1.5	19	26.2	0.8	12	0.6	8.5
淤泥质土	9.0	16.4	74	2.09	21.3	2.55	2.18
黏土	>7.0	20.8	17.5	0.50	20	0.26	13

解：

$$Q_{uk} = Q_{sk} + Q_{pk} = \mu \sum q_{sik} l_i + q_{pk} A_p$$

其中

$$\mu = 3.14 \times 0.377 = 1.18(\text{m})$$

$$A_p = 3.14 \times 0.377^2/4 = 0.111(\text{m}^2)$$

由于淤泥质土 $e = 2.09$，取 $q_{sik} = 15$ kPa，黏土 $I_l = 0.26$，可塑，取 $q_{sik} = 60$ kPa，$q_{pk} = 2\ 700$ kPa，则

$$Q_{uk} = 1.18 \times (9 \times 15 + 2 \times 60) + 0.111 \times 2\ 700 = 300.9 + 299.7 = 600.6(\text{kN})$$

基桩的竖向承载力特征值

$$R_a = Q_{uk}/k = 600.6/2 = 300.3(\text{kN})$$

(五)单桩水平承载力的确定

1.控制单桩水平承载力的因素

(1)桩的抗弯性能差，达到极限状态的标志是首先在桩身处出现裂缝，而后断裂破坏，以灌注桩为代表。这类情况水平承载力由桩身强度控制。

(2)另一种情况是桩身抗弯性能好，并未断裂，但是桩侧土体有明显的隆起，或桩顶水平位移过大，水平承载力由桩侧土的支承力控制。

2.《建筑桩技术基规范》(JGJ 94—2008)

《建筑地基基础设计规范》(GB 50007—2011)规定：单桩水平承载力特征值取决于桩的材料强度、截面刚度、入土深度、桩侧土质条件、桩顶水平位移允许值和桩顶嵌固情况等因素，应通过现场水平载荷试验确定。

《建筑桩技术基规范》(JGJ 94—2008)规定对承受较大水平荷载的一级建筑桩基，单桩水平承载力设计值 R_h 应通过静力水平载荷试验确定。

3. R_h 的计算公式

缺少试验资料的情况，可按照公式估算 R_h。

$$R_h = \left(\frac{\alpha^3 EI}{\nu_x}\right) x_o \tag{9-7}$$

式中：x_o ——桩顶容许水平位移，mm；

ν_x ——桩顶水平位移系数，见表 9-5。

表 9-5　桩顶(身)最大弯矩系数和桩顶水平位移系数

桩顶约束情况	桩的换算入土深度(α_z)	弯矩系数(ν_m)	水平位移系数(ν_x)
铰接、自由	4.0	0.768	2.441
	3.5	0.750	2.502
	3.0	0.703	2.727
	2.8	0.675	2.905
	2.6	0.639	3.163
	2.4	0.601	3.526

续表 9-5

桩顶约束情况	桩的换算入土深度(α_z)	弯矩系数(ν_m)	水平位移系数(ν_x)
刚接	4.0	0.926	0.940
	3.5	0.934	0.970
	3.0	0.967	1.028
	2.8	0.990	1.055
	2.6	1.018	1.079
	2.4	1.045	1.095

注:1. 当 $\alpha_z>4.0$ 时,取 $\alpha_z=4.0$,z 为桩的入土深度。

2. 铰接(自由)的 ν_m 为桩身的最大弯矩系数,固接 ν_m 为桩顶最大弯矩系数。

二、群桩承载力的确定

当建筑物上部荷载远大于单桩承载力时,通常由多根桩组成群桩共同承受上部荷载。竖向荷载作用下的群桩基础,由承台、桩身及地基土的相互作用,使桩侧阻力、桩端阻力、沉降等性状发生变化而明显不同于单桩,表现为群桩承载力往往不等于各单桩承载力之和,群桩沉降不等于平均荷载作用下单桩所对应的沉降,这种现象称为群桩效应。影响群桩承载力和沉降的因素有:土的性质、桩长、桩数、群桩的平面形状和大小等。

单桩受力情况,桩顶轴向荷载 N 由桩端阻力与桩周摩擦力共同承受。群桩受力情况,同样每根桩的桩顶轴向荷载由桩端阻力和桩周摩擦力共同承受,但因桩距小,桩间摩擦力不能充分发挥作用,同时在桩端产生应力叠加,因此群桩的承载力小于单桩承载力与桩数的乘积。群桩承载力验算应按荷载效应标准组合取值与承载力特征值进行比较。

除端承桩基外,对于群桩效应较强的桩基,应验算群桩的地基承载力和软弱下卧层的地基承载力,可把桩群连同所围土体作为一个实体深基础来分析。假定群桩基础的极限承载力等于沿桩群外侧倾角扩散至桩端平面所围成面积内地基土极限承载力的总和。

(一)群桩中单桩桩顶竖向力计算

(1)轴心竖向力作用下:

$$Q_k=\frac{F_k+G_k}{n} \tag{9-8}$$

式中:F_k——相应于作用的标准组合时,作用于桩基承台顶面的竖向力,kN;

G_k——桩基承台自重及承台上土自重标准值,kN;

Q_k——相应于作用的标准组合时,轴心竖向力作用下任一单桩的竖向力,kN;

n——桩基中的桩数。

(2)偏心竖向力作用下:

$$Q_{ik}=\frac{F_k+G_k}{n}\pm\frac{M_{xk}y_i}{\sum y_i^2}\pm\frac{M_{yk}x_i}{\sum x_i^2} \tag{9-9}$$

式中:Q_{ik}——相应于作用的标准组合时,偏心竖向力作用下第 i 根桩的竖向力,kN;

M_{xk}、M_{yk} ——相应于作用的标准组合时，作用于承台底面通过桩群形心的 x、y 轴的力矩，kN · m；

x_i、y_i ——桩 i 至桩群形心的 y、x 轴线的距离，m。

(3)水平力作用下：

$$H_{ik} = \frac{H_k}{n} \tag{9-10}$$

式中：H_k ——相应于作用的标准组合时，作用于承台底面的水平力，kN；

H_{ik}——相应于作用的标准组合时，作用于任一单桩的水平力，kN。

对地基基础设计等级为甲级的建筑物桩基；体形复杂、荷载不均匀或桩端以下存在软弱土层的设计等级为乙级的建筑物桩基应进行沉降验算。桩基沉降不得超过建筑物的沉降允许值，并应符合《建筑地基基础设计规范》(GB 50007—2011)规定。

(二)桩基软弱下卧层验算

当桩端持力层下存在软弱下卧层时，必须验算其强度是否满足要求。此时桩基作为实体深基础，假设作用于桩基的竖向荷载全部传到持力层顶面并作用于桩群外包线所围的面积上，该荷载以 α 角扩散到软弱下卧层顶面，对软弱下卧层顶面处的承载能力进行验算。《建筑桩基技术规范》(JGJ 94—2008)规定：对于桩距 $S_a \leqslant 6d$ 的群桩基础，如图 9-6(a)所示，桩群、桩间土、持力层冲剪形成如同实体墩基而发生整体剪切破坏。

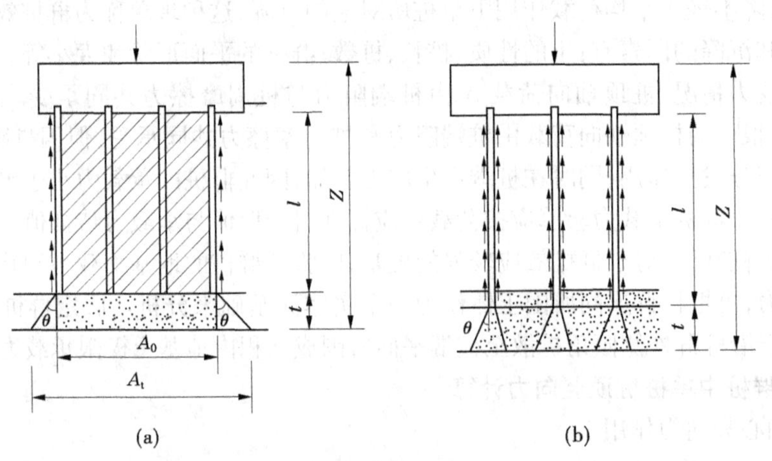

图 9-6　软弱下卧层承载力验算

其软弱下卧层的承载力验算可按下列公式计算：

$$\sigma_z + \gamma_i z \leqslant \frac{q_{uk}^{w}}{\gamma_q} \tag{9-11}$$

$$\sigma_z = \frac{\gamma_0(F + G) - 2(A_0 + B_0)\sum q_{sik} l_i}{(A_0 + 2t\tan\theta)(B_0 + 2t\tan\theta)} \tag{9-12}$$

式中：σ_z ——作用于软弱下卧层顶面的附加应力；

γ_i ——软弱层顶面以上各土层重度按土层厚度计算的加权平均值；

z ——地面至软弱层顶面的深度；

q_{uk}^{w}——软弱下卧层经深度修正的地基极限承载力标准值；

γ_q——地基承载力分项系数，取 $\gamma_q = 0.65$；

A_0、B_0——桩群外缘矩形面积的长短边长；

θ——桩端硬持力层压力扩散角，按《建筑桩基技术规范》(JGJ 94—2008)表5.2.13取值；

G——桩基承台和承台上土重设计值(当重荷载分项系数的效应对结构不利时取1.2，有利时取1.0)并应对地下水位以下部分扣除水的浮力；

F——作用于桩基承台顶面的竖向力设计值；

t——桩端至软弱层顶面的距离；

q_{sik}——桩侧第 i 层土的极限侧阻力标准值；

l_i——桩侧第 i 层土的厚度。

对于桩距 $S_a > 6d$ 且硬持力层厚度 $t < (S_a - D_e)\cot\theta/2$ 的群桩基础[如图9-6(b)所示]以及单桩基础，验算软弱下卧层的承载力时，其 σ_z 按下式确定：

$$\sigma_z = \frac{4(\gamma_0 N - u\sum q_{sik} l_i)}{\pi(D_e + 2t \cdot \tan\theta)^2} \tag{9-13}$$

式中：N——桩顶轴向压力设计值；

D_e——桩端等代直径，对圆形桩端 $D_e = D$，方形桩 $D_e = 1.13b$(b 为桩的边长)，按《建筑桩基技术规范》(JGJ 95—2008)表5.2.12确定 θ，$B_0 = D_e$。

(三)群桩沉降的计算及变形验算

现有群桩沉降计算方法有很多种，其中主要介绍实体深基础法。

桩基变形验算，应采用荷载标准永久组合，不计入风荷载与地震作用。

对于各种桩基础，其变形特征主要有四种类型，即沉降量、沉降差、倾斜及水平侧移。这些变形特征均应满足结构物正常使用所确定的限量值要求，即：

$$\Delta \leqslant [\Delta] \tag{9-14}$$

式中：Δ——桩基变形特征计算值；

$[\Delta]$——桩基变形特征允许值。

第四节　桩基础设计

一、桩基设计内容

设计桩基础应根据上部结构的形式与使用要求、荷载的性质与大小、地质和水文资料，以及材料供应和施工条件等，确定适宜的桩基类型和各组成部分的尺寸，保证承台、基桩和地基在强度、变形和稳定性方面满足安全和使用要求，并应同时考虑技术和经济上的可能性和合理性。桩基础的设计方法与步骤一般先根据收集的必要设计资料，拟定出设计方案(包括选择桩基类型、桩长、桩径、桩数、桩的布置、承台位置与尺寸等)，然后进行基桩和承台以及桩基础整体的强度、稳定、变形检验，经过计算、比较、修改直至符合各项要求，最后确定较佳的设计方案。

桩基设计的基本内容包括：

(1)选择桩的类型和几何尺寸；

(2)确定单桩竖向(和水平向)承载力设计值；

(3)确定桩的数量、间距和布置方式；

(4)验算桩基的承载力和沉降；

(5)桩身结构设计；

(6)承台设计；

(7)绘制桩基施工图。

基本设计所需资料：

(1)岩土工程勘察文件：

①桩基按两类极限状态进行设计所需用岩土物理力学参数及原位测试参数；

②对建筑场地的不良地质作用,如滑坡、崩塌、泥石流、岩溶、土洞等,有明确判断、结论和防治方案；

③地下水位埋藏情况、类型和水位变化幅度及抗浮设计水位,土、水的腐蚀性评价,地下水浮力计算的设计水位；

④抗震设防区按设防烈度提供的液化土层资料；

⑤有关地基土冻胀性、湿陷性、膨胀性评价。

(2)建筑场地与环境条件的有关资料：

①建筑场地现状,包括交通设施、高压架空线、地下管线和地下构筑物的分布；

②相邻建筑物安全等级、基础形式及埋置深度；

③附近类似工程地质条件场地的桩基工程试桩资料和单桩承载力设计参数；

④周围建筑物的防振、防噪声的要求；

⑤泥浆排放、弃土条件；

⑥建筑物所在地区的抗震设防烈度和建筑场地类别。

(3)建筑物的有关资料：

①建筑物的总平面布置图；

②建筑物的结构类型、荷载,建筑物的使用条件和设备对基础竖向及水平位移的要求；

③建筑结构的安全等级。

(4)施工条件的有关资料：

①施工机械设备条件、制桩条件、动力条件、施工工艺对地质条件的适应性；

②水、电及有关建筑材料的供应条件；

③施工机械的进出场及现场运行条件。

(5)供设计比较用的有关桩型及实施的可行性的资料。

二、桩的类型、截面和桩长的选择

选择桩基础类型时应根据设计要求和现场的条件,同时要考虑到各种类型桩和桩基础具有的不同特点,给予综合考虑选定。桩型与成桩工艺应根据建筑结构类型、荷载性质、桩的使用功能、穿越土层、桩端持力层、地下水位、施工设备、施工环境、施工经验、制桩材料供应条件等，按安全适用、经济合理的原则选择，注意扬长避短。

（一）桩基础类型的选择

1. 承台底面标高的选择

承台底面的标高应根据桩的受力情况，桩的刚度和地形、地质、水流、施工等条件确定。承台低稳定性较好，但在水中施工难度较大，因此可用于季节性河流，冲刷小的河流或岸滩上的墩台及旱地上其他结构物基础。当承台埋于冻胀土层中时，为了避免由于土的冻胀引起桩基础的损坏，承台底面应位于冻结线以下不少于 0.25 m。对于常年有流水、冲刷较深，或水位较高，施工排水困难，在受力条件允许时，应尽可能采用高桩承台。承台如在水中，对于有流冰的河道，承台底面应位于最低冰层底面以下不少于 0.25 m；在有其他漂流物或通航的河道，承台底面也应适当放低，以保证基桩不会直接受到撞击，否则应设置防撞装置。当作用在桩基础上的水平力和弯矩较大，或桩侧土质较差时，为减少桩身所受的内力可适当降低承台底面。

2. 端承桩桩基与摩擦桩桩基的选择

端承桩与摩擦桩的选择主要根据地质和受力情况确定。端承桩桩基础承载力大，沉降量小，较为安全可靠，因此当基岩埋深较浅时应考虑采用端承桩桩基。若适宜的岩层埋置较深或受到施工条件的限制不宜采用端承桩，则可采用摩擦桩，但在同一桩基础中不宜同时采用端承桩和摩擦桩，也不宜采用不同材料、不同直径和长度相差过大的桩，以免桩基产生不均匀沉降或丧失稳定性。

当采用端承桩时，桩端全断面进入持力层的深度，对于黏性土、粉土不宜小于 $2d$，砂土不宜小于 $1.5d$，碎石类土不宜小于 $1d$。当存在软弱下卧层时，桩端以下硬持力层厚度不宜小于 $3d$；除桩底支承在基岩上外，如覆盖层较薄，或水平荷载较大，还需将桩底端嵌入基岩中一定深度成为嵌岩桩，以增加桩基的稳定性和承载能力。为保证嵌固牢靠，嵌入新鲜岩层最小深度不应小于 0.5 m，若新鲜岩层埋藏较深，微风化层、弱风化层厚度较大，须计算其嵌入深度。

3. 单排桩桩基础与多排桩桩基础的选择

单排桩桩基与多排桩桩基的确定主要根据受力情况，并与桩长、桩数的确定密切相关。多排桩稳定性好，抗弯刚度较大，能承受较大的水平荷载，水平位移小，但多排桩的设置将会增大承台的尺寸，增加施工困难；单排桩与此相反，能较好地与柱式墩台结构形式配用，可节省圬工，减小作用在桩基的竖向荷载。因此，当单桩承载力较大，需用桩数不多时常采用单排排架式基础；反之当单桩承载力较小，桩数较多时，采用多排排架式基础；在桩基受有较大水平力作用时，无论是单排桩还是多排桩，若能选用斜桩或竖直桩配合斜桩的形式则将明显增加桩基抗水平力的能力和稳定性。

（二）桩的几何尺寸的选择

桩的几何尺寸的选择主要是桩径与桩长的选择，它应综合考虑荷载的大小、土层性质及桩周土阻力状况、桩基类型与结构特点、桩的长径比，以及施工设备与技术条件等因素优选确定，力求做到既满足使用要求又造价经济，最有效地利用和发挥地基土和桩身材料的承载性能。

当桩的类型选定后，桩的横截面（桩径）可根据各类桩的特点与常用尺寸，并考虑工程地质情况和施工条件选择确定。预制桩截面规格前面已述，钻孔桩则以钻头直径作为设计直径，钻头直径常用规格为 0.8 m、1.0 m、1.25 m 和 1.5 m 等。

桩长确定的关键在于选择桩底持力层，因为桩底持力层对于桩的承载力和沉降有着重要影响。一般希望把桩底置于岩层或坚实的土层上，以得到较大的承载力和较小的沉降量。如在施工条件容许的深度内没有坚实土层存在，应尽可能选择压缩性较低、强度较高的土层作为持力层，避免把桩底坐落在软土层上或离软弱下卧层的距离太近，以免桩基础发生过大的沉降。

对于摩擦桩，有时桩底持力层可能有多种选择，此时确定桩长与桩数两者相互牵连，遇此情况，可通过试算比较，选用较合理的桩长。摩擦桩的桩长不应拟定太短，一般不宜小于 4 m。因为桩长过短则达不到设置的桩基把荷载传递到深层或减小基础下沉量的目的，且必然增加桩数，扩大承台尺寸，也影响施工的进度。此外，为保证发挥摩擦桩桩底土层支承力，桩底端部应插入桩底持力层一定深度，插入深度与持力层土质、厚度及桩径等因素有关，一般不宜小于 1 m。

三、桩的数量确定和平面布置

（一）桩的根数

一个基础所需桩的数量可根据承台底面上的竖向荷载和单桩承载力特征值估算。估算的桩数是否合适，尚待验算各桩的受力状况后验证确定。单桩承载力特征值确定 R_a 以后，可按下式估算所需桩数 n：

中心受压
$$n \geqslant \frac{F_k + G_k}{R_a} \tag{9-15}$$

偏心受压
$$n \geqslant \mu \frac{F_k + G_k}{R_a} \tag{9-16}$$

式中：F_k——相应于荷载效应标准组合时，作用在承台上的轴向压力，kN；

G_k——承台及其上方填土的重力标准值，kN；

μ——桩基偏心受压系数，常取 1.1 ~1.2. 。

（二）桩的间距

桩间距是指桩的中心距离，一般取 3 ~4 倍的桩径。桩的间距太大会增加承台的体积和用料，太小则使桩基（摩擦型）的沉降量增加，给施工造成困难。基桩的最小中心距应符合表 9-6 的规定；当施工中采取减小挤土效应的可靠措施时，可根据当地经验适当减小。对于大面积群桩，尤其是挤土桩，桩的最小中心距宜按表列值适当加大。

（三）桩的平面布置

桩的平面布置应尽可能使桩群承载力合力点与竖向永久荷载合力作用点重合，并使基桩受水平力和力矩较大方向有较大抗弯截面模量。对柱下桩基常采用对称布置，如三桩承台、四桩承台、六桩承台等；对墙下桩基采用梅花式或行列式布置，如图 9-7 所示。

表 9-6 桩的最小中心距

土类与成桩工艺		排数不少于 3 排且桩数不少于 9 根的摩擦型桩桩基	其他情况
非挤土灌注桩		$3.0d$	$3.0d$
部分挤土桩		$3.5d$	$3.0d$
挤土桩	非饱和土	$4.0d$	$3.5d$
	饱和黏性土	$4.5d$	$4.0d$
钻、挖孔扩底桩		$2D$ 或 $D+2.0$ m(当 $D>2$ m)	$1.5D$ 或 $D+1.5$ m(当 $D>2$ m)
沉管夯扩钻孔挤扩桩	非饱和土	$2.2D$ 且 $4.0d$	$2.0D$ 且 $3.5d$
	饱和黏性土	$2.5D$ 且 $4.5d$	$2.2D$ 且 $4.0d$

注:1. d 为圆桩直径或方桩边长,D 为扩大端设计直径。

2. 当纵横向桩距不相等时,其最小中心距应满足"其他情况"一栏的规定。

3. 当为端承型桩时,非挤土灌注桩的"其他情况"一栏可减小至 $2.5d$。

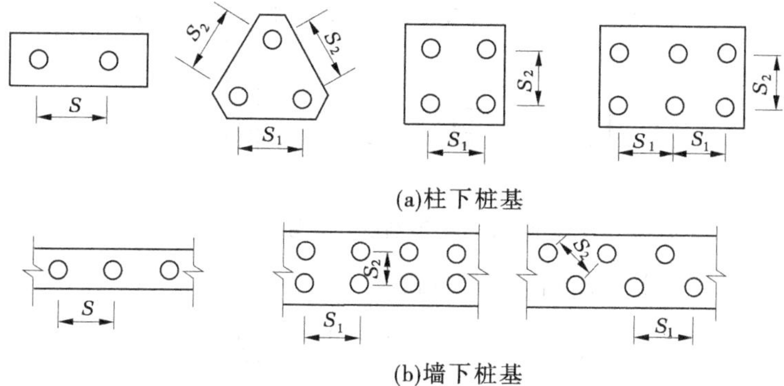

图 9-7 几种常见桩基布置示意图

对于桩箱基础、剪力墙结构桩筏(含平板和梁板式承台)基础,宜将桩布置于墙下。对于框架 - 核心筒结构桩筏基础应按荷载分布考虑相互影响,将桩相对集中布置于核心筒和柱下;外围框架柱宜采用复合桩基,有合适桩端持力层时,桩长宜小于核心筒下基桩。

四、桩基验算

(一)桩基承载力验算

1. 桩顶荷载计算

对于一般建筑物和受水平力(包括力矩与水平剪力)较小的高层建筑群桩基础,柱、墙、核心筒群桩中基桩或复合基桩的桩顶承受的荷载可按式(9-17) ~ 式(9-19)计算,如图 9-8所示。

轴心竖向力作用下桩顶承受的竖向荷载为

$$N_k = \frac{F_k + G_k}{n} \tag{9-17}$$

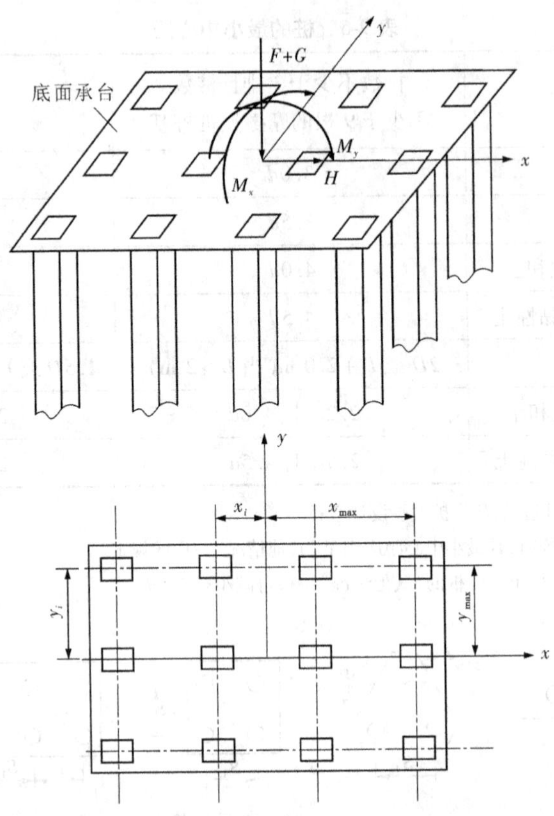

图 9-8　桩顶荷载计算简图

偏心竖向力作用下桩顶承受的竖向荷载为

$$N_{ik} = \frac{F_k + G_k}{n} \pm \frac{M_{xk} y_i}{\sum y_j^2} \pm \frac{M_{yk} x_i}{\sum x_j^2} \tag{9-18}$$

水平力作用下,作用于桩基承台底面的水平荷载为

$$H_{ik} = \frac{H_k}{n} \tag{9-19}$$

式中:F_k——荷载效应标准组合下,作用于承台顶面的竖向力,kN;

G_k——桩基承台和承台上土自重标准值,对稳定的地下水位以下部分应扣除水的浮力,kN;

N_k——荷载效应标准组合轴心竖向力作用下,基桩或复合基桩的平均竖向力,kN;

N_{ik}——荷载效应标准组合偏心竖向力作用下,第 i 基桩或复合基桩的竖向力,kN;

M_{xk}、M_{yk}——荷载效应标准组合下,作用于承台底面,通过桩群形心的 x、y 轴的力矩,kN · m;

x_i、x_j、y_i、y_j——第 i、j 基桩或复合基桩至 y、x 轴的距离,m;

H_k——荷载效应标准组合下,作用于桩基承台底面的水平力;

H_{ik}——荷载效应标准组合下,作用于第 i 基桩或复合基桩的水平力;

n——桩基中的桩数。

作用于桩顶的竖向压力由作用于桩侧的总摩阻力和作用于桩端的端阻力共同承担。

2. 桩基竖向承载力验算

桩基竖向承载力计算应符合下列规定：

(1)荷载效应标准组合：

轴心竖向力作用下

$$N_k \leqslant R \tag{9-20}$$

偏心竖向力作用下除满足式(9-20)外，尚应满足下式的要求：

$$N_{kmax} \leqslant 1.2R \tag{9-21}$$

(2)地震作用效应和荷载效应标准组合：

轴心竖向力作用下

$$N_{Ek} \leqslant 1.25R \tag{9-22}$$

偏心竖向力作用下，除满足式(9-22)外，尚应满足下式的要求：

$$N_{Ekmax} \leqslant 1.5R \tag{9-23}$$

式中：N_k——荷载效应标准组合轴心竖向力作用下，基桩或复合基桩的平均竖向力，kN；

N_{kmax}——荷载效应标准组合偏心竖向力作用下，桩顶最大竖向力，kN；

N_{Ek}——地震作用效应和荷载效应标准组合下，基桩或复合基桩的平均竖向力，kN；

N_{Ekmax}——地震作用效应和荷载效应标准组合下，基桩或复合基桩的最大竖向力，kN；

R——基桩或复合基桩竖向承载力特征值，kN。

(3)单桩竖向承载力特征值 R_a 应按下式确定：

$$R_a = \frac{1}{K}Q_{uk} \tag{9-24}$$

式中：Q_{uk}——单桩竖向极限承载力标准值，kN；

K——安全系数，取 $K=2$。

3. 群桩竖向承载力特征值确定

《建筑桩基技术规范》(JGJ 94—2008)简化了群桩效应系数计算方法，只考虑承台效应系数 η_c 计算复合基桩的竖向承载力特征值方法，规定如下：

(1)对于端承型桩基、桩数少于 4 根的摩擦型柱下独立桩基，或由于地层土性、使用条件等因素不宜考虑承台效应时，基桩竖向承载力特征值应取单桩竖向承载力特征值。

(2)对于符合下列条件之一的摩擦型桩基，宜考虑承台效应确定其复合基桩的竖向承载力特征值：①上部结构整体刚度较好、体型简单的建(构)筑物；②对差异沉降适应性较强的排架结构和柔性构筑物；③按变刚度调平原则设计的桩基刚度相对弱化区；④软土地基的减沉复合疏桩基础。

(3)考虑承台效应的复合基桩竖向承载力特征值可按下列公式确定：

不考虑地震作用时

$$R = R_a + \eta_c f_{ak} A_c \tag{9-25}$$

考虑地震作用时

$$R = R_a + \frac{\zeta_a}{1.25}\eta_c f_{ak} A_c \tag{9-26}$$

式中：η_c——承台效应系数，可按表 9-7 取值；

f_{ak}——承台下 1/2 承台宽度且不超过 5 m 深度范围内各层土的地基承载力特征值按厚度加权的平均值；

A_c——计算基桩所对应的承台底净面积，$A_c=(A-nA_{ps})/n$，n 为承台下的桩数；

A_{ps}——桩身截面面积；

A——承台计算域面积，对于柱下独立桩基，A 为承台总面积，对于桩筏基础，A 为柱、墙筏板的 1/2 跨距和悬臂边 2.5 倍筏板厚度所围成的面积，桩集中布置于单片墙下的桩筏基础，取墙两边各 1/2 跨距围成的面积，按单排桩条形承台计算 η_c；

ζ_a——地基抗震承载力调整系数，应按现行国家标准《建筑抗震设计规范》(GB 50011—2010)采用。

(4)当承台底为可液化土、湿陷性土、高灵敏度软土、欠固结土、新填土时，沉桩引起超孔隙水压力和土体隆起时，不考虑承台效应，取 $\eta_c=0$。

表 9-7　承台效应系数 η_c

S_a/d	3	4	5	6	>6
$B_c/l\leqslant0.4$	0.06～0.08	0.14～0.17	0.22～0.26	0.32～0.38	0.50～0.80
$B_c/l=0.4\sim0.8$	0.08～0.10	0.17～0.20	0.26～0.30	0.38～0.44	
$B_c/l>0.8$	0.10～0.12	0.20～0.22	0.30～0.34	0.44～0.50	
单排桩条形承台	0.15～0.18	0.25～0.30	0.38～0.45	0.50～0.60	

注：1. 表中 s_a/d 为桩中心距与桩径之比；B_c/l 为承台宽度与桩长比。当计算基桩为非正方形排列时，$s_a=\sqrt{A/n}$，A 为承台计算域面积，n 为总桩数。

2. 对于桩布置于墙下的箱、筏承台，η_c 可按单排桩条基取值。

3. 对于单排桩条形承台，当承台宽度小于 1.5d 时，η_c 按非条形承台取值。

4. 对于采用后注浆灌注桩的承台，η_c 宜取低值。

5. 对于饱和黏性土中的挤土桩基、软土地基上的桩基承台，η_c 宜取低值的 0.8 倍。

4. 桩基水平承载力验算

对单桩基础，受水平荷载的一般建筑物和水平荷载较小的高大建筑物单桩基础和群桩中基桩应满足下式要求：

$$H_{ik}\leqslant R_h \tag{9-27}$$

式中：H_{ik}——在荷载效应标准组合下，作用于基桩 i 桩顶处的水平力；

R_h——单桩基础或群桩中基桩的水平承载力特征值，对于单桩基础，可取单桩的水平承载力特征值 R_{ha}。

(二)桩基软弱下卧层承载力验算

当桩端的持力层下存在软弱下卧层时，应进行软弱下卧层的承载力验算。对于桩距不超过 6d 的群桩基础，桩端持力层下存在承载力低于桩端持力层承载力 1/3 的软弱下卧层时，桩基软弱下卧层验算常将桩与桩间土的整体视为实体深基础，按与浅基础软弱下卧层承载力验算方法相同的方法进行验算。

（三）桩基沉降验算

桩基础因其稳定性好，沉降量小而均匀，且收敛快，故较少做沉降计算。一般以承载力计算作为桩基设计的主要控制条件，而以沉降计算作为辅助验算。

《建筑地基基础设计规范》（GB 50007—2011）规定，对以下建筑物的桩基应进行沉降验算：

（1）地基基础设计等级为甲级的建筑物桩基。

（2）体形复杂、荷载不均匀或桩端以下存在软弱土层的设计等级为乙级的建筑物桩基。

（3）摩擦型桩基。

同时还规定：

（1）嵌岩桩、设计等级为丙级的建筑物桩基、对沉降无特殊要求的条形基础下不超过两排桩的桩基、吊车工作级别 A5 及 A5 以下的单层工业厂房且桩端下为密实土层的桩基，可不进行沉降验算。

（2）当有可靠地区经验时，对地质条件不复杂、荷载均匀、对沉降无特殊要求的端承型桩基也可不进行沉降验算。

对需要进行沉降计算的建筑物，其桩基沉降变形计算值不应大于桩基沉降变形允许值[见《建筑桩基技术规范》（JGJ 94—2008）中表 5.5.4]。桩基变形验算特征值与浅基础的变形验算特征值定义的一样，同为沉降量、沉降差、倾斜和局部倾斜四种。

计算时，桩基沉降变形验算指标按下列规定选用：

（1）由于土层厚度与性质不均匀、荷载差异、体型复杂、相互影响等因素引起的地基沉降变形，对于砌体承重结构应计算其局部倾斜。

（2）对于多层或高层建筑和高耸结构应计算其整体倾斜值。

（3）当建筑物结构为框架、框架－剪力墙、框架－核心筒结构时，还应计算柱（墙）之间的差异沉降。

工程中一般用《建筑桩基技术规范》（JGJ 94—2008）推荐等效作用实体深基础分层总和法计算桩基沉降量。对于桩中心距不大于 6 倍桩径的桩基，其等效作用面位于桩端平面，等效作用面积为桩承台投影面积，等效作用附加压力近似取承台底平均附加压力。等效作用面以下的应力分布采用各向同性均质直线变形体理论。桩基任一点最终沉降量按下式计算：

$$s = \psi\psi_e s' \tag{9-28}$$

式中：s ——桩基最终沉降量，mm；

s'——采用布辛奈斯克解，按实体深基础分层总和法计算出的桩基沉降量，mm；

ψ——桩基沉降计算经验系数；

ψ_e——桩基等效沉降系数，按《建筑桩基技术规范》（JGJ 94—2008）的规定计算。

五、桩身构造设计、承台设计

桩身结构计算、承台受剪切、受冲切、受弯和局部受压承载力计算按现行《混凝土结构设计规范》（GB 50010—2010）进行，具体查看《建筑桩基技术规范》（JGJ 94—2008）。

第五节　其他深基础

除桩基础外，沉井、地下连续墙、墩基础、沉箱等都属于深基础。下面仅介绍沉井基础和地下连续墙。

一、沉井基础

沉井多用于工业建筑和地下构筑物，与大开挖相比，它具有挖土量少，施工方便，占地少和对邻近建筑物影响较小等特点。沉井是一种竖向的筒形结构物，通常用砖、素混凝土或钢筋混凝土制成。施工时，在筒内挖土，使沉井失去支承而下沉，随着下沉再逐节接长井筒，井筒下沉到设计高程后，浇筑混凝土封底。

整个井筒在施工期间作为支撑四周土体的护壁，竣工时即为永久性的深基础。

（一）沉井的作用

沉井常用于平面上比较紧凑的重型结构物如烟囱、单独重型设备的基础，起到承重的作用；沉井可以作为地下结构物使用，例如取水建筑物、地下厂房、地下油库等；沉井井筒不仅可以挡土，也可以挡水，因此在江河上修建的结构物如桥墩、挡水坝等可以采用沉井，如南京长江大桥、武汉长江大桥、江阴长江大桥等均采用了沉井基础设计方案；在新建建筑物深基础工程邻近原有建筑物浅基础，基槽开挖将危及原有建筑物稳定时，可以采用沉井防止原有基础滑动。可以说，沉井在工程中应用较广。该基础适合在黏性土和较粗的砂土中施工，土中有障碍物时会给下沉带来一定的困难。

（二）沉井的类型

（1）按沉井的平面形式分为单孔沉井，呈圆形、正方形、矩形等，如图 9-9（a）、（b）、（c）所示；单排孔沉井，呈矩形、长圆形、组合形等，如图 9-9（d）、（e）所示；多排孔沉井，由内隔墙分成若干个井孔，如图 9-9（f）所示。

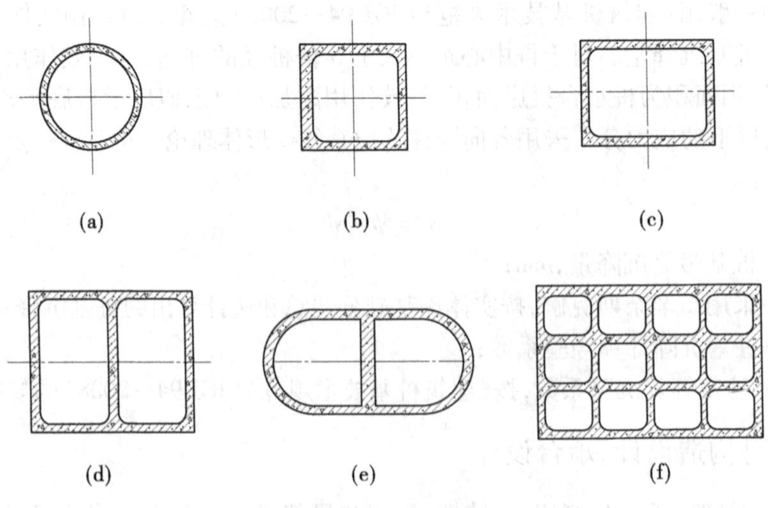

图 9-9　沉井平面形式

(2)按沉井的竖向剖面形状分为柱形竖直式、台阶式(阶梯形)、锥形,如图 9-10 所示。

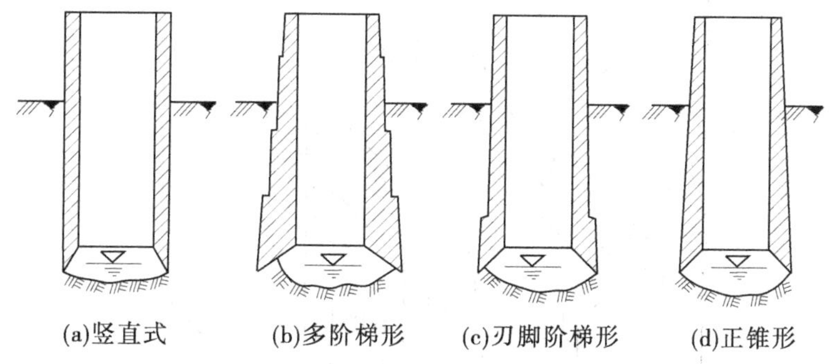

图 9-10　沉井竖向剖面形状

(3)按沉井施工方法分为就地制造下沉的沉井、浮运沉井、中心岛式下沉沉井、气压沉箱。浮运沉井在深水地区,筑岛困难,或有碍通航,在岸边制作沉井拖运到设计位置后整体下沉。

(4)按沉井的建筑材料分为下列类型:

①混凝土沉井。这种沉井多做成圆形,当井壁足够厚时,也可做成圆端形和矩形,适用于下沉深度不大(4 ~7 m)的松软土层中。

②钢筋混凝土沉井。抗压强度高,抗拉能力也较强,下沉深度可以很大(达数十米以上)。当下沉深度不很大时,井壁上部可用混凝土、下部(刃脚)用钢筋混凝土制造。

③竹筋混凝土沉井。采用耐久性差但抗拉力好的竹筋代替部分钢筋,但在沉井分节接头处及刃脚内仍用钢筋。

④钢丝网水泥沉井。可做成 30 mm 厚的双壁空心浮运沉井,具有施工方便、节省钢材等优点,适用于深水基础。

⑤钢沉井。用钢材制造沉井井壁外壳,井壁内挖土,填充混凝土。此种沉井强度高,刚度大,重量较轻,易于拼装,常用于做浮运沉井。

(三)沉井的结构

沉井的结构由刃脚、井壁、隔墙、井孔、凹槽、封底及顶板等组成,如图 9-11 所示。

(1)刃脚。刃脚位于沉井的最下端,形如刀刃,在沉井下沉的过程中,减少沉井下沉阻力,切土下沉,封闭与阻止壁外流砂或泥浆涌入井筒内的作用。刃脚底面并不是为尖刀状,通常为一水平面,称为踏面。踏面宽度不小于 150 mm,当土质坚硬时,踏面用钢板或角钢保护。刃脚斜面倾角为 45°以上(双斜面),其高度为 1 m 左右。

(2)井壁。井壁起到下沉挡土、挡水,以及克服摩擦阻力的作用。井壁一般壁厚 0.4 ~1.5 m,每节高度 6 ~8 m,具体应根据施工和使用要求计算确定。井壁内预埋各种管路井壁合围形成为井筒,井筒内径最小不小于 0.9 m。

(3)隔墙。内隔墙是为了沉井在下沉过程中增强整体刚度而设置,可以减少井壁受力跨度,减少挠曲应力,分成多个井孔分别挖土,还有利于控制沉井下沉方向和纠偏作业。内隔墙一般间距为 5 ~6 m,厚度为 0.5 ~1.2 m,底面高出刃脚踏面 0.5 m 以上。要使井

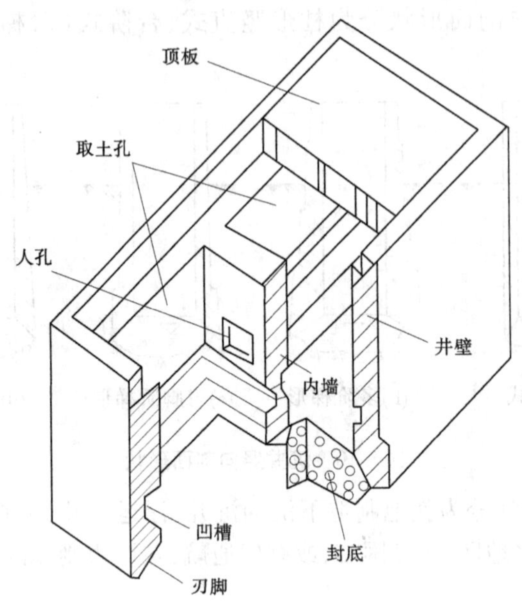

图 9-11　钢筋混凝土沉井结构示意图

筒内部的空间要容纳挖土工人或者机械在井内作业,以及方便潜水员排除障碍。为防止发生突沉,可将内隔墙设计成与刃脚踏面平齐,但应留过人工作孔。

在沉井内设置过多隔墙时,往往会对沉井的使用和下沉带来较大的影响,故此可用上、下横梁与井壁所组成的框架来代替隔墙,起到内隔墙的相同作用。对于一些大型沉井,因使用要求不能设置内隔墙时,可在沉井底部增设底梁,以利于控制沉井的突沉发生,并加强刃脚底部的刚度。

(4)井孔。井孔是挖土排土工作场所和通道。井孔的尺寸应满足沉井的施工要求,其宽度(或直径)不宜小于 3 m。井孔布置应对称于沉井中心轴。采用水力喷射和空气吸泥机等挖土作业时,可适当加大井孔尺寸。

(5)凹槽。设在井孔下端近刃脚处,其作用是使封底混凝土与井壁有较好的接合,封底混凝土底面的反力更好地传给井壁。

(6)顶板。沉井作为地下构筑物时,顶部需浇筑钢筋混凝土顶板。

(四)沉井的施工顺序

如图 9-12 所示,沉井的施工顺序由下述步骤组成:

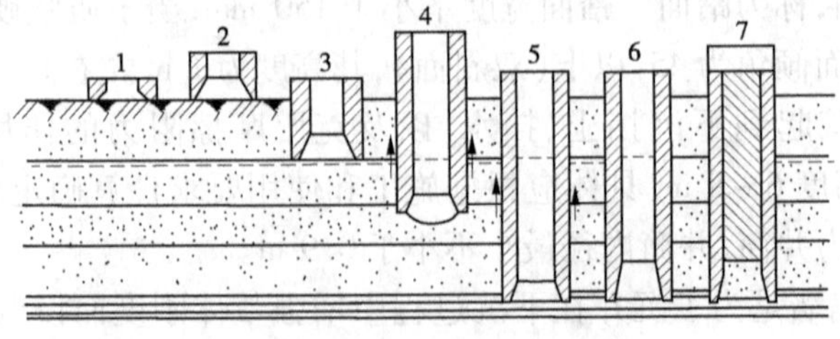

图 9-12　沉井施工顺序示意图

基坑开挖—铺砂垫层和承垫木—沉井制作—抽取承垫木—挖土下沉(分节制作与下沉)—至设计标高、封底回填—浇筑其他部分结构和封顶。

二、地下连续墙

地下连续墙是利用一定的设备和机具,在稳定液护壁条件下,沿已构筑好的导墙钻挖一段深槽,然后吊放钢筋笼入槽,浇筑混凝土,筑成一段混凝土墙,再将每个墙段连接起来,形成连续的地下基础构筑物。

地下连续墙起源于欧洲,意大利于 1938 年首次进行了在泥浆护壁的深槽中建造地下连续墙的试验,于 1950 年应用于意大利的 Santan Malia 大坝防渗工程(深达 40 m 的截水止漏墙)。中国第一座地下墙是 1958 年青岛月子口水库建成的桩排式防渗墙。

地下连续墙主要起挡土、挡水(防渗)和承重作用。

地下连续墙的应用范围包括:

(1)水利水电工程防渗墙,地下污水处理厂和净水池、泵房的外墙,城市市政管道及各种管形渠、地下储存槽等。

(2)地下承重结构物,如各种基础构造、墙及支承桩等。

(3)地下挡土墙,如高层建筑地下室外墙、地铁和地下街道的外墙、盾构和顶管等工作竖井、码头和河港的驳岸和护岸、干船坞的周墙等。

当基坑深度≥10 m、软土或砂土地基、在密集的建筑群中施工基坑,对周围地面沉降、建筑物的沉降要求严格限制时;围护结构与主体结构相结合,用作主体结构的一部分,对抗渗有较严格要求时;采用逆作法施工等情况时适合采用地下连续墙。

地下连续墙的优点包括施工时对周边环境影响小,液压成槽工作时,无振动、无噪声;能够紧邻相邻的建筑物及地下管线施工,对沉降及变位较易控制;墙体刚度大、整体性好,结构和地基的变形都较小,耐久性好,抗渗性能好,既可用于超深围护结构,也可用于主体结构;可与锚杆、内支撑、逆作法等形式进行有机的结合,保证基坑施工安全性和合理性;适用地层广泛。它适合于淤泥质黏土、黏土、砂土、砾石、卵石、漂石和孤石、软岩和硬岩;地下连续墙集挡土、止水、承重为一体,可兼作地下室外墙;可实行逆作法施工,有利于施工安全,加快施工速度,降低造价。

地下连续墙的缺点包括:弃土及废泥浆的处理如若不当,会造成新的环境污染;地下连续墙最适应的地层为软塑、可塑的黏性土层。当地层条件复杂时,还会增加施工难度和影响工程造价;槽壁坍塌易引起相邻地面沉降、坍塌,危害邻近建筑和地下管线的安全。

地下连续墙的成槽方法主要有:冲击法、冲击 - 回转法、抓斗直接成槽法、冲抓法、多头钻成槽法、双轮铣成槽法等。

思考题与习题

1. 什么是桩基础?
2. 根据不同的分类标准,桩基础分为哪些类型?
3. 以单桩为例,说明其桩顶竖向荷载传递原理。

4. 什么是桩侧负摩阻力？它对桩基础有何影响？哪些情况下应当予以考虑？

5. 什么是单桩竖向承载力？其特征值可以由哪些方法确定？

6. 静载荷试验时，如何确定单桩竖向承载力特征值？

7. 何为群桩效应？

8. 桩基础设计的内容和步骤是什么？

9. 桩数如何进行确定？

10. 什么情况下需要进行桩基础的沉降计算？

11. 沉井有何作用？地下连续墙应用范围是什么？

12. 某工程一群桩基础中桩的布置及承台尺寸如图 9-13 所示，其中桩采用 $d=500$ mm 的钢筋混凝土预制桩，桩长 12 m，承台埋深 1.2 m。土层分布第一层为 3 m 厚的杂填土，第二层为 4 m 厚的可塑状态黏土，其下为很厚的中密中砂层。上部结构传至承台的轴心荷载标准值为 $F=5\ 400$ kN，弯距 $M=1\ 200$ kN · m，试验算该桩基础是否满足设计要求。

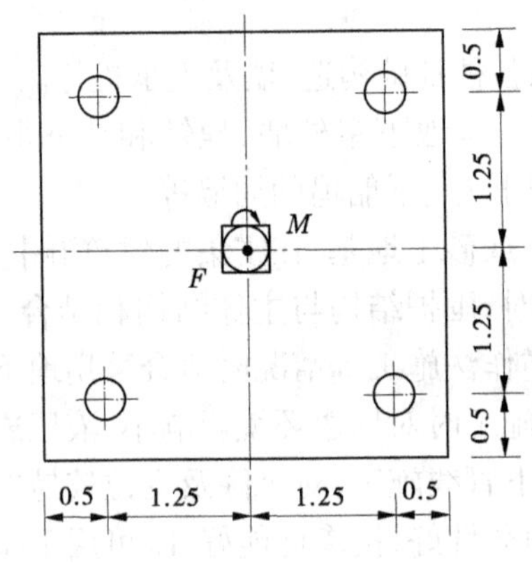

图 9-13　（单位：m）

第十章　地基处理

第一节　概　述

一、地基处理的目的和意义

（1）提高土的抗剪强度，加强地基的稳定性。当地基的抗剪强度不能满足上部荷载要求时，地基就会产生整体剪切破坏和局部剪切破坏，影响建筑物的安全使用，甚至造成重大工程地质问题。因此，采取需一定措施来提高地基土的抗剪强度。

（2）降低土的压缩性，减少建筑物的沉降和不均匀沉降。在上部荷载作用下，高压缩性土地基将会产生过大的沉降和不均匀沉降，发生上部结构倾斜、墙体开裂，基础断裂等工程事故严重影响建筑物的安全使用。为此，通过地基处理减少地基土的压缩性是必要的。

（3）改善土的渗透特征，加快固结。地基的透水性主要表现在坝、堤等基础产生的渗漏；市政开挖工程中，在细砂、粉砂或粉土中易产生流砂、管涌等工程地质问题，影响施工安全，延迟施工进度。因此，需要进行地基处理改善土的透水性。

（4）改善土的动力特征，提高地基土的抗液化能力。在地震时，饱和状态的松散细砂、粉砂和粉土将会产生液化，使地基丧失承载力。因此，要进行地基处理防止地基土液化，改善其振动特性以提高地基的抗震性能。

在工程施工中，地基问题处理的是否恰当，直接关系到工程质量，因此当遇到上述问题时，必须进行地基处理，以保证工程的质量和工期。地基处理的意义已被越来越多的人所认识。

二、地基处理的对象

上部结构引起的附加应力随着深度的增加而减小，所以一定深度范围内的土层即为上部构筑物的主要受力层，地基的变形与稳定性主要受该深度内土层的影响。地基处理的主要对象包括：软弱地基和不良地基两类。

（一）软弱地基

软弱地基是指主要受力层由高压缩性的软弱土组成，包括软黏土、饱和松散粉细砂、杂填土和冲填土等。

1. 软黏土

软黏土是第四纪后期形成的黏性土沉积物或河流冲积物。具有天然含水率高、空隙比大、压缩性高、抗剪强度低和渗透系数小的特点。在上部荷载作用下，软黏土地基的承载力低，变形大，在较厚的软黏土地基上，地基的沉降往往持续数十年。

2. 饱和粉细砂

饱和粉细砂在静荷载作用下具有较高的强度，但在振动荷载作用下可能产生砂土液化或震陷变形，地基因此而丧失承载能力。在考虑动荷载时，需要对其进行处理。

3. 杂填土

杂填土是指人由类活动所形成的不规则堆积物。多数情况下，杂填土分布不均匀且比较疏松。在同一场地的不同位置，其地基的压缩性和承载力也会有较大的差异。在地基处理时，厚度不大的杂填土层可以挖除后，即可修建基础；厚度很大的杂填土层则需人工处理后才能满足地基承载力和变形要求。

4. 冲填土

冲填土是由水动力冲填形成的。其性质与淤填时水动力条件及冲填泥砂的来源密切相关。含黏土颗粒多的冲填土往往是欠固结土，其强度和压缩性指标都比同类天然沉积土差。冲填土地基一般要经过人工处理才能作为建筑物地基。

(二)不良地基

不良地基是指对工程不利，性质特殊的土层组成的地基，主要包括湿陷性黄土地基、膨胀土地基、多年冻土地基、岩溶与土洞地基和山区地基等。

1. 湿陷性黄土地基

湿陷性黄土主要分布在我国西北和华北地区，由于特殊的生成环境和成因，黄土中含有大空隙和易溶盐类。在上覆压力作用下，受水侵湿后结构迅速破坏发生显著的附加下沉，导致工程事故发生。在工程施工中，应当进行人工处理，做好防水措施，消除湿陷性。

2. 膨胀土地基

膨胀土中含有大量的蒙脱石矿物，是一种吸水膨胀、失水收缩，具有较大往复胀缩变形的高塑性黏土。建筑物地基有膨胀土层时，如果采取处理措施不当，会房屋发生开裂等工程事故。

3. 多年冻土地基

在高寒地区，含有固态水，连续 3 年或 3 年以上保持冻结状态的土层称为多年冻土。多年冻土的强度和变形有许多特殊性。例如，冻土中因有冰和未冻水存在，在长期荷载作用下有强烈的流变性。

4. 岩溶和土洞地基

岩溶即喀斯特，是石灰岩、大理岩、石膏、岩盐等可溶性岩石长期被水溶蚀，形成的溶洞、溶沟和裂隙，以及由于溶洞的顶板塌落使地表产生陷穴、洼地等现象和作用的总称。土洞是岩溶地区上覆土层，被地下水冲蚀或潜蚀所形成的洞穴。在此地区施工可能出现地基塌陷、地面变形，渗漏和涌水等事故。

5. 山区地基

山区的地形地质条件复杂，冲积、洪积地貌在此广泛分布。主要表现为地基不均匀性和场地的稳定性。

三、地基处理方法的选择

地基处理方法，应根据地基土层具体情况，慎重选用，最好进行经济技术方案比较选择最佳方法。

（一）选择地基处理方案前的准备工作

在选择地基处理方案前，应完成下列工作：

（1）收集详细的岩土工程资料，上部结构及基础设计资料。

（2）根据工程的要求和采用天然地基存在的主要问题，确定地基处理的目的，处理范围和处理后要求达到的各项技术经济指标等。

（3）结合工程情况，了解当地地基处理经验和施工条件，对于有特殊要求的工程，尚应了解其他地区相似场地上同类工程的地基处理经验和使用情况等。

（4）调查邻近建筑、地下工程和有关管线等情况。

（5）了解建筑场地的环境情况。

（二）确定地基处理方法的步骤

（1）根据结构类型、荷载大小及使用要求，结合地形地貌、地层结构、土质条件、地下水特征、环境情况和对邻近建筑的影响等因素进行综合分析，提出几种可供考虑的地基处理方案，包括选择两种或多种地基处理措施组成的处理方案。

（2）对初步选出的各种地基处理方案，分别从加固原理、使用范围、预期处理效果、耗用材料、施工机械、工期要求和对环境的影响等方面进行经济分析对比，选择最佳的地基处理方法。

（3）对已选定的地基处理方法，宜按建筑物地基基础设计等级和场地情况，在有代表性的场地上进行相应的现场试验或试验性施工，以检验设计参数或处理效果。如达不到设计要求时，应查明原因，修改设计参数或调整地基处理方法。

在选择地基处理方案时，应同时考虑上部结构、基础和地基的共同作用，选用加强上部结构和处理地基相结合的方案，这样既可降低地基的处理费，又可收到满意的效果。

第二节　软弱地基处理

一、软弱土的特性

软弱土包括淤泥、淤泥质土、冲填土、杂填土或其他高压缩性土，由软弱土组成的地基称为软弱土地基。这种地基往往达不到设计的要求，必须进行人工处理后才能建造房屋和构筑物。

淤泥和淤泥质土一般是第四纪后期在滨海、湖泊、河滩、三角洲、冰渍等地质沉积环境下形成的。这类土大部分是饱和的，含有机质，天然含水率大于液限，孔隙比大于1。当天然孔隙比大于1.5时，称为淤泥；天然孔隙比大于1而小于1.5时，则称为淤泥质土。这类土工程性质软弱，抗剪强度很低，压缩性高，渗透性小，并具有结构性，广泛分布于我国东南沿海地区和内陆江河湖泊的周围，是软弱土的主要土类，统称为软土。软土和一般的黏性土不同，一般具有下列工程特性：

（1）天然含水率高、孔隙比大。软土的颜色多呈灰色或黑灰色，油滑光润且有腐烂植物的气味，多呈软塑或半流塑状态。其天然含水率一般都大于30%，山区软土有时可达

70%。天然重度一般为 15 ~ 19 kN/m^3，孔隙比都大于 1。由此，软土地基具有变形特别大、强度低的特点。

(2)透水性低。软土的透水性很低。垂直方向的渗透系数小，其值为 10^{-7} ~ 10^{-9} cm/s，水平向渗透系数为 10^{-4} ~ 10^{-5}cm/s，因此软土的固结需要相当长的时间。

(3)高压缩性。软土孔隙比大，具有高压缩性的特点。土层在自重和外荷作用下，长期得不到固结。软土的压缩系数 a_{1-2} 一般为 0.5 ~ 2.0 MPa^{-1}，最大可达 4.5 MPa^{-1}。

(4)抗剪强度低。软土的抗剪强度很低，在不排水剪切时，软土的内摩擦角接近于零，抗剪强度主要由黏聚力决定。

(5)触变性。软土是结构性沉积物，具有触变性。一旦扰动，土的结构强度便被破坏。

(6)流动性。软土具有流动性，其中包括蠕变特性、流动特性、应力松弛特性和长期强度特性。蠕变特性是指在荷载不变的情况下变形随时间发展的特性；流动特性是土的变形速率随应力变化的特性；应力松驰特性是在恒定的变形条件下应力随时间减小的特性；长期强度特性是指土体在长期荷载作用下土的强度随时间变化的特性。考虑到软土的流变特性，用一般剪切试验方法求得的软土的抗剪强度值，不宜全部用足。

综上所述，软土的强度低，压缩性高，透水性小，而且具有高灵敏度和流变性。如不认真对待，常会出现建筑物因沉降过大（或不均匀）而开裂破坏，甚至发生地基整体滑动房屋倒塌。当采取一般基础形式时，必须对软土进行地基处理，才可能满足对地基的强度、变形和稳定性的要求。软土的饱和度大于 90%。液限在 35% ~60%，液性指数大多大于 1.0。

二、地基处理方法分类

地基处理方法较多，按其原理及作用，大致可分为表 10-1 所示的五大类。

表 10-1　地基处理方法分类表

分类	方法	原理及作用	适用范围
碾压夯实	机械碾压法、振动压实法、重锤夯实法、强夯法	通过碾压或夯实地基表层。强夯法是利用强大的冲击波，迫使深层土液化和动力固结而密实。提高地基土的强度，减少沉降，消除或部分消除土的液化可能和湿陷性	砂土及含水率不高的黏性土地基，应注意强夯震动对附近建筑物的影响
换土垫层	素土垫层、砂垫层、碎石垫层	清除浅层土，换以较好的土料，提高持力层承载力，减少地基沉降，消除或部分消除土的胀缩、湿陷、冻胀	浅层软弱土、湿陷性黄土、膨胀土、季节性冻土等地基
深层挤密	砂桩挤密法、振冲法、土桩挤密法、灰土桩挤密法、生石灰桩挤密法	在振动挤密过程中，回填砂、碎石等形成砂桩或碎石桩，使深层土挤密，同时桩与桩间土形成复合地基，提高地基的承载力，减少沉降量	松砂、杂填土、粉土地基，对饱和黏性土地基慎用

续表 10-1

分类	方法	原理及作用	适用范围
排水固结	堆载预压法、砂井堆载预压法、井点降水预压法、真空预压法	通过改善地基排水条件和施加预压荷载，加速地基固结，提高地基强度，提前完成大部分沉降	厚度较大的饱和软黏土地基
化学加固	硅化法、旋喷法、深层搅拌法、水泥灌浆法、碱液加固法	注(喷)入化学浆液，通过化学作用或机械搅拌，改善土的性质，提高地基承载力，减少沉降	砂土、黏性土、湿陷性黄土地基等地基

第三节　碾压夯实法

经过碾压或夯实，可以将一定的含水率范围内的土压密，从而提高土的强度，降低压缩性。碾压夯实法一般用来夯实填土，也用于处理杂填土及地基表层的松散土。

一、机械碾压法

机械碾压法是利用压路机、推土机、羊足碾或其他压实机械，分层碾压密实松散土体的方法。常处理含水率较低的素填土或杂填土，特别是大面积回填时宜采用。

机械碾压的效果取决于压实机械的压实能量和土的含水率。机械越重，压实深度也越大。土中含水率过大，其结合水膜厚，机械重力不足以挤薄结合水膜，甚至机械重力完全被孔隙水抵消，形成“橡皮土”，达不到压密效果。而含水率太低时，土中粒间阻力较大，同样达不到压密的效果。因此，只有在最佳含水率条件下，压实效果最好。最佳含水率指在一定压(夯)实能量下，土体达到最大干密实度时的含水率。填料的最佳含水率和最大干密度一般用击实试验确定。大面积填土最好是现场碾压试验来确定。每层填土厚度一般为 200 ~ 300 mm。为加强填土的强度，可掺入一定数量的碎石。

二、振动密实法

振动密实法是利用大功率的平板振动器，对地基表层施加振动力，迫使松散土密实的方法。该法较适用于处理粉土、砂土、碎石、炉渣等只含少量黏性土的填料地基。

振动密实效果，除振动力大小外，还与振动频率及振动时间有关。一般采用变速振动机作动力，通过调频试验以适应各种填料对振频的要求。一般而言，振动时间越长，其效果越好，但超过一定时间后，其效果便趋于稳定而不会增加。所以在施工前应试振，以确定稳定下沉量与振动时间的关系。一般杂填土地基，经振实后承载力可达 100 ~ 200 kPa。当振动机自重为 2 t，振动力 100 kN 时，有效深度为 1.2 ~ 1.5 m。

三、重锤夯实法

重锤夯实法是利用起重机械将质量大于 1.5 t 的重锤，提升到一定高度让其自由下落,重复夯打以击实地基。它使地基表层密实形成硬壳层,从而提高地基持力层强度,扩散地基附加应力,减少沉降变形。

重锤夯实法的效果与土的含水率密切相关,只有在最佳含水率的条件下,才能取得最佳的夯实效果。此外,夯实效果还与锤重、锤底直径、落距、夯击遍数等有关。只有合理选定这些参数,才能达到预期效果。

重锤夯实法适用于处理稍湿的粉土、砂土、湿陷性黄土及杂填土地基。一般锤重1.5~3.2 t,落距2.5 ~ 4.5 m,夯打6 ~8 遍,有效夯深可达1.2 m。经重锤夯实后的杂填土,地基承载力可达100 ~150 kPa。

四、强夯法

强夯法是在重锤夯实法基础上发展起来的一种地基处理新技术,又称动力固结法。其加固机制与重锤夯实法截然不同。施工方法是将特大重锤(一般为10 ~40 t)提起,让其从几十米(一般为10 ~40 m)高处自由下落,对土进行强力冲击。强夯的实质是利用巨大的冲击能(一般为1 000 ~10 000 kN · m),冲击地表后在土中产生巨大的冲击波及应力,迫使土中孔隙压缩,土体局部液化,夯击点周围产生裂缝,形成良好排水通道,加速土体固结和触变的恢复。

强夯法可广泛用于对杂填土、碎石土、砂土、黏性土、湿陷性黄土等地基的加固处理。经强夯法处理后的地基,其承载力可提高2 ~5 倍,压缩性降低200% ~1 000%,处理深度达10 m以上,效果十分明显。强夯法的特点是效果好、速度快、省材料,而且不受土类及含水率的限制。但施工时噪声和振动太大,不宜在城市建筑密集区采用。

第四节　换土垫层法

换土垫层法是针对浅层软弱地基及不均匀地基采用的一种处理方法。主要有提高地基持力层的承载力、减小基础的沉降量和加速地基的排水固结几个方面作用。此外,砂土和碎石垫层可以防止冻胀和消除膨胀土地基的胀缩作用,在季节性冻土地区,用砂垫层置换膨胀土,可以有效地避免土的胀缩。但砂垫层不宜用于处理湿陷性黄土地基,因为砂垫层的良好透水性反而容易引起黄土产生湿陷。

一、原理

换土垫层法就是将基础底面以下一定范围内的软弱土层挖去,然后充填质地坚硬、强度高、稳定强,抗侵蚀性的砂、碎石、卵石、素土、灰土、粉煤灰、矿渣等材料,同时以人工或机械方法分层压、夯、振动,使地基土达到要求的密实度,成为良好的人工地基。

经过换填垫层法处理的人工地基或垫层,可以把上部荷载扩散传至下面的下卧层,以满足提高地基承载力和减少沉降量的要求。当垫层下有较软土层时,可以加速软弱土层的排水固结和强度的提高。

二、适用范围

换土垫层法适用于浅层基处理，包括淤泥、淤泥质土、松散素填土、杂填土、已完成自重固结的冲填土等地基处理，以及暗塘、暗浜、暗沟等浅层处理和低洼区域的填筑。也适用于一些地域性特殊土的处理。

三、作用

换土垫层法按其原理可体现以下五个方面的作用：

（1）提高浅层地基承载力。因地基中的剪切破坏从基础底面开始，随应力的增大而向纵深发展。故以抗剪强度较高的砂或其他填筑材料置换基础下较弱的土层，可避免地基的破坏。

（2）减少沉降量。一般浅层地基的沉降量占总沉降量比例较大。如以密实砂或其他填筑材料代替上层软弱土层，就可以减少这部分的沉降量。由于砂层或其他垫层对应力的扩散作用，使作用在下卧层土上的压力较小，这样也会相应减少下卧层土的沉降量。

（3）加速软弱土层的排水固结。砂垫层和砂石垫层等垫层材料透水性强，可以增加软弱土层的排水面，使基础下面的孔隙水压力迅速消散，加速垫层下软弱土层的固结和提高其强度，避免地基发生塑性破坏。

（4）防止冻胀。因为粗颗粒的垫层材料孔隙大，不易产生毛细管现象，因此可以防止寒冷地区土中结冰所造成的冻胀。

（5）消除膨胀土的胀缩作用。

上述作用中以前三种为主要作用，并且在各类工程中，垫层所起的主要作用有时也是不同的，如房屋建筑物基础下的砂垫层主要起换土的作用。而在路堤及土坝等工程中，往往以排水固结为主要作用。

垫层剖面如图 10-1 所示，设计应满足地基变形和稳定要求。重点是确定合理的垫层宽度和厚度，防止产生局部破坏。

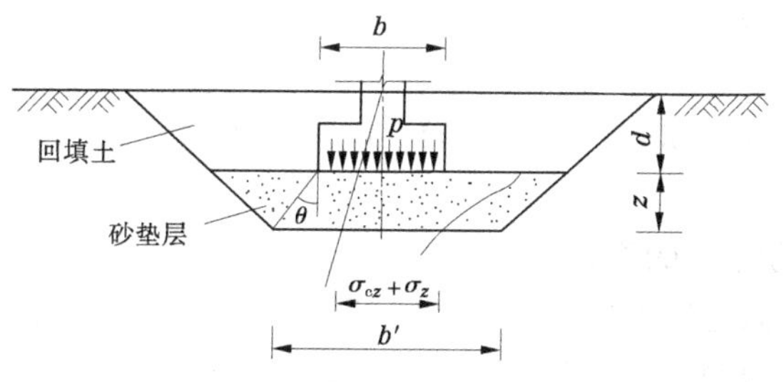

图 10-1　垫层剖面

四、垫层的设计

（一）垫层厚度计算

垫层厚度一般不宜大于 3 m。太厚施工较困难，太薄（ <0.5 m）则换土垫层的作用不显著，根据下卧层的承载力可先假定一个厚度，按下式进行验算。

$$\sigma_{cz} + \sigma_z \leqslant f_a \tag{10-1}$$

式中：f_a ——垫层底面处软弱土层的承载力设计值，kPa；

σ_{cz} ——垫层底面处土的自重应力，kPa；

σ_z ——垫层底面处土的附加应力，kPa。

垫层底面处的附加应力，可按应力扩散法简化计算，即

条形基础时：

$$\sigma_z = \frac{(p - \sigma_c)b}{b + 2z \cdot \tan\theta} \tag{10-2}$$

矩形基础时：

$$\sigma_z = \frac{(p - \sigma_c)lb}{(l + 2z \cdot \tan\theta)(b + 2z \cdot \tan\theta)} \tag{10-3}$$

式中：p ——基础底面平均压力设计值，kPa；

σ_c ——基础底面标高处的自重应力，kPa；

l ——矩形基础底面长度，m；

b ——基础底面的宽度，m；

z ——垫层的厚度，m；

θ ——垫层的应力扩散角，按表 10-2 选取。

表 10-2　垫层应力扩散角 θ

$\frac{z}{b}$	换填材料		
	中砂、粗砂、砾砂、碎石类土、石屑	黏性土和粉土（$8 < I_P < 14$）	灰土
0.25	20°	6°	30°
≥0.50	30°	23°	

注：1. 表中当 $\frac{z}{b}<0.5$ 时，除灰土仍取 $\theta=30°$ 外，其余材料均取 $\theta=0°$。

2. 当 $0.25<\frac{z}{b}<0.50$ 时，θ 值可用内插求得。

计算时，一般先初步拟定一个垫层厚度，再用式(10-1)验算。如不符合要求，则改变厚度，重新验算，直至满足要求。

（二）垫层底面宽度 b' 的确定：

垫层的宽度除要满足应力扩散的要求外，还应防止垫层向两边挤动。如果垫层宽度不足，四周侧面土质又较软弱时，垫层就有可能部分挤入侧面软弱土中，使基础沉降增大。宽度计算通常可按扩散角法，如条形基础，垫层宽度 b' 应为

$$b' \geqslant b + 2z \cdot \tan\theta \tag{10-4}$$

扩散角 θ 仍按表 10-2 选取。底宽确定后，再根据开挖基坑所要求的坡度延伸至地面，即得垫层的设计断面。

【例 10-1】　某砖混结构办公楼，承重墙下为条形基础，宽 1.2 m，埋深 1 m，承重墙传至基础荷载 $F=180$ kN/m，地表为 1.5 m 厚的杂填土，$\gamma=16$ kN/m^3，$\gamma_{sat}=17$ kN/m^3，下

面为淤泥层，$\gamma_{sat}=19\ kN/m^3$，地基承载力标准值$f_{ak}=66.5\ kPa$，地下水距地表深1 m。试设计基础的垫层。

解：(1)垫层材料选中砂，并设垫层厚度$z=1.5$ m，则垫层的应力扩散角$\theta=30°$。

(2)垫层厚度的验算，据题意，基础底面平均压力设计值为

$$p=\frac{F+G}{b}=\frac{180+1.2\times 1\times 20}{1.2}=170(kPa)$$

基底处的自重应力$\sigma_c=16$ kPa

垫层底面处的附加应力由式(10-3)得：

$$\sigma_z=\frac{(p-\sigma_c)b}{b+2z\tan\theta}=\frac{(170-16)\times 1.2}{1.2+2\times 1.5\times \tan 30°}=63.0(kPa)$$

垫层底面处的自重应力

$$\sigma_{cz}=16\times 1.0+(17-10)\times 0.5+(19-10)\times 1.0=28.5(kPa)$$

地基承载力标准值经深度修正得地基承载力设计值(查表得$\eta_d=1.1$)

$$f_a=f_{ak}+\eta_d\gamma_0(d-0.5)=66.5+1.1\times(2.5-0.5)\times\frac{[16\times 1+(17-10)\times 0.5+(19-10)\times 1.0]}{2.5}=91.6(kPa)$$

则

$$\sigma_z+\sigma_{cz}=63.0+28.5=91.5(kPa)\leqslant 91.6\ kPa$$

说明满足强度要求，垫层厚度选定为1.5 m合适。

(3)确定垫层底宽b'。

$$b'\geqslant b+2z\cdot\tan\theta=1.2+2\times 1.5\times\tan 30°=2.93(m)$$

取b'为3 m，按1∶1.5边坡开挖。

五、换土垫层法施工

(一)垫层材料选择

(1)砂石：宜选用中砂、粗砂、砾砂，也可用石屑(粒径小于2 mm的部分不超过总量的45%)，应级配良好，不含植物残体、垃圾等杂质，泥的质量含量不宜超过3%。当使用粉细砂或石粉(粒径小于0.075 mm的部分的质量含量不过总量的9%)时，应掺入质量含量不少于30%的碎石或卵石。最大粒径不宜大于50 mm。对湿陷性黄土地基，不得选用砂石等透水材料。

(2)粉质黏土：土料中有机质含量不得超过5%，亦不得含有冻土或膨胀土。当含有碎石时，其粒径不宜大于50 mm。用于湿陷性黄土或膨胀土，土料中不得夹有砖、瓦和石块等。

(3)灰土：体积配合比宜为2∶8或3∶7。土料宜用黏性土及塑性指数大于4的粉土，不得含有松软杂质，并应过筛，其颗粒不得大于15 mm。灰土宜用新鲜的消石灰，其颗粒不得大于5 mm。

(4)粉煤灰：可分为湿排灰和调湿灰，可用于道路、堆场和中、小型建筑、构筑物换填垫层。粉煤灰垫层上宜覆土0.3～0.5 m。

(5)矿渣：垫层使用的矿渣是指高炉重矿渣，可分为分级矿渣、混合矿渣及原状矿渣。

矿渣垫层主要用于堆场、道路和地坪,也可用于中、小型建筑物、构筑物地基。

(6)其他工业废渣:在有可靠试验结果或成功工程经验时,质地坚硬、性能稳定的工业废渣均可用于填筑换填垫层。

(7)土工合成材料:由分层铺设土工合成材料及地基土构成加筋垫层。用于垫层的土工合成材料包括机织土工织物、土工格栅、土工垫、土工格室等。其选型应根据工程特性、土质条件与土工合成材料的原材料类型、物理力学性质、耐久性及抗腐蚀性等确定。

对于工程量较大的换土垫层,应根据选用的施工机械、换填材料及场地的天然土质条件进行现场试验,以确定压实效果。垫层材料的选择必须满足无污染、无侵蚀性及放射性等公害。

(二)施工及注意事项

(1)垫层施工应根据不同的换填材料进行施工。素填土、灰土宜采用平碾、振动碾或羊足碾,中小型工程也可采用蛙式夯、柴油夯;砂石等宜用振动碾和振动压实机;粉煤灰宜采用平碾、振动碾、平板振动器、蛙式夯;矿渣宜采用平板振动器或平碾,也可采用振动碾。

(2)垫层的施工方法、分层铺填厚度、每层压实遍数等宜通过试验确定。除接触下卧软土层的垫层底层应根据施工机械设备及下卧层土质条件的要求具有足够的厚度外,一般情况下,垫层的分层铺填厚度可取 200 ~ 300 mm。为保证分层压实质量,应控制机械碾压速度。

(3)素土和灰土垫层土料的施工含水率宜控制在最优含水率 $\omega_{op} \pm 2\%$ 的范围内,粉煤灰垫层的施工含水率宜控制在最优含水率 $\omega_{op} \pm 4\%$ 范围内。最优含水率可通过击实试验确定,也可按当地经验选取。

(4)基坑开挖时应避免坑底土层受扰动,可保留约 200 mm 厚的土层暂不挖去,待铺填垫层前再挖至设计标高。严禁扰动垫层下卧层的淤泥或淤泥质土层,防止其被践踏、受冻或受浸泡。在碎石或卵石垫层底部宜设置 150 ~ 300 mm 厚的砂垫层,以防止淤泥或淤泥质土层表面的局部破坏,同时必须防止基坑边坡坍土混入垫层。

(5)换填垫层施工应注意基坑排水,必要时应采用降低地下水位的措施,严禁水下换填。

(6)垫层底面宜设在同一标高上,如深度不同,基坑底面应挖成阶梯或斜坡搭接,并按先深后浅的顺序进行垫层施工,搭接处应碾压密实。

(7)当碾压或夯击振动对邻近既有或正在施工中的建筑产生有害影响时,必须采取有效预防措施。

第五节　深层挤密法

深层挤密法是近代地基加固处理的重要方法之一,是将砂、石、土(灰土)、石灰等材料填入通过以振动、冲击或带套管等方法形成的钻孔中,加以振实而成为直径较大桩体的方法。挤密桩属于柔性桩,它主要靠桩管打入地基时对地基土的横向挤密作用,在一定的挤密功能作用下土粒彼此移动,小颗粒填入大颗粒的孔隙,颗粒间彼此紧靠,孔隙减小,此时土的骨架作用随之增强,从而使土的压缩性减小和抗剪强度提高。由于基桩本身具有较高的承载能力和较大的变形模量，且桩体断面较大，约占松软土加固面积的20%～30%，故在黏性土地基加固时，桩体与桩周土组成复合地基，可共同承担建筑物的荷载。

一、砂石桩法

砂石桩法是在土中打入或振入桩管成孔，然后填入粗砂或（砾）石，边拔管边振密实填料，在地基中形成砂（石）桩。砂石桩直径一般为300～800 mm，加固饱和黏性土地基宜采用大直径，桩间距不宜大于桩径的4倍，呈梅花形或正方形分布。桩长主要取决于需要加固的土层厚度和施工设备条件，应穿透可液化土层。砂石挤密桩地基宽度应超出基础的宽度，每边放宽不应少于1～3排，用于防止砂层液化时，尚应根据土层情况适当加宽。

砂石桩法适用于挤密松散砂土、粉土、黏性土、素填土、杂填土等地基。对饱和黏土地基上，当变形控制要求不严的工程也可采用砂石桩置换处理。砂石桩法也可用于处理可液化地基。

二、振冲法

振冲法是振动水冲法的简称。利用振冲器喷射压力水振冲成孔，当振冲器下沉至设计深度后，往孔中填入砂、石，同时振动喷水，自下而上振实，形成密实的圆柱形振冲桩。其施工过程如图10-2所示。

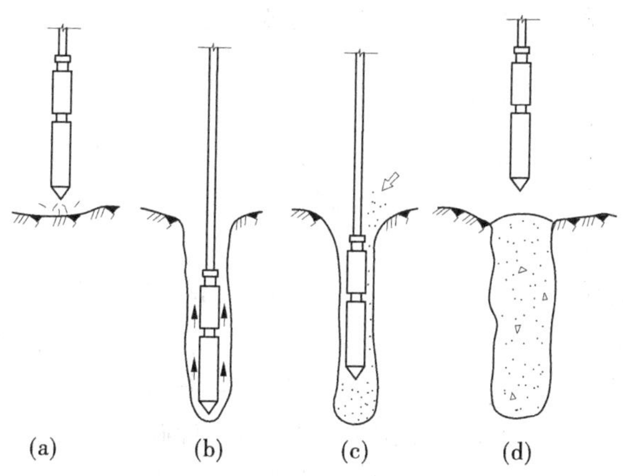

图10-2　振冲法施工程序示意图

振冲桩的直径常为0.8～1.2 m，桩间距根据荷载大小和原土抗剪强度确定，一般为1.5～2.5 m。桩长不宜小于4 m，主要根据硬层埋藏深度和建筑物地基变形允许值确定。桩体材料可用碎石、卵石、角（圆）砾等含泥量不大的硬质材料，最大粒径不宜大于80 mm 。

振冲法在砂土中和黏性土中的加固机制是不同的，因而分为振冲密实法和振冲置换法两类。对砂土的作用主要是振动密实和振动液化，随后孔隙水消散固结，从而加固了地基，称为振冲密实法。对黏性土振冲法的主要作用是振冲成碎石桩，置换软弱土层，桩与周围土体组成复合地基，称为振冲置换法。振冲密实法适用于处理砂土和粉土等地基，而振冲置换法则适用于不排水抗剪强度不小于 20 kPa 的黏性土、粉土、饱和黄土和人工填土等地基。

三、土和灰土桩挤密桩法

土(或灰土)桩挤密法是利用打入钢套管(或振动沉管)在地基中成孔,通过"挤"压作用,使地基土得到加"密",然后在孔中分层填入素土(或灰土)后夯实而成土桩(或灰土桩)。土桩与桩间土共同组成复合地基。土(或灰土)桩挤密法与其他地基处理方法比较,有如下主要特征:

(1)土(或灰土)桩挤密法是横向挤密,但可同样达到所要求加密处理后的最大干密度的指标。

(2)与土垫层相比,无需开挖回填,因而节约了开挖和回填土方的工作量,比换填法缩短工期约一半。

(3)由于不受开挖和回填的限制,一般处理深度可达 12 ~ 15 m。

(4)由于填入桩孔的材料均属就地取材,因而比其他处理湿陷性黄土和人工填土的方法造价为低,尤其利用粉煤灰可变废为宝,取得很好的社会效益。

土(或灰土)桩适用于处理深度 5 ~ 15 m、地下水位以上、含水率 14% ~ 23% 的湿陷性黄土、素填土、杂填土及其他非饱和黏性土、粉土等土层。当地基土的含水率大于 24%、饱和度大于 0.65 时,不宜选用土(或灰土)挤密桩法。当以消除地基的湿陷性为主要目的时,宜选用土桩;当以提高地基的承载力或水稳性为主要目的时,宜选用灰土桩。

四、水泥粉煤灰碎石桩法

水泥粉煤灰碎石桩(Cement Fly - ash Cravel Pile,简称 CFG 桩),是在碎石桩基础上加进一些石屑、粉煤灰和少量水泥,加水拌和制成的一种具有一定黏结强度的桩,一般强度等级为 C5 ~ C25 的桩。

与一般的碎石桩相比,碎石桩是散体材料桩,桩本身没有黏结强度,主要靠周围土的约束形成桩体强度,并和桩间土组成复合地基共同承担上部建筑的垂直荷载。土越软对桩的约束作用越差,桩体强度越小,传递垂直荷载的能力就越差。CFG 桩则不同于碎石桩,它具有一定黏结强度,在外荷载作用下,桩身不会像碎石桩那样出现鼓胀破坏,可全桩长发挥侧摩阻力,桩落在硬土层上具有明显的端承力。荷载通过桩周的摩阻力和桩端阻力传到深层地基中,其复合地基承载力可大幅度提高。

CFG 桩复合地基既适用于条形基础、独立基础,也适用于筏基和箱形基础。对土性而言,适用于处理黏性土、粉土、砂土和已自重固结的素填土等地基。对淤泥质土应按地区经验或通过现场试验确定其适用性。CFG 桩可用于挤密效果好的土,又可用于挤密效果差的土。当用于挤密效果好的土时,承载力的提高既有挤密作用,又有置换作用;当用于挤密效果差的土时,承载力的提高只与置换作用有关。对于一般黏性土、粉土或砂土,桩端具有好的持力层,经 CFG 桩处理后可作为高层或超高层建筑地基。

第六节　其他地基处理方法

一、排水固结法

排水固结法也称预压法，是指预先在地基中设置竖向排水井，在荷载作用下，使土中的孔隙水被慢慢排出，孔隙比减小，地基发生固结变形，地基土的强度增长的处理方法。饱和软黏土地基承载力低，变形量大，且固结缓慢历时长。为改善地基条件，采用排水固结法，可以加速土中自由水的排泄，促使孔隙水压力快速消散，减少结合水膜厚度，土粒靠拢，粒间连接加强，从而加快了土体的固结，既增加了土体的强度，又减少了压缩性。排水固结法施工简便，效果显著，在工程上应用较多。按照使用目的的不同，排水固结法主要用于解决沉降问题和稳定问题。

（一）堆载预压法

在建筑物修造之前，在场地内堆土或其他重物，对地基施加预压，使其逐渐排水固结，当强度提高到设计要求后卸去荷载，再建造建筑物，此即堆载预压法。这种方法适用于处理各类淤泥及淤泥质土和施工场地确定至建筑物正式施工有足够时间的情况。

堆载预压的效果，取决于土的固结特性、预压荷载大小及预压时间的长短等。土层较厚（>10 m）而固结系数又小时，排水固结所需时间很长，其应用就受限制。预压荷载宜大于设计荷载（一般超过10%～20%），但不得超过地基极限荷载，否则地基会发生剪切破坏。同时，应分级加载，控制加荷速率，使之与地基的强度增长相适应。还要随时观测地基沉降情况，注意堆速率对周围建筑物的影响。一般要求堆载中心点地表日沉降量不超过10 mm；要求在预压土体四周打观测边桩（长1.5～2.0 m），边桩日水平位移不超过5～10 mm，否则，应立即停止加载。加载小于60 kPa时，可不控制加荷速率。

（二）砂井堆载预压法

如图10-3所示，为了缩短排水通道，加速土层的固结，可在需加固处理的土层范围内设置砂井，地表铺一层砂垫层后再施加预压荷载，此即砂井堆载预压法。

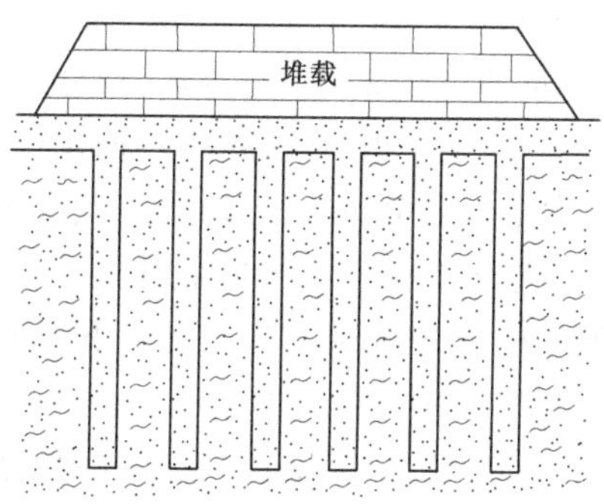

图10-3　砂井堆载预压

砂井堆载预压法的关键是砂井的设计及施工。砂井设计包括砂井的长度、直径和间距，可根据工程要求，通过固结理论计算确定。通常要求预压期内完成80%的固结度。

砂井设计应采用“细而密”的方案，因为缩短砂井间距比加大砂井直径效果更好。砂井的长度还与地基土层情况有关，必须穿过地基的主要受力层，穿越可能的滑动面，一般应打到砂土层。砂井平面布置一般采用三角形和正方形。一根砂井的有效排水圆柱体的直径 d_e 与砂井间距 s 的关系，等边三角形布置时 $d_e=1.05s$，正方形布置时 $d_e=1.13s$。

为改善排水条件，预压法必须在地表铺设排水砂垫层。砂垫层砂料宜用中粗砂，其含泥量应小于5%，可混掺少量粒径小于50 mm 的石粒，砂垫层厚度宜大于400 mm。

砂井施工时，应尽量少扰动饱和软黏土，以免破坏土体结构。排水砂井的主要功能是排泄地下水，没有挤密地基的功能，所以不能采用沉管法成孔，宜采用钻进方法掏空孔内土体，填砂时，要求密实度均匀连续，不得中断。

（三）真空预压法

真空预压法是在砂井顶部铺设砂垫层后，再在砂垫层上铺一层不透气的薄膜（塑料布、橡皮布、黏土膏或沥青），四周埋入土中，将抽气管伸入砂垫层和砂井内，然后用射流泵抽气，使薄膜内保持真空度，促使土体排水固结，如图10-4所示。

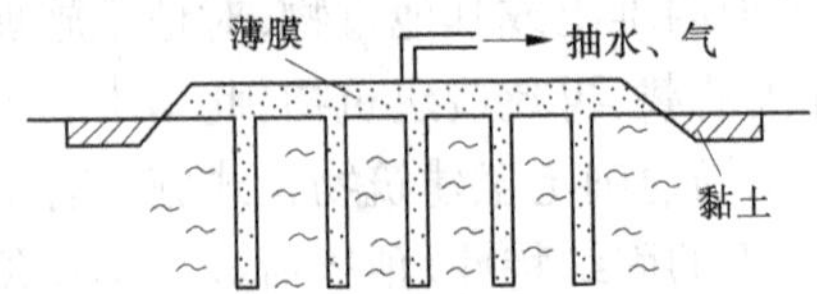

图10-4　砂井真空降水预压示意图

真空预压法的原理是，抽气前薄膜内外均受一个大气压作用，抽气后膜内压力下降，膜内外形成一个压力差（称为真空度），此压力差相当于作用在膜上的预压荷载，使土体逐渐排水固结。由于在土中产生了负的孔隙压力，孔隙水被吸出，所以此法又称为负压排水法。当真空度达80 kPa时，相当于预压荷载80 kPa。

真空预压法的优点是不需要大量预压材料，不需分期加载，工期短；可在很软的地基上采用，而不会引起地基失稳。

（四）堆载与真空联合预压法

堆载与真空联合预压法，通过堆载预压和真空预压加固软基的基本原理可以看出，堆载预压虽然也使土中空隙的水向砂井中汇集，但与真空预压引起的土中水渗流的基本原理却有本质的区别。堆载与真空联合预压可以发挥两种预压方法的优势，具有堆载预压与真空预压的双重效果，可以使正负孔隙水压力的压力差增大，加快孔隙水压力的消散，提高固结速度。但堆载预压与真空预压必须同时作用。

采用堆载与真空联合预压法，施加堆载时应注意以下事项：对真空密封膜上下应进行保护，防止堆载过程中刺破；当真空预压地基固结度达30%～50%后开始堆载效果比较好；施加每级荷载前，均应进行固结度、强度增长和稳定性验算，满足要求后方可施加下一级荷载。

二、化学加固法

化学加固法多用于处理湿陷事故。化学加固法又称为胶结法，通过压力灌注或机械搅拌混合等方式,利用水泥浆液或化学浆液将土颗粒胶结起来,从而改善土的性质,提高地基承载力,减少沉降量。化学加固法可分为高压喷射注浆法、深层搅拌法、灌浆法、硅化法和碱液法,常用的有高压喷射注浆法和深层搅拌法。

(一)喷射注浆法

高压喷射注浆法是用钻机先钻出直径为 100 ~ 200 mm 的钻孔,然后用带有特殊喷嘴的注浆管插至孔底,通过地面的高压设备使浆液(水泥浆)等形成压力为 20 MPa 左右的高压射流,从喷嘴喷出冲击切割土体,使浆液和冲下的土体强制混合,待凝结后便在土中形成具有一定强度的加固体,从而达到加固改良地基的目的。

高压喷射注浆法的注浆形式粉旋转喷射注浆(旋喷)、定向注浆喷射(定喷)和在某一角度范围内摆动喷射注浆(摆喷)三种。旋喷注浆形成的水泥土加固体呈圆柱状,称为旋喷桩。

高压喷射注浆发适用于处理淤泥、淤泥质土、流塑至可塑的黏性土、粉土、砂土、黄土、素填土和碎石土等地基,可用于既有建筑物和新建筑物地基加固、深基坑与地铁等工程的加固或防水。

(二)深层搅拌法

深层搅拌法是利用一种特制的深层搅拌机械,将水泥或石灰等固化剂,在地层深处与土体强制拌和,使软弱土硬结成整体,形成具有水稳性和足够强度的水泥(或石灰)土桩或地下连续墙。这些加固体可以是柱状、壁状和块状等不同形状,与周围地基土形成复合地基,共同承担建筑物荷载。

深层搅拌法的施工程序如图 10-5 所示。搅拌机就位,将搅拌头沉至设计标高,搅拌头强烈搅拌,破坏土体结构使其变成泥浆,同时,输浆管输入的水泥浆从搅拌机底部喷出并与泥浆均匀拌和,逐渐匀速提搅拌机直至地表。重复多次搅拌,直到达到设计要求为止。

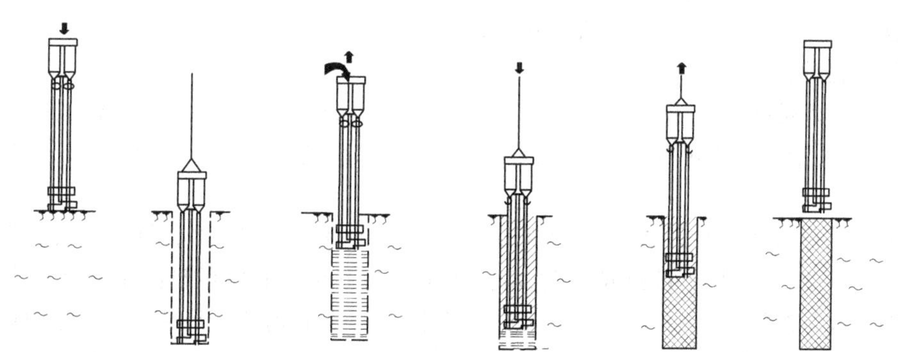

图 10-5　深层搅拌法的工艺流程

深层搅拌法适用于处理淤泥、淤泥质土、粉土和含水率较高且地基承载力标准值不大于 120 kPa 的黏性土地基。该法是将固化剂直接与原有土体搅拌混合,与桩基相比没有成孔过程,不存在横向挤压问题,施工时,振动和噪声都较小,对邻近建筑物影响不大。同时经处理后的土体重度基本上不变，对软弱下卧层不会引起附加沉降。与高压旋喷桩相比，桩体强度不如旋喷桩，但水泥用量少得多，造价为旋喷桩的1/6～1/5。

(三)灌浆法

灌浆法指利用液压、气压或电化学原理，通过注浆管把浆液均匀地注入地层中，浆液通过填充、渗透和挤密等方式，赶走土体颗粒间或岩石裂隙中的水气后占据其位置，硬化后形成一个结构新、强度大、防水性能高和化学稳定性良好的结石体。

灌浆法可分为以下几种：

(1)渗透灌浆，是指在压力作用下，使浆液充填于土的孔隙和岩石裂隙中，将孔隙中存在的自由水和气体排挤出去，而基本上不改变原状土的结构和体积，所用灌浆压力相对较小，这类灌浆一般只适用于中砂以上的砂性土和有裂隙的岩石。对砂性土的灌浆处理大都属于这种机制。

(2)充填灌浆，是指用于地基土内的大孔隙、大空洞的灌浆。如卵石、碎石，卵砾层及隧道回填灌浆都属于这类灌浆。

(3)挤密灌浆，是指用于较高的压力灌入浓度较大的水泥浆或水泥砂浆，使黏性土体变形后在灌浆管端部附近形成“浆泡”，由浆泡挤压土体，并向上传递反压力，从而使地层上抬，硬化的浆液混合物是一个坚固的压缩性很小的球体。挤密灌浆法可用于非饱和土体和含有孔隙的松散土。

(4)劈裂灌浆，是指在压力作用下，浆液克服地层的初始应力和抗拉强度，引起岩石和土体结构的破坏和扰动，使地层中原有的裂隙和孔隙张开，形成新的裂隙和孔隙，促使浆液的可灌性和扩散距离增大，故所用灌浆压力较高。

(5)电动化学灌浆，指在施工时将带孔的注浆管作为阳极，用滤水管作为阴极，将溶液由阳极压入土中，并通以直流电(两电极间电压梯度一般采用0.3～1.0 V/cm)，在电渗作用下，孔隙水由阳极流向阴极，促使通电区域中土的含水率降低，并形成渗浆通路，化学浆液也随之流入土的孔隙中，并在土中硬结。

(四)硅化法

通过打入带孔的金属灌注管，在一定的压力下，将硅酸钠(又称水玻璃)溶液注入土中；或将硅酸钠及氯化钙两种溶液先后分别注入土中。前者称为单液硅化，后者称为双液硅化。

单液硅化适用于加固渗透系数为0.1～2.0 m/d的湿陷性黄土和渗透系数为0.3～5.0 m/d的粉砂。加固湿陷性黄土时，溶液由浓度为10%～15%的硅酸钠溶液掺入2.5%氯化钠组成。溶液入土后，钠离子与土中水溶性盐类中的钙离子产生离子交换的化学反应，在土粒间及其表面形成硅酸凝胶，可以使黄土的无侧限极限抗压强度达到0.6～0.8 MPa。加固粉砂时，在浓度较低的硅酸钠溶液内(比重为1.18～1.20)加入一定数量比重为1.02的磷酸，搅拌均匀后注入，经化学反应后，其无侧限极限抗压强度可达0.4～0.5 MPa。

双液硅化适用于加固渗透系数为2～8 m/d的砂性土；或用于防渗止水，形成不透水的帷幕。硅酸钠溶液的比重为1.35～1.44，氯化钙溶液的比重为1.26～1.28。两种溶液与土接触后，除产生一般化学反应外，主要产生胶质化学反应，生成硅胶和氢氧化钙。在附属反应中，其生成物也能增强土颗粒间的连结，并具有填充孔隙的作用。砂性土加固后的无侧限极限强度可达1.5～6.0 MPa。

硅化法可达到的加固半径与土的渗透系数、灌注压力、灌注时间和溶液的黏滞度等有关，一般为0.4～0.7 m，可通过单孔灌注试验确定。各灌注孔在平面上宜按等边三角形的顶点布置，其孔距可采用加固土半径的1.7倍。加固深度可根据土质情况和建筑物的要求确定，一般为4～5 m。

硅酸钠的模数值通常为2.6～3.3，不溶于水的杂质含量不超过2%。此法需耗用硅酸钠或氯化钙等工业原料，成本较高。其优点是能很快地抑制地基的变形，土的强度也有很大提高，对现有建筑物地基的加固特别适用。但是，对已渗有石油产品、树胶和油类及地下水pH值大于9的地基土，不宜采用硅化法加固。

（五）碱液法

碱液对土的加固作用不同于其他的化学加固方法，它不是从溶液本身析出胶凝物质，而是碱液与土发生化学反应后，使土颗粒表面活化，自行胶结，从而增强土的力学强度及其水稳定性。为了促进反应过程，可将溶液温度升高至80～100 ℃再注入土中。加固湿陷性黄土地基时，一般使溶液通过灌注孔自行渗入土中。黄土中的钙、镁离子含量较高，采用单液即能获得较好的加固效果。

思考题与习题

1. 在工程建设中，地基处理的目的是什么？
2. 地基处理方法按其原理及作用，可以如何分类？各自的原理和作用是什么？
3. 什么是软弱地基？各类软弱地基有哪些共同特点？又有何区别？
4. 换土垫层法按照其工作原理体现出哪些作用？施工时有什么注意事项？
5. 换填垫层法的作用是什么？如何确定垫层的厚度与宽度？
6. 某砖混结构办公楼，承重墙下为条形基础，宽1.3 m，埋深1.2 m，承重墙传至基础荷载$F=200$ kN/m，地表为1.2 m厚的杂填土，$\gamma=17$ kN/m^3，$\gamma_{sat}=18$ kN/m^3，下面为淤泥层，$\gamma_{sat}=19$ kN/m^3，地基承载力标准值$f_{ak}=70$ kPa，地下水距地表深1 m。试设计基础的垫层。

第十一章　区域性地基

我国幅员辽阔，分布着各种各样的土类。由于不同的地理环境、气候条件、地质成因、历史过程、物质成分和次生变化等原因，具有与一般土显然不同的特殊性质的土，称为特殊土。这些土分布存在一定的规律，表现为明显的区域性，也称为区域性特殊土。我国区域性特殊土主要有分布于西北、华北、东北等地区的湿陷性黄土，沿海和内陆地区的软土以及分散各地的膨胀土、红黏土和高纬度、高海拔地区的多年冻土等。

第一节　湿陷性黄土地基

一、湿陷性黄土的分布和特征

在我国湿陷性黄土主要分布在黄河流域，即河南西部、山西、陕西、甘肃大部分地区，其次是宁夏、青海、河北的部分地区，此外新疆、山东、辽宁等地局部也有发现。

湿陷性黄土是黄土的一种，天然黄土在一定压力作用下，受水侵湿后，土的结构迅速破坏，发生显著附加沉降，强度也随之降低的称为湿陷性黄土。湿陷性黄土分为自重湿陷性和非自重湿陷性两种。湿陷性黄土地基的湿陷特性会对结构物带来不同程度的危害，使结构物大幅沉降、开裂、倾斜甚至严重影响安全和使用。在黄土地区修筑桥梁等结构物对湿陷性地基应有可靠的判定方法和全面的认识，在设计施工中要因势利导，做好合理而经济的设计施工方案，防止和消除它的湿陷性。

二、黄土湿陷性的判定和地基的评价

（一）黄土湿陷性的判定

湿陷性黄土除了具备黄土的一般特征如呈黄色或黄褐色、以粉土颗粒为主、具有肉眼可见的孔隙等外，它呈松散多孔结构状态，孔隙比常在 1.0 以上，天然剖面上具有垂直节理，含水溶性盐（碳酸盐、硫酸盐类等）较多。垂直节理、大孔性、松散多孔结构和土粒间的加固凝聚力遇水即降低或消失，是湿陷性黄土的特征。

黄土湿陷性的判定采用湿陷系数 δ_s 值来判定，δ_s 通过室内浸水侧限压缩试验来测定，见图 11-1。把保持天然含水率和结构的黄土土样，逐步加压，达到规定试验压力，土样压缩稳定后，对土样进行浸水，使含水率接近饱和，土样迅速下沉，达到稳定后得到土样的高度 h'_p，按式（11-1）计算出土的湿陷系数 δ_s。

$$\delta_s = \frac{h_p - h'_p}{h_0} \tag{11-1}$$

式中：h_0——土样的原始高度，mm；

h_p——原状土样在规定试验压力 p 下，压缩稳定后的高度，mm；

h'_p——原状土样在压力 p 作用下浸水，达到湿陷稳定后的高度，mm。

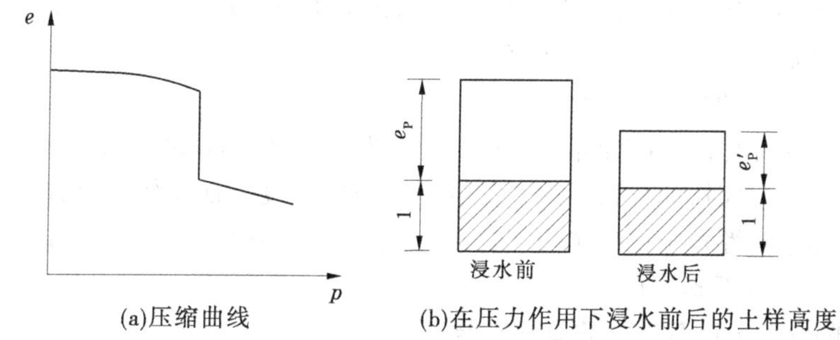

(a)压缩曲线　(b)在压力作用下浸水前后的土样高度

图 11-1　黄土的浸水压缩

湿陷系数 δ_s 为单位厚度的环刀试样，在一定压力下下沉稳定后，试样浸水饱和所产生的附加下沉，它反映了黄土层的湿陷程度。我国《湿陷性黄土地区建筑标准》(GB 50025—2018)规定，上述室内压缩试验确定 δ_s 时，试验压力取值：在基础底面下 10 m 以内用 200 kPa，10 m 以下到非湿陷性黄土层顶面用上覆土层的饱和自重压力(当大于 300 kPa 时仍用 300 kPa，当基底压力大于 300 kPa 时，宜按实际压力)；对压缩性较高的新近堆积黄土，基底下 5 m 以内的土层宜用 100 ~ 150 kPa 压力，5 ~ 10 m 和 10 m 以下至非湿陷性黄土层顶面，应分别用 200 kPa 和上覆土的饱和自重压力。

《湿陷性黄土地区建筑标准》(GB 50025—2018)规定 $\delta_s \geq 0.015$ 为湿陷性黄土，否则为非湿陷性黄土。一般认为 $0.015 \leq \delta_s \leq 0.03$ 为湿陷性轻微，$0.03 < \delta_s \leq 0.07$ 为湿陷性中等，$\delta_s > 0.07$ 为湿陷性强烈。自重湿陷系数按式(11-2)计算。

$$\delta_{zs} = \frac{h_z - h'_z}{h_0} \tag{11-2}$$

式中：h_z——原状土样在加压至一定压力时，下沉稳定后的高度，mm；

h'_z——上述加压稳定后的试样，在浸水(饱和)作用下，附加下沉稳定后的高度，mm；

h_0——试样的原始高度。

(二)湿陷性黄土场地的湿陷类型划分

湿陷性黄土分为非自重性湿陷和自重性湿陷两种。应按自重湿陷量的实测值 Δ'_{zs} 或计算值 Δ_{zs} 判定，并应符合下列规定：当自重湿陷量的实测值 Δ'_{zs} 或计算值 Δ_{zs} 小于或等于 70 mm 时，应定为非自重湿陷性黄土场地；当自重湿陷量的实测值 Δ'_{zs} 或计算值 Δ_{zs} 大于 70 mm 时，应定为自重湿陷性黄土场地；当自重湿陷量的实测值和计算值出现矛盾时，应按自重湿陷量的实测值判定。

自重湿陷性黄土，要求采用较非自重湿陷性黄土地基更有效的措施，保证桥梁等结构物的安全和正常使用。《湿陷性黄土地区建筑标准》(GB 50025—2018)用计算自重湿陷量 Δ_{zs} 来划分两种地基，Δ_{zs}(cm)按下式计算：

$$\Delta_{zs} = \beta_0 \sum_{i=1}^{n} \delta_{zsi} h_i \tag{11-3}$$

式中：δ_{zsi}——第 i 层土的自重湿陷系数；

h_i——地基中第 i 层土的厚度，m；

β_0——根据我国建筑经验，因各地区土质而异的修正系数，当缺乏试验数据时可按下述规定取值：对陇西地区可取1.5，陇东、陕北、晋西地区可取1.2，关中地区取0.9，其他地区取0.5；

n——计算总厚度内土层数。

当$\Delta_{zs}>70$ mm时，为自重湿陷性黄土地基；当$\Delta_{zs}\leqslant70$ mm时，为非湿陷性黄土地基。

用式(11-3)计算时，应自天然地面（当挖、填方的厚度和面积较大时，应自设计地面）算起，至其下非湿陷性黄土层的顶面止，其中自重湿陷系数δ_{zs}小于0.015的土层（属于非自重性湿陷黄土层）不累计在内。

（三）湿陷性黄土地基的湿陷等级判定

湿陷性黄土地基的湿陷等级，即地基土受水浸湿饱和，发生湿润的程度，可以用地基内各土层湿陷下沉稳定后所发生湿陷量来衡量，湿陷量越大，对桥涵等结构的危害性越大，其设计施工和处理措施要求也相应越高。

《湿陷性黄土地区建筑标准》(GB 50025—2018)对地基湿陷量Δ_s(mm)用下式计算：

$$\Delta_s = \sum_{i=1}^{n}\beta\delta_{si}h_i \tag{11-4}$$

式中：δ_{si}——第i层土的湿陷系数；

h_i——第i层土的厚度，mm；

β——考虑地基土浸水机率、侧向挤出条件等因素的修正系数，基底下0~5 m深度内，取$\beta=1.50$，基底下5~10 m深度内，取$\beta=1$，基底下10 m以下至非湿陷性黄土层顶面，在自重湿陷性黄土场地，可取工程所在地区的β_0值，见式(11-3)。

由于我国黄土的湿陷性上部土层比下部土层大，而且地基上部土层受水浸湿的可能性也较大，因此在用式(11-4)计算土层深度时，湿陷量的计算值Δ_s的计算深度，应自基础底面（如基底标高不确定时，自地面下1.50 m）算起；在非自重湿陷性黄土场地，累计至基底下10 m（或地基压缩层）深度止；在自重湿陷性黄土场地，累计至非湿陷黄土层的顶面止。其中湿陷系数δ_s（10 m以下为δ_{zs}）小于0.015的土层不累计。地下水浸泡的那部分黄土层一般不具有湿陷性，如计算上层深度内已见地下水，则算到年平均地下水位为止。

湿陷性黄土地基的湿陷等级，应根据湿陷量的计算值Δ_s和自重湿陷量的计算值Δ_{zs}等因素按表11-1判定。

表11-1　湿陷性黄土地基的湿陷等级

Δ_s(mm)	湿陷类型		
	非自重湿陷性地基	自重湿陷性地基	
	$\Delta_{zs}\leqslant70$ mm	$70\text{ mm}<\Delta_{zs}\leqslant350$ mm	$\Delta_{zs}>350$ mm
≤300	Ⅰ(轻微)	Ⅱ(中等)	—
$300<\Delta_s\leqslant700$	Ⅱ(中等)	Ⅱ或Ⅲ	Ⅲ(严重)
>700	Ⅱ(中等)	Ⅲ(严重)	Ⅳ(很严重)

注：当自重湿陷量计算值$\Delta_s>600$、自重湿陷量的计算值$\Delta_{zs}>300$时可判为Ⅲ级，其余判为Ⅱ级。

三、湿陷性黄土地基的处理措施

(一)湿陷性黄土的处理

对湿陷性黄土地基进行处理的目的主要是改善土的力学性质,减少地基因浸水而引起的湿陷变形。同时,湿陷性黄土地基经处理后,承载力有所提高。常见的处理湿陷性黄土地基的方法有灰土或素土垫层法、强夯法、挤密法、预浸水法及其他经试验研究或实践证明行之有效的方法等。

1. 灰土或素土垫层法

将基底下一定深度的湿陷性土层挖除,然后用三七灰土或素土回填,分层夯实。这种方法施工简单,效果显著。但施工时需要保证施工质量,对回填的灰土或素土,应通过室内击实试验,控制最佳含水率和施工干密度,否则达不到预期的效果。一般用于地下水位以上的局部或整片处理,可处理的厚度在 1 ~3 m。

2. 强夯法

强夯法是将重锤提升到较大高度自由下落,利用重锤下落的冲击能将地基夯实。一般用于地下水位以上,饱和度 $S_r \leqslant 60\%$ 的湿陷性黄土的局部或整片处理,可处理的厚度在 3 ~12 m。

3. 挤密法

振冲挤密、土桩或灰土桩、砂桩、夯实水泥土桩以及爆破法等,可以挤密黄土的松散、大孔结构,从而消除或减少地基的湿陷性,提高地基强度。此法一般用于地下水位以上,饱和度 $S_r \leqslant 65\%$ 的湿陷性黄土,可消除 5 ~15 m 内地基土的湿陷性,采用这种方法应在地基表层采取防水措施(如表层夯实)。

4. 预浸水法

利用自重性湿陷黄土地基的自重湿陷性,在结构物修筑之前,将地基充分浸水,使其在自重作用下发生湿陷,然后再修建筑物。主要适用于地基湿陷等级Ⅲ级或Ⅳ级的自重湿陷性黄土场地,可以消除 6 m 以下湿陷性黄土层的全部湿陷性,6 m 以上仍需用垫层法或其他方法处理。但这种方法需水量大,处理时间长(3 ~6 个月),可能使附近地表发生开裂、下沉。

(二)结构措施

结构物的形式尽量采用简支梁等对不均匀沉降不敏感的结构;加大基础刚度,使受力均匀;对长度较大,形状复杂的结构物采用沉降缝等措施,将其分为若干独立单元。

桥梁工程中,对较高的墩、台和超静定结构,采用刚性扩大基础、桩基础或沉井等形式,并将其基底设置到非湿陷的土层中;对一般结构的大、中桥梁,重要的道路人工结构物,如属于Ⅱ级非自重湿陷性黄土,应将基础置于非湿陷性黄土层或对全部湿陷性黄土层进行处理或加强结构措施。如属于Ⅰ级非自重湿陷性黄土应对全部湿陷性黄土进行处理。

(三)施工措施

在雨期、冬期选择垫层法、强夯法和挤密法等处理地基时,施工期间应采取防雨和防冻措施，防止填料（土或灰土）受雨水淋湿或冻结，并应防止地面水流入已处理和未处理的基坑或基槽内。选择垫层法和挤密法处理湿陷性黄土地基，不得使用盐渍土、膨胀土、冻土、有机质等不良土料和粗颗粒的透水性（如砂、石）材料作填料。

地基处理前，除应做好场地平整、道路畅通和接通水、电外，还应清除场地内影响地基处理施工的地上和地下管线及其他障碍物。在地基处理施工进程中，应对地基处理的施工质量进行监理，地基处理施工结束后，应按有关现行国家标准进行工程质量检验和验收。

采用垫层、强夯和挤密等方法处理地基的承载力特征值，应在现场通过试验测定结果确定。试验点的数量，应根据建筑物类别和地基处理面积确定。但单独建筑物或在同一土层参加统计的试验点，不宜少于3点。

第二节　膨胀土地基

一、膨胀土地基的分布与特征

膨胀土在我国分布广泛，主要分布在广西、云南、湖北、河南、安徽、四川、河北、山东、贵州、陕西、江苏等地。国外主要分布在非洲和南亚地区。

膨胀土地基是指黏粒成分主要由亲水性矿物组成，同时具有显著的吸水膨胀和失水收缩的两种变形特征的黏性土膨胀土一般呈灰白色、灰绿、灰黄、棕红、褐黄等斑状颜色，常出现于河谷的阶地、山前丘陵和盆地的边缘，膨胀土所处地形较平缓，无明显的自然陡坎。

膨胀土是一种非饱和的、结构不稳定的黏性土，它的黏粒成分主要由亲水性矿物组成，并具有显著的吸水膨胀和失水收缩的变形特征。在天然状态下，它的工程性质较好，呈硬塑到坚硬，强度较高，压缩性较低，因此易被误认为是良好的地基，实际上，由于膨胀土裂隙发育，吸水能力强，遇水则软化，其体积变化可达原来体积的40%以上。在工程建筑中，如不采取一定的工程措施，除使房屋产生开裂、倾斜外，还会使道路路基发生破坏，堤岸、路堑产生滑坡，涵洞、桥梁等刚性结构物产生不均匀沉降，导致开裂等。

二、膨胀土的工程特性

膨胀土的液限、塑限和塑性指数都较大，液限为40%～68%，塑限为17%～35%，塑性指数为18～33。膨胀土的饱和度一般都在80%以上，天然含水率在17%～30%。膨胀土的工程特性指标应符合下列规定。

（一）自由膨胀率 δ_{ef}

人工制备的烘干土在水中增加的体积与原体积的比称为自由膨胀率，按式（11-5）计算：

$$\delta_{ef}=\frac{v_w-v_0}{v_0} \tag{11-5}$$

式中：v_w——土样在水中膨胀稳定后的体积，mL；

v_0——土样原有体积，mL。

（二）膨胀率 δ_{ep}

在一定压力下，浸水膨胀稳定后试样增加的高度之比为某级荷载下膨胀土的膨胀率，可按式（11-6）计算：

$$\delta_{ep} = \frac{h_w - h_0}{h_0} \tag{11-6}$$

式中：h_w——土样膨胀稳定后的高度，mm；

h_0——土样原始高度，mm。

（三）收缩系数 λ_d

可通过收缩试验测得，它是土的收缩曲线的直线部分的斜率，即原状土样在直线收缩阶段，含水率减小 1% 时的竖向线收缩率，可按照式（11-7）计算：

$$\lambda_d = \frac{\Delta\delta_s}{\Delta\omega} \tag{11-7}$$

式中：$\Delta\delta_s$——收缩过程中直线变化阶段与两点含水率之差对应的竖向线缩率之差（%）；

$\Delta\omega$——收缩过程中直线变化阶段两点含水率之差（%）。

三、膨胀土的工程措施

（一）设计措施

根据工程地质和水文地质条件，结构物应尽量避免布置在浅层滑坡和地裂发育区以及地质条件不均匀的区域。主要结构物最好布置在胀缩性较小和土质较均匀的地方，道路应避免大开大挖。同时应利用和保护天然排水系统，并设置必要的排洪、截流和导流等排水措施。

结构物的体形应力求简单，基础埋置深度的选择应考虑膨胀土的胀缩性，膨胀土层埋藏深度和厚度以及大气影响深度的因素。一般基础的埋深度超过大气影响深度。当膨胀土位于地表下 3 m 或地下水位较高时，基础可以浅埋。若膨胀土层不厚，则尽可能将基础埋置在非膨胀土上。

膨胀土地基也可采用地基处理方法减少或消除地基胀缩对结构物的危害，常用的方法是换土垫层、砂石垫层、土性改良和桩基础等。换土垫层可采用非膨胀性土或灰土，换土厚度可通过变形计算确定。在平坦场地上Ⅰ、Ⅱ级膨胀土地基可采用砂石垫层，垫层宽度大于基底宽度，两侧应用相同材料回填，并做好防水处理。土性改良可通过在膨胀土中掺入一定量的石灰来提高土的强度，也可以采用压力灌浆的方法将石灰浆液灌入膨胀土的裂隙中，起加固作用。当大气影响深度较深，膨胀土层较厚，选用地基加固或墩式基础施工有困难时，可选用桩基础穿越。

（二）施工措施

在施工中可采用分段快速作业法，防止基坑（槽）暴晒或泡水，雨期施工应采取防水措施，验槽后，应及时浇混凝土垫层，当基础施工出面后，基坑应及时分层回填完毕，工程竣工使用期间还应加强维护管理。

第三节　红黏土地基

一、红黏土的分布及特征

红黏土广泛分布在我国西南地区的云南、贵州、广西,广东、海南、福建、四川、湖北、湖南、安徽等省也有分布,一般在山区或丘陵地带居多。

红黏土是由石灰岩、白云岩等碳酸盐类岩石,在湿热气候条件下,经长期的风化作用而形成的高塑性黏土。红黏土的天然含水率、孔隙比、饱和度及液性指数、塑性指数都很高,其含水率几乎与液限相等达 50% 以上,孔隙比在 1.1 ~ 1.7,饱和度大于 85%。但是却具有较高的力学强度和较低的压缩性。

红黏土的表层,通常呈坚硬的硬塑状态,强度高,压缩性低,为良好地基。可充分利用表层红黏土作为天然地基持力层。红黏土的底层,接近下卧基岩面附近,尤其在基岩面低洼处,因地下水积聚,常呈软塑或流塑状态,这时红黏土强度较低,压缩性较高,为不良地基。

二、红黏土地基的工程措施

在工程建设中,应充分利用红黏土上硬下软分布的特征,基础尽量浅埋。

红黏土的厚度随下卧基层而起伏变化,常引起不均匀沉降。对不均匀地基应作处理,宜采用改变基宽、调整相邻地段基底压力、增减基础埋深、使基底下可压缩土层厚相对均匀。对外露石芽,用可压缩材料做褥垫处理。对土层厚度、状态不均匀的地段可用低压缩材料做置换处理。红黏土网状裂隙发育,对边坡和建筑物形成不利影响。边坡和基槽开挖时,避免水分渗入引起滑坡或崩塌事故。因此,应防止破坏自然排水系统和坡面植被,地面上的裂隙应加以堵塞,做好防水排水措施,以保证土体的稳定性。

由于红黏土具有干缩性,开挖基槽后,不得长久暴露使地基土干缩或浸水软化,并及时进行基础施工和回填夯实。若不能及时进行基础施工,应采取措施对基槽进行保护,如预留一定厚度的土层或对基槽进行覆盖等。

第四节　季节性冻土地基

一、季节性冻土的分布及特征

《冻土地区建筑地基基础设计规范》(JGJ 118—2011)将含有冰的土称为冻土,冻结状态保持二年或二年以上的土称为多年冻土。地表层寒季冻结,暖季全部融化的土称为季节冻土。季节冻土在我国分布很广,东北、华北、西北是季节冻土层厚 0.5 m 以上的主要分布地区。多年冻土分布在严寒地区,这些地区冰冻期长达 7 个月,基本上集中在两大区域:纬度较大的内蒙和黑龙江、大小兴安岭一带;海拔较高的青藏高原和甘肃、新疆的高山区,其厚度从不足一米到几十米。

冻土地区建筑物产生冻害的影响因素很复杂，但主要可以归结为温度、土质、水和压力四个要素。温度和压力的变化是外因，土质和水是内因。其中水是一个很重要的因素，水冻结成冰，强度剧增，冻融成水，承载力几乎为零。同时还伴随着复杂的物理化学变化。这些特点会使多年冻土和季节冻土对结构物带来不同的危害，因而对冻土区的地基和基础进行设计和施工要有特殊的要求。

二、季节冻土区地基与基础

（一）季节冻土按冻胀性的分类

季节冻土地区结构物的破坏多是由地基土冻胀组成的。水结成冰，体积膨胀约9%，加上水分的迁移，使冻土的膨胀量更大。由于冻土的侧面和底面都有约束，所以多表现为向上的隆胀。

季节冻土按冻胀变形量和对结构物的危害分为五类（见表11-2），并以野外观测的冻胀系数 k_d 作为分类标准：

$$k_d = \frac{\Delta h}{z_0} \times 100\% \tag{11-8}$$

式中：Δh——地面最大冻胀量，m；

z_0——最大冻结深度，m。

表11-2　季节性冻胀土的分类

名称	k_d	特点
不冻胀土	$k_d < 1$	冻结时基本无水分迁移，冻胀变形很小，对各种浅基础都没有任何危害
弱冻胀土	$1\% < k_d \leq 3.5\%$	冻结时水分迁移很少，地表没明显隆起，对一般浅埋基础也没有任何危害
冻胀土	$3.5\% < k_d \leq 6\%$	冻结时有较多水分迁移，形成冰夹层，如结构物自重轻、基础埋置过浅，会产生较大的冻胀变形，冻深大时会由于切向冻胀力而上拔
强冻胀土	$6\% < k_d \leq 13\%$	冻结时水分大量迁移，形成较厚冰夹层，冻胀严重，即使基础埋置超过冻结线，也可能由于切向冻胀力而上拔
特强冻胀土	$13\% < k_d$	冻胀量很大，是使桥梁基础冻胀上拔的主要原因

（二）防冻胀措施

考虑地基土冻胀影响，需确定基础最小埋置深度 h。基础位于冻胀和强冻胀地基土时，由于切向冻胀力的作用，常引起建筑物的隆起，或使脆弱截面处被拉断，在东北、西北、内蒙等地区均发生过这种现象，目前多从减少冻胀力和改善周围土的冻胀性来防治冻胀。

（1）减少墩台和基础的面积。

（2）根据试验，提高建筑物表面的光滑度，可大大降低切向冻胀力，因此应尽量减少墩台和基础受冻拔作用范围的粗糙程度。

(3)基础四周换填较纯净的砂或砂卵石等粗颗粒的土并夯实。

(4)圬工接缝处易于冻断,因此应尽量减少施工接缝。基底截面处是薄弱环节,需埋置短钢筋。

(5)由于切向冻胀力是在地面处较大,向下迅速减小,故基础顶面宜小于基底截面,以减少切向冻胀力。

第五节 地震区地基基础

我国地处环太平洋地震带和地中海南亚地震带之间,是个地震频发的国家。世界每年约五百万次地震,其中有破坏性的地震约 140 多次。综合分析已发生的地震对桥梁、道路结构发生的危害,其中很多是由于地基与基础遭到破坏而发生的。因此,对地基与基础的震害应有足够的重视,实践证明,正确进行抗震设计,并采取有效抗震措施,就能减轻或避免损失。

一、地震液化机制与判别

(一)地震作用下地基土的液化机制

地震时地基土的液化是指地面以下一定深度范围内(一般指 20 m)的饱和粉细砂土和粉土层,在地震过程中发生喷砂冒水失去承载力形成类似液体性状的现象。国内外大地震中,砂土液化情况相当普遍,是造成震害的主要原因之一。

饱和松散砂土地基在地震作用下,颗粒发生相对位移,有增密趋势,而细砂、粉砂的透水性小,导致孔隙水压力暂时显著的增大。当孔隙水压力上升到土总法向压应力时,有效应力下降为零,抗剪强度完全丧失,处于没有抵抗外荷载能力的悬浮状态,发生了砂土的液化。

根据砂土液化机制和液化现象分析,影响砂土震动液化的主要因素为土的性质、地震前土的应力状态、震动的特征等。

(二)砂土液化可能性的判别

地基土液化的判别方法比较多,但都还不完善,因为影响砂土液化因素较多且较复杂。现有方法大致可归纳为经验对比、现场试验和室内试验三类,一般都采用现场试验方法判定,因为它能综合反映各种有关的影响因素。我国抗震设计规范根据国内调查资料和国内外现场试验资料,对地基土液化的可能性先按现场条件,运用经验对比方法,初步判定,再通过现场标准贯入试验进一步判定。

以下简介《建筑抗震设计规范》(GB 50011—2001)的判别方法。

首先,当地震烈度为 7 度、8 度、9 度,其粉土的黏粒含量分别不小于 10%、13%、16% 时,可判为不液化土;上覆非液化土层较厚时也为不液化土;地质年代为第四纪晚更新世(Q_3)及其以前的土层,烈度为 7、8 度时可判别为不液化土层;天然地基上的建筑,当上覆非液化土层厚度和地下水位深度符合下列条件之一时,可不考虑液化影响:

$$d_u > d_0 + d_b - 2 \tag{11-9}$$

$$d_w > d_0 + d_b - 3 \tag{11-10}$$

$$d_u + d_w > 1.5d_0 + 2d_b - 4.5 \tag{11-11}$$

式中：d_w——地下水位深度，m，宜按设计基准期内年平均最高水位采用；

d_u——上覆非液化土层厚度，m，宜将淤泥和淤泥质土层扣除；

d_b——基础埋置深度，m，不超过 2 m 时，采用 2 m；

d_0——液化土特征深度，m，可按表 11-3 采用。

表 11-3　液化特征深度　（单位：m）

饱和土类别	地震烈度 = 7 度	地震烈度 = 8 度	地震烈度 = 9 度
粉土	6	7	8
砂土	7	8	9

当不满足以上条件时需进一步判别。地面下 15 m 范围内，饱和土标准惯入击数 N 小于液化判别标准惯入击数临界值 N_{cr} 时应判为液化土。

地面以下 15 m 深度范围内，液化判别标准惯入击数临界值可按下式计算：

$$N_{cr} = N_0[0.9 + 0.1(d_s - d_w)]\sqrt{\frac{3}{\rho_c}} \quad (d_s \leqslant 15) \tag{11-12}$$

当采用桩基或埋深大于 5 m 的深基础时，应判别 15～20 m 范围内土的液化条件，标准惯入击数临界值按下式计算：

$$N_{cr} = N_0[2.4 + 0.1d_s]\sqrt{\frac{3}{\rho_c}} \quad (15 \leqslant d_s \leqslant 20) \tag{11-13}$$

式中：N_{cr}——液化判别标准贯入击数临界值；

N_0——标贯击数基准值，取值见表 11-4；

d_s——标准贯入击数 N 所对应的土层埋深，m；

d_w——场地地下水埋深，m；

ρ_c——土中砂粒含量百分数，当 ρ_c 小于 3 时取 3。

表 11-4　标准贯入击数基准值 N_0

设计地震分组	地震烈度 = 7 度	地震烈度 = 8 度	地震烈度 = 9 度
第一组	6(8)	10(13)	16
第二、三组	8(10)	12(15)	18

注：括号中数值用于设计基本地震加速度为 0.15g 和 0.30g 的地区。设计基本地震加速度和设计地震分组参考《建筑抗震设计规范》(GB 50011—2001)附录 A。

对存在液化土层的地基，应探明液化土层的深度和厚度，按下式计算液化指数 I_{Le}，并按表 11-5 综合划分地基的液化等级：

$$I_{Le} = \sum_{i=1}^{n}\left(1 - \frac{N_i}{N_{cri}}\right)d_i W_i \tag{11-14}$$

式中：n——在判别深度范围内每一个钻孔标准惯入试验点总数；

N_i、N_{cri}——i 点的标准惯入击数的实测值和临界值；

d_i——i 点所代表的土层厚度，可用与上、下两试验点深度差的一半，m；

W_i——i 土层单位厚度的层位影响权函数值，m^{-1}，若判别深度为 15 m 时，该层中点深度小于或等于 5 m 时应采用 10，等于 15 m 时采用零，其余按内插法取值，若判别深度为 20 m 时，该层中点深度小于等于 5 m 时应采用 10，等于 20 m 时采用零，其余按内插法取值，见表 11-5。

表 11-5　液化等级判别表

液化等级	轻微	中等	严重
判别深度为 15 m 时的液化指数	$0 < I_{Le} \leqslant 5$	$5 < I_{Le} \leqslant 15$	$15 < I_{Le}$
判别深度为 20 m 时的液化指数	$0 < I_{Le} \leqslant 6$	$6 < I_{Le} \leqslant 18$	$18 < I_{Le}$

消除地基液化的措施，一般可用换土法、加密法、桩基、深基础或封闭法等。

二、基础工程抗震设计

（一）基础工程抗震设计的基本要求

我国抗震设防的目标一般表述为“小震不坏、中震可修、大震不倒”，通俗一点讲就是“裂而不倒”。我国《建筑抗震设计规范》（GB 50011—2001）对抗震设防提出三个水准的具体要求：当遇到低于本地区设防烈度的多遇地震影响时，一般不受损坏；当受到本地区设防地震时，可能受损坏，经一般修理或不需修理仍可使用；当遇到高于本地区设防地震影响时，不致倒塌或发生危机生命安全的严重破坏。

在破坏性地震发生后，立即恢复交通运输是减轻和迅速消除震灾的重要条件。因此公路工程的抗震工作是具有重要意义的。公路结构物的基础工程抗震设计应与整体结构物的抗震要求一致，《公路工程抗震规范》（JGG B02—2013）根据结构物所属公路等级和所处地质条件，要求发生相当基本烈度地震时，结构物位于一般地段的高速公路和一级公路，经一般修整即可以正常使用；位于一般地段的二级公路与位于软弱黏土层或液化土层上的高速公路和一级公路结构物经短期抢修即可恢复使用；三、四级公路工程和位于抗震危险地段的软弱黏性土层或液化土层上的二级公路及位于抗震危险地段的高速公路和一级公路应保证桥梁、隧道及重要的结构物不发生严重破坏。

（二）对抗震有利的场地和地基

我国公路抗震工程中，将场地土分为四类，见表 11-6。

表 11-6　场地土分类

类别	土质特点
Ⅰ类场地土	岩石，紧密的碎石土
Ⅱ类场地土	中密、松散的碎石土，密实、中密的砾、粗中砂；$[\sigma_0]$ >250 kPa 的黏性土
Ⅲ类场地土	松散的砾、粗、中砂，密实、中密的细砂粉砂；$[\sigma_0] \leqslant 250$ kPa 的黏性土
Ⅳ类场地土	淤泥土，松散的细、粉砂；新近沉积的黏性土；$[\sigma_0]$ <130kPa 的填土

Ⅰ类场地土及开阔、平坦均匀的Ⅱ类场地土对抗震有利，应尽量利用；Ⅳ类场地土、软土、可液化土以及地基土层在平面分布上强弱不均匀，非岩质的陡坡边缘等处一般震害较

严重，河床下基岩向河槽倾斜较大，并被切割成槽处，地基下有暗河、溶洞等地段都应避开。选择有利的工程地质条件，有利抗震地段布置结构物可以减轻甚至避免地基、基础的震害，也能使地震反应减少。

(三)基础抗震强度和稳定性的验算

目前我国《公路工程抗震规范》(JGG B02—2013)中，对基本烈度为7、8、9度地区，在地震荷载计算中与世界各国发展趋势基本一致：对各种上部结构的桥墩、基础采用考虑地基和结构物动力特性的反应谱理论；而对刚度大的结构物和挡土墙、桥台采用静力设计理论；对跨度大(如超过150 m)、墩高大(如超过30 m)或结构复杂的特大桥及烈度更高地区则建议用时程反映分析法。

三、基础工程的抗震措施

对结构物及基础采取有针对性的抗震措施，在抗震工程中是十分重要的，而且往往能取得较好的效果。

(一)对松软土地基及可液化地基

在松软土地基、可液化土地基及严重不均匀的地基上，不宜修筑大跨度的超静定结构。建造其他类型的结构物也应根据具体情况采取下列措施：

(1)改善土的物理力学性质，提高地基抗震性能。对松软土或可液化土层层位较浅，厚度不大的可采用挖除换土，用砂垫层等浅层处理方法，此法较适用小型构造物。否则应考虑砂桩、碎石桩、振冲碎石桩、深层搅拌桩等将地基加固。地基加固范围应适当扩大到基础之外。

(2)采用桩基础、沉井基础等形式深基础，穿越松软土或可液化土层，基础伸入稳定土层足够的深度。

(3)减轻结构物重力，加大基础底面积以减少基底压力，对松软地基抗震是有利的。增加基础上部结构刚度是防御震害的有效措施。

(二)对地震时不稳定的河岸地段

在此类地段修筑大、中型桥墩台时应适当增加桥长，注意桥跨布置等将基础置于稳定土层上并避开河岸的滑动影响。小桥可在两墩台基础间设置支撑梁或者用片石、块石满床铺砌，以提高基础抗位移能力。挡墙也应将基础置于稳定地基上，并在计算中考虑失稳土体的侧压力。

(三)基础本身的抗震措施

在地震区基础一般应在结构上采取抗震措施。圬工墩台、挡墙与基础的联结部位，由于截面突变容易震坏，应根据情况采取预埋抗剪钢筋等措施提高抗剪能力。桩柱与承台、盖梁联结处也容易遭震害，在基本烈度8度以上地区宜将基桩与承台连接处做成2∶1或3∶1的喇叭渐变形，或在该处适当增加配筋；桩基础宜做成低桩承台，发挥承台侧面土的抗震能力；柱式墩台，排架式桩墩在与盖梁、承台(基础)联结处的配筋不应少于桩柱身的最大配筋；桩柱主筋应伸入盖梁并与盖梁主筋焊接；柱式墩台、排架式桩墩均应加密构件本身和构件与基础联结处的配筋，以改善构件延性的抗震能力，桩基础的箍筋加密区域应从地面或一般冲刷线以上1倍桩径处往下延伸到桩身最大弯矩以下3倍桩径处。

思考题与习题

1. 什么是黄土的湿陷性？如何评价黄土的湿陷性？
2. 什么是黄土湿陷压力，它与黄土地基设计有什么关系？
3. 湿陷性黄土地基应注意什么问题？常采用那些工程措施？
4. 膨胀土地基的特征是什么？处理膨胀土时有哪些工程措施？
5. 冻土有哪些特征？如何进行分类？基础位于冻胀地基时常采用那些工程措施？
6. 地震区地基与基础的震害有哪些？对结构物及基础可采取哪些抗震措施？

第十二章　土工试验指导

土力学理论和地基处理新技术的发展提出了越来越高的要求，这一切都离不开土工试验的基础数据支撑。通过土工试验能够使学生对土的基本工程性能有一个明确的认识，并使学生基本掌握土的物理性能的测定方法，提高学生的动手能力、操作土工仪器设备的能力和分析实验数据、整理实验报告的能力。

试验一　土的颗粒分析试验

一、试验目的

颗粒分析是测定土中各粒组占土总质量百分数的方法，用以解决土的颗粒大小分配情况，为土的分类及概略判断其工程地质性质、建材选料提供所需的资料。本试验属于基础性试验，是土工试验的必做试验项目。

二、试验方法

颗粒分析试验方法分为筛析法和沉降分析法，其中沉降分析法又有密度计法和移液管法等。筛析法适用于粒径为 0.075 ~ 60 mm 的土，密度计法和移液管法适用于粒径小于 0.075 mm 的土。当土中粗细兼有时，应联合使用筛析法和密度计法或筛析法和移液管法。

筛析法是利用一套不同孔径的筛，将已知质量的土样，放入按孔径大小依次排列好的筛子顶层，振动筛子，粗粒留在筛子上，细粒漏到下面去，将土分离成与上下两筛孔径相适应的粒组，然后称各筛中剩余土粒的质量，计算出各粒组百分含量。

筛析法操作迅速，设备简单，但筛孔过细在仪器制造上有一定的困难，且所得结果不够精确，故只适用于分析无黏性土和黏性土中大于 0.075 mm 的各粒组，当土中小于 0.075 mm 粒组含量超过 10% 时，则用密度计法分析小于 0.075 mm 部分的颗粒组成。

筛析法就是将土样通过各种不同孔径的筛子，并按筛子孔径的大小将颗粒加以分组，然后再称量并计算出各个粒组占总量的该土总质量的百分数。筛析法是测定土的颗粒组成最简单的一种试验方法，适用于粒径小于或等于 60 mm，大于 0.075 mm 的土。

三、仪器设备

(1)分析筛：①粗筛，孔径为 60 mm、40 mm、20 mm、10 mm、5 mm、2 mm；②细筛，孔径为 2 mm、1 mm、0.5 mm、0.25 mm、0.075 mm。

（2）天平。称量 1 000 g，最小分度值为 0.1 g；称量 200 g，最小分度值为 0.01 g。

（3）振筛机。筛析过程中能上下振动。使用前应进行机械和电气等方面的检查，以保证试验过程中的人员安全。

（4）其他设备和用品，包括烘箱、量筒、漏斗、研钵、瓷盘、匙、木碾等。

四、操作步骤

将风干土样用研棒轻轻碾压，使之分散成单粒，用四分法选取代表性土样（见表 12-1），称量准确至 0.1 g，当试样质量超过 500 g 时，称量应准确至 1 g。

四分法取土样即将土样拌匀，在纸或塑料布上堆成土堆，然后用直尺以土堆的尖顶为中心，缓慢地旋转，直至将土堆摊成 1 ~ 22.5 cm 厚的土层，在其上画两条互相垂直的直线，使土样分四等份。将相对的两部分取出，另外两部分留下。反复进行以上步骤，直至所取土样数量满足要求。

表 12-1　筛析法取样质量

颗粒尺寸（mm）	取样质量（g）
<2	100 ~ 300
<10	300 ~ 1 000
<20	1 000 ~ 2 000
<40	2 000 ~ 4 000
<60	4 000 以上

（一）无黏性土

（1）将按表 12-1 称取的试样过孔径为 2 mm 的筛，分别称取留在筛子上和已通过筛子孔径的筛子下试样质量。当筛下的试样质量小于试样总质量的 10% 时，不作细筛分析；当筛上的试样质量小于试样总质量的 10% 时，不作粗筛分析。

（2）取 2 mm 筛上的试样倒入依次叠好的粗筛的最上层筛中，进行粗筛筛析，然后再取 2mm 筛下的试样倒入依次叠好的细筛的最上层筛中，进行细筛筛析。细筛宜置于振筛机上进行振筛，振筛时间一般为 10 ~ 15 min。

（3）按由最大孔径的筛开始，顺序将各筛取下，称留在各级筛上及底盘内试样的质量，准确至 0.1 g。

（4）筛后各级筛上及底盘内试样质量的总和与筛前试样总质量的差值，不得大于试样总质量的 1%。

(二)含有细粒土颗粒的砂土

(1)将按表12-1称取的代表性试样，置于盛有清水的容器中，用搅棒充分搅拌，使试样的粗细颗粒完全分离。

(2)将容器中的试样悬液通过2 mm的筛，取留在筛上的试样烘至恒量，并称烘干试样质量，准确至0.1 g。

(3)将粒径大于2 mm的烘干试样倒入依次叠好的粗筛的最上层筛中，进行粗筛筛析。按由最大孔径的筛开始，顺序将各筛取下，称留在各级筛上及底盘内试样的质量，准确至0.1 g。

(4)取通过2 mm筛下的试样悬液，用带橡皮头的研杆研磨，然后再过0.075 mm筛，并将留在0.075 mm筛上的试样烘干至恒量，称烘干试样质量，准确至0.1 g。

(5)将粒径大于0.075 mm的烘干试样倒入依次叠好的细筛的最上层筛中，进行细筛筛析。细筛宜置于振筛机上进行振筛，振筛时间一般为10～15 min。

(6)当粒径小于0.075 mm的试样质量大于试样总质量的10%时，应采用密度计法或移液管法测定小于0.075 mm的颗粒组成。

五、记录与计算

(一)计算含量

小于某粒径的试样质量占试样总质量的百分比可按式(12-1)计算：

$$X = \frac{m_A}{m_B} d_x \tag{12-1}$$

式中：X——小于某粒径的试样质量占试样总质量的百分比(%)；

m_A——小于某粒径的试样质量，g；

m_B——当细筛分析时为所取的试样质量；当粗筛分析时为试样总质量，g；

d_x——粒径小于2 mm的试样质量占试样总质量的百分比(%)。

(二)绘制曲线

以小于某粒径的试样质量占试样总质量的百分比为纵坐标，以颗粒粒径为对数横坐标，在单对数坐标上绘制颗粒大小分布曲线。

按式(12-2)计算不均匀系数：

$$C_u = \frac{d_{60}}{d_{10}} \tag{12-2}$$

式中：C_u——不均匀系数；

d_{30}——限制粒径，mm，在颗粒大小分布曲线上小于该粒径的土含量占土总质量60%的粒径；

d_{10}——有效粒径，mm，在颗粒大小分布曲线上小于该粒径的土含量占土总质量10%的粒径。

（三）试验记录

筛析法颗粒分析试验记录见表12-2。

表12-2　颗粒大小分析试验记录（筛析法）

工程名称＿＿＿＿＿＿　　试验者＿＿＿＿＿＿

工程编号＿＿＿＿＿＿　　计算者＿＿＿＿＿＿

试验日期＿＿＿＿＿＿　　校核者＿＿＿＿＿＿

风干土质量＝　　g；　小于0.075 mm的土占总土质量百分数＝　　%

2 mm筛上土质量＝　　g；　小于2 mm的土占总土质量百分数 d_x＝　　%

2 mm筛下土质量＝　　g；　细筛分析时所取试样质量＝　　g

筛号	孔径(mm)	累计留筛土质量(g)	小于该孔径的土质量(g)	小于该孔径的土质量百分数(%)	小于该孔径的总土质量百分数(%)
底盘总计					

试验二　土的密度试验

一、试验目的

测定土的密度，以了解土的疏密和干湿状态，是计算土的自重应力、干密度、孔隙比、孔隙度等指标的重要依据，也是挡土墙压力计算、土坡稳定性验算、地基承载力和沉降量估算，以及路基路面施工填土压实度控制的重要指标之一。

二、试验方法及原理

密度试验方法有环刀法、蜡封法、灌水法和灌砂法等。对于细粒土，宜采用环刀法；对于易碎裂、难以切削的土，可用蜡封法；对于现场粗粒土，可用灌水法或灌砂法。

这里主要介绍环刀法测定一般黏性土的密度。环刀法就是采用一定体积环刀切取土样并称土质量的方法，环刀内土的质量与环刀体积之比即为土的密度。

环刀法操作简便且准确，在室内和野外均普遍采用，但环刀法只适用于测定不含砾石颗粒的细粒土的密度。

三、仪器设备

(1)恒质量环刀。内径6.18 cm(面积30 cm^2)或内径7.98 cm(面积50 cm^2)，高20 mm，壁厚1.5 mm。

(2)天平。称量为500 g，最小分度值为0.1 g。

(3)其他设备和用品，包括切土刀、钢丝锯、毛玻璃和圆玻璃片等。

四、操作步骤

(1)按工程需要取原状土或人工制备所要求的扰动土样，其直径和高度应大于环刀的尺寸，整平两端放在玻璃板上。

(2)在环刀内壁涂一薄层凡士林，将环刀的刀刃向下放在土样上面，然后用手将环刀垂直下压，边压边削，至土样上端伸出环刀为止，根据试样的软硬程度，采用钢丝锯或修土刀将两端余土削去修平，并及时在两端盖上圆玻璃片，以免水分蒸发。

(3)擦净环刀外壁，拿去圆玻璃片，然后称取环刀加土质量，准确至0.1g。

五、记录与计算

按式(12-3)和式(12-4)分别计算湿密度和干密度：

$$\rho = \frac{m}{V} = \frac{m_2 - m_1}{V} \tag{12-3}$$

$$\rho_d = \frac{\rho}{1 + 0.01\omega} \tag{12-4}$$

式中：ρ——湿密度，精确至0.01 g/cm^3；

ρ_d——干密度，精确至0.01 g/cm^3；

m——湿土质量，g；

m_2——环刀加湿土质量，g；

m_1——环刀质量，g；

ω——含水率(%)；

V——环刀容积，cm^3。

环刀法试验应进行两次平行测定，两次测定的密度差值不得大于0.03 g/cm^3，并取其两次测值的算术平均值。

密度试验记录在表 12-3 中。

表 12-3　密度试验记录表(环刀法)

工程名称____________　试验者____________

工程编号____________　计算者____________

试验日期____________　校核者____________

试样编号	土样类别	环刀号	环刀加湿土质量(g)	环刀质量(g)	湿土质量(g)	环刀容积(cm^3)	湿密度(g/cm^3)	平均湿密度(g/cm^3)	含水率(%)	干密度(g/cm^3)	平均干密度(g/cm^3)

六、注意事项

(1)用环刀取土时,为防止土样扰动,应一边削土柱,一边垂直轻压,切不可用锤或其他工具将环刀打入土中。

(2)在切平环刀两端多余土样时要适速、细心,尽量保持土样体积与环刀容积一致。

(3)称重时必须擦净环刀外壁的土,否则影响土样的质量。

试验三　比重试验

一、试验目的

测定土的比重,为计算图的孔隙比、饱和度及其他物理力学指标提供必要的数据。

二、试验方法

试验方法按照土颗粒径不同,分别用比重瓶(适用粒径 $d<5$ mm 的土)、浮称法或虹吸法(适用粒径 $d\leqslant5$ mm 的各类土)等。

三、仪器设备

(1)比重瓶:容量为 100 mL 或 50 mL,如图 12-1 所示。

(2)天平:称量 200 g,最小分度值 0.001 g。

(3)恒温水槽:灵敏度 ±1 ℃。

(4)其他:砂浴、烘箱、纯水或中性液体(如煤油等)、温度计、筛、漏斗、滴管等。

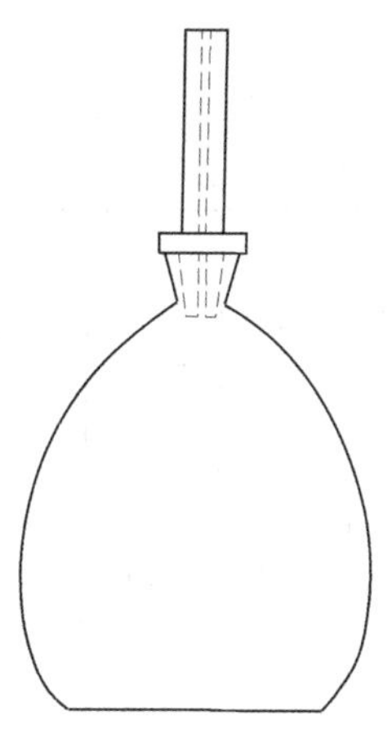

图 12-1　比重瓶

四、操作步骤

(1)取样称量:取通过 5 mm 筛的烘干土样约 15 g(若用 50 mL 的比重瓶,可取干土约 10 g)用玻璃漏斗装入洗净烘干的比重瓶内,称出(瓶 + 土)合重,精确至 0.001 g。

(2)煮沸排气:将已装有干土的比重瓶中注入半瓶纯水,轻轻摇动比重瓶,并将比重瓶放在砂浴上煮沸,煮沸时间自悬液沸腾时算起,砂及砂质粉土不小于 30 min,黏土及粉质黏土不小于 1 h,煮沸时应注意不使悬液溢出瓶外。

(3)注水称量:如系短颈瓶将纯水注入比重瓶近满,塞好瓶塞,使多余水分从瓶塞的毛细管中溢出;如系长颈比重瓶,注水至略低于瓶的刻度处,可用滴管调整液面恰至刻度处(以弯液面下缘为准)待瓶内悬液温度稳定且上部悬液澄清,擦干瓶外壁的水,称出(瓶 + 水 + 土)总质量,称量后立即测出瓶内水的温度。

(4)查取质量:根据测的温度,从温度与瓶、水质量关系曲线中查取瓶、水质量。

五、试验计算与记录

比重的计算公式:

$$G_s = \frac{m_s}{m_1 + m_s - m_2} G_{\omega t} \tag{12-5}$$

式中:G_s——土粒的比重,精确至 0.001;

m_s——干土质量,g;

m_1——瓶、水质量,g;

m_2——瓶、水、土总质量,g;

$G_{\omega t}$——t ℃时纯水的比重,精确至 0.001,不同温度时水的比重见表 12-4。

本试验须同时进行两次平行测定,取其算术平均值,以两位小数表示,其平行差不得大于 0.02 。

表 12-4　不同温度时水的比重

水温(℃)	4.0 ~ 12.5	12.5 ~ 19.0	19.0 ~ 23.5	23.5 ~ 27.5	27.5 ~ 30.5	30.5 ~ 33.5
水的比重	1.000	0.999	0.998	0.997	0.996	0.995

比重试验的试验记录见表 12-5。

表 12-5　比重试验记录表(比重瓶法)

土样说明____________　试验方法__________　试验日期__________

试验者______________　计算者__________　校核者______________

比重瓶编号	温度(℃)	水的比重(g)	瓶质量(g)	瓶、土总质量(g)	干土质量(g)	瓶、水总质量(g)	瓶、水、土总质量(g)	同体积的水体质量(g)	土粒比重	平均值
	(1)	(2)	(3)	(4)	(5)	(6)	(7)	(8)	(9)	(10)
					(4) - (3)			(5) + (6) - (7)	(5)/(8) × (2)	

试验四　土的含水率试验

一、试验目的

测定土的含水率,以了解土的含水情况,它是计算土的孔隙比、液性指数、饱和度和其他物理力学性质不可缺少的一个基本指标。

二、试验原理

土的含水率是指土中含有水分的质量与该干土质量的比值,实际是用土在 100 ~ 105 ℃下烘到恒重时所失去的水分质量和达恒重后干土重的百分比值来表示。

土的含水率测定方法很多,目前试验室最常用的方法是烘干法。在没有烘干设备或要求快速测含水率的情况下可采用酒精燃烧法,对于砂土及含砾较多的土可用炒干法。

烘干法是根据加热后水分蒸发的原理,将已知质量的土样放入烘箱内,在 100 ~ 105 ℃下烘至恒重,冷却后称干土的质量,同时计算出失去水分的质量,即可算出含水率。此方法一般只适用于有机质含量不超过干土质量的 5% 的土,如果土中有机质含量在 5% ~ 10%,仍允许采用此法,但须注明有机质含量。

酒精燃烧法是将酒精加入土样中点火燃烧,使土中水分蒸发将土样烧干,重复燃烧数次,称出燃烧后土的质量,计算土的含水率。

炒干法是将土样放在铁盘内在炉上炒干,称出炒干前后试样的质量,计算含水率。

三、仪器设备

(1)烘箱:可采用电热烘箱或温度能保持105~110℃的其他能源烘箱。

(2)电子天平:称量200 g,分度值0.01 g。

(3)电子台秤:称量5 000 g,分度值1 g。

(4)其他设备,包括干燥器、称量盒。

四、操作步骤

(1)取有代表性试样:细粒土15~30 g,砂类土50~100 g,砂砾石2~5 kg。将试样放入称量盒内,立即盖好盒盖,称量,细粒土、砂类土称量应准确至0.01 g,砂砾石称量应准确至1 g。当使用恒质量盒时,可先将其放置在电子天平或电子台秤上清零,再称量装有试样的恒质量盒,称量结果即为湿土质量。

(2)揭开盒盖,将试样和盒放入烘箱,在105~110 ℃下烘到恒量。烘干时间,对黏质土,不得少于8 h;对砂类土,不得少于6 h;对有机质含量为5%~10%的土,应将烘干温度控制在65~70 ℃的恒温下烘至恒量。

(3)将烘干后的试样和盒取出,盖好盒盖放入干燥器内冷却至室温,称干土质量。

五、记录与计算

含水率试验的试验记录见表12-6。

表12-6　土的含水率试验

试验小组编号:________　同组试验者:________　计算者:________　试验日期:________

土样编号	铝盒				土中水的质量 m_1-m_2 (g)	干土质量 m_1-m_0(g)	土的含水率(%)
	铝盒编号	质量 m_0 (g)	加湿土质量 m_1	加干土质量 m_2(g)			
平行差(%)			平均含水率(%)				

可按下式计算土的含水率,计算至0.1%:

$$\omega = \frac{m_1 - m_2}{m_2 - m_0} \times 100\% \tag{12-6}$$

式中:$m_1 - m_2$——土中水的质量,g;

$m_2 - m_0$——干土质量,g;

ω——土的含水率。

本试验应进行两次平行测定,取其算术平均值,最大允许平行差值应符合表12-7的规定。

表 12-7　含水率测定的最大允许平行差值

含水率 ω	最大允许平行差值(%)
<10	±0.5
10~40	±1.0
>40	±2.0

六、注意事项

(1)打开土样后,应立即取样称湿土重,以免水分蒸发。

(2)取样应注意取代表性土样,避免取土样外围的土。

(3)土样在烘干时必须保持 100~105 ℃恒温下烘至恒重;否则,会得出不同含水率的数值。称重时精确至小数点后两位。

(4)烘干后试样应冷却后再称重,以避免天平受热不均影响称量精度,防止热土吸收空气中的水分。

试验五　液限、塑限测定试验

一、试验目的

测定土的液限和塑限,并与液限试验和含水率试验结合,来计算土的塑性指数和液性指数,作为黏性土的分类以及估算地基土承载力的一个依据。该试验属于综合性试验,涉及土的含水率和液限、塑限、塑性指数、液性指数等土的物理性质指标的测定和计算。

二、试验原理

黏性土的状态随着含水率的变化而变化,当含水率不同时,黏性土可分别处于固态、半固态、可塑状态及流动状态,黏性土从一种状态转到另一种状态的分界含水率称为界限含水率。土从流动状态转到可塑状态的界限含水率称为液限 ω_L;土从可塑状态转到半固体状态的界限含水率称为塑限 ω_P;土由半固体状态不断蒸发水分,则体积逐渐缩小,直到体积不再缩小时的界限含水率称为缩限 ω_S。

土的塑性指数 I_P 是指液限与塑限的差值,由于塑性指数在一定程度上综合反映了影响黏性土特征的各种重要因素,因此黏性土常按塑性指数进行分类。

界限含水率试验要求土的颗粒粒径小于 0.5 mm,且有机质含量不超过 5%,且宜采用天然含水率试样,但也可采用风干试样,当试样含有粒径大于 0.5 mm 的土粒或杂质时,应过 0.5 mm 的筛。

(一)液限试验

液限是区分黏性土可塑状态和流动状态的界限含水率,测定土的液限主要有圆锥仪法、碟式仪法等试验方法,也可采用液塑限联合测定法测定土的液限。这里介绍圆锥仪液限试验。

圆锥仪液限试验就是将质量为76 g圆锥仪轻放在试样的表面,使其在自重作用下沉入土中,若圆锥体经过5 s恰好沉入土中10 mm深度,此时试样的含水率就是液限。

1. 仪器设备

(1)圆锥液限仪(见图12-2),主要有三个部分:①质量为76 g且带有平衡装置的圆锥,锤角30°,高25 mm,距锥尖10 mm处有环状刻度;②用金属材料或有机玻璃制成的试样杯,直径不小于40 mm,高度不小于20 mm;③硬木或金属制成的平稳底座。

(2)称量200 g、最小分度值0.01 g的天平。

(3)烘箱、干燥器。

(4)铝制称量盒、调土刀、小刀、毛玻璃板、滴管、吹风机、孔径为0.5 mm标准筛、研体等设备。

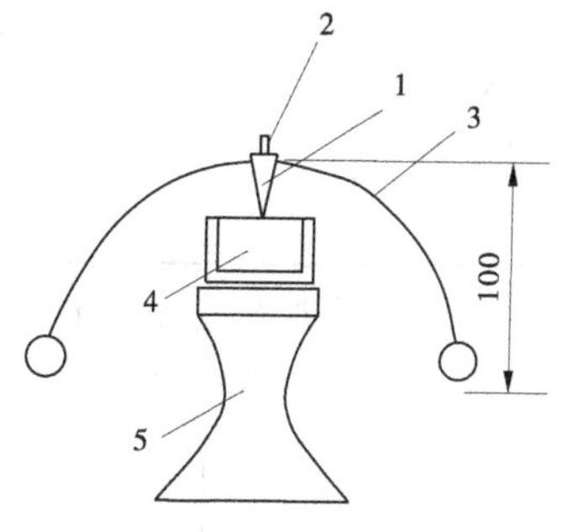

1—锥身;2—手柄;3—平衡装置;
4—试杯;5—底座

图12-2　锥式液限仪　(单位:mm)

2. 操作步骤

(1)选取具有代表性的天然含水率土样或风干土样,若土中含有较多大于0.5 mm的颗粒或夹有多量的杂物时,应将土样风干后用带橡皮头的研杵研碎或用木棒在橡皮板上压碎,然后再过0.5 mm的筛。

(2)当采用天然含水率土样时,取代表性土样250 g,将试样放在橡皮板上用纯水将土样调成均匀膏状,然后放入调土皿中,盖上湿布,浸润过夜。

(3)将土样用调土刀充分调拌均匀后,分层装入试样杯中,并注意土中不能留有空隙,装满试杯后刮去余土使土样与杯口齐平,并将试样放在底座上。

(4)将圆锥仪擦拭干净,并在锥尖上抹一薄层凡士林,两指捏住圆锥仪手柄,保持锥体垂直,当圆锥仪锥尖与试样表面正好接触时,轻轻松手让锥体自由沉入土中。

(5)放锥后约经5 s,锥体入土深度恰好为10 mm的圆锥环状刻度线处,此时土的含水率即为液限。

(6)若锥体入土深度超过或小于10 mm时,表示试样的含水率高于或低于液限,应该用小刀挖去粘有凡士林的土,然后将试样全部取出,放在橡皮板或毛玻璃板上,根据试样的干、湿情况,适当加纯水或边调边风干重新拌和,然后重复(3)~(5)试验步骤。

(7)取出锥体,用小刀挖去粘有凡士林的土,然后取锥孔附近土样10~15 g,放入称量盒内,测定其含水率。

3. 成果整理

按式(12-7)计算液限:

$$\omega_L = \frac{m_2 - m_1}{m_1 - m_0} \times 100\% \qquad (12\text{-}7)$$

式中:ω_L——液限(%),精确至0.1%;

m_1——干土加称量盒质量,g;

m_2——湿土加称量盒质量,g;

m_0——称量盒质量,g。

液限试验需进行两次平行测定,并取其算术平均值,其平行差值不得大于2%。

4. 试验记录

圆锥仪液限试验记录见表 12-8。

表 12-8　圆锥仪液限试验记录表

工程名称＿＿＿＿＿＿　　　　试验者＿＿＿＿＿＿

工程编号＿＿＿＿＿＿　　　　计算者＿＿＿＿＿＿

试验日期＿＿＿＿＿＿　　　　校核者＿＿＿＿＿＿

试样编号	盒号	盒加湿土质量(g)	盒加干土质量(g)	盒质量(g)	水质量(g)	干土质量(g)	液限(%)	液限平均值(%)	说明

(二)塑限试验

塑限是区分黏性土可塑状态与半固体状态的界限含水率,测定土的塑限的试验方法主要是滚搓法。滚搓法塑限试验就是用手在毛玻璃板上滚搓土条,当土条直径达 3 mm 时产生裂缝并断裂,此时试样的含水率即为塑限。

1. 仪器设备

(1)200 mm×300 mm 的毛玻璃板。

(2)分度值 0.02 mm 的卡尺或直径 3 mm 的金属丝。

(3)称量 200 g、最小分度值 0.01 g 的天平。

(4)烘箱、干燥器。

(5)铝制称量盒、滴管、吹风机、孔径为 0.5 mm 的筛等。

2. 操作步骤

(1)取代表性天然含水率试样或过 0.5 mm 筛的代表性风干试样 100 g,放在盛土皿中加纯水拌匀,盖上湿布,湿润静止过夜。

(2)将制备好的试样在手中揉捏至不粘手,然后将试样捏扁,若出现裂缝,则表示其含水率已接近塑限。

(3)取接近塑限含水率的试样 8 ~ 10 g,先用手捏成手指大小的土团(椭圆形或球形），然后再放在毛玻璃上用手掌轻轻滚搓，滚搓时应以手掌均匀施压于土条上，不得使土条在毛玻璃板上无力滚动，在任何情况下土条不得有空心现象，土条长度不宜大于手掌宽度，在滚搓时不得从手掌下任何一边脱出。

（4）当土条搓至 3 mm 直径时，表面产生许多裂缝，并开始断裂，此时试样的含水率即为塑限。若土条搓至 3 mm 直径时，仍未产生裂缝或断裂，表示试样的含水率高于塑限；或者土条直径在大于 3 mm 时已开始断裂，表示试样的含水率低于塑限，都应重新取样进行试验。

（5）取直径 3 mm 且有裂缝的土条 3 ~5 g，放入称量盒内，随即盖紧盒盖，测定土条的含水率。

3. 成果整理

按式（12-8）计算塑限：

$$\omega_P = \frac{m_2 - m_1}{m_1 - m_0} \times 100\% \qquad (12\text{-}8)$$

式中：ω_P ——塑限（%），精确至 0.1%；

m_1 ——干土加称量盒质量，g；

m_2 ——湿土加称量盒质量，g；

m_0 ——称量盒质量，g。

塑限试验须进行两次平行测定，并取其算术平均值，其平行差值应≤2%。

4. 试验记录

塑限试验记录见表 12-9。

表 12-9 滚搓法塑限试验记录表

工程名称________ 试验者________

工程编号________ 计算者________

试验日期________ 校核者________

试样编号	盒号	盒加湿土质量（g）	盒加干土质量（g）	盒质量（g）	水质量（g）	干土质量（g）	塑限（%）	塑限平均值（%）	说明

（三）液、塑限联合测定法

液、塑限联合测定法是根据圆锥仪的圆锥入土深度与其相应的含水率在双对数坐标上具有线性关系的特性来进行的。利用圆锥质量为 76 g 的液塑限联合测定仪测得土在不同含水率时的圆锥入土深度，并绘制其关系直线图，在图上查得圆锥下沉深度为 10 mm（或 17 mm）所对应的含水率即为液限，查得圆锥下沉深度为 2 mm 所对应的含水率即塑限。

1. 仪器设备

（1）电脑液塑限联合测定仪。

（2）分度值 0.02 mm 的卡尺。

（3）称量 200 g、最小分度值 0.01 g 的天平。

（4）烘箱。

（5）铝制称量盒、调土刀、孔径为 0.5 mm 的筛、滴管、吹风机、凡士林等。

2. 操作步骤

（1）取有代表性的天然含水率或风干土样进行试验。如土中含大于 0.5 mm 的颗粒或夹杂物较多时，可采用风干土样，用带橡皮头的研杵研碎或用木棒在橡皮板上压碎土块。试样必须反复研碎，过筛，直至将可的土块全部通过 0.5 mm 的筛。取筛下土样用三皿法或一皿法进行制样。

三皿法：用筛下土样 200 g 左右，分开放入三个盛土皿中，用吸管加入不同数量的蒸馏水或自来水，土样的含水率分别控制在液限、塑限以上和它们的中间状态附近。用调土刀调匀，盖上湿布，放置 18 h 以上。

一皿法：取筛下土样 100 g 左右，放入一个盛土皿中，按三皿法加水、调土、闷土，将土样的含水率控制在塑限以上，按第 2 条至 4 条进行第一点入土尝试和含水率测定。然后依次加水，按上述方法进行第二点和第三点含水率和入土深度测定，该两点土样的含水率应分别控制在液限、塑限中间状态和液限附近，但加水后要充分搅拌均匀，闷土时间可适当缩短。

（2）将制备好的土样充分搅拌均匀，分层装入土样试杯，用力压密，使空气逸出。对于较干的土样，应先充分搓揉，用调土刀反复压实。试杯装满后，刮成与杯边齐平。

（3）接通电源，调平机身，打开开关，装上锥体。

（4）将装好的土样的试杯放在升降座上，手推升降座上的拨杆，使试杯徐徐上升，土样表面和锥体刚好接触，蜂鸣器报警，停止转动拨杆，按检测键，传感器清零，同时锥体立刻自行下沉，5 s 时液晶显示器上显示锥入深度，数据显示停留时间至少 5 s，试验完毕，手拿锥锥体向上，锥体复位（锥体上端有螺纹，可与测杆上螺纹相配）。

（5）改变锥尖与土体接触位置（锥尖两次锥入位置距离不小于 1 cm），重复第（4）条步骤，测得锥深入试样深度值，允许误差为 0.5 mm；否则，应重做。

(6)去掉锥尖入土处的凡士林,取10 g以上的土样两个,分别放入称量盒内,称重(准确至0.01 g),测定其含水率ω_1、ω_2(计算到0.1%)。计算含水率平均值ω。

(7)重复第(2)至(4)步骤,对其他两含水率土样进行试验,测其锥入深度和含水率。

3. 成果整理

(1)按式(12-9)计算含水率:

$$\omega = \frac{m_1 - m_2}{m_2 - m_0} \times 100\% \tag{12-9}$$

式中:ω ——含水率(%),精确至0.1%;

m_1 ——称量盒加湿土质量,g;

m_2 ——称量盒加干土质量,g;

m_0 ——称量盒质量,g。

(2)按式(12-10)计算塑性指数:

$$I_P = \omega_L - \omega_P \tag{12-10}$$

式中:I_P ——塑性指数,精确至0.1;

ω_L ——液限(%);

ω_P ——塑限(%)。

(3)按式(12-11)计算液性指数:

$$I_L = \frac{\omega_0 - \omega_P}{I_P} \tag{12-11}$$

式中:I_L ——液性指数,精确至0.01;

ω_0 ——天然含水率(%)。

4. 注意事项

(1)在试验中,锥连杆下落后,需要重新提起时,只须将测杆轻轻上推到位,便可自动锁住。

(2)试样杯放置到仪器工作平台上时,需轻轻平放,不与台面相互碰撞,更应避免其他金属等硬物与工作平台碰撞,有助于保持平台的平度。

(3)每次试验结束后,都应取下标准锥,用棉花或布擦干,存放干燥处。

(4)配生块要在标准锥上面螺纹上拧紧到位,尽可能间隙小。

(5)做试验前后,都应该保证测杆清洁。

(6)如果电源电压不稳,出现"死机"现象,各功能键失去作用,请将电源关掉,过3 s后,再重新启动即可。

5. 试验记录

液塑限联合测定法试验记录见表12-10。

表 12-10　液塑限联合测定法试验记录表

工程名称________　　试验者________

工程编号________　　计算者________

试验日期________　　校核者________

试样编号	圆锥下沉深度（mm）	盒号	盒加湿土质量（g）	盒加干土质量（g）	盒质量（g）	水质量（g）	干土质量（g）	含水率（%）	液限（%）	塑限（%）	塑性指数	液性指数

试验六　击实试验

一、试验目的

击实试验目的是用标准击实方法，测定土的密度和含水率的关系，确定土的最大干密度与相应的最优含水率。

二、仪器设备

(1)击实仪。击实试验分为轻型击实和重型击实。轻型击实适用粒径小于 5 mm 的土,其单位体积击实功能为 592.2 kJ/m^3;重型击实适用于粒径小于 20 mm 的土,其单位体积功能为 2 684.9 kJ/m^3,击实仪主要部件尺寸规格见表 12-11。

表 12-11　击实仪主要部件尺寸规格

试验方法	锤底直径(mm)	锤质量(kg)	落高(mm)	击实筒			护筒高度(mm)
				内径(mm)	筒高(mm)	容积(cm^3)	
轻型	51	2.5	305	102	116	947.4	≥50
重型	51	4.5	457	152	116	2 103.9	≥50

(2)天平。

(3)台秤。

(4)标准筛。

(5)螺旋式土样推土器和千斤顶。

(6)其他设备,包括烘箱、喷水设备、碾土设备、成土容器、碎土设备等。

三、操作步骤(轻型)

(1)制备土样:取风干土样,放在橡皮板上用木碾碾散,过 5 mm 筛拌匀备用,土样量不少于 20 kg,测定土样风干含水率。

(2)加水拌和:按土的塑限估计其最优含水率并依次相差约 2% 的含水率制备一组试样(不少于 5 个),其中有两个含水率大于塑限和两个含水率小于塑限,需加水量可按下式计算:

$$m_w = \frac{m}{1 + 0.01\omega_0} \times 0.01(\omega - \omega_0) \tag{12-12}$$

式中:m_w——所需加水的质量,g;

m——风干含水率时土样的质量,g;

ω_0——土样的风干含水率(%);

ω——要求达到的含水率(%)。

按预定含水率制备试样,取土样约 2.5 kg,平铺于不吸水的平板上,用喷水设备往土样上均匀喷洒预定的水量,稍静止一段时间后,装入塑料袋内或密封于盛土器内备用。(湿润时间:高液限黏土不得少于 24 h,低液限黏土可酌情缩短,但不少于 12 h)。

(3)分层击实:将击实仪放在坚实的地面上,击实筒底和筒内壁须涂少许润滑油,取制备好的土样 600 ~ 800 g (其数量上应满足击实后试样略高于筒的 1/3)倒入筒内,整平其表面,按 25 击进行击实。击实时,击锤应自由铅直下落,锤迹必须均匀分布土面上,然后安装护筒,把土刨毛,重复上述步骤进行第二,第三的击实,击实后试样略高于筒顶(不得大于6 mm)。

(4)称土质量:扭动并取下护筒,齐筒顶细心削平试样,拆除底板,如试样底面超出筒外,亦应削平,擦净筒外壁,称土质量,准确至1 g。

(5)测含水率:用推土器从击实筒内推出试样,从试样中心处取两个15~30 g土样测定其含水率。

(6)按(2)~(4)步骤进行另外几个试样的击实试验。

四、计算与绘图

(1)计算击实后各点的干密度:

$$\rho_d = \frac{\rho}{1 + 0.01\omega} \tag{12-13}$$

式中:ρ ——湿密度,计算至0.01,g/cm^3;

ω——含水率(%);

ρ_d——干密度,g/cm^3。

(2)以干密度ρ_d为纵坐标,以含水率ω为横坐标,绘制干密度与含水率关系曲线,曲线上峰值点所对应的坐标分别为土的最大干密度与最优含水率。如曲线不能绘制峰值点,应进行补点。

(3)轻型击实当粒径大于5 mm的颗粒含量小于30%时,计算校正最大干密度:

$$\rho'_{dmax} = \frac{1}{\dfrac{1-P}{\rho_{dmax}} + \dfrac{P}{G_{s2}\rho_w}} \tag{12-14}$$

式中:ρ'_{dmax} ——校正后的最大干密度,g/cm^3;

ρ_{dmax} ——粒径小于5 mm试样的最大干密度,g/cm^3;

ρ_w ——水的密度,g/cm^3;

P——粒径大于5 mm颗粒的含量(用小数表示);

G_{s2}——粒径大于5 mm颗粒的干比重。

计算至0.01 g/cm^3。

(4)轻型击实当粒径大于5 mm的颗粒含量小于30%时,计算校正后的最优含水率:

$$\omega'_{op} = \omega_{op}(1-P) + P\omega_2 \tag{12-15}$$

式中:ω'_{op} ——校正后的最优含水率(%);

ω_{op} ——粒径小于5 mm试样的最优含水率(%);

ω_2 ——粒径大于5 mm颗粒的吸着含水率(%)。

计算至0.01 g/cm^3。

五、试验记录

击实试验记录见表12-12。

表 12-12　击实试验

工程名称__________　工程编号__________　试验时期__________

试验者__________　计算者__________　校核者__________

试验序号	筒加试样质量(g)	筒质量(g)	试样质量(g)	湿密度(g/cm^3)	干密度(g/cm^3)	盒号	盒重(g)	盒加湿土质量(g)	盒加干土质量(g)	水分质量(g)	含水率(%)	平均含水率(%)

注:对于黏性粗粒土含有无黏性砂、石粗颗粒,粒径较大,用重型击实仪器来反映黏性粗粒土全料性质。

试验七　固结试验

一、试验目的

压缩试验是为了测定土的压缩性,根据试验结果绘制出孔隙比与压力的关系曲线(压缩曲线),由曲线确定土在指定荷载变化范围内的压缩系数和压缩模量。

二、仪器设备

(1)小型固结仪:包括压缩容器和加压设备两部分,如图 12-3 所示,环刀(内径ϕ61.8 mm,高 20 mm,面积 30 cm^2),单位面积最大压力 4 kg/cm^2;杠杆比 1∶10。

(2)测微表:量程 10 mm,精度 0.01 mm。

(3)天平,最小分度值 0.01 g 及 0.1 g 各一架。

(4)其他:毛玻璃板、滤纸、钢丝锯、秒表、烘箱、削土刀、凡士林、透水石等。

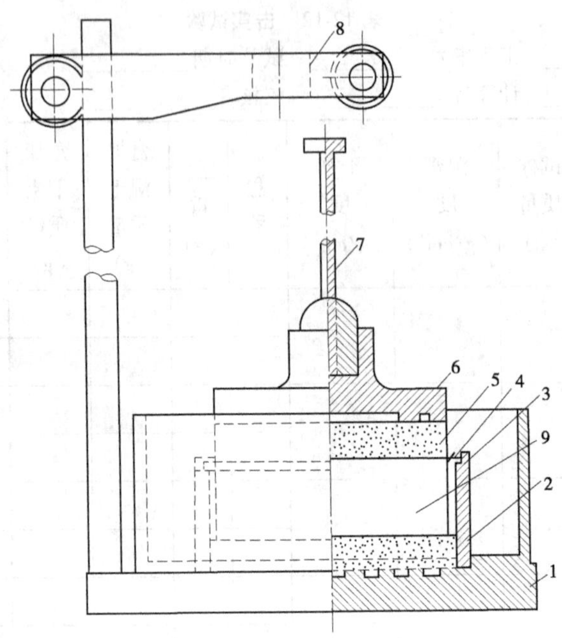

1—水槽;2—护环;3—环刀;4—导环;5—透水石;
6—加压上盖;7—位移计导杆;8—位移计架;9—试样

图 12-3　固结仪示意图

三、操作步骤

(1)按工程需要选择面积为 30 cm^2 的切土环刀,环刀内壁涂上一薄层凡士林,刀口应向下放在原状土或人工制备的扰动土上,切取原状土样时应与天然状态时垂直方向一致。

(2)小心边压边削,注意避免环刀偏心入土,应使整个土样进入环刀并凸出环刀为止,然后用钢丝锯或修土刀将两端余土削去修平,擦净环刀外壁。

(3)测定土样密度,并在余土中取代表性土样测定其含水率,然后用圆玻璃片将环刀两端盖上,防止水分蒸发。

(4)在固结仪的固结容器内装上带有试样的切土环刀(刀口向下),在土样两端应贴上洁净而润湿的滤纸,放上透水石,然后放入加压导环和加压板以及定向钢球。

(5)检查各部分连接处是否转动灵活;然后平衡加压部分(此项工作由实验室代做)。即转动平衡锤,目测上杠杆水平时,将装有土样的压缩部件放到框架内上横梁下,直至压缩部件之球柱与上横梁压帽之圆弧中心微接触。

(6)横梁与球柱接触后,插入活塞杆,装上测微表,使测微表表脚接触活塞杆顶面,并调节表脚,使其上的短针正好对准 6 字,再将测微表上的长针调整到零,读测微表初读数 R_0。

(7)加载等级:按教学需要本次试验定为 0.5 kg/cm^2、1.0 kg/cm^2、2.0 kg/cm^2、3.0 kg/cm^2、4.0 kg/cm^2五级,即 50 kPa、100 kPa、200 kPa、300 kPa、400 kPa(1 kPa = 0.001 N/mm^2)五级荷重系累计数值,如第一级荷载 0.5 kg/cm^2需加砝码 1.5 kg 以后三级依次

计算准确后加入砝码，加砝码时要注意安全，防止砝码放置不稳定而受伤。

(8)每级荷载经 10 min 记下测微表读数，读数精确到 0.01 mm。然后再施加下一级荷载，以此类推直到第五级荷载施加完毕，记录测微表读数 R1、R2、R3、R4、R5。

(9)试验结束后，必须先卸下测微表，然后卸掉砝码，升起加压框架，移出压缩仪器，取出试样后将仪器擦洗干净。

四、成果整理

(1)按式(12-16)计算试样的初始孔隙比 e_0：

$$e_0 = \frac{d_s\rho_w(1+\omega_0)}{\rho_0} - 1 \tag{12-16}$$

式中：d_s ——土粒比重；

ρ_w ——水的密度，一般可取 1 g/cm^3；

ω_0 ——试样初始含水率(%)；

ρ_0 ——试样初始密度，g/cm^3。

(2)按式(12-17)计算试样中颗粒净高 h_s：

$$h_s = \frac{h_0}{1+e_0} \tag{12-17}$$

式中：h_0 ——试样的起始高度，即环刀高度，mm。

(3)计算试样在任一级压力 P_i(千帕)作用下变形稳定后的试样总变形量 S_i。

$$S_i = R_0 - R_i - S_{i\varepsilon} \tag{12-18}$$

式中：R_0 ——试验前测微表初读数，mm；

R_i ——试样在任一级荷载 P_i 作用下变形稳定后的测微表读数，mm；

$S_{i\varepsilon}$ ——各级荷载下仪器变形量，mm。

(4)计算各级荷载下的孔隙比 e_i。

$$e_i = e_0 - \frac{S_i}{h_0}(1+e_0) \tag{12-19}$$

式中：e_0 ——试样初始孔隙比；

h_0 ——试样的起始高度(即环刀高度)，mm；

S_i ——第 i 级荷载作用下变形稳定后的试样总变形量，mm。

(5)绘制 $e \sim p$ 压缩曲线(见图 12-4)。以孔隙比 e 为纵坐标，压力 p 为横坐标，可以绘出 $e \sim p$ 关系曲线，此曲线称为压缩曲线。

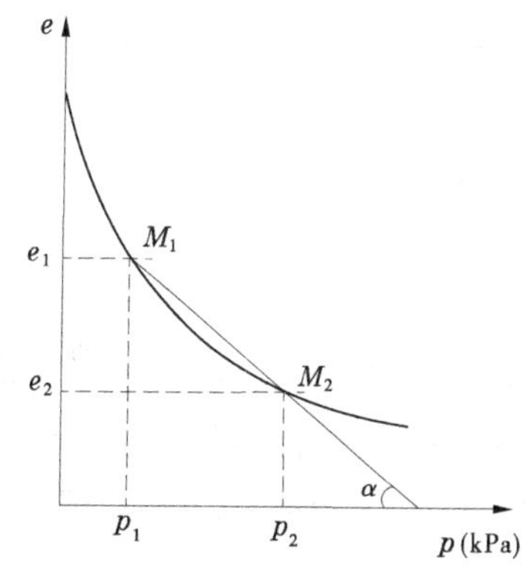

图 12-4　压缩曲线

(6)按式(12-20)计算某一压力范围内压缩系数：

$$\alpha = \frac{e_1 - e_2}{p_2 - p_1} \tag{12-20}$$

式中：p_1 = 100 kPa，p_2 = 200 kPa。

采用 p =100~200 kPa 压力区间相对应的压缩系数 α_{1-2} 来评价土的压缩性。α 值是判断土的压缩性高低的一个重要指标。α_{1-2} 的大小将地基土的压缩性分为以下三类：当 $\alpha_{1-2} \geqslant 0.5\ \mathrm{MPa}^{-1}$ 时，为高压缩性土；当 $0.5\ \mathrm{MPa}^{-1} > \alpha_{1-2} \geqslant 0.1\ \mathrm{MPa}^{-1}$ 时，为中压缩性土；当 $\alpha_{1-2} < 0.1\ \mathrm{MPa}^{-1}$ 时，为低压缩性土。

(7)计算某一荷载范围的压缩模量 E_s：

$$E_s = \frac{1 + e_i}{\alpha} \tag{12-21}$$

式中：e_i ——孔隙比；

α ——压缩系数。

(8)固结试验记录与计算成果见表 12-13 ~ 表 12-15。

表 12-13　含水率试验记录

试样编号	土样说明	盒号	盒质量(g)	盒加湿土质量(g)	盒加干土质量(g)	湿土质量(g)	干土质量(g)	含水率(%)	平均含水率(%)	说明

表 12-14　密度试验记录

试样编号	土样类别	环刀号	环刀加湿土质量(g)	环刀质量(g)	湿土质量(g)	环刀容积(cm^3)	湿密度(g/cm^3)	平均湿密度(g/cm^3)	含水率(%)	干密度(g/cm^3)	平均干密度(g/cm^3)

表 12-15　固结试验记录

工程编号：________　试样面积：__________　试验者：__________

试样编号：________　土粒相对密度 d_s：______g/cm^3　计算者：__________

仪器编号：________　试验前试样高度 h_0：________ mm　校核者：__________

试验日期：________　试验前孔隙比 e_0：________

试样密度 ρ 及含水率 ω 的测定记录见下面表格。

试验前 ρ =　　g/cm^3　　　试验前 ω =　　%

压力(kg/cm^2)	0.5	1.0	2.0	3.0	4.0
初读数 R_0	6.000	6.000	6.000	6.000	6.000
1′					
2′					

续表 12-15

8′					
10′					
总变形量 $R_0 - R_i$(mm)					
仪器总变形量 $S_{i\varepsilon}$(mm)					
试样总变形量(mm) $S_i = R_0 - R_i - S_{i\varepsilon}$					
各级荷载作用下压缩稳定后试样的孔隙比 $e_i = e_0 - (S_i/h_0)(1 + e_0)$					

$\alpha_{1-2} = \dfrac{e_1 - e_2}{p_2 - p_1} =$　　　　(MPa^{-1})　　该土为　　　　压缩性土

试验八　直接剪切试验

一、试验目的

直接剪切试验就是直接对试样进行剪切的试验,简称直剪试验,是测定土的抗剪强度的一种常用方法,通常采用4个试样,分别在不同的垂直压力 p 下,施加水平剪切力,测得试样破坏时的剪应力 τ,然后根据库仑定律确定土的抗剪强度参数内摩擦角 φ 和黏聚力 c。

二、仪器设备

(1)直剪仪。采用应变控制式直接剪切仪,如图12-5所示,由剪切盒、垂直加压设备、剪切传动装置、测力计以及位移量测系统等组成。加压设备采用杠杆传动。

(2)测力计。采用应变圈,量表为百分表。

(3)环刀。内径6.18 cm,高2.0 cm。

(4)其他:切土刀、钢丝锯、滤纸、毛玻璃板、凡士林等。

三、操作步骤

(1)将试样表面削平,用环刀切取试件,测密度,每组试验至少取4个试样,各级垂直荷载的大小根据工程实际和土的软硬程度而定,一般可按100 kPa、200 kPa、300 kPa、400 kPa(即1.0 kg/cm^2、2.0 kg/cm^2、3.0 kg/cm^2、4.0 kg/cm^2)施加。

(2)检查下盒底下两滑槽内钢珠是否分布均匀,在上下盒接触面上涂抹少许润滑油,对准剪切盒的上下盒,插入固定销钉,在下盒内顺次放洁净透水石一块及湿润滤纸一张。

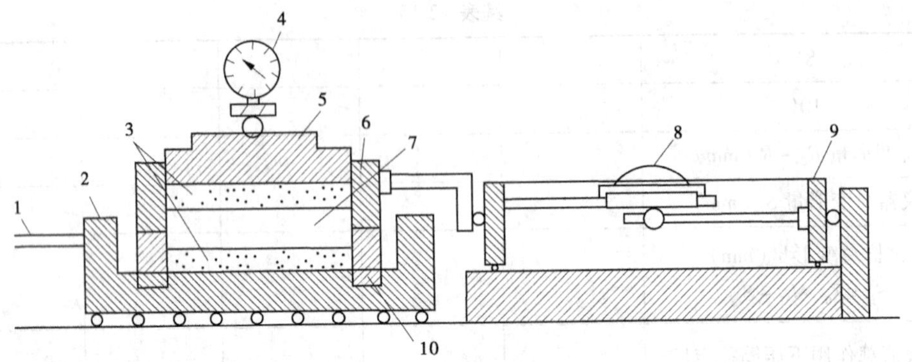

1—轮轴；2—底座；3—透水石；4—测微表；5—活塞；6—上盒；7—土样；8—测微表；9—量力环；10—下盒

图 12-5　应变控制式直剪仪

(3)将盛有试样的环刀平口朝下，刀口朝上，在试样面放湿润滤纸一张及透水石一块，对准剪切盒的上盒，然后将试样通过透水石徐徐压入剪切盒底，移去环刀，并顺次加上传压板及加压框架。

(4)在量力环的安装水平测微表，装好后应检查测微表是否装反，表脚是否灵活和水平，然后按顺时针方向徐徐转动手轮，使上盒两端的钢珠恰好与量力环按触(即量力环中测微表指针被触动)。

(5)顺次小心地加上传压板、钢珠，加压框架和相应质量的砝码(避免撞击和摇动)。

(6)施加垂直压力后应立即拔去固定销(此项工作切勿忘记)。开动秒表，同时以4～12 r/min的均匀速度转动手轮(学生可用6 r/min)，转动过程不应中途停顿或时快时慢，使试样在3～5 min内剪破，手轮每转一圈应测记测微表读数一次，直至量力环中的测微表指针不再前进或后退，即说明试样已经剪破，如测微表指针一直缓慢前进，说明不出现峰值和终值，则试验应进行至剪切变形达到4 mm(手轮转20转)为止。

(7)剪切结束后，吸去剪切盒中积水，倒转手轮，尽快移去砝码，加压框架，传压板等，取出试样，测定剪切面附近土的剪后含水率。

(8)另装试样，重复以上步骤，测定其他三种垂直荷载(200 kPa、300 kPa、400 kPa)下的抗剪强度。

四、成果整理

(1)按式(12-22)计算抗剪强度：

$$\tau = CR \tag{12-22}$$

——量力环中测微表最大读数，或位移4 mm时的读数。精确至0.01 mm。

—量力环校正系数，kPa/0.01 mm。

式(12-23)计算剪切位移：

$$\Delta L = 0.2n - R \tag{12-23}$$

手轮每转一周，剪切盒位移0.2 mm；

转数。

(3)制图

①以剪应力为纵坐标,剪切位移为横坐标,绘制剪应力 τ 与剪切位移 ΔL 的关系曲线,如图 12-6 所示。取曲线上剪应力的峰值为抗剪强度,无峰值时,取剪切位移 4 mm 所对应的剪应力为抗剪强度。

②以抗剪强度为纵坐标,垂直压力为横坐标,绘制抗剪强度与垂直压力关系曲线(见图 12-7),直线的倾角为土的内摩擦角 φ,直线在纵坐标上的截距为土的黏聚力 c。

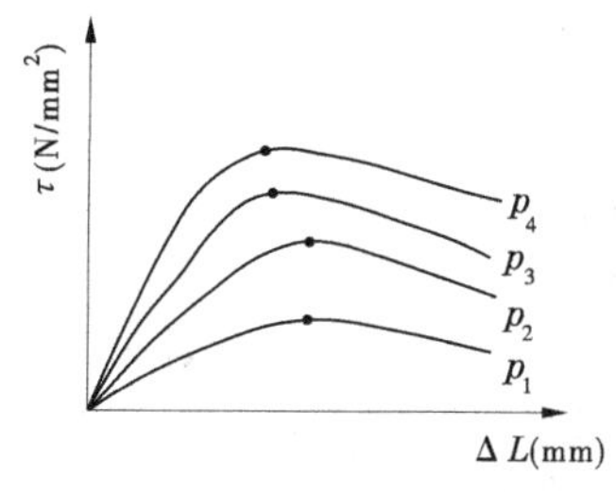

图 12-6　$\tau \sim \Delta L$ 曲线

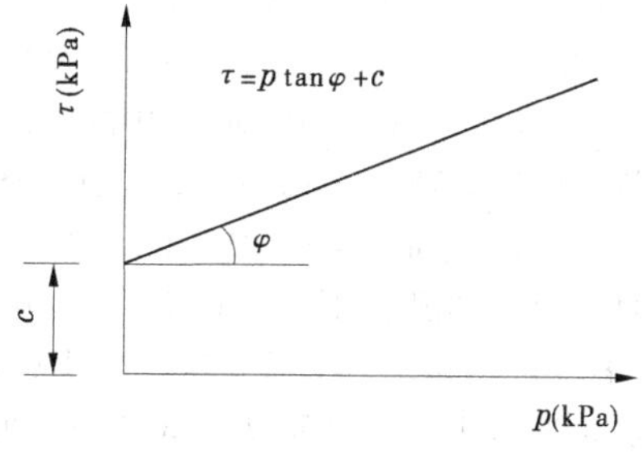

图 12-7　$\tau \sim p$ 直线

(4)试验记录见表 12-16。

表 12-16　直接剪切试验记录

工程名称＿＿＿＿＿＿　　试验者＿＿＿＿＿＿

工程编号＿＿＿＿＿＿　　计算者＿＿＿＿＿＿

试验日期＿＿＿＿＿＿　　校核者＿＿＿＿＿＿

仪器编号				
试样面积(cm^2)				
垂直压力 p(kPa)	100	200	300	400
量力环最大变形 R(0.01mm)				
量力环号数				
量力环系数 C(kPa/0.01 mm)				
抗剪强度 $\tau = CR$ (kPa)				
抗剪强度指标	$c =$　　kPa ,$\varphi =$　　°			

参考文献

[1] 陈希哲. 土力学地基基础[M]. 北京:清华大学出版社,2005.

[2] 陈兰云. 土力学与地基基础[M]. 北京:机械工业出版社. 2015.

[3] 杨小平. 土力学[M]. 广州:华南理工大学出版社,2001.

[4] 钱家欢. 土力学[M]. 2 版. 南京:河海大学出版社,1995.

[5] 杨进良. 土力学[M]. 2 版. 北京:中国水利水电出版社,2002.

[6] 刘映翀. 土力学地基基础[M]. 北京:中国建筑工业出版社,2013.

[7] 高大钊. 土力学地基基础[M]. 北京:中国建筑工业出版社,1998.

[8] 中华人民共和国水利部. 土工试验方法标准:GB/T 50123—1999[S]. 北京:中国计划出版社,2000.

[9] 中华人民共和国住房和城乡建设部,中华人民共和国国家质量监督检验检疫总局. 岩土工程勘察规范(2009 修订版):GB 50021—2001[S]. 北京:中国建筑工业出版社,2009.

[10] 中华人民共和国住房和城乡建设部,中华人民共和国国家质量监督检验检疫总局. 建筑地基基础设计规范:GB 50007—2002[S]. 北京:中国建筑工业出版社,2002.

[11] 中华人民共和国住房和城乡建设部. 建筑地基处理技术规范:JGJ 79—2012[S]. 北京:中国建筑工业出版社,2012.

[12] 中华人民共和国住房和城乡建设部,中华人民共和国国家质量监督检验检疫总局. 建筑地基基础设计规范:GB 50007—2011[S]. 北京:中国建筑工业出版社,2011.

[13] 水利水电规划设计总院. 水闸设计规范:NB/T 35023—2014[S]. 北京:中国电力出版社,2014.

[14] 中华人民共和国住房和城乡建设部. 建筑桩基技术规范:JGJ 94—2008[S]. 北京:中国建筑工业出版社,2008.

[15] 中华人民共和国交通部. 公路桥涵地基与基础设计规范:JTJ 024—2007[S]. 北京:人民交通出版社,2007.

[16] 中华人民共和国交通部. 公路土工试验规程:JTJ 051—2007[S]. 北京:人民交通出版社,2007.

[17] 中华人民共和国交通部. 公路桥涵设计通用规范:JTG D60—2015[S]. 北京:人民交通出版社,2015.

[18] 中华人民共和国住房和城乡建设部,中华人民共和国国家质量监督检验检疫总局. 建筑抗震设计规范:GB 50011—2010[S]. 北京:中国建筑工业出版社,2010.

9] 中华人民共和国住房和城乡建设部. 建筑基坑支护技术规程:JGJ 120—2012[S]. 北京:中国建筑工业出版社,2012.

中华人民共和国住房和城乡建设部,中华人民共和国国家质量监督检验检疫总局. 膨胀土地区建技术规范:GB 50112—2013[S]. 北京:中国建筑工业出版社,2013.